5판

DAS
토질역학

Braja M. Das

Dean Emeritus, California State University
Sacramento, California, USA

Nagaratnam Sivakugan

Associate Professor, College of Science, Technology & Engineering
James Cook University, Queensland, Australia

**Fundamentals of
Geotechnical Engineering,
International Edition,
5th Edition**

**Braja M. Das
Nagarantnam Sivakugan**

ISBN-13: 978-89-363-2193-2

Cengage Learning Korea Ltd.
14F YTN Newsquare 76 Sangamsan-ro
Mapo-gu Seoul 03926 Korea
Tel: (82) 2 330 7000
Fax: (82) 2 330 7001

Cengage Learning is a leading provider of customized learning solutions
with office locations around the globe, including Singapore, the United Kingdom, Australia, Mexico, Brazil, and Japan. Locate your local office at: **www.cengage.com**

Cengage Learning products are represented in Canada by Nelson Education, Ltd.

To learn more about Cengage Learning Solutions, visit **www.cengageasia.com**

Printed in Korea
Print Number: 01   Print Year: 2021

5판

DAS
토질역학

Fundamentals of Geotechnical
Engineering 5E

Braja M. Das,
Nagaratnam Sivakugan 지음
김영상 감수
고준영, 김영상, 김재홍,
우상인, 이준규 옮김

CENGAGE 교문사

Andover • Melbourne • Mexico City • Stamford, CT • Toronto • Hong Kong • New Delhi • Seoul • Singapore • Tokyo

머리말

Braja M. Das의 《토질역학》(Principles of Geotechnical Engineering)은 1985년에 처음 출판되었고 개정을 거듭하면서 교육자, 학생, 실무자들에게 좋은 반응을 얻어왔다. 1998년 후반에 기초공학과 지반공학의 필수적인 부분들을 한 권으로 간결하게 기술하여 출간해 달라는 많은 요청에 부응하여 《토질역학 기초》(Fundamentals of Geotechnical Engineering)의 초판이 2000년에 출판되었다. 현재 5판까지 개정을 거듭하고 있으나 안타깝게도 우리나라에는 이 책이 발간되지 않았다.

《토질역학의 기초》(Fundamentals of Geotechnical Engineering)는 그간 사용해 왔던 토질역학의 방대한 내용 중 토질역학의 꼭 필요한 내용을 간결하면서도 이해하기 쉽게 기술하고 있으며 기초공학의 내용도 다수 포함하고 있다. 또한 각 장에 필요한 예제와 연습문제를 충분히 제공하고 있어 학습한 이론을 정확히 이해하고 연습할 수 있도록 하고 있다. 아울러 연습문제의 개념을 이해하고 있는지 간단히 확인할 수 있는 퀴즈 유형의 문제를 제시하고 있어 교수자의 강의 활용도와 학습자의 흥미를 동시에 높이는 이중 효과를 기대할 수 있는 구성이다. 5판은 초판을 작성할 당시의 집필 철학을 변경하지 않고 여러 감수자와 독자로부터 받은 의견을 반영하여 개정되었다. 또한 호주 제임스 쿡 대학의 Nagaratnam Sivakugan 교수가 이 판의 공동 저자로 참여한 사실도 이전 판들과 구분되는 지점이다. 단위의 표기는 이전 판과 같이 본문 전체에서 SI 단위가 사용되었다.

4판과 차별되는 각 장의 주요 내용은 다음과 같다.

- 2장 "흙-기원, 흙입자의 크기와 형상"에 미국 체눈의 시방에 대한 논의가 추가되었다.
- 3장 "무게-체적 관계 및 흙의 소성"에 다양한 단위중량 관계들에 대한 표가 추가되었다.
- 4장 "흙의 분류"에 흙의 시각적 분류라는 새로운 단원이 추가되었다.
- 5장 "흙의 다짐"에 최대 건조단위중량과 최적함수비에 관해 최근 발표된 상관관계가 추가되었다.
- 9장 "압밀"에 초기 과잉간극수압 분포가 $U-T_v$ 관계에 미치는 영향에 관한 새로운 내용이 추가되었다. 또한 건설에 따른 압밀침하의 보정에 관한 내용도 추가되었다.
- 10장 "흙의 전단강도"에 최근 발표된 점성토의 유효응력 마찰각과 점착력의 상관관계에 관한 내용이 추가되었다. 또한 재성형된 점토의 비배수 전단강도와 액성지수의 상관관계를 기술하였다.
- 11장 "사면안정"에 깊이에 따라 증가하는 비배수 점착력을 가진 점토 사면의 안전율을 평가하는 해석이 추가되었다.

한편 국내 대학의 교과과정 상 토질역학과 기초공학이 구분되어 운영 중인 곳이 다수인 까닭에 원문은 한 권의 책으로 발간되었으나, 국내 실정에 맞게 토질역학과 기초공학으로 분리하여 출간하기로 하였다.

이 책을 번역하는 동안 수고해주신 교문사 관계자분들께 감사드린다.

2021년 8월
공동역자 김영상, 고준영, 김재홍, 우상인, 이준규

차례

3　무게−체적 관계 및 흙의 소성　　74

4 흙의 분류 110

5 흙의 다짐 126

9 압밀   244

12 수평토압 415

CHAPTER 1

지반공학-처음 시작에

1.1 서론

공학적인 목적에서 **흙**(soil)은 흙입자 사이의 빈 공간이 기체와 액체로 채워진 상태의 광물입자와 부식된 유기물(고체입자)의 굳지 않은 집합체로 정의된다. 흙은 여러 가지 토목공사에서 건설재료로 사용되며, 구조물의 기초를 지지한다. 따라서 토목기술자는 흙의 기원, 입도분포, 배수능력, 압축성, 전단강도, 하중에 대한 지지력과 같은 흙의 성질을 연구해야 한다. **토질역학**(soil mechanics)은 흙의 물리적 성질과 흙이 여러 형태의 하중을 받을 때 흙의 거동을 연구하는 과학의 한 분야이다. **토질공학**(soil engineering)은 토질역학의 원리를 실제 문제에 적용한 공학이다. **지반공학**(geotechnical engineering)은 지구 표면에 산재하는 자연재료를 연구하는 토목공학의 한 분야이다. 지반공학은 기초, 옹벽, 흙 구조물을 설계하는 데 있어서 토질역학의 원리와 암반역학의 원리를 적용하는 학문이다.

이 장은 지반공학의 역사적 개요와 도전을 두 명의 저명한 공학자인 Dr. Karl Terzaghi(1883~1963)와 Dr. Ralph Peck(1912~2008)의 위대한 공헌과 함께 기술한다.

1.2 18세기 이전의 지반공학

인간이 흙을 건설재료로 사용했다는 최초의 고대 기록은 없다. 진정한 공학적 용어 측면에서 오늘날의 지반공학에 대한 이해는 18세기 초에 시작되었다(Skempton, 1985). 오랫동안 지반공학의 기술은 현실적 과학 특성의 반영 없이 단순히 이어지는 실험에 근거하여 얻은 과거 경험에만 의존해왔다. 이러한 실험을 바탕으로 많은 구조물이 축조되었지만, 일부는 붕괴하고 나머지는 여전히 존재하고 있다.

역사적 기록에 따르면 고대 문명은 나일강(이집트), 티그리스-유프라테스강(메소포타미아), 황하강(중국), 인더스강(인도)과 같은 강을 따라 번창했다. 기원전 2000년경 모헨조다로(1947년 이후 파키스탄 영토로 되었음)의 마을을 홍수로부터 보호하기 위해 인더스강 유역에 제방이 축조되었다. 중국의 Chan 왕조(기원전 1120~249년) 때 많은 제방이 관개를 목적으로 축조되었다. 여기서 홍수에 의한 침식이나 기초의 안정을 위해 어떠한 공법을 이용하였는지는 알 수 없다(Kerisel, 1985). 고대 그리스 문명은 건축물에 독립 확대기초와 연속-전면기초를 이용했다. 기원전 2700년경부터 여러 개의 피라미드가 이집트에서 건설되었다. 이 피라미드 대부분은 고대 및 중기의 여러 왕조 동안에 왕과 왕비의 무덤으로 축조되었다. 표 1.1은 중요한 피라미드를 축조한 왕조를 시대순으로 구분하여 정리한 것이다. 2008년에 총 138개의 피라미드가 이집트에서 발견되었다. 그림 1.1은 기자(Giza) 지구에 있는 세 피라미드의 전경이다. 피라미드 건설은 기초, 사면안정 및 지하공간 건설에 대한 많은 기술적인 문제를 안겨주었다. 서기 68년 중국의 동쪽 Han 왕조에서 불교의 보급으로 많은 불탑이 건설되었다. 많은 탑이 실트와 연약 점토층 위에 세워졌다. 어떤 경우는 기초의 압력이 지반의 지지력을 초과하여 대규모의 구조적 피해를 발생시켰다.

표 1.1 이집트의 주요 피라미드

피라미드/왕조	위치	왕조 기간
조세르(Djoser)	사카라(Saqqara)	기원전 2630~2612년
스네프루(Sneferu)	북 다슈르(North Dashur)	기원전 2612~2589년
스네프루(Sneferu)	남 다슈르(South Dashur)	기원전 2612~2589년
스네프루(Sneferu)	메이둠(Meidum)	기원전 2612~2589년
쿠푸(Khufu)	기자(Giza)	기원전 2589~2566년
제데프레(Djedefre)	아부라와시(Abu Rawash)	기원전 2566~2558년
카프레(Khafre)	기자(Giza)	기원전 2558~2532년
멘카우레(Menkaure)	기자(Giza)	기원전 2532~2504년

그림 1.1 기자의 피라미드 전경 (Nevada, Henderson, Janice Das 제공)

18세기 이전의 건축물 건설에서 지반 지지력과 관련된 문제의 가장 유명한 예는 이탈리아 피사의 사탑(Leaning Tower of Pisa)이다(그림 1.2). 피사 공화국이 번성하던 서기 1173년에 탑 공사가 시작되어 200년 이상 공사가 진행되었다. 구조물의 무게는 약 15,700톤이고 직경 20 m인 원형기초로 지지되었다. 과거에 탑은 동쪽, 북쪽, 서쪽으로 기울었다가 최종적으로 남쪽으로 기울어졌다. 최근의 지질조사에서 지표면으로부터 약 11 m 깊이에 탑을 기울게 한 연약 점토층이 있다는 사실이 확인되었다. 54 m 높이에서 5 m 이상(약 5.5° 경사) 기울어져 넘어지거나 붕괴할 위험성이 있어 1990년도에 폐쇄되었다. 최근에 탑의 북측 아래 지반을 제거함으로써 안정화되었다. 탑의 폭 길이를 41개의 구역으로 분리하고 약 70톤의 흙을 제거하였다. 이로 인한 공간은 흙으로 점차 채워져 안정화되었으며 탑의 기울어짐도 다소 완화되었다. 지금의 탑은 5° 기울어 있다. 0.5°의 경사 완화는 눈에 띄진 않지만, 이는 구조물을 더 안정하게 하였다. 그림 1.3은 유사한 문제의 사례이다. 그림 1.3의 탑들은 이탈리아 볼로냐(Bologna)에 있으며 12세기에 건설되었다. 왼쪽 탑은 가리젠다 탑(Garisenda Tower)이라 불리며, 높이가 48 m이고 무게가 약 4,210톤이다. 이 탑은 약 4° 정도 기울어져 있다. 오른쪽 탑은 아시넬리 탑(Asinelli Tower)으로, 높이 97 m, 무게 7,300톤으로 약 1.3° 기울어져 있다.

과거 수 세기 동안 시공 중에 기초와 관련된 여러 문제를 경험하고 나서 기술자와

그림 1.2 이탈리아 피사의 사탑 (Nevada, Henderson, Braja M. Das 제공)

과학자들은 18세기 초부터 좀 더 체계적인 방법으로 흙의 성질과 거동을 연구하기 시작했다. 이후 1700~1927년의 기간은 지반공학 분야에서 연구의 내용과 중요성에 기초하여 4개의 시기로 나눌 수 있다(Skempton, 1985).

1. 고전 이전기(1700~1776)
2. 고전 토질역학 1기(1776~1856)
3. 고전 토질역학 2기(1856~1910)
4. 현대 토질역학(1910~1927)

이러한 네 기간의 중요한 발전 내용을 간략하게 요약하여 아래에 정리하였다.

그림 1.3 이탈리아 볼로냐 지방의 가리젠다 탑(왼쪽)과 아시넬리 탑(오른쪽)
(Nevada, Henderson, Braja M. Das 제공)

1.3 토질역학의 고전 이전기(1700~1776)

이 기간에는 반(半)경험적(semiempirical)인 토압이론과 함께 자연경사와 다양한 종류의 흙에 대한 단위중량에 관한 연구가 집중적으로 이루어졌다. 1717년 프랑스의 왕립기술자 Henri Gautier(1660~1737)는 옹벽 설계 순서를 정립하기 위해 흙더미가 무너질 때 발생하는 흙의 자연경사(natural slope)에 대해 연구했다. **자연경사**는 오늘날 **안식각**(angle of repose)으로 알려져 있다. 이 연구에 의하면 **깨끗한 건조 모래**와 **보통 흙**의 자연경사는 각각 31°와 45°이고, 단위중량은 각각 18.1 kN/m³과 13.4 kN/m³

이다. 점토에 대한 시험결과는 보고되지 않았다. 1729년 Bernard Forest de Belidor (1694~1761)는 프랑스 공병 및 토목기술자를 위한 지침서를 출판했다. 이 책에서 그는 Gautier(1717)의 연구를 계속 진행하여 옹벽의 수평토압에 대한 이론을 제안했다. 또한 다음 표에 나타낸 것과 같은 방법으로 흙의 분류를 표준화했다.

분류	단위중량(kN/m³)
암석	—
굳은 또는 단단한 모래, 압축성 모래	16.7~18.4
보통 흙(건조 지역)	13.4
연약한 흙(주로 실트)	16.0
점토	18.9
이탄	—

모래로 뒤채움된 높이 76 mm 옹벽에 대해 실험실에서 수행된 최초의 모형시험 결과를 프랑스 기술자 Francois Gadroy(1705~1759)가 보고하였고, 여기서 파괴 시 흙의 활동면이 존재하는 것을 관찰했다. Gadroy의 연구는 1808년 J. J. Mayniel에 의해 정리되었다. 이 기간에 또 다른 주목할 만한 공헌은 1769년 무렵 프랑스 기술자 Jean Rodolphe Perronet(1708~1794)가 수행한 사면안정에 관한 연구로, 이 연구에서 원지반과 채움재를 구별했다.

1.4 고전 토질역학 1기(1776~1856)

이 기간에 지반공학 분야에서의 발전은 대부분 프랑스 기술자와 과학자에 의해 이루어졌다. 고전 이전기에는 옹벽에 작용하는 수평토압을 경험상으로 임의의 활동면에 근거하여 계산했다. 이후 1776년 프랑스 과학자 Charles Augustin Coulomb(1736~1806)은 그의 논문에서 옹벽 뒤채움 흙의 활동면의 정확한 위치를 찾기 위해서 토압의 최댓값 및 최솟값에 대해 미적분 원리를 이용했다. 이 해석에서 Coulomb은 토체에 대해 마찰과 점착력의 법칙을 사용했다. 1790년 유명한 프랑스 토목기술자인 Gaspard Claire Marie Riche de Brony(1755~1839)는 그의 대표 저서인 《Nouvelle Architecture Hydraulique(Vol. 1)》에서 Coulomb의 이론을 소개했다. 1820년에 Coulomb의 연구 중에서 특별한 사례를 프랑스 기술자 Jacques Fredéric Francais(1775~1833)와 프랑스 응용역학 교수 Claude Louis Marie Henri

Navier(1785~1836)가 연구했다. 이러한 특별한 사례들은 경사진 뒤채움이나 상재하중을 지지하는 뒤채움과 연관된다. 1840년 공병 기술자이자 역학 교수인 Jean Victor Poncelet(1788~1867)는 임의로 굴절된 다각형 지표면을 가진 연직 및 경사진 옹벽에 대한 수평토압의 크기를 산정하기 위해 도해법을 사용함으로써 Coulomb의 이론을 확장했다. 또한 Poncelet는 흙의 마찰각에 대해 기호 ϕ를 최초로 사용했으며, 얕은 기초에 대한 극한 지지력 이론을 처음으로 제안했다. 1846년 기술자 Alexandre Collin(1808~1890)은 점토 사면, 굴착 및 제방에서 깊은 활동파괴에 대한 세부사항을 제안했다. Collin은 모든 경우에서 파괴는 활동하는 점착력이 흙에 존재하는 점착력을 초과할 때 발생한다는 이론을 제시했다. 그는 또한 실제 파괴면이 사이클로이드(cycloid)의 원호로 근사할 수 있음을 확인했다.

고전 토질역학 1기의 끝은 글래스고 대학교(University of Glasgow)의 토목공학과 교수인 William John Macquorn Rankine(1820~1872)이 처음으로 저서를 출판한 해(1857)로 보통 표시된다. 이 연구에서 지반의 평형과 토압에 대한 중요 이론을 제안했다. Rankine의 이론은 Coulomb의 이론을 간략화한 것이다.

1.5 고전 토질역학 2기(1856~1910)

이 시기에는 모래에 관한 여러 실내시험의 결과가 문헌에 발표되었다. 가장 최초이자 중요한 문헌은 프랑스 기술자 Henri Philibert Gaspard Darcy(1803~1858)가 발표한 문헌이다. 1856년 그는 모래 필터의 투수성에 관한 연구를 발표했다. 실험을 바탕으로 Darcy는 오늘날 지반공학 분야에서 매우 유용한 변수인 흙의 **투수계수**(coefficient of permeability 또는 hydraulic conductivity)라는 용어를 정의했다.

천문학 교수인 Sir George Howard Darwin(1845~1912)은 느슨한 다짐 상태와 조밀한 다짐 상태의 모래로 뒤채움된 힌지 벽체의 전도 모멘트를 결정하기 위한 실내시험을 수행했다. 또 다른 주목할 만한 기여는 1885년 Joseph Valentin Boussinesq(1842~1929)가 발표한 하중을 받는 균질, 반무한, 탄성, 등방성 지반의 응력분포 이론이 있다. 1887년 Osborne Reynolds(1842~1912)는 모래에서의 다일러턴시(dilatancy) 현상을 증명했다. 비슷한 기간에 주목할 만한 연구는 John Clibborn(1847~1938)과 John Stuart Beresford(1845~1925)에 의한 모래층을 통과하는 물의 흐름과 양압력에 관련된 연구이다. Clibborn의 연구는 1901년 루르키 출판사의 'Treatise on Civil Engineering, Vol. 2: Irrigation Work in India'와 1902년

인도 정부의 'Technical Paper No. 97'에 발표되었다. 1898년에 수행된 갠지스강의 나로라 둑(Narora Weir)의 양압력에 관한 Beresford의 연구는 1902년 인도 정부의 'Technical Paper No. 97' 보고서에 기록되었다.

1.6 현대 토질역학(1910～1927)

이 시기에는 점토에 대해 수행된 연구결과가 발표되었는데, 점토의 기본적인 성질과 지반정수가 정립되었다. 가장 눈에 띄는 발표는 다음과 같다.

1908년 스위스 화학자이자 토양학자인 Albert Mauritz Atterberg(1846～1916)는 크기가 2 μm보다 작은 입자 무게에 대한 백분율로서 **점토입자의 함유율**(clay-sized fraction)을 정의했다. 그는 흙에서 점토입자의 역할과 소성이론에 미치는 중요성을 깨달았다. 1911년에는 액성, 소성, 수축한계를 정의함으로써 점성토의 연경도(consistency)를 설명했다. 또한 액성한계와 소성한계의 차로 소성지수를 정의했다(Atterberg, 1911).

1909년 10월, 프랑스 샤름(Charmes)에 있는 17 m 높이의 흙댐이 무너졌다. 이 댐은 1902년에서부터 1906년에 걸쳐 건설되었다. 프랑스 기술자 Jean Frontard(1884～1962)는 붕괴 원인을 확인하기 위해 조사를 수행했다. 이 조사에서 그는 전단강도를 결정하기 위해 일정한 연직응력 아래에서 점토 시료(면적 0.77 m^2와 두께 200 mm)에 비배수 양면 전단시험을 수행했다(Frontard, 1914). 이러한 시료의 파괴에 걸리는 시간은 10～20분이었다.

영국 토목공학자 Arthur Langley Bell(1874～1956)은 Rosyth Dockyard의 외곽 방파제를 설계하고 시공했다. 그는 이 프로젝트를 토대로 점토에서 얕은 기초의 지지력 및 수평압력과 저항력 사이의 관계를 밝혔다(Bell, 1915). 그는 또한 불교란 점토 시료의 비배수 전단강도를 측정하기 위해 직접전단시험을 수행했다.

스웨덴 기술자 Wolmar Fellenius(1876～1957)는 활동 임계면이 원호라는 가정을 바탕으로 포화된 점토 사면(즉, $\phi = 0$ 조건)의 안정해석법을 개발했다. 이 내용은 1918년과 1926년에 출판된 그의 논문에 상세히 설명되어 있다. 1926년에 발표된 논문은 사면의 선단을 통과하는 원호 활동면의 **안정수**(stability number)의 정확한 수치해를 제시했다.

오스트리아 Karl Terzaghi(1883～1963, 그림 1.4)는 오늘날 잘 알려진 점토의 압밀이론을 개발했다. 압밀이론은 Terzaghi가 터키 이스탄불에 있는 아메리칸 로버트

대학(American Robert College)에서 교수로 재직할 때 개발되었다. 이 연구는 1919
년부터 1924년까지 5년 동안 수행되었고, 5개의 서로 다른 점토가 사용되었다. 이 흙
의 액성한계는 36~67% 범위이고, 소성지수는 18~38% 범위이다. 압밀이론은 1925
년에 발행한 그의 저서《Erdbaumechanik》에 수록되었다.

1.7 1927년 이후 지반공학

1925년에 Karl Terzaghi가 발표한《Erdbaumechanik auf Bodenphysikalisher
Grundlage》는 토질역학의 발전에서 새로운 시대를 열었다. 현대 토질역학의 아버지
라 불리는 Terzaghi는 이러한 칭호가 마땅하다. Terzaghi(그림 1.4)는 1883년 10월 2

그림 1.4 Karl Terzaghi(1883~1963) (SSPL의 Getty 이미지)

일 보헤미아(Bohemia)의 오스트리아 주도인 프라하(Prague)에서 태어났다. 1904년에 오스트리아 그라츠(Graz)에 있는 기술대학 기계공학과에서 학사학위를 받았고, 졸업 후에 오스트리아 육군에서 1년간 복무했다. 군 제대 후에 Terzaghi는 지질학적 주제에 관심을 두고 1년 이상 공부하여, 1912년 1월에 그라츠에 있는 모교로부터 기술과학 부문의 박사학위를 받았다. 1916년 이스탄불에 있는 왕립기술학교(Imperial School of Engineers)에서 학생을 가르쳤고, 1차 세계대전 이후 이스탄불에 있는 아메리칸 로버트 대학에서 교수로 재직했다(1918~1925). 이곳에서 흙의 거동, 점토의 침하 및 댐 하부 모래의 파이핑에 의한 파괴 등 많은 연구를 시작했다. 《Erdbaumechanik》의 발간은 이러한 연구의 최초 결과물이라 할 수 있다.

1925년 Terzaghi는 매사추세츠 공과대학(Massachusetts Institute of Technology)에서 강의를 시작하였고, 1929년까지 재직했다. 그는 이 기간에 토목공학의 새로운 발전 분야인 토질역학의 선구자로 알려지게 되었으며, 1929년 10월에 비엔나 기술대학교(Technical University of Vienna)의 교수직을 위해 유럽으로 돌아갔고 토질역학에 관심을 가진 토목기술자들 사이에 핵심인물이 되었다. 1939년에 다시 미국으로 돌아와 하버드 대학교(Harvard University) 교수로 재직했다.

ISSMFE(International Society of Soil Mechanics and Foundation Engineering)의 첫 번째 학술대회가 Terzaghi의 주재로 1936년 하버드 대학교에서 개최되었다. 학술대회는 하버드 대학교 Arthur Casagrande 교수의 확신과 노력 때문에 가능했다. 21개국을 대표하는 약 200명의 학자가 학술대회에 참석했으며, 지난 25년간 Terzaghi의 영감과 지도를 통해 다음과 같은 광범위한 주제를 다루는 논문이 이 학술대회에서 소개되었다.

- 유효응력
- 전단강도
- 네덜란드식 콘 관입시험
- 압밀
- 원심모형시험
- 탄성이론과 응력분포
- 침하제어를 위한 선행하중
- 팽창성 점토
- 동상작용
- 지진과 흙의 액상화

그림 1.5 Ralph B. Peck (Ralph B. Peck 제공)

- 기계 진동
- 토압의 아칭 이론

이후 25년간 Terzaghi는 전 세계를 통하여 토질역학과 지반공학의 발전을 주도했다. 이러한 영향으로 1985년 Ralph Peck(그림 1.5)은 "Terzaghi 생애 동안 그가 토질역학의 주도자일 뿐만 아니라 전 세계를 통틀어서 연구와 적용에 있어 정보의 보고라는 사실에 동의하지 않는 사람은 없을 것이다. 그리고 몇 년 안에 호주와 남극을 제외한 모든 대륙의 프로젝트에 참가할 것이다."라고 말했다. Peck은 "그러므로 오늘날 어떤 사람도 그의 요약 논문과 회장 취임사에서 말했던 토질역학에 대한 동시대의 평가를 바꿀 수는 없다."라고 덧붙였다. 1939년 Terzaghi는 런던의 ICE(Institution of Civil Engineers)에서 개최된 45번째 James Forrest Lecture를 주관했다. 'Soil Mechanics-A New Chapter in Engineering Science'라는 제목의 강의에서 그는 대부분의 기초파괴는 이제 더 이상 '신의 행위'가 아니라고 말했다.

다음은 토질역학과 지반공학의 발전사에서 1936년 ISSMFE의 첫 학술대회 개최 이후에 발전한 몇 가지 중요한 사안이다.

- 1943년 Karl Terzaghi의 《Theoretical Soil Mechanics》(Wiley, New York) 출간
- 1948년 Karl Terzaghi와 Ralph Peck의 《Soil Mechanics in Engineering Practice》 (Wiley, New York) 출간
- 1948년 Donald W. Taylor의 《Fundamentals of Soil Mechanics》(Wiley, New York) 출간
- 1948년 영국에서 토질역학의 국제 저널 《Geotechnique》 출간 시작

두 번째 ISSMFE 학술대회는 2차 세계대전으로 잠시 중단된 후 1948년 네덜란드의 로테르담(Rotterdam)에서 개최되었다. 여기에 약 600여 명의 학자가 참가했고, 7권의 논문집이 출판되었다. 이 학술대회에서 A. W. Skempton은 '점토의 $\phi = 0$ 개념'을 연구한 획기적인 논문을 발표했다. 로테르담 다음으로 ISSMFE 학술대회는 세계의 서로 다른 지역에서 4년마다 개최되었다. 로테르담 학술대회의 영향으로 다음과 같은 지역에서 지반공학 학술대회가 성공적으로 개최되었다.

- 스톡홀름에서 개최된 흙 비탈면의 안정에 대한 유럽지역 학술대회(1954)
- 흙의 전단특성에 대한 첫 번째 호주-뉴질랜드 학술대회(1952)
- 멕시코시티에서 열린 첫 번째 범미주 학술대회(1960)
- 미국 콜로라도 볼더(Boulder)에서 개최된 점성토의 전단강도 연구 학술대회 (1960)

1948년과 1960년 사이에 두 가지 중요한 사건으로는 (1) 다양한 토목공사에 실용적으로 유효응력을 계산하게 하는 A와 B 간극수압계수에 대한 A. W. Skempton의 논문 발표와 (2) 1957년 A. W. Bishop과 B. J. Henkel(Arnold, London)의 〈The Measurement of Soil Properties in the Triaxial Test〉의 출간을 들 수 있다.

1950년대 초 컴퓨터를 이용한 유한차분과 유한요소 해법은 지반공학 문제에 다양한 형태로 적용되었다. 프로젝트들이 더욱 복잡한 경계조건을 갖고 정교해지면서 이에 대한 닫힌해(closed form solution)의 도출이 어렵다. 유한요소(예, Abaqus, Plaxis) 또는 유한차분(예, Flac) 소프트웨어를 이용하는 수치 모델링이 점차 지반공학에서 대중화되고 있다. 모델링 기법의 새로운 도전과 진보로 인해 지반공학에서 수치 모델링이 주도하는 비중은 향후 수십 년 동안 지속될 것으로 전망된다. 지반공학의 전문성은 초창기부터 지금까지 오랫동안 성숙해 왔다. 현재는 토목공학의 중요한

표 1.2 ISSMFE(1936~1997)와 ISSMGE(1997~현재) 학술대회

학술대회	장소	연도
I	미국 보스턴 하버드 대학교	1936
II	네덜란드 로테르담	1948
III	스위스 취리히	1953
IV	영국 런던	1957
V	프랑스 파리	1961
VI	캐나다 몬트리올	1965
VII	멕시코 멕시코시티	1969
VIII	소련 연방공화국 모스크바	1973
IX	일본 도쿄	1977
X	스웨덴 스톡홀름	1981
XI	미국 샌프란시스코	1985
XII	브라질 리우데자네이루	1989
XIII	인도 뉴델리	1994
XIV	독일 함부르크	1997
XV	터키 이스탄불	2001
XVI	일본 오사카	2005
XVII	이집트 알렉산드리아	2009
XVIII	프랑스 파리	2013
XIX	대한민국 서울	2017

분야로서 많은 토목공학자들에게 지반공학은 특별히 선호하는 기술분야가 되었다.

1997년 ISSMFE는 실제 영역을 반영하기 위해 ISSMGE(International Society of Soil Mechanics and Geotechnical Engineering)로 명칭을 변경하였다. ISSMGE의 국제 학술대회는 지반공학 분야에서 진행 중인 연구활동이나 새로운 발전에 대한 정보를 교환하기 위해 중요해졌다. 표 1.2는 ISSMFE/ISSMGE의 학술대회가 개최된 연도와 장소를 나타낸다.

1960년 Bishop, Alpan, Blight 및 Donald는 부분적으로 포화된 점성토 지반의 강도를 지배하는 요인을 처음 소개하였고 그 실험 결과를 발표했다. 이후에 강도와 압밀과 관련된 불포화토의 거동 연구와 지반기초 및 옹벽의 시공에 영향을 주는 다른 요인에 관한 연구도 함께 진행되었다.

ISSMGE는 여러 개의 기술위원회를 구성하였고, 전 세계를 순회하면서 이러한 위원회를 조직하거나 공동 후원하는 여러 학술대회를 개최하고 있다. 이와 관련된 기술

위원회 목록(2010~2013)은 표 1.3과 같다. 또한 ISSMGE는 국제 세미나(이전에는 순회강연)를 개최하고, 이러한 세미나가 매우 중요한 활동임을 입증하였다. 이와 같은 세미나는 회원들의 경제력과 지역의 규모 등에 개의치 않고 현역 기술자, 계약자나 연구자들을 발표 무대로 이끌었고 또한 청중으로 함께 참석하게 했다. 그 결과 국

표 1.3 ISSMGE 기술위원회 목록(2013. 11.)

범주	기술위원회 번호	기술위원회 명칭
Fundamentals	TC101	Laboratory Stress Strength Testing of Geomaterials
	TC102	Ground Property Characterization from In−Situ Tests
	TC103	Numerical Methods in Geomechanics
	TC104	Physical Modelling in Geotechnics
	TC105	Geo-Mechanics from Micro to Macro
	TC106	Unsaturated Soils
Applications	TC201	Geotechnical Aspects of Dykes and Levees, Shore Protection and Land Reclamation
	TC202	Transportation Geotechnics
	TC203	Earthquake Geotechnical Engineering and Associated Problems
	TC204	Underground Construction in Soft Ground
	TC205	Safety and Survivability in Geotechnical Engineering
	TC206	Interactive Geotechnical Design
	TC207	Soil-Structure Interaction and Retaining Walls
	TC208	Slope Stability in Engineering Practice
	TC209	Offshore Geotechnics
	TC210	Dams and Embankments
	TC211	Ground Improvement
	TC212	Deep Foundations
	TC213	Scour and Erosion
	TC214	Foundation Engineering for Difficult Soft Soil Conditions
	TC215	Environmental Geotechnics
	TC216	Frost Geotechnics
Impact on Society	TC301	Preservation of Historic Sites
	TC302	Forensic Geotechnical Engineering
	TC303	Coastal and River Disaster Mitigation and Rehabilitation
	TC304	Engineering Practice of Risk Assessment and Management
	TC305	Geotechnical Infrastructure for Megacities and New Capitals

제 토질 및 지반공학회(International Society for Soil Mechanics and Geotechnical Engineering)에 소속되는 느낌이 들게 했다.

흙은 불균질성 물질로 몇 미터 이내에서도 상당한 변동성을 가질 수 있다. 모든 지반공학 프로젝트에 대한 설계 지반정수는 현장시험, 다양한 위치 및 깊이에서 채취된 흙 시료, 이러한 시료에 대한 실내시험을 포함하는 지반조사에서 얻어야 한다. 다른 재료와 마찬가지로 흙에 대한 실내시험 및 현장시험은 ASTM International(2001년 이전 미국 재료시험협회)에서 지정한 표준방법에 따라 수행된다. ASTM 표준(www.astm.org)은 80권 이상으로 매우 광범위한 재료의 시험방법을 다룬다. 흙, 암석 및 골재에 대한 시험방법은 04.08 및 04.09의 두 권으로 구성되어 있다.

지반공학은 지난 수십 년 동안 상당한 발전이 있었고 지금도 성장하고 있는 비교적 젊은 학문이다. 이러한 새로운 발전과 첨단의 연구 결과는 교과서에 실리기 전에 국제 학술지에 발표된다. 이러한 지반공학 저널 중 일부는 다음과 같다(알파벳 순).

- *Canadian Geotechnical Journal* (NRC Research Press in cooperation with the Canadian Geotechnical Society)
- *Geotechnical and Geoenvironmental Engineering* (American Society of Civil Engineers)
- *Geotechnical and Geological Engineering* (Springer, Germany)
- *Geotechnical Testing Journal* (ASTM International, USA)
- *Geotechnique* (Institute of Civil Engineers, UK)
- *International Journal of Geomechanics* (American Society of Civil Engineers)
- *International Journal of Geotechnical Engineering* (Maney Publishing, UK)
- *Soils and Foundations* (Elsevier on behalf of the Japanese Geotechnical Society)

연구 주제에 대한 철저한 문헌검토를 위해서는 이러한 저널과 국제회의에서 발표되는 논문을 참고하는 것이 매우 중요하다(예, ISSMGE, 표 1.2 참조). 이 책의 각 장에서 인용한 참고문헌은 각 장의 끝부분에 나열되어 있다.

1.8 한 시대의 위대한 업적

1.7절에서는 Karl Terzaghi, Arthur Casagrande, Donald W. Taylor, Ralph B. Peck과 같은 선구자들이 현대 토질역학에 이바지한 바를 간략히 소개했다. 초기 거장 중 마지

막으로 Ralph B. Peck은 2008년 2월 18일 95세의 나이로 작고했다.

Ralph B. Peck 교수는 1912년 6월 23일 캐나다 위니펙(Winnipeg)에서 미국인 부모 Orwin K.와 Ethel H. Peck 사이에서 태어났다. 그는 1934년과 1937년에 뉴욕 트로이(Troy)에 있는 RPI(Rensselaer Polytechnic Institute)에서 학사학위와 박사학위를 받았다. 1938년부터 1939년까지는 하버드 대학교의 Arthur Casagrande로부터 '토질역학'이라는 새로운 과목을 수강했다. Peck은 1939년부터 1943년까지 현대 토질역학의 '아버지'인 Karl Terzaghi의 연구원으로서 시카고 지하철 건설 프로젝트에 함께 참여했다. 1943년 일리노이 대학교(University of Illinois at Champaign-Urbana)에 합류하여 1948년부터 1974년 은퇴할 때까지 기초공학 교수로 재직했다. 은퇴한 후에는 미국의 44주와 5대륙 28개 국가의 주요 지반 관련 프로젝트에 대한 자문활동을 했다. 그의 주요 자문연구 중 일부는 다음과 같다.

- 시카고, 샌프란시스코 및 워싱턴 D.C.의 도시고속 수송체계
- 알래스카 관로 체계
- 캐나다 퀘벡의 제임스만(James Bay) 프로젝트
- 영국의 히스로(Heathrow) 고속철도 프로젝트
- 사해 제방

그의 마지막 프로젝트는 그리스의 Rion-Antirion 교량이다. 2008년 3월 13일 영국의 《The Times》에서는 "Ralph B. Peck은 수로터널을 포함한 몇 개의 세계 현대 공학의 불가사의한 구조물에서 사용된 쟁점 건설기술을 발명한 미국의 토목공학자이다. '지반공학의 대부'로 유명한 그는 가능할 것이라는 신념 아래 강력하게 추진했던 유명한 터널공사와 흙댐 프로젝트에서 성공한 실제 책임자였다."라고 소개했다.

Peck 교수는 250개 이상의 매우 유명한 기술 논문을 작성했다. 1969년부터 1973년까지 ISSMGE의 회장이었으며, 1974년에는 Gerald R. Ford 대통령으로부터 국가과학자상(National Medal of Science)을 받았다. Peck 교수는 세계 여러 나라 지반공학자의 스승이자, 조언자이자, 친구이자, 상담자였다. 일본 오사카(2005)에서 있었던 16차 ISSMGE 학회는 그가 참석한 마지막 주요 학회였다.

그림 1.6은 이스탄불에서 개최된 15차 ISSMGE 학회 기간 중 Boğaziçi 대학(구 아메리칸 로버트 대학)의 Karl Terzaghi 공원을 방문한 Peck 박사의 사진이다.

이것은 지반공학 시대의 위대한 끝맺음이며 또한 새로운 시작이다.

그림 1.6 2001년 ISSMGE 학회 기간 중 터키 이스탄불의 Boğaziçi 대학의 Karl Terzaghi 공원을 방문한 Ralph Peck 박사 (Nevada, Henderson, Braja M. Das 제공)

참고문헌

ATTERBERG, A.M. (1911). "Über die physikalische Bodenuntersuchung, und über die Plastizität de Tone," International Mitteilungen für Bodenkunde, *Verlag für Fachliteratur*. G.m.b.H. Berlin, Vol. 1, 10–43.

BELIDOR, B.F. (1729). *La Science des Ingenieurs dans la Conduite des Travaux de Fortification et D'Architecture Civil*, Jombert, Paris.

BELL, A.L. (1915). "The Lateral Pressure and Resistance of Clay, and Supporting Power of Clay Foundations," *Min. Proceeding of Institute of Civil Engineers*, Vol. 199, 233–272.

BISHOP, A.W., ALPAN, I., BLIGHT, G.E., AND DONALD, I.B. (1960). "Factors Controlling the Strength of Partially Saturated Cohesive Soils," *Proceedings*, Research Conference on Shear Strength of Cohesive Soils, ASCE, 502–532.

BISHOP, A.W. AND HENKEL, B.J. (1957). *The Measurement of Soil Properties in the Triaxial Test*, Arnold, London.

BOUSSINESQ, J.V. (1883). *Application des Potentiels à L'Etude de L'Équilibre et du Mouvement des Solides Élastiques*, Gauthier-Villars, Paris.

COLLIN, A. (1846). *Recherches Expérimentales sur les Glissements Spontanés des Terrains Argileux Accompagnées de Considérations sur Quelques Principes de la Mécanique Terrestre*, Carilian-Goeury, Paris.

COULOMB, C.A. (1776). "Essai sur une Application des Règles de Maximis et Minimis à Quelques Problèmes de Statique Relatifs à L'Architecture," *Mèmoires de la Mathèmatique et de Phisique*, présentés à l'Académie Royale des Sciences, par divers savans, et lûs dans sés Assemblées, De L'Imprimerie Royale, Paris, Vol. 7, Annee 1793, 343–382.

DARCY, H.P.G. (1856). *Les Fontaines Publiques de la Ville de Dijon*, Dalmont, Paris.

DARWIN, G.H. (1883). "On the Horizontal Thrust of a Mass of Sand," *Proceedings*, Institute of Civil Engineers, London, Vol. 71, 350–378.

FELLENIUS, W. (1918). "Kaj-och Jordrasen I Göteborg," *Teknisk Tidskrift*. Vol. 48, 17–19.

FRANCAIS, J.F. (1820). "Recherches sur la Poussée de Terres sur la Forme et Dimensions des Revêtments et sur la Talus D'Excavation," *Mémorial de L'Officier du Génie*, Paris, Vol. IV, 157–206.

FRONTARD, J. (1914). "Notice sur L'Accident de la Digue de Charmes," *Anns. Ponts et Chaussées 9th Ser.*, Vol. 23, 173–292.

GADROY, F. (1746). *Mémoire sur la Poussée des Terres*, summarized by Mayniel, 1808.

GAUTIER, H. (1717). *Dissertation sur L'Epaisseur des Culées des Ponts . . . sur L'Effort et al Pesanteur des Arches . . . et sur les Profiles de Maconnerie qui Doivent Supporter des Chaussées, des Terrasses, et des Remparts*. Cailleau, Paris.

KERISEL, J. (1985). "The History of Geotechnical Engineering up until 1700," *Proceedings*, XI International Conference on Soil Mechanics and Foundation Engineering, San Francisco, Golden Jubilee Volume, A. A. Balkema, 3–93.

MAYNIEL, J.J. (1808). *Traité Experimentale, Analytique et Pratique de la Poussé des Terres*. Colas, Paris.

NAVIER, C.L.M. (1839). *Leçons sur L'Application de la Mécanique à L'Establissement des Constructions et des Machines*, 2nd ed., Paris.

PECK, R.B. (1985). "The Last Sixty Years," *Proceedings*, XI International Conference on Soil Mechanics and Foundation Engineering, San Francisco, Golden Jubilee Volume, A. A. Balkema, 123–133.

PONCELET, J.V. (1840). *Mémoire sur la Stabilité des Revêtments et de seurs Fondations*, Bachelier, Paris.

RANKINE, W.J.M. (1857). "On the Stability of Loose Earth," *Philosophical Transactions*, Royal Society, Vol. 147, London.

REYNOLDS, O. (1887). "Experiments Showing Dilatency, a Property of Granular Material Possibly Connected to Gravitation," *Proceedings*, Royal Society, London, Vol. 11, 354–363.

SKEMPTON, A.W. (1948). "The $\phi = 0$ Analysis of Stability and Its Theoretical Basis," *Proceedings*, II International Conference on Soil Mechanics and Foundation Engineering, Rotterdam, Vol. 1, 72–78.

SKEMPTON, A.W. (1954). "The Pore Pressure Coefficients A and B," *Geotechnique*, Vol. 4, 143–147.

SKEMPTON, A.W. (1985). "A History of Soil Properties, 1717–1927," *Proceedings*, XI International Conference on Soil Mechanics and Foundation Engineering, San Francisco, Golden Jubilee Volume, A. A. Balkema, 95–121.

TAYLOR, D.W. (1948). *Fundamentals of Soil Mechanics*, John Wiley, New York.

TERZAGHI, K. (1925). *Erdbaumechanik auf Bodenphysikalisher Grundlage*, Deuticke, Vienna.

TERZAGHI, K. (1939). "Soil Mechanics—A New Chapter in Engineering Science," *Institute of Civil Engineers Journal*, London, Vol. 12, No. 7, 106–142.

TERZAGHI, K. (1943). *Theoretical Soil Mechanics*, John Wiley, New York.

TERZAGHI, K. AND PECK, R.B. (1948). *Soil Mechanics in Engineering Practice*, John Wiley, New York.

Courtesy of Janice Das, Henderson, Nevada

CHAPTER 2

흙-기원, 흙입자의 크기와 형상

2.1 서론

흙이 가지는 독특한 물리적 특성 때문에 기초, 제방 및 옹벽들에 대한 계획, 설계 및 시공 과정에서 기술자는 구조물이 지어질 흙의 기원에 대한 지식이 필요하다. 지구의 표면을 덮고 있는 대부분의 흙은 암석의 풍화작용으로 형성된다. 흙의 물리적 특성은 주로 흙입자를 구성하는 광물과 흙이 유래한 암석에 의해 결정된다.

이 장에서는 다음의 사항을 다룬다.

- 세 가지 중요한 암석 유형이 형성되는 과정
- 암석의 풍화작용과 다양한 퇴적층의 형성에 이바지하는 과정
- 흙의 입도분포 및 입자 형상
- 점토광물

2.2 암석의 순환과 흙의 기원

토체의 흙입자를 형성하는 광물입자는 암석 풍화의 산물이다. 개개 흙입자의 크기는 넓은 범위로 분포한다. 흙의 다양한 물리적 성질은 입자의 크기, 형상, 화학적 구성성

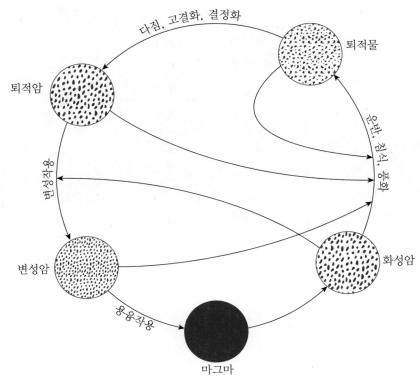

그림 2.1 암석의 순환

분에 의해 결정된다. 이러한 인자를 이해하기 위해서는 지각을 형성하고 있는 암석의 기본 형태, 암석의 구성 광물, 풍화작용에 대한 이해가 필요하다.

암석은 각각의 생성원인에 따라 **화성암**(igneous rock), **퇴적암**(sedimentary rock), **변성암**(metamorphic rock)의 세 가지 기본 형태로 구분된다. 지구의 지각은 대략 65%의 화성암, 27%의 변성암, 8%의 퇴적암으로 구성된다. 그림 2.1은 여러 암석의 순환과 그 형성과정을 나타내며, 이를 **암석의 순환**(rock cycle)이라 한다. 암석 순환의 각 부분을 간략히 살펴보면 다음과 같다.

화성암

지구 내부의 온도는 1000°C 이상으로 매우 뜨겁다. 지표면 아래 용융된 암석을 **마그마**(magma)라 하고, 화산 분출을 통해 마그마가 지표면으로 나오면 이를 **용암**(lava)이라 한다. 마그마와 용암의 구성성분은 같다. 마그마와 용암은 Si, Fe, Na, K 등과 같은 요소로 구성된다. 용암이 지표면 아래에서 식을 때, 냉각은 매우 느리게 진행되

그림 2.2 검은 현무암이 침투한 화강암 (Australia, James Cook University, N. Sivakugan 제공)

어 수천 년이 걸리며 눈으로 식별이 가능할 정도로 입자가 굵다. 이러한 암석을 **관입암**(intrusive) 또는 **심성암**(plutonic)이라 한다. 관입암의 예는 화강암(granite), 섬록암(diorite), 반려암(gabbro), 감람암(peridotite)이다. 용암이 지표면 위에서 냉각될 때, 이 냉각과정은 다소 빠르게 진행되어(며칠이나 몇 주) 입자가 성장하는 시간이 짧다. 이 경우 입자는 작고 눈으로 식별하기가 어렵다. 이러한 암석은 **분출암**(extrusive)이나 **화산암**(volcanic)으로 알려져 있다. 분출암의 예는 유문암(rhyolite), 안산암(andesite), 현무암(basalt), 코마타이트(komatite)이다. 그림 2.2는 검은 현무암이 침투한 화강암을 보여준다. 화강암은 입자 형태가 보이지만 현무암은 그렇지 않다. 과거에 형성된 관입암은 상부 흙의 지속적인 침식과정으로 지표에 노출되기도 한다.

마그마가 냉각됨으로써 형성되는 화성암의 형태는 마그마의 구성성분 및 그와 관련된 냉각률(rate of cooling)과 같은 요인들에 의해 달라진다. Bowen(1922)은 마그마의 냉각률이 다른 형태의 암석 형성과 관련이 있다고 설명했다. 이는 **Bowen의 반응원리**(Bowen's reaction principle)로 알려져 있다. 즉 마그마가 냉각되면서 새로운 광물이 생성되는 과정을 설명한다. 광물 결정들이 커지면 일부는 가라앉는다. 액체 속에 부유하고 있는 결정은 남아 있는 용융물과 반응하여 더 낮은 온도에서 새로운 광물을 형성한다. 이러한 과정은 용융물 전체가 고결될 때까지 계속된다. Bowen은 이러한 반응들을 두 그룹으로 나누었다. (1) **불연속 철-마그네슘 반응계열**(discontinuous

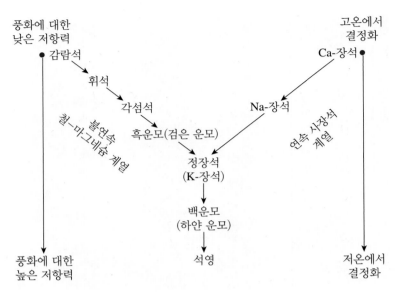

그림 2.3 Bowen의 반응계열

ferromagnesian reaction series): 이 과정에서 형성된 광물은 화학적 성분과 결정구조가 다르다. (2) **연속 사장석 반응계열**(continuous plagioclase feldspar reaction series): 이 과정에서 형성된 광물은 결정구조는 비슷하나 화학적 성분이 다르다. 그림 2.3은 Bowen의 반응계열을 나타낸다. 광물의 화학적 성분은 표 2.1과 같다.

광물의 구성비율에 따라 다른 형태의 화성암으로 형성된다. 화강암, 반려암, 현무

표 2.1 Bowen의 반응계열에서 나타난 광물의 구성성분

광물	구성성분
감람석(olivine)	$(Mg, Fe)_2SiO_4$
휘석(augite)	$Ca, Na(Mg, Fe, Al)(Al, Si_2O_6)$
각섬석(hornblende)	Ca, Na, Mg, Ti, Al의 철-마그네슘 규산염 화합물
흑운모[biotite(black mica)]	$K(Mg, Fe)_3AlSi_3O_{10}(OH)_2$
사장석(plagioclase) { Ca-장석(calcium feldspar)	$Ca(Al_2Si_2O_8)$
Na-장석(sodium feldspar)	$Na(AlSi_3O_8)$
정장석(K-장석)[orthoclase(potassium feldspar)]	$K(AlSi_3O_8)$
백운모[muscovite(white mica)]	$KAl_3Si_3O_{10}(OH)_2$
석영(quartz)	SiO_2

표 2.2 여러 화성암의 구성성분

암석명	생성 형태	구조	주광물	부광물
화강암(granite)	관입	조립	석영, K-장석,	흑운모, 백운모, 각섬석
유문암(rhyolite)	분출	세립	Na-장석	
반려암(gabbro)	관입	조립	사장석, 휘석,	각섬석, 흑운모, 자철석
현무암(basalt)	분출	세립	감람석	
섬록암(diorite)	관입	조립	사장석, 각섬석	흑운모, 휘석 (보통 석영이
안산암(andesite)	분출	세립		없음)
섬장암(syenite)	관입	조립	K-장석	Na-장석, 흑운모, 각섬석
조면암(trachyte)	분출	세립		
감람암(peridotite)	관입	조립	감람석, 휘석	철 산화물

암은 보통 야외에서 볼 수 있는 일반적인 화성암이다. 여러 가지 화성암의 일반적인 구성성분은 표 2.2에 나타나 있다.

풍화작용

풍화작용(weathering)은 **물리적 작용**과 **화학적 작용** 때문에 암석들이 작은 조각으로 부서지는 과정이다. 물리적 풍화작용은 연속적인 열의 증가와 손실에 따라 암석의 팽창과 수축이 발생하여 결국 분해되는 과정을 말한다. 이때 물이 간극이나 암석 내부에 있는 균열 사이로 침투된다. 온도가 떨어지면 물이 얼면서 체적이 팽창한다. 체적 팽창으로 인해 가해지는 압력은 커다란 암석까지도 쪼갤 수 있을 만큼 크다. 암석을 붕괴시킬 수 있는 그 밖의 물리적 요인으로는 빙하, 바람, 하천의 흐름, 해양의 파도가 있다. 물리적 풍화작용에 있어 알아야 할 중요한 사실은 큰 암석이 부서져 작은 조각으로 부스러질 때 화학적 성분에는 변화가 없다는 것이다. 그림 2.4는 대만의 예류(Yehliu) 지역에서 해양의 파도와 바람에 의한 물리적 침식의 사례를 보여준다. 이 지역은 친산(Chin Shan)과 완니(Wanli)의 북쪽 해안 사이 약 15 km 지역에 위치하는 지룽(Keelung) 북서쪽의 길고 좁은 곳이다.

화학적 풍화작용에서는 원래의 암석 광물이 화학적 작용으로 새로운 광물로 변화된다. 물과 대기 중의 이산화탄소는 탄산(carbonic acid)을 생성하고 기존의 암석 광물과 반응하여 새로운 광물과 용해성 염(soluble salt)을 형성한다. 지하수에 있는 용해성 염과 부패된 유기물에서 형성된 유기산(organic acid)은 화학적 풍화작용을 유발

그림 2.4 대만의 예류 지역에서 해양의 파도와 바람으로 인한 물리적 침식
(Nevada, Henderson, Braja M. Das 제공)

한다. 예로 점토광물, 규소, 용해성 칼륨 탄산염을 생성하는 정장석(orthoclase)의 화
학적 풍화작용은 다음과 같다.

$$H_2O + CO_2 \rightarrow H_2CO_3 \rightarrow H^+ + (HCO_3)^-$$
$$\text{탄산}$$
$$2K(AlSi_3O_8) + 2H^+ + H_2O \rightarrow 2K^+ + 4SiO_2 + Al_2Si_2O_5(OH)_4$$

정장석   규소   카올리나이트
                                                  (점토광물)

방출되는 칼륨이온은 칼륨 탄산염으로 식물에 의해 대부분 흡수된다.
　사장석(plagioclase feldspars)의 화학적 풍화작용은 정장석의 경우와 매우 유사한
데, 이 화학적 풍화작용으로 인해 점토광물과 규소, 그리고 기타 용해성 염을 생성한

다. 철-마그네슘 광물(ferromagnesian minerals)은 점토광물, 규소, 용해성 염의 분해물을 형성한다. 또한 철-마그네슘 광물에 함유된 철과 마그네슘은 적철광(hematite)과 갈철광(limonite) 등의 다른 생성물로 된다. 석영(quartz)은 풍화작용에 매우 강하여 물에 약간 녹을 뿐이다. 그림 2.3은 암석을 형성하고 있는 광물의 풍화작용에 대한 민감성을 나타낸다. Bowen의 반응계열에서 고온에서 형성된 광물은 저온에서 형성된 광물보다 풍화에 대한 저항력이 더 약하다.

풍화작용은 화성암에만 국한된 것은 아니다. 암석의 순환(그림 2.1)에 나타난 것과 같이 퇴적암과 변성암 역시 비슷한 방법으로 풍화된다.

따라서 앞의 간단한 설명으로부터 풍화과정이 어떻게 암석 덩어리를 큰 호박돌(boulder)에서부터 매우 작은 점토입자 범위까지 여러 크기의 작은 파편으로 변화시킬 수 있는지를 이해할 수 있다. 이 작은 입자들의 구성비율에 따라 여러 가지 형태의 흙이 형성된다. 장석(feldspar), 철-마그네슘, 운모(mica)의 화학적 풍화작용으로 형성된 점토광물은 흙이 소성의 성질을 갖게 한다. 3개의 중요한 점토광물은 (1) 카올리나이트(kaolinite), (2) 일라이트(illite), (3) 몬모릴로나이트(montmorillonite)이다(이 점토광물에 대해서는 이 장 끝부분에서 설명한다).

풍화 생성물의 운반

풍화 생성물은 제자리에 있거나 빙하, 물, 바람, 중력에 의해 다른 장소로 이동하기도 한다.

풍화작용으로 인해 형성된 흙이 원래의 자리에 그대로 남아 있는 것을 **잔류토**(residual soil)라 한다. 잔류토의 중요한 특징은 흙입자 크기의 단계적 변화이다. 지표면에는 세립토가 분포하며, 토층의 심도가 깊어짐에 따라 흙입자의 크기는 증가한다. 또한 더 깊은 심도에서 모난 암석 파편이 발견될 수도 있다.

운적토(transported soil)는 운반과 퇴적되는 방법에 따라 다음과 같이 여러 군(group)으로 분류된다.

1. **빙적토**(glacial soil): 빙하에 의해 운반, 퇴적되어 형성된 흙
2. **충적토**(alluvial soil): 흐르는 물에 의해 운반되어 하천을 따라 퇴적된 흙
3. **호성토**(lacustrine soil): 잔잔한 호수 속에 침전되어 형성된 흙
4. **해성토**(marine soil): 바닷속에 침전되어 형성된 흙
5. **풍적토**(aeolian soil): 바람에 의해 운반, 퇴적된 흙
6. **붕적토**(colluvial soil): 중력에 의해 운반, 퇴적된 흙

퇴적암

퇴적암은 지각의 약 8%를 차지하지만, 지구 표면에서는 상당히 많이 존재한다. 풍화작용으로 인해 형성된 자갈, 모래, 실트, 점토의 퇴적물은 상재하중에 의해 다져지고 산화철(iron oxide), 방해석(calcite), 백운석(dolomite), 석영과 같은 매개체에 의해 고결된다. 고결제는 일반적으로 지하수에 용해되어 이동된다. 고결제는 입자 사이의 간극을 채워서 마침내 퇴적암을 형성한다. 이와 같은 과정에 의해 형성된 암석은 **쇄설성 퇴적암**(detrital sedimentary rock)이라 한다.

모든 쇄설성 퇴적암은 **쇄설조직**(clastic texture)을 가지고 있다. 다음은 쇄설조직이 있는 쇄설암의 예이다.

입자 크기	퇴적암
자갈 또는 더 큰 것(입자 크기 2~4 mm 또는 더 큰 것)	역암
모래	사암
실트와 점토	이암과 혈암

역암(conglomerate)의 경우 입자조각이 모나게 되면 그 암석은 **각력암**(breccia)이라 한다. 사암(sandstone)은 입자 크기가 1/16 mm와 2 mm 사이에 있다. 사암에서 입자가 거의 석영이면 이 암석을 정규암(orthoquartzite)이라 한다. 이암(mudstone)과 혈암(shale)에서 입자 크기는 일반적으로 1/16 mm 이하이다. 이암은 입자가 뭉툭한 양상을 보이지만 혈암은 판상으로 분리된다.

퇴적암 역시 화학적 작용 때문에 형성될 수 있다. 이런 형태의 암석은 **화학적 퇴적암**(chemical sedimentary rock)으로 분류된다. 이들 암석은 **쇄설조직**이나 **비쇄설조직**(nonclastic texture)을 가질 수 있다. 다음은 화학적 퇴적암의 예이다.

구성성분	퇴적암
방해석($CaCO_3$)	석회암
백운석[$CaMg(CO_3)$]	백운석
석고($CaSO_4 \cdot 2H_2O$)	석고
암염($NaCl$)	암염

석회암(limestone)은 주로 유기체나 무기과정에 의해 침전된 칼슘 탄산염으로 형성된다. 대부분 석회암은 쇄설조직을 갖는다. 그러나 비쇄설조직 또한 흔히 발견된다. 초크(chalk)는 생화학적으로 생성된 방해석(calcite)으로 만들어진 퇴적암이다. 이것은

미세 식물이나 동물의 골격조각이다. 백운석(dolomite)은 혼합된 탄산염의 화학적 침전이나 석회암과 물속에 있는 마그네슘과 반응하여 형성된다. 석고(gypsum)와 경석고(anhydrite)는 바닷물이 증발하여 용해성 황산칼슘($CaSO_4$)이 침전됨에 따라 형성된다. 이런 암석들은 **증발암**(evaporite)으로 분류된다. 암염(rock salt, NaCl)은 바닷물의 염퇴적물에서 유래된 증발암의 또 다른 예이다.

퇴적암은 풍화되어 침전물을 형성하거나 **변성작용**을 받아 변성암이 될 수 있다.

변성암

변성작용(metamorphism)은 암석이 용융되지 않고 열이나 압력에 의해 암석의 구성과 조직이 변화하는 과정이다. 변성작용 중에 새로운 광물이 형성되고 광물입자가 전단되어 변성암에 엽리구조(foliated texture)를 나타내기도 한다. 편마암(gneiss)은 화강암, 섬록암, 반려암과 같은 화성암이 높은 강도의 변성작용을 받아 형성된 변성암이다. 혈암과 이암은 낮은 정도의 변성작용으로 점판암(slate)이 형성된다. 혈암의 점토광물은 열에 의해 녹니석(chlorite)과 운모가 되며, 점판암은 주로 운모 박편조각과 녹니석으로 구성되어 있다. 천매암(phyllite)은 250~300°C를 넘는 고열을 받아 변성작용을 일으켜 점판암으로 형성된 변성암이다. 편암(schist)은 여러 화성함, 퇴적암 그리고 낮은 정도의 변성암으로부터 유래된 변성암의 한 유형으로, 잘 발달된 엽리조직과 얇은 판상의 운모 조직을 갖는다. 변성암은 일반적으로 많은 양의 석영과 장석을 포함하고 있다.

대리석(marble)은 방해석과 백운석의 재결정 작용으로 형성된 것이다. 대리석의 광물입자는 근원이 되는 암석의 광물입자보다 크다. 녹색 대리석은 각섬석(hornblende), 사문석(serpentine) 또는 활석(talc)에 의해 색이 나타난다. 검은 대리석은 역청질(bituminous) 물질을 함유하고 있으며, 갈색 대리석은 철 산화물과 갈철광을 함유하고 있다. 규암(quartzite)은 석영 성분이 많은 사암으로부터 형성된 변성암이다. 규소(silica)가 석영과 모래입자의 간극으로 들어가 고결제 역할을 한다. 규암은 가장 단단한 암석 중 하나이다. 대단히 높은 열과 압력에 의해 변성암이 녹아서 마그마가 되며, 암석의 순환과정은 반복된다.

2.3   퇴적 지층

앞 절에서 흙의 형성과 암석의 풍화과정에 대해 간단하게 논의했다. 풍화된 후에 생성된 흙은 그 자리에 남거나(잔류토), 빙하, 하천의 흐름, 강물, 공기와 같은 자연 매개체에 의해 퇴적된다. 퇴적토와 잔류토뿐만 아니라 **이탄**(peat)이나 유기물질의 분해로 인한 **유기질토**(organic soil)가 있다.

위에서 설명한 다양한 종류의 흙에 대한 일반적인 개요는 2.4~2.10절에 나와 있다.

2.4   잔류토

잔류토는 풍화된 흙이 매개체에 의해 운반되는 비율보다 풍화되는 비율이 더 큰 지역에서 발견된다. 풍화되는 속도는 춥고 건조한 지역보다는 따뜻하고 습한 지역에서 더 높으며, 기후 조건에 따라 풍화의 영향은 매우 다르다.

잔류토는 열대 지방에서 흔하다. 잔류토의 성질은 일반적으로 모암(parent rock)의 성질을 갖는다. 화강암, 편마암과 같은 단단한 암석이 풍화되면 흙 대부분은 그 자리에 남아 있게 된다. 이 퇴적토는 일반적으로 흙의 최상부에 점토나 실트질 점토가 있고 그 아래에 실트질 또는 모래질 흙이 존재한다. 일반적으로 이 층들은 부분적으로 풍화된 암반이 아래에 깔리며 그 아래에 건전한 기반암이 차례로 존재한다. 건전한 기반암의 깊이는 몇 미터 이내의 근접거리에서도 매우 다양하게 분포한다.

단단한 암석과는 다르게, 석회암과 같은 화학적 암석은 주로 방해석($CaCO_3$) 광물로 구성되어 있다. 초크와 백운석은 백운석 광물[$CaMg(CO_3)_2$]을 고농도로 가지고 있다. 이 암석은 수용성 물질을 대량으로 가지고 있어 그 일부는 지하수에 의해 제거되고 일부는 암석의 불용성 부분으로 남는다. 화학적 암석에서 생긴 잔류토는 기반암까지 도달하는 점진적인 전이영역(transition zone)을 가지지 않는다. 석회암과 같은 암석의 풍화로 생긴 잔류토는 대부분 붉은색이다. 잔류토의 종류는 같아도 풍화의 깊이는 매우 다양하다. 기반암 바로 위 잔류토는 일반적으로 정규압밀되어 있으므로, 이러한 흙 위에서 큰 하중을 지지하는 대형 기초구조물은 큰 압밀침하를 일으키기 쉽다.

2.5 붕적토

가파른 자연사면의 잔류토는 천천히 아래쪽으로 이동될 수 있으며, 이를 **크리프**(creep)라 한다. 흙이 아래쪽으로 갑작스럽고 빠르게 움직이는 것을 **산사태**(landslide)라 한다. 산사태에 의해 퇴적된 흙을 **붕적토**(colluvium)라 한다. **이류**(mudflow)는 붕적토의 한 종류이다. 이 경우에 상대적으로 평평한 경사면에서 매우 포화된 느슨한 모래의 잔류토는 점성이 있는 액체처럼 아래로 움직이고 조밀한 상태로 멈추게 된다. 과거에 이류에 의해서 생성된 잔류토는 그 구성이 매우 불균질하다.

2.6 충적토

하천과 강의 흐름으로 발생하는 충적토는 두 가지 범주로, (1) **망상하천 퇴적토**(braided-stream deposit)와 곡류대 흐름으로 인한 (2) **곡류대 퇴적토**(meander belt deposit)로 구분할 수 있다.

망상하천 퇴적토

망상하천은 높은 경사를 가지며 매우 침식성이 크고 많은 양의 퇴적물이 있는 빠르게 흐르는 하천이다. 바닥의 저항으로 인해 유속의 작은 변화에도 침전물이 퇴적된다. 이러한 과정으로 사주(sandbars)와 섬으로 분리되며 수렴·발산하는 수로의 복잡한 흐름을 만든다.

   망상하천으로 형성된 퇴적토는 층리가 매우 불규칙적이고 다양한 입자 크기를 가진다. 그림 2.5는 이러한 지층의 단면을 보여주며 퇴적토는 다음과 같은 특징을 가진다.

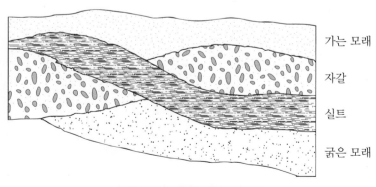

가는 모래

자갈

실트

굵은 모래

그림 2.5 망상하천 퇴적토의 단면

1. 입자 크기는 보통 자갈과 실트의 범위에 있다. 점토 크기의 입자는 일반적으로 망상하천 퇴적토에서 발견되지 않는다.
2. 입자 크기는 매우 광범위하나 주어진 작은 구덩이나 지층 내에서는 다소 균일하다.
3. 주어진 깊이에서 수평방향으로 몇 미터 거리에 있더라도 간극비와 단위중량은 크게 변한다.

곡류대 퇴적토

곡류(meander)라는 용어는 구불구불한 흐름으로 유명한 아시아의 Maiandros(현재 Menderes) 강이 흐르는 지역에서 발생한 그리스어 *maiandros*에서 유래한다. 계곡의 곡선이 앞뒤로 구부러져 흐른다. 강의 구불구불한 계곡 바닥을 **곡류대**(meander belt)라 한다. 구불구불한 강에서 제방의 흙은 그림 2.6과 같이 모양이 오목한 지점에서 계속해서 침식되고, 둑의 모양이 볼록한 지점에서 퇴적된다. 이러한 퇴적층을 **포인트 바 퇴적토**(point bar deposit)라 하며, 보통 모래와 실트 크기의 입자로 구성된다. 때로는 침식과 퇴적의 과정에서 강은 구불구불한 길 대신 더 짧은 길을 선택한다. 이렇게 버려진 구불구불한 길에 물이 차면 이를 **우각호**(oxbow lake)라 한다(그림 2.6 참고).

홍수가 발생하면 강은 저지대로 범람한다. 강에 의해 운반된 모래와 실트 입자는

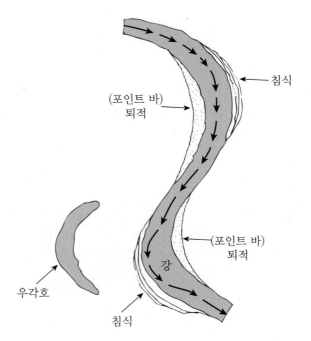

그림 2.6 곡류대 흐름에서 포인트 바 퇴적토와 우각호의 형성

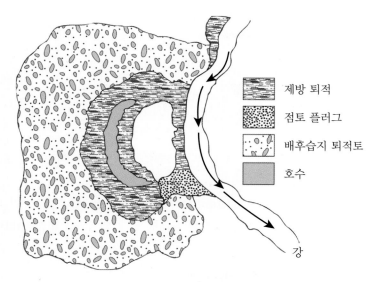

그림 2.7 제방과 배후습지 퇴적토

제방 퇴적
점토 플러그
배후습지 퇴적토
호수

강

제방을 따라 퇴적하여 **자연제방**(natural levee)의 능선을 형성한다(그림 2.7). 실트와 점토로 구성되는 미세한 흙입자는 물에 의해 운반되어 범람원으로부터 더욱더 멀리 운반된다. 이 입자들은 서로 다른 속도에서 침하하며 소성이 매우 큰 점토인 **배후습지 퇴적토**(backswamp deposit, 그림 2.7)를 형성한다.

2.7 호성토

강과 샘의 물은 호수로 흘러간다. 건조한 지역에서 하천은 다량의 부유물질을 운반한다. 하천이 호수로 들어가면 흙입자는 삼각주(delta)를 형성하는 지역에 퇴적된다. 조립토와 세립토, 즉 호수로 운반된 실트와 점토는 조립질과 세립질의 층이 번갈아 가며 호수 바닥에 퇴적된다. 습한 지역에 형성된 삼각주는 보통 건조한 지역에 비해 미세한 흙입자가 퇴적된다.

2.8 빙적토

홍적세(Pleistocene) 빙하기 동안 빙하가 지구의 넓은 지역을 덮고 있었다. 시간에 따라 빙하는 성장하거나 퇴보했다. 성장하는 동안 빙하는 많은 양의 모래, 실트, 점토,

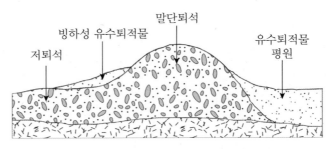

그림 2.8 말단퇴석, 저퇴석, 빙하성 유수퇴적물 평원

자갈 및 호박돌을 운반하였다. **표토**(drift)는 일반적으로 빙하에 의해 쌓인 퇴적토에 쓰이는 용어이다. 빙하가 녹아 층이 없는 형태로 쌓인 퇴적물을 **빙력토**(till)라 한다. 빙력토의 물리적인 특성은 빙하마다 다를 수 있다.

빙력토가 발달한 지형을 **빙퇴석**(moraine)이라 한다. 말단퇴석(terminal moraine)은 빙하 성장의 최대한계를 보여주는 능선이다(그림 2.8). **후퇴퇴석**(recessional moraine)은 다양한 거리에서 말단퇴석 뒤에서 발달한 빙력토의 능선이다. 이들은 빙하가 일시적으로 안정화되는 기간에 형성된다. 빙퇴석들 사이에 있는 빙하에 의해 퇴적된 빙력토는 **저퇴석**(ground moraine)이라 한다(그림 2.8). 저퇴석은 미국 중부의 큰 지역을 구성하며 **빙력토 평원**(till plain)이라 불린다.

빙하의 정면에서 녹은 물에 운반되는 모래, 실트, 자갈을 **빙하성 유수퇴적물**(outwash)이라 한다. 망상하천 퇴적토와 비슷한 방식으로 빙하가 녹은 물은 빙하성 유수퇴적물 평원(outwash plain, 그림 2.8)을 형성하는 빙하성 유수퇴적물을 침전시키며, 이를 **빙하성 유수퇴적토**(glaciofluvial deposit)라 한다. 주어진 빙력토에 존재하는 입자 크기는 매우 다양하다.

2.9 풍적토

바람은 퇴적층을 형성하는 주요한 이동 수단이다. 넓은 영역의 모래가 바람에 노출되면 날아가고 다른 곳에서 다시 퇴적된다. 바람에 날린 모래 퇴적물은 일반적으로 **언덕**(dune)의 모양을 한다(그림 2.9). 그림 2.10은 이집트의 사하라(Sahara) 사막에 있는 몇몇 모래 언덕(sand dune)을 보여준다. 언덕이 형성되면 모래는 바람에 의해 마루 위로 날리고, 마루를 넘어 사면으로 굴러 떨어진다. 이 과정은 언덕의 바람이 불어오는 쪽(windward side)에서 **조밀한 모래 퇴적물**을 형성하고, 바람이 불어가는 쪽(leeward

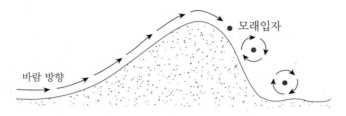

그림 2.9 모래 언덕

그림 2.10 이집트 사하라 사막의 모래 언덕 (Nevada, Henderson, Braja of M. Das 제공)

side)에서는 꽤 **느슨한 퇴적물**을 형성하는 경향이 있다. **모래 언덕**의 일반적인 특성 중 일부는 다음과 같다.

1. 특정 위치에서 입도분포는 대단히 균일하다. 이 균일성은 바람의 분류 작용 때문이다.
2. 바람이 큰 입자보다 작은 입자를 더 멀리 운반하기 때문에 근원지에서 멀어질수록 입자 크기는 작아진다.
3. 모래 언덕의 바람이 불어오는 쪽에 퇴적된 모래의 상대 밀도는 50~65%로 크며, 바람이 불어가는 쪽에서는 약 0~15%로 작다.

황토(loess)는 실트와 실트 크기의 입자로 구성된 풍적토이다. 황토의 입도분포는 꽤 균일하다. 황토의 점착력은 실트 크기의 입자 위에 입혀진 점토로부터 기인하며, 이로 인해서 불포화 상태에서도 안정한 흙 구조를 이룬다. 점착력은 또한 빗물에 의해 용출된 화학물질의 침전 결과일 수도 있다. 황토는 흙이 포화될 때 입자 간의 결합력을 잃기 때문에 **붕괴성** 흙이다. 따라서 황토 위에 시공되는 기초구조물에 대해서는 특별한 조치가 필요하다.

화산재(입자 크기 0.25~4 mm)와 화산 먼지(입자 크기 0.25 mm 미만)는 바람에 의해 이동하는 흙으로 분류될 수 있다. 화산재는 가벼운 모래이거나 모래질 자갈이다. 화산재의 분해는 높은 소성과 압축성을 가지는 점토를 생성한다.

2.10 유기질토

유기질토는 일반적으로 지하수위가 지표면 근처나 그보다 위에 있는 저지대에서 발견된다. 높은 지하수위는 수생식물의 성장을 도와주며, 그 결과 유기질토를 생성한다. 이러한 퇴적토는 일반적으로 해안 지역과 빙하 지역에서 발생한다. 유기질토는 다음과 같은 특성을 갖는다.

1. 자연 함수비가 200~300%이다.
2. 큰 압축성을 가지고 있다.
3. 실험에서 하중을 가할 때 2차 압밀에 의한 많은 양의 침하가 발생한다.

2.11 흙입자의 크기

흙의 생성기원과 관계없이 흙을 구성하는 흙입자 크기의 범위는 광범위하다. 일반적으로 흙은 흙 속의 주요 입자 크기에 따라 **자갈**(gravel), **모래**(sand), **실트**(silt), **점토**(clay)로 불린다. 입자의 크기로 흙을 설명하기 위해 몇몇 기관이 **입자 크기 분류법**을 개발했다. 표 2.3과 그림 2.11은 매사추세츠 공과대학(MIT, Massachusetts Institute of Technology), 미국 농무부(USDA, U.S. Department of Agriculture), 미국 도로협회(AASHTO, American Association of State Highway and Transportation Officials), 미국 육군 공병단(U.S. Army Corps of Engineers), 미국 개척국(USBR, U.S. Bureau of Reclamation)에서 개발한 입자 크기 분류법을 나타낸다. 이 표에서 MIT 분류법은

입자 크기 분류법을 개발하는 역사에서 중요한 역할을 하므로 단지 하나의 예로 제시하였다. 이들 중에서 통일분류법(USCS, Unified Soil Classification System)이 현재 널리 사용되고 있으며, 통일분류법은 미국 재료시험협회(ASTM, American Society for Testing and Materials)에서 채택하고 있다.

자갈은 석영, 장석 및 다른 광물들의 특이한 입자를 함유한 암석조각이다.

모래입자는 주로 석영과 장석으로 이루어져 있으나, 때로는 다른 광물입자를 포함하기도 한다.

실트는 매우 미세한 석영입자와 운모광물의 파편이 얇은 형태 조각으로 구성된 미세한 흙 파편이다.

점토는 대부분이 운모, 점토광물 및 기타 광물들의 판 형태의 미세 또는 극미세 입자이다. 표 2.3과 그림 2.11에 나타낸 것과 같이 일반적으로 점토는 입자 크기가 0.002 mm보다 작은 입자로 정의한다. 그러나 어떤 경우에는 입자 크기가 0.002 mm와 0.005 mm 사이에 있는 입자도 점토로 간주하기도 한다. 입자의 크기로만 **점토**를 분류한다면 점토광물을 포함할 필요는 없을 것이다. 점토는 "일정한 양의 물과 혼합

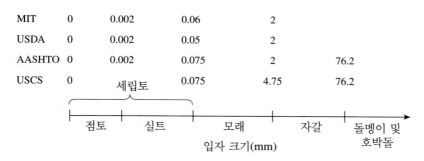

그림 2.11 입자 크기 분류법

표 2.3 입자 크기 분류법

기관명	입자 크기(mm)			
	자갈	모래	실트	점토
매사추세츠 공과대학(MIT)	> 2	0.06~2	0.002~0.06	< 0.002
미국 농무부(USDA)	> 2	0.05~2	0.002~0.05	< 0.002
미국 도로협회(AASHTO)	2~76.2	0.075~2	0.002~0.075	< 0.002
통일분류법(미국 육군 공병단, 미국 개척국, ASTM)	4.75~76.2	0.075~4.75	세립토(즉 실트와 점토) < 0.075	

했을 때 소성을 일으키는 입자"로 정의한다(Grim, 1953). (소성이란 일정한 물을 함유한 점토의 모양이 쉽게 변하는 성질을 일컫는다.) 비점성토는 점토로 분류될 만큼 작은 입도를 갖는 석영, 장석, 운모의 입자를 포함할 수 있다. 따라서 다른 분류법에서 정의한 것과 같이 2 μm 또는 5 μm(1 μm = 10^{-6} m)보다 작은 흙입자는 점토라기보다는 점토 크기의 입자(clay-sized grain)라 부르는 것이 적절하다. 점토입자는 대개 콜로이드와 같은 크기(< 1 μm)의 범위에 있고, 크기의 상한은 2 μm이다.

2.12 점토광물

점토광물은 **규소 사면체**(silica tetrahedron)와 **알루미늄 팔면체**(alumina octahedron)의 두 기본단위로 구성된 규산알루미늄 복합물이다. 각 사면체의 단위는 1개의 규소 원자 주위에 4개의 산소 원자로 구성되어 있다(그림 2.12a). 규소 사면체 단위의 결합은 **규소판**(silica sheet)으로 나타낸다(그림 2.12b). 각 사면체 바닥에 있는 3개의 산소 원자는 이웃하는 사면체와 공유하고 있다. 팔면체 단위는 1개의 알루미늄 원자 주위에 6개의 수산기로 구성되어 있으며(그림 2.12c), 팔면체 알루미늄 수산기 단위의 결합은 **팔면체판**(octahedral sheet)으로 나타난다[이것을 또한 **깁사이트판**(gibbsite sheet)이라고도 한다(그림 2.12d)]. 간혹 팔면체 단위에 있는 알루미늄 원자 대신에 마그네슘 원자로 대체되기도 하는데, 이 경우의 팔면체판을 **브루사이트판**(brucite sheet)이라 한다.

규소판에서 4가의 양전하를 가진 규소 원자는 4개 산소 원자의 총 8개 음전하와 연결되어 있다. 그러나 사면체 바닥에 있는 각 산소 원자는 2개의 규소 원자와 연결되어 있다. 각 사면체 단위의 꼭대기에 있는 산소 원자는 균형을 유지하기 위해 1개의 음전하를 갖는다. 그림 2.12e에 나타난 것과 같이 규소판이 팔면체판 위에 겹쳐 쌓일 때 이런 산소 원자들은 수산기로 대체되어 전하 균형을 유지한다.

카올리나이트(kaolinite)는 그림 2.13a에 나타난 것과 같이 규소-깁사이트판이 1 : 1 격자모양으로 반복되는 층을 이룬다. 각 층의 두께는 7.2 Å(Å = 10^{-10} m)이다. 각 층의 사이는 수소결합으로 결속되어 있다. 카올리나이트는 판상체 형태로 나타나며, 횡방향 길이는 1000~20,000 Å이고, 두께는 100~1000 Å이다. 카올리나이트의 단위질량당 표면적은 약 15 m²/g이다. 단위질량당 표면적을 **비표면적**(specific surface)이라 한다.

일라이트(illite)는 1개의 깁사이트판이 2개의 규소판 사이에, 즉 하나는 상부에,

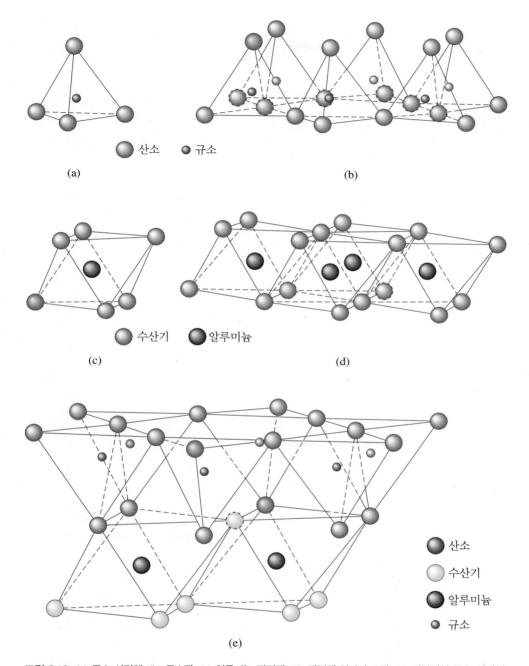

산소 규소

(a)

(b)

수산기 알루미늄

(c)

(d)

산소
수산기
알루미늄
규소

(e)

그림 2.12 (a) 규소 사면체, (b) 규소판, (c) 알루미늄 팔면체, (d) 팔면체(깁사이트)판, (e) 기본적인 규소-깁사이트판(From Grim, "Physico-Chemical Properties of Soils: Clay Minerals," *Journal of the Soil Mechanics and Foundations Division*, ASCE, Vol. 85, No. SM2, 1959, pp. 1–17, ASCE의 허가)

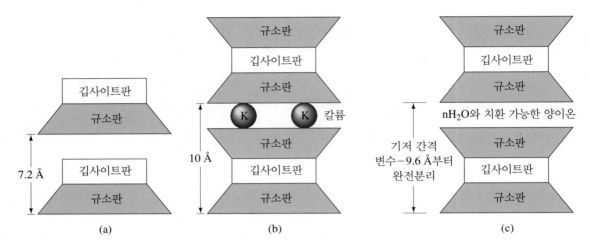

그림 2.13 (a) 카올리나이트, (b) 일라이트, (c) 몬모릴로나이트의 구조도($\text{Å} = 10^{-10}$ m)

다른 하나는 하부에 결합되어 있다(그림 2.13b). 일라이트는 때때로 **점토 운모**(clay mica)라고도 한다. 일라이트층 사이는 칼륨이온으로 결합되어 있다. 칼륨이온의 전하와 균형을 유지하기 위한 음전하는 사면체판 속의 규소가 알루미늄으로 교체되어 발생한다. 이와 같이 결정 형태가 변화하지 않고 요소가 다른 요소로 대치되는 것을 **동형치환**(isomorphous substitution)이라 한다. 일반적으로 일라이트 입자의 횡방향 길이는 1000~5000 Å이며 두께는 50~500 Å이다. 입자의 비표면적은 80 m²/g이다.

몬모릴로나이트(montmorillonite)는 일라이트와 구조가 비슷하다. 즉 1개의 깁사이트판이 2개의 규소판 사이에 결합되어 있다(그림 2.13c). 몬모릴로나이트에는 팔면체판 내에 있는 알루미늄이 마그네슘과 철로 교체되는 동형치환 과정이 있다. 일라이트와 같이 칼륨이온은 없으며 많은 양의 물이 층 사이의 공간으로 끌어 당겨진다. 몬모릴로나이트 층은 약한 반데르발스 힘에 의해 결속되지만 쉽게 분리될 수 있다. 몬모릴로나이트 입자의 횡방향 길이는 1000~5000 Å이며 두께는 10~50 Å이다. 비표면적은 약 800 m²/g이다. 그림 2.14는 몬모릴로나이트 조직의 전자현미경 사진이다.

카올리나이트, 일라이트, 몬모릴로나이트 이외에 보통 발견할 수 있는 점토광물에는 녹니석(chlorite), 헬로이사이트(halloysite), 질석(vermiculite), 애터펄자이트(attapulgite) 등이 있다.

점토입자는 표면에 순 음전하(net negative charge)를 띠고 있다. 이유는 동형치환과 점토입자 모서리에서 구조의 연속성이 깨진 결과이다. 비표면적이 커지면 음전하도 커진다. 이때 양전하가 입자 모서리에서 발생한다. 점토광물 표면에 발생하는 음전하의 평균 표면밀도(surface density)의 역수(Yong and Warkentin, 1966)는 다음과 같다.

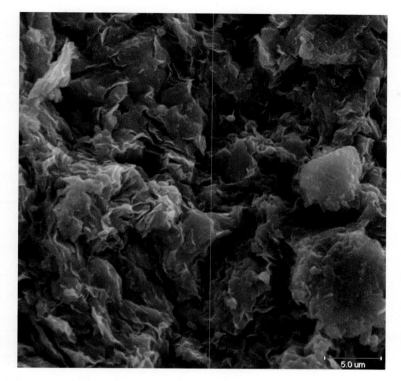

그림 2.14 몬모릴로나이트 조직의 전자현미경 사진 (Iowa, Ames, Iowa State University, David J. White 제공)

점토광물	전하의 평균 표면밀도의 역수($Å^2$/전하)
카올리나이트	25
점토 운모와 녹니석	50
몬모릴로나이트	100
질석	75

건조된 점토에서 음전하는 정전기 인력에 의해 입자 주위에 붙어 있는 Ca^{++}, Mg^{++}, Na^+ 및 K^+와 같은 치환 가능한 양이온들과 균형을 이룬다. 이때 건조한 점토에 물을 첨가하면 양이온과 소수의 음이온은 점토입자 주변을 부유한다. 이것을 **확산 이중층**(diffuse double layer)이라 한다(그림 2.15a). 양이온 농도는 음으로 대전된 점토입자 표면에서 멀어질수록 감소한다(그림 2.15b).

물 분자는 극성을 띠고 있다. 수소 원자들은 산소 원자 주위에 대칭으로 배열되어 있지 않고 105°의 각도로 결속되어 있다. 그 결과 물 분자의 한쪽은 양전하를, 다른

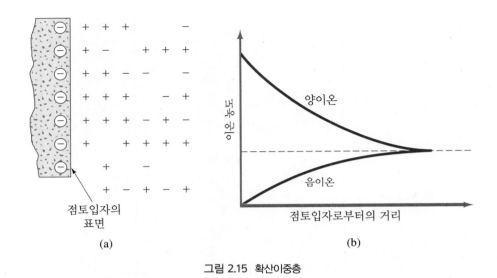

그림 2.15 확산이중층

쪽은 음전하를 띤다. 이것을 **쌍극자**(dipole)라고 한다.

쌍극성인 물은 점토입자 표면의 음전하와 이중층에 있는 양이온 양쪽에 끌린다. 이어서 양이온들은 흙입자에 끌린다. 물이 점토입자 표면에 이끌리는 세 번째 원리는 **수소결합**(hydrogen bonding)이며, 물 분자에 있는 수소 원자들은 점토 표면의 산소 원자들과 결합력을 공유한다. 간극수 내에 부분적으로 수화된 양이온들 역시 점토입자 표면에 이끌린다. 이 양이온들은 쌍극성의 물 분자를 끌어당긴다. 물과 점토 사이의 인력은 점토입자 표면으로부터 거리가 멀수록 감소한다. 인력에 의해 점토입자 주위에 유지되는 모든 물을 **이중층수**(double-layer water)라 한다. 이때 이중층수의 중심 내부에 점토에 강하게 유지된 층을 **흡착수**(absorbed water)라 한다. 쉽게 제거되지 않는 이 물은 자유수보다 점성이 더 크다. 점토입자 주변에 존재하는 물의 방향(orientation)은 점토가 소성을 갖게 한다.

2.13 비중(G_s)

물질의 비중은 물보다 얼마나 무거운지를 나타낸다. 비중은 물의 밀도에 대한 재료의 밀도 비이다. 물의 비중은 1이다. 흙입자의 비중은 토질역학에서 여러 가지 계산을 위해 자주 사용한다. 비중은 실험실에서 정확하게 측정할 수 있다. 표 2.4는 흙에서 흔히 접할 수 있는 일부 광물의 비중을 알려준다. 광물 대부분은 2.6~2.9 범위에 속하

표 2.4 주요 광물의 비중	
광물	비중(G_s)
석영	2.65
카올리나이트	2.6
일라이트	2.8
몬모릴로나이트	2.65~2.80
헬로이사이트	2.0~2.55
K-장석	2.57
Na-장석과 Ca-장석	2.62~2.76
녹니석	2.6~2.9
흑운모	2.8~3.2
백운모	2.76~3.1
각섬석	3.0~3.47
갈철광	3.6~4.0
감람석	3.27~3.37

는 비중 값을 갖는다. 대부분 석영으로 구성된 밝은색 모래의 비중은 약 2.65로 평가되며, 점토질 흙과 실트질 흙의 비중은 2.6~2.9 범위에 속한다.

2.14 흙의 기계적 분석

흙의 **기계적 분석**(mechanical analysis)은 흙에 존재하는 입자의 크기 범위를 결정하는 것으로 전체 건조중량(또는 밀도)의 백분율로 나타낸다. 흙의 입도분포를 구하기 위해서 일반적으로 사용되는 방법에는 두 가지가 있으며, (1) 직경이 0.075 mm보다 큰 입자의 경우에는 체분석(sieve analysis)을, (2) 직경이 0.075 mm보다 작은 입자의 경우에는 비중계 분석(hydrometer analysis)을 실시한다. 체분석과 비중계 분석은 다음과 같이 간단하게 설명할 수 있다.

2.15 체분석

체크기

체분석은 점차 더 작은 체눈 크기를 갖는 한 세트의 체를 사용하여 흙 시료를 흔들어

표 2.5 미국 체눈의 크기

100.0 mm	25.0 mm
75.0 mm	19.0 mm
63.0 mm	16.0 mm
50.0 mm	12.5 mm
45.0 mm	9.5 mm
37.5 mm	8.0 mm
31.5 mm	6.3 mm

표 2.6 체번호별 미국 체눈 크기

체번호	체눈 크기(mm)	체번호	체눈 크기(mm)
4	4.75	45	0.355
5	4.00	50	0.300
6	3.35	60	0.250
7	2.80	70	0.212
8	2.36	80	0.180
10	2.00	100	0.150
12	1.70	120	0.125
14	1.40	140	0.106
16	1.18	170	0.090
18	1.00	200	0.075
20	0.85	230	0.063
25	0.71	270	0.053
30	0.60	325	0.045
35	0.500	400	0.038
40	0.425		

분석한다. 현재 미국 체의 크기는 100~6.3 mm를 사용하며 표 2.5에 수록되어 있다.

체눈이 6.3 mm보다 작은 체는 No. 4체에서 No. 400체까지 있다. 이 체들에 대한 체눈 크기가 표 2.6에 나와 있다.

표 2.6에 나와 있는 i번 체눈 크기는 대략 다음과 같다.

$$i번\ 체눈\ 크기 = \frac{No.\ (i-1)\ 체눈\ 크기}{(2)^{0.25}} \tag{2.1}$$

예를 들어,

$$\text{No. 5체의 체눈 크기} = \frac{\text{No. 4체의 체눈 크기}}{(2)^{0.25}}$$

$$= \frac{4.75 \text{ mm}}{1.1892} = 3.994 \text{ mm} \approx 4.00 \text{ mm}$$

마찬가지로,

$$\text{No. 50체의 체눈 크기} = \frac{\text{No. 45체의 체눈 크기}}{(2)^{0.25}}$$

$$= \frac{0.335 \text{ mm}}{1.1892} = 0.2985 \text{ mm} \approx 0.300 \text{ mm}$$

　　몇 개의 다른 나라들은 자기 나라의 체눈 크기가 있다. 예를 들어, 영국이나 호주의 표준 체눈 크기가 각각 표 2.7과 2.8에 나타나 있다.

　　미국에서는 모래나 세립질의 흙일 경우에 일반적으로 No. 4, 10, 20, 30, 40, 60, 140 및 200의 체들을 사용한다.

표 2.7 영국 표준체	
75 mm	3.35 mm
63 mm	2 mm
50 mm	1.18 mm
37.5 mm	0.600 mm
28 mm	0.425 mm
20 mm	0.300 mm
14 mm	0.212 mm
10 mm	0.15 mm
6.3 mm	0.063 mm
5.0 mm	

표 2.8 호주 표준체	
75.0 mm	2.36 mm
63.0 mm	2 mm
37.5 mm	1.18 mm
26.5 mm	0.600 mm
19.0 mm	0.425 mm
13.2 mm	0.300 mm
9.50 mm	0.212 mm
6.70 mm	0.15 mm
4.75 mm	0.063 mm

실내시험

체분석에 사용하는 체의 직경은 일반적으로 203 mm이다. 체분석을 하려면 먼저 흙을 오븐에서 건조한 다음 덩어리들을 입자로 분쇄하여야 한다. 그 후 흙을 맨 위의 체에 넣고 위에서 아래로 체눈 크기가 감소하는 체들을 통과하도록 흔든다(맨 아래는 체눈이 없는 팬임). 그림 2.16은 실험실에서 쓰이는 체 세트를 보여준다. 체분석에 사용하는 가장 작은 체눈의 체는 No. 200체이다. 흙을 흔든 후에 각 체에 남아 있는 흙의 질량을 측정한다. 점성토를 체분석할 때, 덩어리진 입자를 입자들로 분쇄해야 하

그림 2.16 실험실에서 사용하는 체 세트 (NV., Henderson, Braja M. Das 제공)

나 이는 어려운 작업이다. 이 경우에 흙에 물을 섞어서 슬러리를 만들고 체를 통과시킬 수 있다. 각각의 체에 남아 있는 질량을 측정하기 전에 체에 남아 있는 부분을 따로 모아 오븐에서 건조한다.

다음은 체분석을 위한 계산 과정을 보여주는 순서이다.

1. 맨 위에 있는 체부터 시작하여 각각의 체(예, M_1, M_2, ..., M_n)와 팬(M_p)에 남아 있는 흙의 질량을 모두 측정한다.

2. 흙의 총 질량을 계산한다.

$$M_1 + M_2 + \cdots + M_i + \cdots + M_n + M_p = \Sigma M$$

3. 각 체 위에 남아 있는 흙의 가적질량을 계산한다. i번 체에 대한 질량은

$$M_1 + M_2 + \cdots + M_i$$

4. i번 체를 통과한 흙의 질량은

$$\Sigma M - (M_1 + M_2 + \cdots + M_i)$$

5. i번 체를 통과한 흙의 비율(**가적통과율**)은

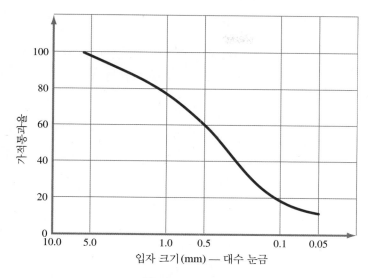

그림 2.17 입도분포곡선

$$F = \frac{\Sigma M - (M_1 + M_2 + \cdots + M_i)}{\Sigma M} \times 100$$

각 체에 대한 가적통과율이 계산되면(5단계) x축(대수 눈금)에 입자직경을, y축(산술 눈금)에 가적통과율을 반대수 용지(semilogarithmic graph paper)에 표시한다(그림 2.17). 이 그래프를 **입도분포곡선**(grain-size distribution curve)이라 한다.

2.16 비중계 분석

비중계 분석은 물속에서 흙입자의 침강(sedimentation) 원리에 근거한다. 흙 시료가 물속에서 분산되면 흙입자들은 입자의 형상, 크기, 중량, 물의 점성에 따라 각기 다른 속도로 침강한다. 흙입자의 형상을 구로 가정하면 흙입자의 침강속도는 **Stokes의 법칙**에 따라 다음과 같이 나타낼 수 있다.

$$v = \frac{(\rho_s - \rho_w)g}{18\eta} D^2 \tag{2.2}$$

여기서

v = 침강속도, $\qquad \rho_s$ = 흙입자의 밀도, $\qquad \rho_w$ = 물의 밀도,

η = 물의 동점성계수, $\quad D$ = 흙입자의 직경, $\qquad g$ = 중력가속도

식 (2.2)를 D에 대하여 정리하면,

$$D = \sqrt{\frac{18\eta v}{(\rho_s - \rho_w)g}} = \sqrt{\frac{18\eta}{(\rho_s - \rho_w)g}} \sqrt{\frac{L}{t}} \qquad (2.3)$$

여기서

$$v = \frac{\text{거리}}{\text{시간}} = \frac{L}{t}$$

한편

$$\rho_s = G_s \rho_w \qquad (2.4)$$

식 (2.4)를 식 (2.3)에 대입하면,

$$D = \sqrt{\frac{18\eta}{(G_s - 1)\rho_w g}} \sqrt{\frac{L}{t}} \qquad (2.5)$$

위 식에서 만약 η의 단위가 g/(cm·s)이면 ρ_w의 단위는 g/cm³, L의 단위는 cm, t의 단위는 min이고, D의 단위는 mm이므로

$$\frac{D\,(\text{mm})}{10} = \sqrt{\frac{18\eta\,[\text{g/(cm·s)}]}{(G_s - 1)\rho_w\,(\text{g/cm}^3)g(\text{cm/s}^2)}} \sqrt{\frac{L\,(\text{cm})}{t\,(\text{min}) \times 60}}$$

또는

$$D = \sqrt{\frac{30\eta}{(G_s - 1)\rho_w g}} \sqrt{\frac{L}{t}}$$

ρ_w를 개략적으로 1 g/cm³이라 가정하면,

$$D\,(\text{mm}) = K \sqrt{\frac{L\,(\text{cm})}{t\,(\text{min})}} \qquad (2.6)$$

여기서

$$K = \sqrt{\frac{30\eta}{(G_s - 1)}} \qquad (2.7)$$

K 값은 G_s와 η의 함수이고 시험할 때 물 온도에 영향을 받는다. 표 2.9는 시험 온도와 G_s에 따른 K 값의 변화를 나타낸다.

표 2.9 G_s에 대한 K의 변화

온도 (℃)	비중(G_s)						
	2.50	2.55	2.60	2.65	2.70	2.75	2.80
17	0.0149	0.0146	0.0144	0.0142	0.0140	0.0138	0.0136
18	0.0147	0.0144	0.0142	0.0140	0.0138	0.0136	0.0134
19	0.0145	0.0143	0.0140	0.0138	0.0136	0.0134	0.0132
20	0.0143	0.0141	0.0139	0.0137	0.0134	0.0133	0.0131
21	0.0141	0.0139	0.0137	0.0135	0.0133	0.0131	0.0129
22	0.0140	0.0137	0.0135	0.0133	0.0131	0.0129	0.0128
23	0.0138	0.0136	0.0134	0.0132	0.0130	0.0128	0.0126
24	0.0137	0.0134	0.0132	0.0130	0.0128	0.0126	0.0125
25	0.0135	0.0133	0.0131	0.0129	0.0127	0.0125	0.0123
26	0.0133	0.0131	0.0129	0.0127	0.0125	0.0124	0.0122
27	0.0132	0.0130	0.0128	0.0126	0.0124	0.0122	0.0120
28	0.0130	0.0128	0.0126	0.0124	0.0123	0.0121	0.0119
29	0.0129	0.0127	0.0125	0.0123	0.0121	0.0120	0.0118
30	0.0128	0.0126	0.0124	0.0122	0.0120	0.0118	0.0117

실험실에서 비중계시험은 보통 건조시료 50 g으로 침전 실린더에서 수행된다. 침전 실린더의 높이는 457 mm, 직경은 63.5 mm이며, 1000 mL까지 눈금이 새겨져 있다. 일반적으로 규산소다(sodium hexametaphosphate)가 **분산제**(dispersing agent)로 사용된다. 분산된 현탁액의 체적은 증류수를 채워 1000 mL로 만든다.

비중을 측정하는 시간 t에서 현탁액 속에 ASTM 152H(ASTM, 2013)형 비중계를 넣고 깊이 L에서 구부(bulb) 주변의 비중을 측정하는 것이다(그림 2.18). 비중은 주어진 깊이에서 현탁액의 단위체적당 존재하는 흙입자량의 함수이다. 또한 시간 t, 깊이 L에서 현탁액 속의 흙입자는 식 (2.6)으로 계산된 D 값보다 작은 직경을 갖게 된다. 더 큰 입자는 측정 심도 아래로 침전되어 있다. 비중계는 현탁액 속에 있는 흙의 양을 얻을 수 있도록 고안되었다. 비중계는 비중(G_s)이 2.65인 흙에 대해 눈금이 새겨져 있으므로 비중이 다른 흙에 대해서는 보정할 필요가 있다.

현탁액 속에 있는 흙의 L과 t를 알면 주어진 직경보다 작은 시료의 중량을 백분율로 계산할 수 있다. L은 수면으로부터 현탁액의 밀도가

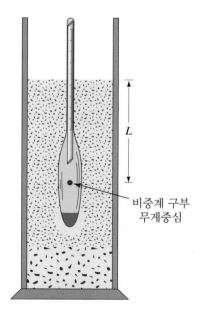

그림 2.18 비중계시험에 있어 L의 정의

비중계 구부
무게중심

측정되는 지점의 비중계 구부 무게중심까지의 심도이다. L 값은 시간 t가 경과함에 따라 변하며 비중계 수치에 따른 변화는 표 2.10에 나와 있다. 비중계 분석은 약 $0.5~\mu m$ 크기까지의 흙입자를 구별하는 데 효과적이다.

표 2.10 비중계 읽음 값에 따른 L의 변화―ASTM 152H형 비중계

비중계 읽음 값	L(cm)	비중계 읽음 값	L(cm)
0	16.3	26	12.0
1	16.1	27	11.9
2	16.0	28	11.7
3	15.8	29	11.5
4	15.6	30	11.4
5	15.5	31	11.2
6	15.3	32	11.1
7	15.2	33	10.9
8	15.0	34	10.7
9	14.8	35	10.6
10	14.7	36	10.4
11	14.5	37	10.2
12	14.3	38	10.1
13	14.2	39	9.9
14	14.0	40	9.7
15	13.8	41	9.6
16	13.7	42	9.4
17	13.5	43	9.2
18	13.3	44	9.1
19	13.2	45	8.9
20	13.0	46	8.8
21	12.9	47	8.6
22	12.7	48	8.4
23	12.5	49	8.3
24	12.4	50	8.1
25	12.2	51	7.9

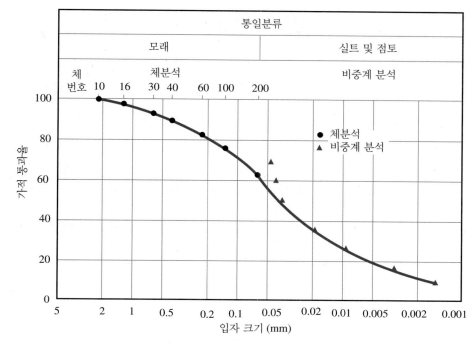

그림 2.19 입도분포곡선 — 체분석과 비중계 분석

많은 사례에서 체분석과 더 작은 입자의 비중계 분석은 그림 2.19에 나타난 것과 같이 하나의 그래프로 조합된다. 이러한 결과가 조합될 때 대개 그 결과들이 중복되는 범위에서 불연속이 일어난다. 이러한 불연속은 흙입자의 형상이 불규칙하기 때문에 나타난다. 체분석은 입자의 중간 치수를 나타내고, 비중계 분석은 흙입자와 똑같은 비율로 침강되는 등가 구(equivalent sphere)의 직경을 나타낸다.

입도분포곡선으로부터 흙에 존재하는 자갈, 모래, 실트 및 점토 크기 입자의 비율을 얻을 수 있다. 통일분류법(USCS, Unified Soil Classification System)에 따르면, 그림 2.19의 흙은 다음과 같은 비율을 갖는다.

자갈(크기 제한: 4.75 mm 이상) = 0%

모래(크기 제한: 4.75~0.075 mm) = 4.75~0.075 mm 사이 = 100 − 62 = 38%

실트 및 점토(크기 제한: 0.075 mm 미만) = 62%

2.17 유효입경, 균등계수, 곡률계수

입도분포곡선(그림 2.20)은 다른 흙들을 비교하는 데 사용할 수 있다. 또한 이 곡선으로부터 흙 시료에 대한 기본적인 세 가지 변수를 결정할 수 있고 조립토를 분류하는 데 사용한다. 매개변수는 다음과 같다.

1. 유효입경(effective grain size)
2. 균등계수(uniformity coefficient)
3. 곡률계수(coefficient of gradation 또는 coefficient of curvature)

입도분포곡선에서 흙 시료의 가적통과율 10%에 해당하는 흙입자의 직경을 **유효입경** 또는 D_{10}이라 정의한다. **균등계수**는 다음과 같이 정의된다.

$$C_u = \frac{D_{60}}{D_{10}} \tag{2.8}$$

여기서

C_u = 균등계수

D_{60} = 입도분포곡선에서 가적통과율 60%에 해당하는 흙입자의 직경

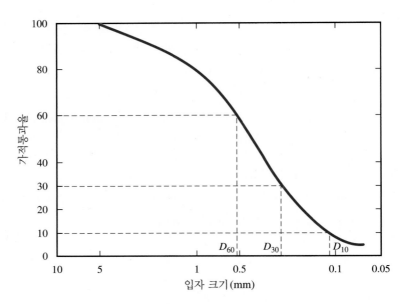

그림 2.20 D_{10}, D_{30} 및 D_{60}의 정의

곡률계수는 다음과 같이 표현된다.

$$C_c = \frac{D_{30}^2}{D_{60} \times D_{10}}$$

(2.9)

여기서

C_c = 곡률계수

D_{30} = 가적통과율 30%에 해당하는 흙입자의 직경

입도분포곡선은 흙 속에 존재하는 입자 크기의 범위뿐만 아니라 다양한 크기의 입자들의 분포까지 보여준다. 이러한 분포의 형태는 그림 2.21에 설명되어 있다. 곡선 I이 나타내는 흙의 유형은 대부분의 흙입자가 같은 크기이다. 이것은 **입도분포가 나쁜 흙**(poorly graded soil)이라 부른다. 곡선 II가 나타내는 흙의 유형은 흙입자 크기가 넓은 범위에 분포되어 있으며 **입도분포가 좋은 흙**(well graded soil)이라 부른다. 입도분포가 좋은 흙은 자갈의 경우에는 균등계수가 약 4보다 크고 모래의 경우에는 6보다 커야 하며, 곡률계수는 자갈과 모래 모두 1~3 사이에 있어야 한다. 흙은 2개 또는 그 이상의 균일한 분포 입자가 조합될 수 있다. 곡선 III이 이와 같은 흙을 나타내고 있으며, 이런 형태의 흙을 **결손 입도의 흙**(gap graded soil)이라 부른다.

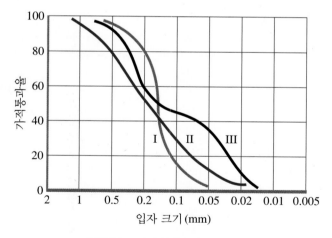

그림 2.21 여러 형태의 입도분포곡선

예제 2.1

다음은 체분석 결과이다.

체번호	각 체에 남은 흙의 질량(g)
4	0
10	21.6
20	49.5
40	102.6
60	89.1
100	95.6
200	60.4
팬	31.2

a. 각각의 체에 대한 가적통과율을 결정하고 입도분포곡선을 그리시오.

b. 입도분포곡선으로부터 D_{10}, D_{30}, D_{60}을 결정하시오.

c. 균등계수 C_u를 계산하시오.

d. 곡률계수 C_c를 계산하시오.

풀이

a. 가적통과율을 얻기 위해 아래 표를 작성한다.

체번호 (1)	체눈(mm) (2)	각 체에 남은 흙의 질량(g) (3)	각 체에 남은 흙의 가적질량(g) (4)	가적통과율[a] (5)
4	4.75	0	0	100
10	2.00	21.6	21.6	95.2
20	0.850	49.5	71.1	84.2
40	0.425	102.6	173.7	61.4
60	0.250	89.1	262.8	41.6
100	0.150	95.6	358.4	20.4
200	0.075	60.4	418.8	6.9
팬	—	31.2	$\Sigma M = 450$	

[a] $\dfrac{\Sigma M - (4)\text{번째 열}}{\Sigma M} \times 100 = \dfrac{450 - (4)\text{번째 열}}{450} \times 100$

입도분포곡선은 그림 2.22와 같다.

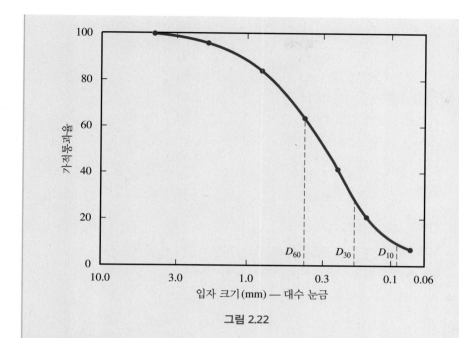

그림 2.22

b. 그림 2.22로부터

$$D_{60} = \textbf{0.41 mm}$$

$$D_{30} = \textbf{0.185 mm}$$

$$D_{10} = \textbf{0.09 mm}$$

c. 식 (2.8)로부터

$$C_u = \frac{D_{60}}{D_{10}} = \frac{0.41}{0.09} = \textbf{4.56}$$

d. 식 (2.9)로부터

$$C_c = \frac{D_{30}^2}{D_{60} \times D_{10}} = \frac{(0.185)^2}{(0.41)(0.09)} = \textbf{0.93}$$

예제 2.2

흙입자의 크기 특성은 다음과 같다.

(계속)

크기(mm)	가적통과율(%)
0.425	100
0.033	90
0.018	80
0.01	70
0.0062	60
0.0035	50
0.0018	40
0.001	35

a. 입도분포곡선을 그리시오.

b. MIT 분류법에 따라 자갈, 모래, 실트, 점토의 함유율을 구하시오.

c. USDA 분류법을 이용하여 b를 다시 구하시오.

d. AASHTO 분류법을 이용하여 b를 다시 구하시오.

풀이

a. 입도분포곡선은 그림 2.23과 같다.

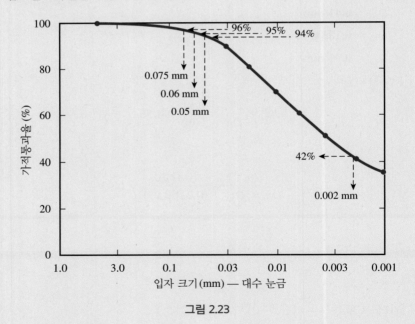

그림 2.23

b. 그림 2.23으로부터

2 mm 통과 = 100%

0.06 mm 통과 = 95%

0.002 mm 통과 = 42%

그러므로

자갈: **0%**

모래: 100% − 95% = **5%**

실트: 95% − 42% = **53%**

점토: 42% − 0% = **42%**

c. 2 mm 통과 = 100%

0.05 mm 통과 = 94%

0.002 mm 통과 = 42%

그러므로

자갈: **0%**

모래: 100% − 94% = **6%**

실트: 94% − 42% = **52%**

점토: 42% − 0% = **42%**

d. 2 mm 통과 = 100%

0.075 mm 통과 = 96%

0.002 mm 통과 = 42%

그러므로

자갈: **0%**

모래: 100% − 96% = **4%**

실트: 96% − 42% = **54%**

점토: 42% − 0% = **42%**

2.18 입자 형상

흙 속에 존재하는 입자 형상은 주어진 흙의 물리적 특성에 큰 영향을 미치므로 입도 분포만큼 중요하다. 그러나 입자 형상은 측정하기가 어려워 많은 관심을 불러일으키지 않았다. 입자의 형상은 일반적으로 크게 세 종류로 나눌 수 있다.

모난 형상

약간 모난 형상

약간 둥근 형상

둥근 형상

그림 2.24 입상형 입자의 형상 (Nevada, Henderson, Braja M. Das 제공)

1. 입상형
2. 판형
3. 바늘형

입상형 입자(bulky grain)의 대부분은 암석과 광물의 물리적인 풍화작용으로 형성된다. 지질학자들은 입상형 입자의 형상을 평가하기 위하여 모난(angular), 약간 모난(subangular), 약간 둥근(subrounded), 둥근(rounded)과 같은 용어를 사용한다. 이런 형상들은 그림 2.24에 나와 있다. 입자의 근원지 가까이에 있는 작은 모래입자는 일반적으로 매우 모난 형상이다. 바람과 물에 의해 먼 거리를 이동해 온 모래입자는 약간 모나거나 둥글 수 있다. 흙 속에서 입자의 형상은 최대간극비, 최소간극비, 전단강도, 압축성 등과 같은 흙의 물리적인 특성에 큰 영향을 미친다.

판형 입자(flaky grain)는 둥근 정도가 매우 낮다. 보통 0.01 또는 이보다 작다. 이 입자들은 주로 점토광물이다. 입자의 **둥근 정도**(sphericity)는 다음과 같이 정의할 수 있다.

$$S = \frac{D_e}{L_p} \quad \text{(범위는 0~1 사이)} \tag{2.10}$$

여기서

D_e = 입자의 등가직경 = $\sqrt[3]{\dfrac{6V}{\pi}}$

V = 입자의 체적

L_p = 입자의 길이

바늘형 입자(needle-shaped grain)는 위의 두 가지 형상처럼 흔하지는 않다. 바늘형 입자가 함유된 흙의 예로는 산호층과 애터펄자이트 점토가 있다.

2.19 요약

이 장에서는 암석의 순환, 풍화작용에 의한 흙의 기원, 흙의 입도분포, 입자 형상, 그리고 점토광물을 논의했다. 몇 가지 중요한 사항은 다음과 같다.

1. 암석은 세 가지 기본 종류, 즉 (a) 화성암, (b) 퇴적암, (c) 변성암으로 분류한다.
2. 흙은 암석의 화학적 및 물리적 풍화작용으로 형성된다.
3. 흙입자의 크기를 기본으로 흙은 자갈, 모래, 실트 및 점토로 분류할 수 있다.
4. 점토는 대부분이 운모, 점토광물 및 전자적으로 전하를 띠는 기타 광물입자의 판 형태의 미세 또는 극미세 입자이다.
5. 점토광물은 일정량의 물과 섞이면 소성을 발달시키는 복합 알루미늄 규산염이 된다.
6. 기계적 분석은 흙 속에 존재하는 입자의 크기 범위를 결정하기 위한 과정이다. 체분석과 비중계 분석은 흙의 기계적 분석에 사용되는 두 가지 시험이다.

연습문제

2.1 다음은 체분석 결과이다.

체번호	각 체에 남은 흙의 질량(g)
4	0
10	18.5
20	53.2
40	90.5
60	81.8
100	92.2
200	58.5
팬	26.5

    a. 각 체에 대한 가적통과율을 결정하고 입도분포곡선을 그리시오.

    b. 입도분포곡선으로부터 D_{10}, D_{30}, D_{60}을 결정하시오.

    c. 균등계수 C_u를 계산하시오.

    d. 곡률계수 C_c를 계산하시오.

2.2 다음의 체분석 결과로 문제 2.1을 다시 계산하시오.

체번호	각 체에 남은 흙의 질량(g)
4	0
6	0
10	0
20	9.1
40	249.4
60	179.8
100	22.7
200	15.5
팬	23.5

2.3 다음의 체분석 결과로 문제 2.1을 다시 계산하시오.

체번호	각 체에 남은 흙의 질량(g)
4	0
10	44
20	56
40	82
60	51
80	106
100	92
200	85
팬	35

2.4 다음과 같은 흙이 있다.

    $D_{10} = 0.08$ mm

    $D_{30} = 0.22$ mm

    $D_{60} = 0.41$ mm

    흙의 균등계수와 곡률계수를 계산하시오.

2.5 다음과 같을 때 문제 2.4를 다시 계산하시오.

    $D_{10} = 0.24$ mm

$D_{30} = 0.82$ mm

$D_{60} = 1.81$ mm

2.6 다음 문장이 참인지 거짓인지 답하시오.

   a. 풍적토는 바람에 의해 운반되고 퇴적된다.

   b. 대리석은 화성암이다.

   c. 사암은 퇴적암이다.

   d. 실트는 소성이 없다.

   e. D_{30}은 항상 D_{10}보다 크다.

2.7 그림 2.25에 두 종류의 흙의 입도분포곡선 A, B가 있다. 통일분류법을 기준으로 두 흙에서 자갈, 모래, 세립토의 함유율을 구하시오.

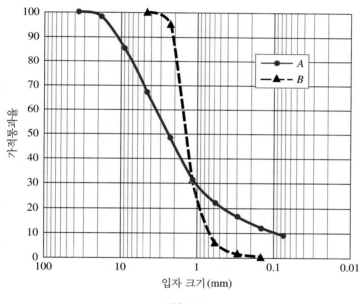

그림 2.25

2.8 흙입자의 특성이 아래와 같다. 입도분포곡선을 그리고 MIT 분류법(표 2.3)에 따라 자갈, 모래, 실트, 점토의 함유율을 결정하시오.

크기(mm)	가적통과율(%)	크기(mm)	가적통과율(%)
0.850	100.0	0.040	50.8
0.425	92.1	0.020	41.0
0.250	85.8	0.010	34.3
0.150	77.3	0.006	29.0
0.075	62.0	0.002	23.0

2.9 AASHTO 분류법(표 2.3)에 따라 문제 2.8을 반복하시오.

2.10 USDA 분류법(표 2.3)에 따라 문제 2.8을 반복하시오.

2.11 비중계시험 결과 G_s = 2.60, 물의 온도 = 24℃, 그리고 침강이 시작한 후 60분이 되었을 때 L = 43 cm이다. 이때, 즉 시간 t = 60 min일 때 침강된 입자의 직경 D는 얼마인가?

2.12 G_s = 2.70, 물의 온도 = 23℃, t = 120 min, L = 25 cm일 때 문제 2.11을 반복하시오.

2.13 4개의 흙 A, B, C, D의 입도분포가 그림 2.26과 같다. 계산하지 않고 다음에 답하시오.

a. 4개의 흙 중 어떤 것이 가장 많은 자갈을 함유하고 있는가? (통일분류법을 사용)

b. 흙 C의 모래 함유량은 얼마인가? (통일분류법을 사용)

c. 4개의 흙 중 점토가 있는가? (점토는 0.002 mm보다 작은 크기이다.)

d. 흙 A에서 특정 크기의 없는 입자가 있는가? 이 크기는 얼마인가?

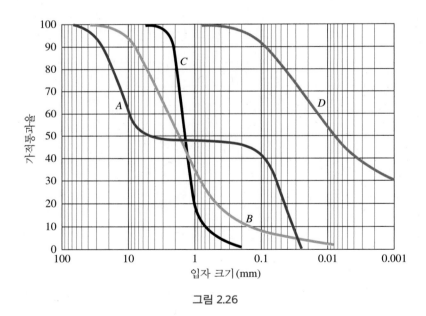

그림 2.26

2.14 흙에 대한 체분석 자료가 아래와 같다.

19 mm 체 통과율 = 100%

4.75 mm 체(No. 4체) 통과율 = 63%

0.075 mm 체(No. 200체) 통과율 = 16%

통일분류법을 이용하면 이 흙의 자갈, 모래, 세립토의 함유율은 얼마인가?

비판적 사고 문제

2.15 현실적인 문제에서 Fuller와 Thompson(1907)은 가적통과율(p)과 입자직경(D)의 상관관계가 다음과 같을 때 입자의 조밀한 다짐(packing)을 얻을 수 있다고 제안했다. 여기서 n은 0.3~0.6의 범위인 상수이다. D_{max}는 흙에서 가장 큰 입자 크기이다.

$$p = \left(\frac{D}{D_{max}} \right)^n \times 100$$

이 문제는 때때로 도로공사에서 적당한 골재를 선택하는 방법으로 사용된다.

a. $n = 0.5$일 때, 흙의 입도분포가 좋은지를 판단하시오.

b. 만약 $n = 0.5$이고 $D_{max} = 19.0$ mm라면, 흙에서 자갈, 모래, 세립토의 함유율을 통일분류법을 사용하여 구하시오.

참고문헌

AMERICAN SOCIETY FOR TESTING AND MATERIALS (2013). *ASTM Book of Standards*, Vol. 04.08, West Conshohocken, PA.

BOWEN, N.L. (1922). "The Reaction Principles in Petrogenesis," *Journal of Geology*, Vol. 30, 177–198.

FULLER, W.B. AND THOMPSON S.E. (1907). "The laws of proportioning concrete," *Transactions*, ASCE, Vol. 59, 67–143.

GRIM, R.E. (1953). *Clay Mineralogy*, McGraw-Hill, New York.

GRIM, R.E. (1959). "Physico-Chemical Properties of Soils: Clay Minerals," *Journal of the Soil Mechanics and Foundations Division*, ASCE, Vol. 85, No. SM2, 1–17.

YONG, R.N., AND WARKENTIN, B.P. (1966). *Introduction of Soil Behavior*, Macmillan, New York.

CHAPTER
3

무게-체적 관계 및 흙의 소성

3.1 서론

2장에서는 흙입자의 크기와 더불어 흙이 형성되는 물리적 과정에 관하여 기술했다. 자연 발생적으로 흙은 흙입자, 물, 공기로 구성된 3상 체계이다. 현장에서 단위중량을 결정하려면 주어진 흙에서 간극의 체적과 함수비를 아는 것이 중요하다. 3장에서는 단위중량, 간극비, 간극률, 함수비, 흙입자의 비중과의 관계를 통해 **무게-체적 관계**를 설명한다. 이미 2장에서 점토광물에 대해 논의했다. 흙에 점토광물이 존재하면 투수성(흙을 통한 물의 흐름), 압축성 및 전단강도와 같은 물리적 특성에 영향을 준다. 이 장의 후반부에서는 함수비에 따라 거동이 변하는 세립토의 연경도에 관하여 논의한다. 이 세립토의 연경도는 흙의 분류(4장)에서 필수적인 지반정수이다.

3.2 무게-체적 관계

그림 3.1a는 자연 상태에서 존재하는 체적 V와 무게 W인 흙의 요소를 나타내고 있다. 무게-체적 관계를 유도하기 위해 그림 3.1b에 나타난 것과 같이 흙 시료를 3상(고체, 물, 공기)으로 분리해야 하며 이를 **상 도표**(phase diagram)라 한다. 이로부터 주어진 흙 시료의 총 체적은 다음과 같이 표현된다.

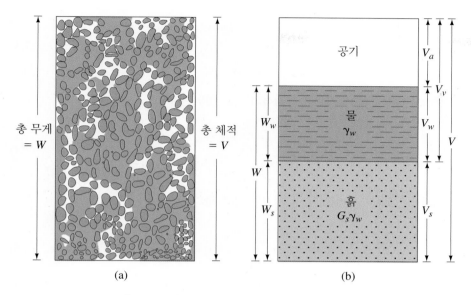

그림 3.1 (a) 자연 상태에서 흙 요소, (b) 흙 요소의 상 도표

$$V = V_s + V_v = V_s + V_w + V_a \tag{3.1}$$

여기서

V_s = 흙입자의 체적

V_v = 간극의 체적

V_w = 간극 속에서 물의 체적

V_a = 간극 속에서 공기의 체적

공기의 무게를 무시한다고 가정하면 주어진 시료의 총 무게는 다음과 같이 표현할 수 있다.

$$W = W_s + W_w \tag{3.2}$$

여기서

W_s = 흙입자의 무게

W_w = 물의 무게

체적 관계

흙 요소에서 3상에 대해 일반적으로 이용하는 체적 관계는 **간극비**(void ratio), **간극률**(porosity), **포화도**(degree of saturation)이다. **간극비**(e)는 흙입자 체적에 대한 간극 체적의 비로 정의되며 다음과 같다.

$$e = \frac{V_v}{V_s} \tag{3.3}$$

간극률(n)은 총 체적에 대한 간극 체적의 비로 정의된다.

$$n = \frac{V_v}{V} \tag{3.4}$$

포화도(S)는 간극 체적에 대한 물 체적의 비로 정의된다.

$$S = \frac{V_w}{V_v} \tag{3.5}$$

포화도는 보통 백분율(%)로 표현한다.

    간극비와 간극률 사이의 관계는 식 (3.1), (3.3), (3.4)로부터 다음과 같이 유도할 수 있다.

$$e = \frac{V_v}{V_s} = \frac{V_v}{V - V_v} = \frac{\left(\dfrac{V_v}{V}\right)}{1 - \left(\dfrac{V_v}{V}\right)} = \frac{n}{1 - n} \tag{3.6}$$

또한 식 (3.6)으로부터

$$n = \frac{e}{1 + e} \tag{3.7}$$

무게 관계

무게 관계식에서 일반적으로 사용되는 용어는 **함수비**(moisture content 또는 water content)와 **단위중량**(unit weight)이다. **함수비**(w)는 주어진 흙입자 무게에 대한 물 무게의 비로 정의한다.

$$w = \frac{W_w}{W_s} \tag{3.8}$$

일반적으로 백분율로 표현한다. **단위중량**(γ)은 단위체적당 흙의 무게이다.

$$\gamma = \frac{W}{V} \tag{3.9}$$

단위중량은 또한 흙입자의 무게, 함수비 및 총 체적으로 표현할 수 있다. 식 (3.2), (3.8), (3.9)로부터 다음과 같이 쓸 수 있다.

$$\gamma = \frac{W}{V} = \frac{W_s + W_w}{V} = \frac{W_s\left[1 + \left(\dfrac{W_w}{W_s}\right)\right]}{V} = \frac{W_s(1 + w)}{V} \tag{3.10}$$

때때로 지반기술자들은 식 (3.9)에 의해 정의된 단위중량을 **습윤단위중량**(moist unit weight 또는 bulk unit weight)이라고도 한다.

경우에 따라 물을 제외한 흙의 단위중량을 알아야 할 때가 있다. 이때의 단위중량을 **건조단위중량**(dry unit weight) γ_d라 한다.

$$\gamma_d = \frac{W_s}{V} \tag{3.11}$$

식 (3.10)과 (3.11)로부터 단위중량, 건조단위중량 및 함수비의 관계는 다음과 같다.

$$\gamma_d = \frac{\gamma}{1 + w} \tag{3.12}$$

단위중량은 kN/m³으로 표현된다. 뉴턴(Newton) 단위는 유도단위이므로 때로는 흙의 밀도(ρ)로 적용하는 게 편리하다. 밀도의 SI 단위는 kg/m³이다. 식 (3.9), (3.11) 과 같이 밀도는 다음과 같이 나타낼 수 있다.

$$\rho = \frac{m}{V} \tag{3.13}$$

그리고

$$\rho_d = \frac{m_s}{V} \tag{3.14}$$

여기서

ρ = 흙의 밀도(kg/m³)

ρ_d = 흙의 건조밀도(kg/m³)

m = 물을 포함한 흙 시료의 총 질량(kg)

m_s = 흙 시료 내 흙입자만의 질량(kg)

총 체적 V의 단위는 m³이다.

kN/m³ 단위의 단위중량은 kg/m³ 단위의 밀도로부터 다음과 같이 구할 수 있다.

$$\gamma = \frac{\rho \cdot g}{1000} = \frac{9.81\rho}{1000} \tag{3.15}$$

$$\gamma_d = \frac{\rho_d \cdot g}{1000} = \frac{9.81\rho_d}{1000} \tag{3.16}$$

여기서

g = 중량가속도 = 9.81 m/s²

3.3 단위중량, 간극비, 함수비, 비중의 관계식

단위중량(또는 밀도), 간극비, 함수비의 관계를 구하기 위해 그림 3.2와 같이 흙입자의 체적이 1인 경우를 생각한다. 만약 흙입자만의 체적이 1이라면, 간극의 체적은 간극비(e)를 나타내는 식 (3.3)과 수치상으로 같다. 흙입자와 물의 무게는 다음과 같다.

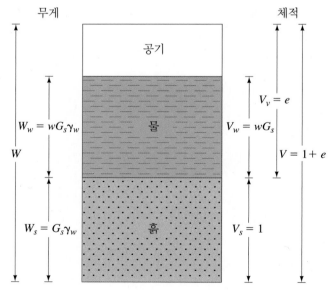

그림 3.2 V_s = 1일 때 흙의 상 도표

$$W_s = G_s \gamma_w$$
$$W_w = w W_s = w G_s \gamma_w$$

여기서

G_s = 흙입자의 비중

w = 함수비

γ_w = 물의 단위중량

물의 단위중량은 9.81 kN/m³이다. 단위중량과 건조단위중량은 식 (3.9)와 (3.11)의 정의를 이용하면 각각 다음과 같다.

$$\gamma = \frac{W}{V} = \frac{W_s + W_w}{V} = \frac{G_s \gamma_w + w G_s \gamma_w}{1 + e} = \frac{(1 + w)G_s \gamma_w}{1 + e} \tag{3.17}$$

그리고

$$\gamma_d = \frac{W_s}{V} = \frac{G_s \gamma_w}{1 + e} \tag{3.18}$$

흙 요소에서 물의 무게는 $w G_s \gamma_w$이고, 차지하는 체적은 다음과 같다.

$$V_w = \frac{W_w}{\gamma_w} = \frac{w G_s \gamma_w}{\gamma_w} = w G_s$$

그러므로 식 (3.5)의 포화도 정의로부터

$$S = \frac{V_w}{V_v} = \frac{w G_s}{e}$$

또는

$$Se = w G_s \tag{3.19}$$

이 식은 3상 관계를 포함한 문제를 푸는 데 유용하다.

만약 흙 시료가 **포화**하면, 즉 간극이 물로 완전히 채워지면(그림 3.3) 포화단위중량(saturated unit weight)은 유사한 방법으로 다음과 같이 유도할 수 있다.

$$\gamma_{sat} = \frac{W}{V} = \frac{W_s + W_w}{V} = \frac{G_s \gamma_w + e \gamma_w}{1 + e} = \frac{(G_s + e)\gamma_w}{1 + e} \tag{3.20}$$

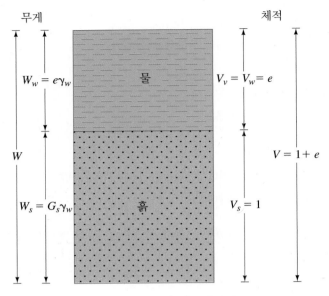

무게   체적

그림 3.3 $V_s = 1$일 때 포화된 흙의 상 도표

여기서

γ_{sat} = 흙의 포화단위중량

단위중량의 식 (3.17), (3.18), (3.19)와 유사하게 흙의 밀도는 다음 식과 같다.

$$밀도 = \rho = \frac{(1 + w)G_s\rho_w}{1 + e} \tag{3.21}$$

$$건조밀도 = \rho_d = \frac{G_s\rho_w}{1 + e} \tag{3.22}$$

$$포화밀도 = \rho_{sat} = \frac{(G_s + e)\rho_w}{1 + e} \tag{3.23}$$

여기서

ρ_w = 물의 밀도 = 1000 kg/m^3 = 1 g/cm^3 = 1 ton(metric)/m^3

표 3.1에 포화 상태의 간극비 및 함수비와 자연 상태의 건조단위중량에 대한 일반적인 값이 제시되어 있다.

표 3.1 자연 상태에서 흙의 간극비, 함수비, 건조단위중량

흙의 종류	간극비(e)	포화 상태의 자연 함수비(%)	건조단위중량 γ_d(kN/m³)
느슨한 균등 모래	0.8	30	14.5
조밀한 균등 모래	0.45	16	18
느슨하고 모난 입자의 실트질 모래	0.65	25	16
조밀하고 모난 입자의 실트질 모래	0.4	15	19
견고한 점토	0.6	21	17
연약한 점토	0.9~1.4	30~50	11.5~14.5
황토	0.9	25	13.5
연약한 유기질 점토	2.5~3.2	90~120	6~8
빙적토	0.3	10	21

3.4 단위중량, 간극률, 함수비의 관계식

단위중량, **간극률**, **함수비**의 관계는 앞 절에서 기술한 내용과 비슷한 방법으로 전개할 수 있다. 그림 3.4에 나타낸 것과 같이 총 체적이 1인 흙을 고려한다. 식 (3.4)로부터,

$$n = \frac{V_v}{V}$$

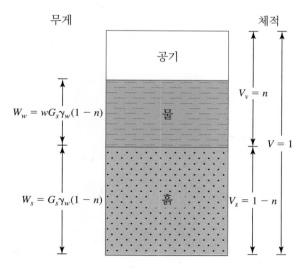

그림 3.4 $V = 1$인 흙의 상 도표

만약 V가 1이라면 V_v는 n과 같고, 따라서 $V_s = 1-n$이 된다. 흙입자의 무게(W_s)와 물의 무게(W_w)는 다음과 같이 표현할 수 있다.

$$W_s = G_s \gamma_w (1 - n) \tag{3.24}$$

$$W_w = wW_s = wG_s \gamma_w (1 - n) \tag{3.25}$$

그러므로 건조단위중량은 다음과 같다.

$$\gamma_d = \frac{W_s}{V} = \frac{G_s \gamma_w (1 - n)}{1} = G_s \gamma_w (1 - n) \tag{3.26}$$

습윤단위중량은 다음과 같다.

$$\gamma = \frac{W_s + W_w}{V} = G_s \gamma_w (1 - n)(1 + w) \tag{3.27}$$

그림 3.5는 흙 시료가 포화되고 $V = 1$인 흙 시료를 보여준다. 이 그림에서,

$$\gamma_{\text{sat}} = \frac{W_s + W_w}{V} = \frac{(1 - n)G_s \gamma_w + n\gamma_w}{1} = [(1 - n)G_s + n]\gamma_w \tag{3.28}$$

포화된 흙 시료의 함수비는 다음과 같다.

$$w = \frac{W_w}{W_s} = \frac{n\gamma_w}{(1 - n)\gamma_w G_s} = \frac{n}{(1 - n)G_s} \tag{3.29}$$

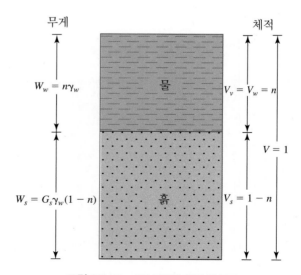

그림 3.5 $V = 1$인 포화된 흙의 상 도표

3.5 다양한 단위중량 관계식

3.3절과 3.4절에서 흙의 습윤단위중량, 건조단위중량, 포화단위중량에 대한 기본적인 관계식을 유도했다. 표 3.2에 있는 몇 개의 다른 관계식으로 γ, γ_d, γ_{sat}을 얻을 수 있다.

표 3.2 γ, γ_d, γ_{sat}에 관한 다양한 관계식

습윤단위중량(γ)		건조단위중량(γ_d)		포화단위중량(γ_{sat})	
변수	관계식	변수	관계식	변수	관계식
w, G_s, e	$\dfrac{(1+w)G_s\gamma_w}{1+e}$	γ, w	$\dfrac{\gamma}{1+w}$	G_s, e	$\dfrac{(G_s+e)\gamma_w}{1+e}$
S, G_s, e	$\dfrac{(G_s+Se)\gamma_w}{1+e}$	G_s, e	$\dfrac{G_s\gamma_w}{1+e}$	G_s, n	$[(1-n)G_s+n]\gamma_w$
w, G_s, S	$\dfrac{(1+w)G_s\gamma_w}{1+\dfrac{wG_s}{S}}$	G_s, n	$G_s\gamma_w(1-n)$	G_s, w_{sat}	$\left(\dfrac{1+w_{sat}}{1+w_{sat}G_s}\right)G_s\gamma_w$
w, G_s, n	$G_s\gamma_w(1-n)(1+w)$	G_s, w, S	$\dfrac{G_s\gamma_w}{1+\left(\dfrac{wG_s}{S}\right)}$	e, w_{sat}	$\left(\dfrac{e}{w_{sat}}\right)\left(\dfrac{1+w_{sat}}{1+e}\right)\gamma_w$
S, G_s, n	$G_s\gamma_w(1-n)+nS\gamma_w$	e, w, S	$\dfrac{eS\gamma_w}{(1+e)w}$	n, w_{sat}	$n\left(\dfrac{1+w_{sat}}{w_{sat}}\right)\gamma_w$
–	–	γ_{sat}, e	$\gamma_{sat}-\dfrac{e\gamma_w}{1+e}$	γ_d, e	$\gamma_d+\left(\dfrac{e}{1+e}\right)\gamma_w$
–	–	γ_{sat}, n	$\gamma_{sat}-n\gamma_w$	γ_d, n	$\gamma_d+n\gamma_w$
–	–	γ_{sat}, G_s	$\dfrac{(\gamma_{sat}-\gamma_w)G_s}{(G_s-1)}$	γ_d, G_s	$\left(1-\dfrac{1}{G_s}\right)\gamma_d+\gamma_w$
–	–	–	–	γ_d, w_{sat}	$\gamma_d(1+w_{sat})$

예제 3.1

습윤토의 시료가 $V = 7.083 \times 10^{-3}\,\text{m}^3$, $m = 13.95\,\text{kg}$, $w = 9.8\%$, $G_s = 2.66$일 때, 다음을 결정하시오.

   a. ρ **b.** ρ_d **c.** e

   d. n **e.** $S(\%)$ **f.** 물의 체적

풀이

a. 식 (3.13)으로부터

(계속)

$$\rho = \frac{m}{V} = \frac{13.95}{7.08 \times 10^{-3}} = \mathbf{1970.3 \ kg/m^3}$$

b. 식 (3.12)로부터

$$\rho_d = \frac{\rho}{1 + w} = \frac{1970.3}{1 + \left(\dfrac{9.8}{100}\right)} = \mathbf{1794.4 \ kg/m^3}$$

c. 식 (3.22)로부터

$$e = \frac{G_s \rho_w}{\rho_d} - 1$$

$$e = \frac{(2.66)(1000)}{1794.4} - 1 = \mathbf{0.48}$$

d. 식 (3.7)로부터

$$n = \frac{e}{1 + e} = \frac{0.48}{1 + 0.48} = \mathbf{0.324}$$

e. 식 (3.19)로부터

$$S(\%) = \left(\frac{wG_s}{e}\right)(100) = \frac{(0.098)(2.66)}{0.48}(100) = \mathbf{54.3\%}$$

f. 흙입자의 질량은

$$m_s = \frac{m}{1 + w} = \frac{13.95}{1 + 0.098} = 12.7 \ kg$$

그러므로 물의 질량은

$$m_w = m - m_s = 13.95 - 12.7 = 1.25 \ kg$$

물의 체적은

$$V_w = \frac{m_w}{\rho_w} = \frac{1.25}{1000} = \mathbf{0.00125 \ m^3}$$

예제 3.2

자연 상태에서 습윤토의 체적은 0.3 m³이고 무게는 5500 N이다. 건조한 흙의 무게는 4911 N이다. $G_s = 2.74$일 때 함수비, 습윤단위중량, 건조단위중량, 간극비,

간극률, 포화도를 구하시오.

풀이

그림 3.6을 참고하면 함수비는 식 (3.8)로부터

$$w = \frac{W_w}{W_s} = \frac{W - W_s}{W_s} = \frac{5500 - 4911}{4911} = \frac{589}{4911} \times 100 = \textbf{12.0\%}$$

습윤단위중량은 식 (3.9)로부터

$$\gamma = \frac{W}{V} = \frac{5500}{0.3} = 18,333 \text{ N/m}^3 \approx \textbf{18.33 kN/m}^3$$

건조단위중량은 식 (3.11)로부터

$$\gamma_d = \frac{W_s}{V} = \frac{4911}{0.3} = 16,370 \text{ N/m}^3 \approx \textbf{16.37 kN/m}^3$$

간극비는 식 (3.3)으로부터

$$e = \frac{V_v}{V_s}$$

$$V_s = \frac{W_s}{G_s \gamma_w} = \frac{4.911 \text{ kN}}{2.74 \times 9.81} = 0.1827 \text{ m}^3$$

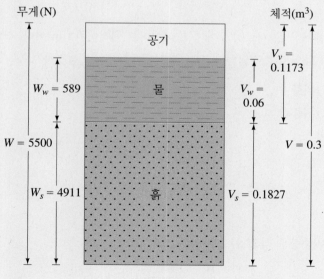

무게(N)

$W_w = 589$

$W = 5500$

$W_s = 4911$

공기

물

흙

체적(m³)

$V_v = 0.1173$

$V_w = 0.06$

$V = 0.3$

$V_s = 0.1827$

그림 3.6

(계속)

$$V_v = V - V_s = 0.3 - 0.1827 = 0.1173 \ \text{m}^3$$

그러므로

$$e = \frac{0.1173}{0.1827} \approx \mathbf{0.64}$$

간극률은 식 (3.7)로부터

$$n = \frac{e}{1+e} = \frac{0.64}{1+0.64} = \mathbf{0.39}$$

포화도는 식 (3.5)로부터

$$S = \frac{V_w}{V_v}$$

$$V_w = \frac{W_w}{\gamma_w} = \frac{0.589 \ \text{kN}}{9.81} = 0.06 \ \text{m}^3$$

그러므로

$$S = \frac{0.06}{0.1173} \times 100 = \mathbf{51.2\%}$$

예제 3.3

현장에서 채취한 흙 시료의 무게가 1.8 kN이고 체적이 0.1 m³이다. 실내시험에서 함수비는 12.6%로 측정되었다. $G_s = 2.71$일 때 다음을 결정하시오.

- **a.** 습윤단위중량
- **b.** 건조단위중량
- **c.** 간극비
- **d.** 간극률
- **e.** 포화도

풀이

a. 습윤단위중량은 식 (3.9)로부터

$$\gamma = \frac{W}{V} = \frac{1.8 \ \text{kN}}{0.1 \ \text{m}^3} = \mathbf{18 \ kN/m^3}$$

b. 건조단위중량은 식 (3.12)로부터

$$\gamma_d = \frac{\gamma}{1 + w} = \frac{18}{1 + \dfrac{12.6}{100}} = \textbf{15.99 kN/m}^3$$

c. 간극비는 식 (3.18)로부터

$$\gamma_d = \frac{G_s \gamma_w}{1 + e}$$

또는

$$e = \frac{G_s \gamma_w}{\gamma_d} - 1 = \frac{(2.71)(9.81)}{15.99} - 1 = \textbf{0.66}$$

d. 간극률은 식 (3.7)로부터

$$n = \frac{e}{1 + e} = \frac{0.66}{1 + 0.66} = \textbf{0.398}$$

e. 포화도는

$$S = \frac{V_w}{V_v} = \frac{wG_s}{e} = \frac{(0.126)(2.71)}{0.66} \times 100 = \textbf{51.7\%}$$

예제 3.4

포화된 흙의 건조단위중량이 16.2 kN/m³이고 함수비는 20%이다. 다음을 결정하시오,

  a. γ_{sat}

  b. G_s

  c. e

풀이

a. 포화단위중량은 식 (3.12)로부터

$$\gamma_{sat} = \gamma_d (1 + w) = (16.2)\left(1 + \frac{20}{100}\right) = \textbf{19.44 kN/m}^3$$

(계속)

b. 비중은 식 (3.18)로부터

$$\gamma_d = \frac{G_s \gamma_w}{1 + e}$$

또한 식 (3.19)로부터 포화된 흙에서 $e = wG_s$이므로

$$\gamma_d = \frac{G_s \gamma_w}{1 + wG_s}$$

따라서

$$16.2 = \frac{G_s(9.81)}{1 + (0.20)G_s}$$

또는

$$16.2 + 3.24G_s = 9.81G_s$$
$$G_s = 2.465 \approx 2.47$$

c. 간극비는 포화된 흙에서

$$e = wG_s = (0.2)(2.47) = 0.49$$

예제 3.5

주어진 흙의 간극률 0.45, 흙입자의 비중 2.68, 함수비 10%이다. 흙의 체적이 10 m³ 일 때, 흙을 포화시키기 위해 필요한 물의 질량을 구하시오.

풀이

식 (3.6)으로부터

$$e = \frac{n}{1 - n} = \frac{0.45}{1 - 0.45} = 0.82$$

식 (3.21)로부터 흙의 습윤밀도는

$$\rho = \frac{(1 + w)G_s \rho_w}{1 + e} = \frac{(1 + 0.1)2.68 \times 1000}{1 + 0.82} = 1619.8 \text{ kg/m}^3$$

식 (3.23)으로부터 흙의 포화밀도는

$$\rho_{sat} = \frac{(G_s + e)\rho_w}{1 + e} = \frac{(2.68 + 0.82)1000}{1 + 0.82} = 1923 \text{ kg/m}^3$$

단위체적당 필요한 물의 질량은

$$\rho_{sat} - \rho = 1923 - 1619.8 = 303.2 \text{ kg}$$

따라서 필요한 물의 총 질량은

$$303.2 \times 10 = \mathbf{3032 \text{ kg}}$$

3.6 상대밀도

상대밀도(relative density)는 **현장**에서 조립토의 조밀하거나 느슨한 정도를 나타내기 위해 흔히 사용되는 용어로, 그 정의는 다음과 같다.

$$D_r = \frac{e_{max} - e}{e_{max} - e_{min}} \tag{3.30}$$

여기서

D_r = 상대밀도(보통 백분율로 표시)

e = 흙의 현장 간극비

e_{max} = 가장 느슨한 상태의 간극비

e_{min} = 가장 조밀한 상태의 간극비

상대밀도(D_r) 값은 흙이 매우 느슨한 상태일 때 최솟값 0으로부터 매우 조밀한 상태일 때 최댓값 1의 범위에 있다. 일반적으로 백분율로 표현한다. 지반기술자들은 표 3.3과 같이 상대밀도를 이용하여 조립토 상태를 정성적으로 설명한다.

표 3.3 조립토의 상대밀도

상대밀도(%)	흙의 상태
0~15	매우 느슨
15~35	느슨
35~65	중간
65~85	조밀
85~100	매우 조밀

식 (3.18)에 주어진 건조단위중량의 정의를 사용하여 최대와 최소 건조단위중량으로 상대밀도를 표현할 수 있다. 그러므로

$$D_r = \frac{\left[\dfrac{1}{\gamma_{d(\min)}}\right] - \left[\dfrac{1}{\gamma_d}\right]}{\left[\dfrac{1}{\gamma_{d(\min)}}\right] - \left[\dfrac{1}{\gamma_{d(\max)}}\right]} = \left[\frac{\gamma_d - \gamma_{d(\min)}}{\gamma_{d(\max)} - \gamma_{d(\min)}}\right]\left[\frac{\gamma_{d(\max)}}{\gamma_d}\right] \qquad (3.31)$$

여기서

$\gamma_{d(\min)}$ = 가장 느슨한 상태에서의 건조단위중량(간극비가 $e_{\max}$일 때)

γ_d = 현장 건조단위중량(간극비가 e일 때)

$\gamma_{d(\max)}$ = 가장 조밀한 상태에서의 건조단위중량(간극비가 $e_{\min}$일 때)

최대간극비 $e_{\max}$는 ASTM 시험규정 D-4254에서 제안한 실내시험을 통해 구할 수 있으며 몰드 내에 흙을 가장 느슨한 상태로 조성하여 결정한다. 최소간극비 $e_{\min}$은 ASTM D-4253에서 제안한 절차에 따라 진동을 주어 몰드에 흙을 가장 조밀한 상태로 조성하여 결정한다. 현장에서 얻은 흙의 간극비는 실내시험에서 결정된 두 간극비의 범위 내에 있어야 한다. 조립토는 진동하중에 의해 가장 효과적으로 조밀해진다.

Cubrinovski와 Ishihara(2002)는 매우 다양한 흙에 대해 $e_{\max}$와 $e_{\min}$의 관계를 연구했다. 선형회귀분석을 이용하여 다음과 같은 관계식을 제시했다.

- 깨끗한 모래($F_c = 0{\sim}5\%$)

$$e_{\max} = 0.072 + 1.53\, e_{\min} \qquad (3.32)$$

- 세립질 모래($5 < F_c \le 15\%$)

$$e_{\max} = 0.25 + 1.37\, e_{\min} \qquad (3.33)$$

- 세립질과 점토질 모래($15 < F_c \le 30\%$, $P_c = 5{\sim}20\%$)

$$e_{\max} = 0.44 + 1.21\, e_{\min} \qquad (3.34)$$

여기서

F_c = 0.075 mm보다 작은 입자 크기의 세립분

P_c = 점토 크기 함량(< 0.005 mm)

Miura 등(1997)은 다수의 깨끗한 모래 시료에 대한 시험결과를 토대로 최대와 최

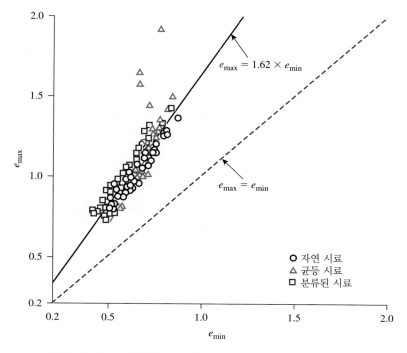

그림 3.7 Miura 등(1997)의 시험결과— 깨끗한 모래의 e_{min}과 e_{max} 의 관계

소간극비를 다음과 같이 제안했다(그림 3.7).

$$e_{max} \approx 1.62 e_{min} \tag{3.35}$$

식 (3.32)와 (3.35)를 고려하면, 다음과 같이 가정하는 것이 실용적이고 합리적이다.

$$e_{max} \approx 1.6 e_{min} \tag{3.36}$$

Cubrinovski와 Ishihara(1999, 2002)는 또한 중앙입경(median grain size, D_{50})에 대한 $e_{max} - e_{min}$의 관계를 연구했고 다음과 같은 식을 제안했다.

$$e_{max} - e_{min} = 0.23 + \frac{0.06}{D_{50}\,(\text{mm})} \tag{3.37}$$

그림 3.8에 시험 값과 회귀분석식이 나와 있다.

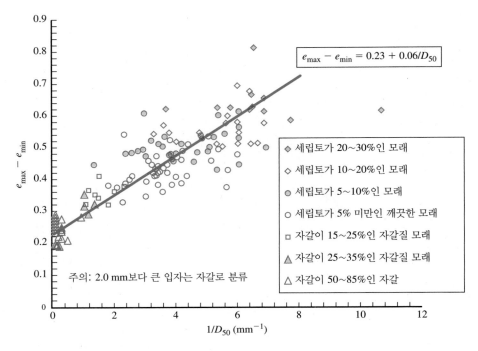

$$e_{max} - e_{min} = 0.23 + 0.06/D_{50}$$

주의: 2.0 mm보다 큰 입자는 자갈로 분류

◆ 세립토가 20~30%인 모래
◇ 세립토가 10~20%인 모래
⬤ 세립토가 5~10%인 모래
○ 세립토가 5% 미만인 깨끗한 모래
□ 자갈이 15~25%인 자갈질 모래
△ 자갈이 25~35%인 자갈질 모래
△ 자갈이 50~85%인 자갈

$1/D_{50}$ (mm^{-1})

그림 3.8 모래와 자갈에 대한 Cubrinovski와 Ishihara(1999, 2002)의 시험결과

예제 3.6

깨끗한 모래의 실내시험 결과로부터 $e_{max} = 0.81$, $G_s = 2.68$을 얻었다. 현장에서 다짐한 동일한 모래의 건조단위중량이 15.68 kN/m³이다. 현장의 모래에 대한 상대밀도를 구하시오.

풀이

식 (3.36)으로부터

$$e_{min} \approx \frac{e_{max}}{1.6} = \frac{0.81}{1.6} = 0.506$$

또한 식 (3.18)로부터

$$\gamma_d = \frac{G_s \gamma_w}{1 + e}$$

그러므로

$$e = \frac{G_s \gamma_w}{\gamma_d} - 1 = \frac{(2.68)(9.81)}{15.68} - 1 = 0.677$$

식 (3.30)으로부터,

$$D_r(\%) = \frac{e_{max} - e}{e_{max} - e_{min}} \times 100 = \frac{0.81 - 0.677}{0.81 - 0.506} \times 100 = \mathbf{43.75\%}$$

3.7 흙의 연경도

점토광물들이 세립토 안에 존재할 때 어느 정도의 함수비를 유지하면 부서지지 않고 재성형될 수 있다. 이러한 점착성은 점토입자 주변에 있는 흡착수 때문이다. 1900년 대 초 스웨덴 과학자 Albert Mauritz Atterberg는 함수비 변화에 따른 세립토의 연경 도를 설명하는 방법을 개발했다. 함수비가 매우 낮을 때 흙은 고체처럼 거동한다. 함 수비가 매우 높으면 흙과 물은 액체처럼 흐른다. 그러므로 그림 3.9와 같이 함수비에 따라 임의로 흙을 네 가지 기본 상태, 즉 **고체**(solid), **반고체**(semisolid), **소성**(plastic), **액성**(liquid) 상태로 나눌 수 있다.

고체 상태에서 반고체 상태로 변환되는 시점에서의 함수비를 **수축한계**(shrinkage limit)라 한다. 반고체 상태에서 소성 상태로 변환되는 시점에서의 함수비를 **소성한계** (plastic limit), 소성 상태에서 액성 상태로 변환되는 시점에서의 함수비를 **액성한 계**(liquid limit)라 한다. 이 변수들은 모두 **애터버그 한계**(Atterberg limits)로 알려 져 있다.

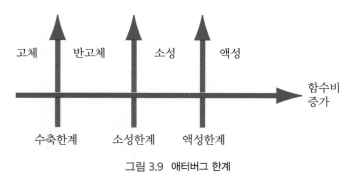

그림 3.9 애터버그 한계

액성한계(LL)

액성한계 시험기구의 모식도가 그림 3.10a에 나타나 있다. 이 기구는 황동제 접시와 딱딱한 고무 밑판으로 이루어져 있다. 황동제 접시는 손잡이로 돌리는 캠(cam)에 의

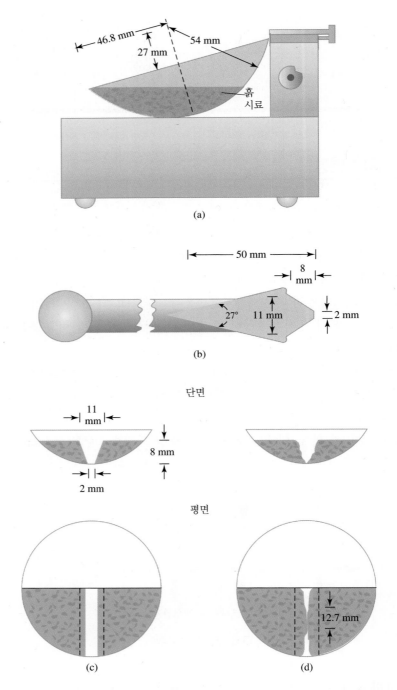

그림 3.10 액성한계 시험. (a) 액성한계 시험기구, (b) 평면 홈파기 도구, (c) 시험 전 흙 시료,
(d) 시험 후 흙 시료

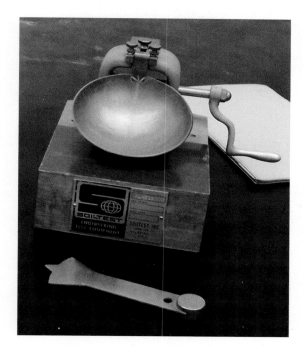

그림 3.11 액성한계 시험기구와 홈파기 도구 (Nevada, Henderson, Braja M. Das 제공)

해 고무 밑판으로부터 들어 올려졌다 떨어지게 되어 있다. 액성한계 시험을 위해서 반죽한 흙을 접시 안에 넣어야 한다. 표준 홈파기 도구(그림 3.10b)를 이용하여 접시의 흙 시료 중앙에 홈을 판다. 캠을 회전시켜 황동제 접시를 10 mm 올렸다 떨어뜨린다. 25회 낙하했을 때 양쪽으로 갈라져 있던 시료가 홈 바닥을 따라 12.7 mm 길이로 맞붙을 때(그림 3.10c와 3.10d 참고)의 함수비(%)를 **액성한계**(liquid limit)라 정의한다. 그림 3.11은 액성한계 시험기구와 홈파기 도구를 보여준다.

액성한계 시험절차는 ASTM 시험규정 D-4318에 기술되어 있다. 25회 낙하했을 때 흙 시료의 홈을 12.7 mm로 맞붙도록 함수비를 조정하는 것은 어렵다. 이런 이유로 같은 흙에 대해 함수비를 변화시키면서 낙하 횟수(N)가 15∼35회 범위에 있도록 최소 4회 시행한다. 흙의 함수비와 이에 해당하는 낙하 횟수를 반대수 용지(semilogarithmic graph paper)에 표시한다(그림 3.12). 함수비와 log N과의 관계는 대략 직선으로 나타난다. 이 선을 **유동곡선**(flow curve)이라 한다. 유동곡선으로부터 N = 25일 때 함수비를 흙의 액성한계로 한다.

미국 육군 공병단(1949)이 미시시피주 빅스버그(Vicksburg)에 있는 수로실험국 (Waterways Experiment Station)에서 수백 회의 액성한계 시험결과를 분석하여 다음

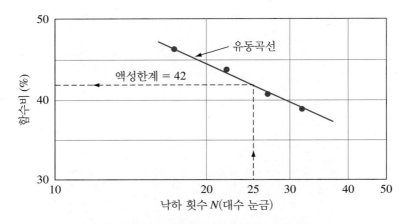

그림 3.12 점토질 실트의 액성한계 결정을 위한 유동곡선

과 같은 경험식을 제시했다.

$$LL = w_N \left(\frac{N}{25} \right)^{\tan\beta} \tag{3.38}$$

여기서

     N = 홈이 12.7 mm로 맞붙는 데 필요한 낙하 횟수

     w_N = N에 해당되는 함수비

   $\tan \beta$ = 0.121(단, 모든 흙에서 0.121은 아니다.)

식 (3.38)은 한 번의 실내시험으로 액성한계를 결정하는 데 사용될 수 있으며, 일반적으로 낙하 횟수가 20~30회 사이일 때 잘 적용된다. 이 방법은 일반적으로 **일점법**(one point method)이라 하며, ASTM D-4318에 규정되어 있다.

액성한계를 결정하는 또 다른 방법으로 유럽과 아시아에서 잘 알려진 **콘 낙하시험법**(fall cone method)이 있다(영국 기준-BS1377). 이 시험에서 액성한계는 두부의 각이 30°,.무게가 0.78 N(80 gf)인 표준 콘이 5초 동안 시료 표면의 접촉점으로부터 20 mm 관입할 때의 함수비로 정의된다(그림 3.13a). 한 번의 시험으로는 액성한계에 도달했는지 알기 어려우므로 콘 관입(d)을 결정하기 위해 다양한 함수비에서 4회 또는 그 이상의 시험을 시행한다. 함수비(w)와 콘 관입(d)의 관계를 반대수 용지 위에 나타내면 결과는 직선 형태를 보인다. d = 20 mm에 대응하는 함수비가 액성한계이다(그림 3.13b). 그림 3.14는 콘 낙하시험기의 모습이다.

콘 낙하시험기를 이용하여 Nagaraj와 Jayadeva(1981)가 제안한 액성한계를 구하는 일점법은 다음과 같으며, 이는 식 (3.38)과 유사하다.

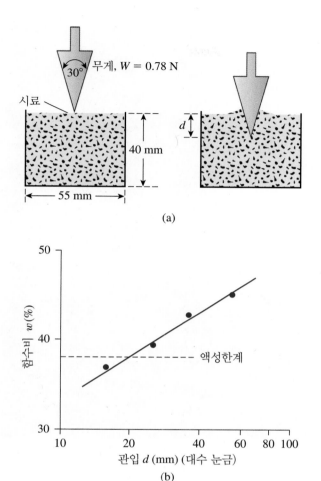

그림 3.13 (a) 콘 낙하시험, (b) 액성한계를 결정하기 위한 함수비와 콘 관입의 관계

$$LL = \frac{w}{0.65 + 0.0175d} \tag{3.39}$$

여기서

w = 17 mm ≤ d ≤ 23 mm일 때의 함수비

Budhu(1985)는 식 (3.39)를 이용하여 액성한계를 결정하는 것이 좋은 결과를 준다고 보고했다.

Budhu(1985)와 Nini(2014)는 황동제 접시 시험기와 콘 낙하시험기를 이용하여 점토함량이 액성한계에 미치는 영향에 대해 설명하였다.

그림 3.14 콘 낙하시험기 (Australia, James Cook University, N. Sivakugan 제공)

소성한계(*PL*)

소성한계(plastic limit)는 반죽된 흙을 실 모양으로 굴려서 직경이 3.2 mm 정도에서 부서질 때 백분율로 나타낸 함수비로 정의된다. 소성한계는 흙의 소성 상태에서 가장 낮은 함수비이다. 소성한계 시험은 간단하며 간유리 판 위에서 타원체 크기의 흙을 반복적으로 굴려서 수행된다(그림 3.15).

　소성지수(*PI*, plastic index)는 흙의 액성한계와 소성한계의 차이이다. 즉,

$$PI = LL - PL \tag{3.40}$$

소성한계 시험방법은 ASTM 시험규정 D-4318에 기술되어 있다. 순수한 실트는 비소성으로 $PI \approx 0$이다.

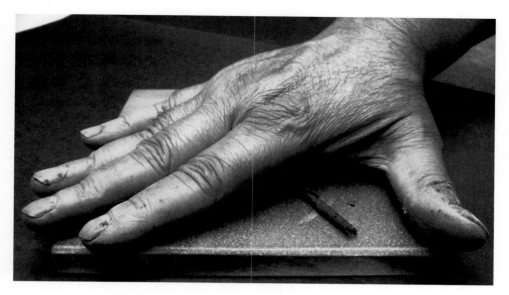

그림 3.15 소성한계 시험 (Nevada, Henderson, Braza M. Das 제공)

액성한계를 결정하는 경우와 마찬가지로 콘 낙하시험법은 소성한계를 얻는 데
도 사용된다. 액성한계를 측정하는 콘과 기하학적으로 유사하지만 이 시험은 질량이
2.35 N(240 gf)인 콘을 사용한다. 다양한 함수비에서 3~4회 시험을 수행하고 각각
대응하는 콘 관입(d)이 결정된다. $d = 20$ mm의 콘 관입에 대응하는 함수비가 소성한
계이다. 그림 3.16은 Worth와 Wood(1978)가 발표한 Cambridge Gault 점토의 액성
한계와 소성한계를 보여준다.

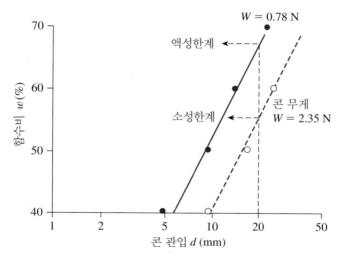

그림 3.16 콘 낙하시험법에 따라 결정된 Cambridge Gault 점토의 액성한계와 소성한계

수축한계(SL)

흙은 수분이 점점 없어짐에 따라 수축한다. 수분이 지속해서 없어지면 수분 감소가 더는 체적 변화에 영향을 미치지 않는 평형상태에 도달한다(그림 3.17). 흙의 체적 변화가 발생하지 않을 때의 함수비를 **수축한계**(shrinkage limit)라 정의한다.

　수축한계 시험은 직경이 44 mm이고 높이가 13 mm인 자기접시를 사용하여 실험실에서 수행한다. 접시 내부에 바셀린을 바른 다음 젖은 흙으로 완전히 채운다. 접시 윗면으로 나온 여분의 흙 시료는 곧은 날로 제거한다. 접시 내에 있는 젖은 흙 시료의 무게를 기록한다. 접시 내의 젖은 흙 시료를 오븐에서 건조한다. 건조된 흙 시료의 체적을 수은을 채워서 측정한다. ASTM 시험규정 D-427에 제시된 이 절차는 2008년 이후로 삭제되었다. 수은을 다루는 것이 위험하기 때문이다. 새로운 ASTM 시험규정 D-4943에서는 녹인 왁스에 건조된 흙 시료를 담그는 방법을 적용한다. 왁스로 코팅된 흙 시료를 식히고, 물속에 이 시료를 담가서 체적을 결정한다.

　그림 3.17을 참고하여 수축한계는 다음과 같이 계산할 수 있다.

$$SL = w_i\,(\%) - \Delta w\,(\%) \tag{3.41}$$

여기서

　w_i = 수축한계 접시에 흙을 채웠을 때 초기 함수비

　Δw = 변화된 함수비(즉 초기 함수비와 수축한계의 함수비)

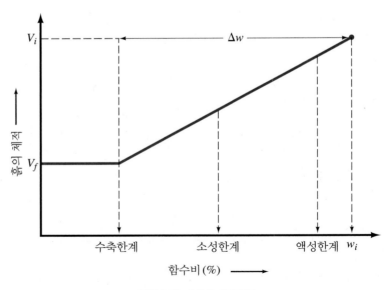

그림 3.17　수축한계의 정의

그림 3.18 수축한계 시험. (a) 건조 전 흙 시료, (b) 건조 후 흙 시료

식 (3.41)에서

$$w_i\,(\%) = \frac{m_1 - m_2}{m_2} \times 100 \qquad (3.42)$$

여기서

m_1 = 시험 초기 접시에 있는 젖은 흙 시료의 질량(g)

m_2 = 건조된 흙 시료의 질량(g)(그림 3.18 참고)

그리고

$$\Delta w\,(\%) = \frac{(V_i - V_f)\rho_w}{m_2} \times 100 \qquad (3.43)$$

여기서

V_i = 젖은 흙 시료의 초기 체적(즉 접시의 내부 체적, cm³)

V_f = 오븐에서 건조된 흙 시료의 체적(cm³)

ρ_w = 물의 밀도(g/cm³)

식 (3.41), (3.42), (3.43)을 조합하면 다음과 같다.

$$SL = \left(\frac{m_1 - m_2}{m_2}\right)(100) - \left[\frac{(V_i - V_f)\rho_w}{m_2}\right](100) \qquad (3.44)$$

3.8 활성도

흙의 소성은 점토입자를 둘러싸고 있는 흡착수에 의해 발생하므로 흙 속에 있는 점토광물의 형태와 함유량이 액성한계와 소성한계에 영향을 미친다. 흙의 소성지수는 점토 크기 입자의 함유율(2 μm보다 작은 입자의 무게 함유율)에 선형비례하는 것을 Skempton(1953)이 확인했다. 이러한 결과에 근거하여, Skempton은 PI와 2 μm보다 작은 입자의 함유율 관계를 나타내는 직선의 기울기를 **활성도**(activity)라 정의했다.

표 3.4 점토광물의 활성도

광물	활성도(A)
스멕타이트(smectites)	1~7
일라이트(illite)	0.5~1
카올리나이트(kaolinite)	0.5
할로이사이트(halloysite, $2H_2O$)	0.5
할로이사이트(halloysite, $4H_2O$)	0.1
애터펄자이트(attapulgite)	0.5~1.2
알로페인(allophane)	0.5~1.2

활성도는 다음과 같이 표현된다.

$$A = \frac{PI}{\text{점토 크기 입자의 무게 함유율}} \tag{3.45}$$

여기서 A는 활성도이다. 활성도는 점토의 팽창성(swelling potential)을 확인하는 지표로 사용된다. 여러 점토광물에 대한 활성도의 일반적인 값이 표 3.4(Mitchell, 1976)에 제시되어 있다. $A > 1$인 점토는 높은 팽창성을 가지고 있다.

Seed 등(1964)은 모래와 점토를 섞은 인공 혼합토의 소성 특성을 연구했다. Skempton이 연구한 것과 같이 소성지수는 점토 크기 입자의 함유율과 선형관계를 이루고 있으나 항상 원점을 통과하지는 않는다는 결론을 얻었다. 점토 크기 입자의 함유율에 대한 소성지수 관계는 2개의 직선으로 나타낼 수 있다. 이 관계는 그림 3.19

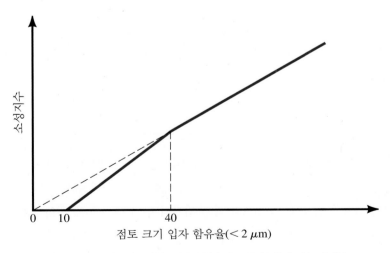

그림 3.19 점토 크기 입자의 무게 함유율과 소성지수와의 단순 관계식

와 같다. 40% 이상의 점토 크기 입자의 함유율에 대한 직선을 연장해 그려보면 원점을 통과하게 된다.

3.9 액성지수

자연 상태에서 점성토의 상대적인 연경도는 **액성지수**(liquidity index) LI 라 불리는 비로 정의하며 다음과 같다.

$$LI = \frac{w - PL}{LL - PL} \tag{3.46}$$

여기서 w는 흙의 현장 함수비이다.

　예민한 점토에 대한 현장 함수비는 액성한계보다 클 수 있으며 $LI > 1$이다. 이러한 흙은 재성형 시 액체처럼 흐르는 점성형태(viscous form)로 변화될 수 있다.

　심하게 과압밀된 지층은 소성한계보다 작은 자연 함수비를 가질 수 있으며 이 경우 $LI < 0$이다.

3.10 소성도

액성한계와 소성한계는 비교적 간단한 실내시험으로 결정되지만 자연 점성토의 유일한 정보를 제공한다. 흙의 분류뿐만 아니라 여러 가지 물리적 지반정수와의 상관관계를 연구할 때 사용된다. Casagrande(1932)는 여러 가지 자연 상태 흙의 소성지수와 액성한계의 관계를 연구했다. 이러한 연구 결과를 바탕으로 그림 3.20과 같은 소성도 (plasticity chart)를 제안했다. 이 그림의 매우 중요한 특징은 $PI = 0.73(LL - 20)$으로 주어지는 실험적으로 구한 A-선이다. A-선은 무기질 점토와 무기질 실트를 구분하는 기준선이다. 액성한계에 대한 무기질 점토의 소성지수 값은 A-선 상부에 위치하고, 무기질 실트의 소성지수 값은 A-선 하부에 위치한다. 유기질 실트는 압축성이 중간인 무기질 실트와 같은 영역(A-선 아래이고 LL의 범위가 30~50인 부분)에 속한다. 유기질 점토는 압축성이 큰 무기질 실트와 같은 영역(A-선 하부이며, 액성한계는 50 이상)에 속한다. 소성도에 의해 제공되는 정보는 매우 중요하며, 통일분류법에서 세립토를 분류하는 기준이 된다.

　U-선이라 불리는 선은 A-선 위에 놓인다. U-선은 대략 현재까지 알려진 흙에 대

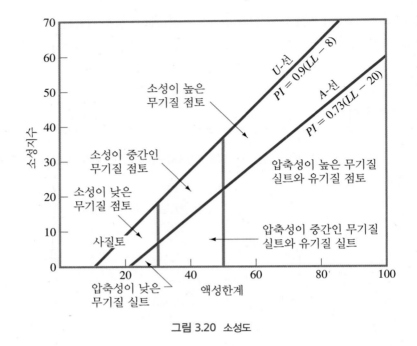

그림 3.20 소성도

한 소성지수와 액성한계 관계의 상한선이다. *U*-선의 식은 다음과 같다.

$$PI = 0.9(LL - 8) \tag{3.47}$$

세립토는 입자 크기보다도 애터버그 한계(그림 3.20)에 기초하여 점토나 실트로 분류한다.

3.11 요약

이 장에서는 다음 사항을 논의했다.

1. 다음을 포함한 무게-체적 관계
   - 간극비(e)
   - 간극률(n)
   - 함수비(w)
   - 포화도(S)
   - 건조, 습윤, 포화단위중량(γ_d, γ, γ_{sat})
2. 상대밀도(D_r)는 조립토의 조밀한 정도를 나타낸다.

3. 흙의 연경도는 액성한계(*LL*), 소성한계(*PL*), 수축한계(*SL*)로 구분된다. 이 한계들은 액성 상태에서 소성 상태로, 소성 상태에서 반고체 상태로, 반고체 상태에서 고체 상태로 바뀌는 함수비로 설명된다.

4. 소성지수(*PI*)는 액성한계(*LL*)와 소성한계(*PL*)의 차이이다.

5. 활성도(*A*)는 점토 크기 입자의 무게 함유율에 대한 소성지수의 비이다.

연습문제

3.1 자연 상태에서 습윤토의 체적은 9.35×10^{-3} m³이고 무게는 177.6×10^{-3} kN이다. 건조된 흙의 무게는 153.6×10^{-3} kN이다. $G_s = 2.67$일 때, 함수비, 습윤단위중량, 건조단위중량, 간극비, 간극률, 포화도를 구하시오.

3.2 다음 문장이 참인지 거짓인지 답하시오.

a. 함수비는 항상 100%보다 작다.

b. 소성한계는 항상 소성지수보다 작다.

c. 액성지수는 음(−)의 값이 될 수 없다.

d. 건조단위중량은 항상 습윤단위중량보다 작다.

e. 상대밀도는 간극비에 따라 증가한다.

3.3 흙의 단위중량(γ)은 다음과 같이 간극비(e), 포화도(S), 비중(G_s)과 관련된다.

$$\gamma = \left(\frac{G_s + Se}{1 + e} \right) \gamma_w$$

이를 이용하여 건조단위중량(γ_d)과 포화단위중량(γ_{sat})의 식을 유도하시오.

3.4 체적이 0.4 m³인 다음과 같은 습윤토 시료가 있다.

- 습윤질량 = 711.2 kg
- 건조질량 = 623.9 kg
- 흙입자의 비중 = 2.68

다음을 결정하시오.

a. 함수비

b. 습윤밀도

c. 건조밀도

d. 간극비

e. 간극률

3.5 습윤토의 체적이 5.66×10^{-3} m³이고 중량이 102.3×10^{-3} kN이다. 함수비와 비중이 각각 11%와 2.7로 결정되었다. 다음을 계산하시오.

a. 습윤단위중량(kN/m³)

b. 건조단위중량(kN/m³)

c. 간극비

d. 간극률

e. 포화도(%)

f. 물의 체적(m³)

3.6 흙의 습윤단위중량과 포화도가 아래 표와 같다. 다음을 결정하시오.

습윤단위중량(kN/m³)	포화도 $S(\%)$
16.62	50
17.71	75

a. e

b. G_s

3.7 문제 3.6을 참고하여 포화된 흙의 체적이 0.0708 m³인 경우에 물의 중량을 kN의 단위로 결정하시오.

3.8 흙의 간극률이 0.35이고 $G_s = 2.69$일 때 다음을 계산하시오.

a. 포화단위중량(kN/m³)

b. 습윤단위중량이 17.5 kN/m³일 때 함수비

3.9 건조된 암석 조각의 질량이 2450 kg이고 체적이 0.925 m³이며 암석 광물의 비중은 2.80이다. 암석의 간극률을 결정하시오.

3.10 직경이 75 mm이고 높이가 150 mm인 점토 시료의 질량이 1392.5 g이다. 시료가 건조되었을 때 질량이 1196.5 g이고 비중이 2.70일 때 흙의 포화도를 구하시오.

3.11 비중이 2.70인 다짐 흙의 습윤밀도와 함수비가 각각 2060 kg/m³과 15.3%이다. 시료를 며칠간 물속에 담가서 완전히 포화되었다면 시료의 포화밀도는 얼마인가?

3.12 $e_{max} = 0.78$, $e_{min} = 0.43$인 모래가 있다. 비중 $G_s = 2.67$이고 상대밀도가 65%일 때, 흙의 건조단위중량(kN/m³)을 결정하시오.

3.13 표고 500 m 높이에 있는 현장의 흙이 간극비가 0.90, 함수비가 20.0%인 점토질 모래로 구성되어 있다. 이 흙의 비중은 2.68이다. 지반이 같은 함수비로 다짐되었을 때, 이 층의 두께는 45 mm 감소하였다. 이때의 간극비와 흙의 단위중량을 구하시오.

3.14 $e_{max} = 0.75$, $e_{min} = 0.46$, $G_s = 2.68$인 흙이 있다. $D_r = 78\%$, $w = 9\%$인 현장에서 다짐 흙의 습윤단위중량(kN/m³)은 얼마인가?

3.15 지하 채굴에서 지반으로부터 큰 광석이 제거되면 큰 공동이 발생한다. 광석으로부터 광물이 추출되면 폐석은 부서져 모래와 실트, 점토 파편의 광미(tailings)가 된다. 이 광미는 지하 공동을 채우는 데 사용된다. 광산 현장은 간극률이 0.05인 건조된 암석으로 되어 있다. 현장에서 광석(건조된 암석) 100,000톤이 채굴되고 3000톤의 광물이 생산되어 폐기해야 하는 광미가 97,000톤 발생한다. 암석의 평균 비중(G_s)은 2.85이다. 광석 채굴에서 생긴 지하 공동의 체적을 결정하시오. 공동은 부서진 암석(예, 광미)을 이용하여 채우며, 이 현장의 간극률은 0.40이다. 지하 공동을 채울 광미의 비율은 얼마인가?

3.16 토취장 흙의 함수비가 8.5%이고 단위중량이 17.5 kN/m³이다. 건조단위중량이 19.5 kN/m³이고 함수비가 14.0%인 도로를 다지는 데 이 흙을 사용한다. 만약 시공이 끝난 도로의 체적이 120,000 m³라면 이 토취장에서 채취하여야 할 흙의 체적은 얼마인가? 또 얼마나 많은 양의 물을 토취장 흙에 추가해야 하는가?

3.17 포화된 흙이 초기 체적(V_i) = 24.6 cm³, 최종 체적(V_f) = 15.9 cm³, 젖은 흙의 질량(m_1) = 44 g, 건조된 흙의 질량(m_2) = 30.1 g의 값을 가진다. 수축한계를 결정하시오.

3.18 최대 건조단위중량이 16.98 kN/m³이고 최소 건조단위중량이 14.46 kN/m³인 흙이 있다. 비중(G_s)이 2.65이고 상대밀도가 60%, 함수비가 8%일 때 흙의 습윤단위중량을 결정하시오.

3.19 흙 시료의 액성한계와 소성한계 시험의 결과가 다음과 같다.

액성한계 시험:

낙하 횟수 N	함수비(%)
15	42
20	40.8
28	39.1

소성한계 시험: $PL = 18.7\%$

a. 유동곡선을 그리고 액성한계를 구하시오.

b. 흙 시료의 소성지수는 얼마인가?

비판적 사고 문제

3.20 토취장의 불교란 흙은 $w = 15\%$, $\gamma = 19.1$ kN/m³, $G_s = 2.70$이다. 체적 38,500 m³의 이 흙은 채움재로 사용된다. 셔블(shovel)을 이용하여 흙을 굴착하고 용량이 4.80 m³인 트럭에 싣는다. 트럭에 흙을 채웠을 때, 흙과 물의 순중량이 평균 72.7 kN인 것을 알았다.

트럭이 흙을 운반하여 채움재를 시공하는 과정에서 흙이 분산, 분해되고 이후 스프링클러가 함수비가 18%가 될 때까지 물을 뿌린다. 장비를 이용하여 흙과 물이 잘 섞이고 건조단위중량이 17.3 kN/m³이 될 때까지 다짐이 이루어진다.

a. 채움재를 완성하려면 얼마나 많은 트럭이 필요한가?

b. 채움재 시공을 위해 토취장에서 재료를 모두 운반한 후 토취장에 남아 있는 구덩이의 체적은 얼마인가?

c. 시공 중 발생하는 물의 증발을 무시하면 트럭당 얼마의 물(L)을 추가하여야 하는가?

d. 시공 후에 어느 시점에서 흙이 포화 상태가 되어 눈에 띄게 체적이 변하지 않았다면, 이때 포화된 흙의 함수비는 얼마인가?

3.21 50 m × 150 m의 면적을 가진 호수 깊이를 1.50 m로 깊게 하려 한다. 호수의 물 깊이는 1.0 m이다. 호수 바닥의 흙의 단위중량은 19.5 kN/m³이고 비중은 2.70이다. 호수 바닥의 흙의 현장 함수비는 얼마인가?

호수 내 수위를 지표면으로 낮추고 호수 바닥을 굴착하는 방안이 제안되었다. 제거된 흙은 건조단위중량이 18.0 kN/m³으로 공기 건조되어 인근 토공사에 다짐된 채움재로 이용된다. 이 흙을 100 m × 100 m 면적 위에 적치할 때 다짐된 채움재의 높이는 얼마인가?

참고문헌

AMERICAN SOCIETY FOR TESTING AND MATERIALS (2013). *ASTM Book of Standards*. Sec. 4. Vol. 04.08, West Conshohocken, PA.

BS:1377 (1990). *British Standard Methods of Tests for Soil for Engineering Purposes*. Part 2, BSI. London.

BUDHU, M. (1985). "The Effect of Clay Content on Liquid Limit from a Fall Cone and British Cup Devise." *Geotechnical Testing Journal*, ASTM, Vol. 8, No. 2, 91–95.

CASAGRANDE, A. (1932). "Research of Atterberg Limits of Soils," *Public Roads*, Vol. 13, No. 8, 121–136.

CUBRINOVSKI, M., AND ISHIHARA. K. (1999). "Empirical Correlation Between SPT N-Value and Relative Density for Sandy Soils," *Soils and Foundations*. Vol. 39, No. 5. 61–71.

CUBRINOVSKI, M., AND ISHIHARA. K. (2002). "Maximum and Minimum Void Ratio Characteristics of Sands." *Soils and Foundations*, Vol. 42, No. 6, 65–78.

MITCHELL, J.K. (1976). *Fundamentals of Soil Behavior*, Wiley, New York.

MIURA, K., MAEDA, K., FURUKAWA, M., AND TOKI, S. (1997). "Physical Characteristics of Sands with Different Primary Properties," *Soils and Foundations*, Vol. 37, No. 3, 53–64.

NAGARAJ, J.S., AND JAYADEVA, M.S. (1981). "Re-examination of One-Point Method of Determining the Liquid Limit of a Soil," *Geotechnique*, Vol. 31, No. 3, 413–425.

NINI, R. (2014). "Effect of the Silt and Clay Fractions on the Liquid Limit Measurements by Atterberg Cup and Fall Cone Penetrometer." *International Journal of Geotechnical Engineering*, Maney Publishing, U.K., Vol. 8, No. 2, 239–241.

SEED, H.B., WOODWARD, R.J., AND LUNDGREN, R. (1964). "Fundamental Aspects of the Atterberg Limits." *Journal of the Soil Mechanics and Foundations Division*. ASCE, Vol. 90, No. SM6. 75–105.

SKEMPTON, A.W. (1953). "The Colloidal Activity of Clays," *Proceedings*, 3rd International Conference on Soil Mechanics and Foundation Engineering, London, Vol. 1. 57–61.

US ARMY CORPS OF ENGINEERS (1949). *Technical Memo 3-286*, US Waterways Experiment Station, Vicksburg, Miss.

WROTH, C.P., AND WOOD, D.M. (1978). "The Correlation of Index Properties with Some Basic Engineering Properties of Soils," *Canadian Geotechnical Journal*. Vol. 15, No. 2, 137–145.

Courtesy of N. Sivakugan, James Cook University, Australia

CHAPTER

4 흙의 분류

4.1 서론

유사한 성질을 띠고 있는 흙들은 공학적 거동에 따라 그룹과 소그룹으로 분류될 수 있다. 분류법은 무한히 다양한 흙의 일반적인 특성을 자세한 설명 없이 간결하게 표현하기 위해 일상어로 표현된다. 지반기술자들은 입도분포와 흙의 소성을 이용한 두 가지 정교한 분류법을 이용한다. 이 분류법은 AASHTO 분류법(American Association of State Highway and Transportation Officials)과 통일분류법(USCS, Unified Soil Classification System)이다. AASHTO 분류법은 대부분이 미국의 주와 자치구 도로국에서 사용하나, 일반적으로 지반공학자는 통일분류법을 선호한다. 이 장에서는 AASHTO 분류법과 통일분류법을 이용하여 흙을 분류하는 절차를 다룬다.

4.2 AASHTO 분류법

AASHTO 분류법은 1929년 미국 공립 도로국 분류법(Public Road Administration Classification System)으로 개발되었다. 이 분류법은 여러 차례 수정을 거쳐 1945년 도로연구위원회 중 노상(subgrade)과 조립토(granular) 형태의 도로건설을 위한 재료분류위원회에 의해 현재의 분류법이 제안되었다(ASTM 시험규정 D-3282, AASHTO 방법 M145).

현재 사용되고 있는 AASHTO 분류법을 표 4.1에 나타내었다. 이 방법에 따르면 흙은 A-1부터 A-7까지 7개의 주요 그룹으로 나뉜다. A-1, A-2, A-3 그룹의 흙은 No. 200체 통과율이 35% 이하인 조립토이다. No. 200체 통과율이 35% 이상인 흙은 A-4, A-5, A-6, A-7 그룹으로 분류한다. 이런 흙들은 주로 실트와 점토 형태의 재료

표 4.1 도로 노상재료의 분류

일반적인 분류	조립토(No. 200체 통과량이 35% 이하인 시료)						
	A-1		A-3	A-2			
그룹 분류	A-1-a	A-1-b		A-2-4	A-2-5	A-2-6	A-2-7
체분석(통과율)							
No. 10(2.0 mm)	50 이하	–	–	–	–	–	–
No. 40(0.425 mm)	30 이하	50 이하	51 이상	–	–	–	–
No. 200(0.075 mm)	15 이하	25 이하	10 이하	35 이하	35 이하	35 이하	35 이하
No. 40체 통과분의 특성							
액성한계	–		–	40 이하	41 이상	40 이하	41 이상
소성지수	6 이하	–	NP	10 이하	10 이하	11 이상	11 이상
주요 구성재료의 일반적인 형태	석편, 자갈과 모래		가는 모래	실트질 또는 점토질 자갈과 모래			
일반적인 노상 등급	매우 우수 ~ 우수						

일반적인 분류	실트-점토(No. 200체 통과량이 35% 이상인 시료)			
그룹 분류	A-4	A-5	A-6	A-7 A-7-5[a] A-7-6[b]
체분석(통과율)				
No. 10(2.0 mm)	–	–	–	–
No. 40(0.425 mm)	–	–	–	–
No. 200(0.075 mm)	36 이상	36 이상	36 이상	36 이상
No. 40체 통과분의 특성				
액성한계	40 이하	41 이상	40 이하	41 이상
소성지수	10 이하	10 이하	11 이상	11 이상
주요 구성재료의 일반적인 형태	실트질 흙		점토질 흙	
일반적인 노상 등급	양호 ~ 불량			

[a] A-7-5, $PI \leq LL - 30$

[b] A-7-6, $PI > LL - 30$

이다. 이 분류법은 다음 기준을 근거로 한다.

1. **입자 크기**

   자갈: 75 mm 체를 통과하고, No. 10체(2 mm)에 남는 흙

   모래: No. 10체(2 mm)를 통과하고, No. 200체(0.075 mm)에 남는 흙

   실트와 점토: No. 200체를 통과하는 흙

2. **소성**: 실트질(silty)이란 용어는 흙의 세립분이 10 이하의 소성지수를 가질 때 적용한다. **점토질**(clayey)이란 용어는 세립분이 11 이상의 소성지수를 가질 때 적용한다.

3. **조약돌**(cobble)과 **호박돌**(boulder, 75 mm보다 큰 크기)이 있다면 흙의 분류에 사용되는 시료에서 제외한다. 그러나 이런 재료의 함유율은 기록한다.

표 4.1에 따라 흙을 분류하기 위해서는 반드시 왼쪽에서 오른쪽으로 시험 자료를 적용해야 한다. 일치하지 않는 열을 제거하는 과정을 거쳐서 시험 자료가 적합하게 되는 왼쪽에서부터 첫 번째 그룹이 올바른 분류가 된다.

그림 4.1은 A-2, A-4, A-5, A-6, A-7 그룹에 해당하는 흙에 대한 액성한계와 소성지수의 범위를 보여준다.

도로의 노상재료로 사용하는 흙의 품질을 평가하기 위해 흙의 그룹이나 소그룹과 함께 **군지수**(group index) *GI* 라 불리는 숫자를 포함해야 한다. 그룹이나 소그룹이 지정된 후에 괄호 안에 숫자로 나타낸다. 군지수는 다음 식으로 구한다.

$$GI = (F - 35)[0.2 + 0.005(LL - 40)] + 0.01(F - 15)(PI - 10) \qquad (4.1)$$

여기서

   F = No. 200체 통과율

   LL = 액성한계

   PI = 소성지수

식 (4.1)의 첫째 항, 즉 $(F - 35)[0.2 + 0.005(LL - 40)]$은 액성한계로부터 구해지는 부분 군지수이다. 둘째 항인 $0.01(F - 15)(PI - 10)$은 소성지수로부터 결정되는 부분 군지수이다. 군지수를 결정하는 데 필요한 규칙은 다음과 같다.

1. 만약 식 (4.1)에서 산정한 *GI* 값이 음수이면 *GI* = 0이다.

2. 식 (4.1)에서 계산된 군지수는 반올림한다(예를 들어 *GI* = 3.4이면 반올림하여

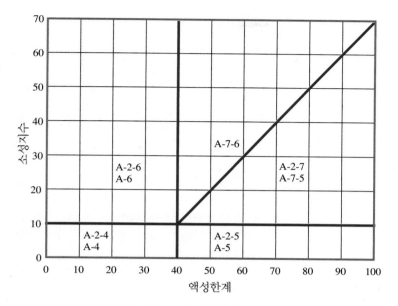

그림 4.1 A-2, A-4, A-5, A-6, A-7 그룹에 해당하는 흙의 액성한계와 소성지수 범위

3, $GI = 3.5$이면 반올림하여 4).

3. 군지수에는 상한선이 없다.

4. A-1-a, A-1-b, A-2-4, A-2-5, A-3 그룹에 해당하는 흙의 군지수는 항상 0이다.

5. A-2-6, A-2-7 그룹에 해당하는 흙의 군지수를 계산할 때 PI에 대한 부분 군지수를 사용한다. 또는

$$GI = 0.01(F - 15)(PI - 10) \tag{4.2}$$

일반적으로 노상재료로 사용되는 흙의 품질은 군지수에 반비례한다. 노상재료로서 일반적인 흙의 등급은 왼쪽에서 오른쪽으로 감소한다.

예제 4.1

흙의 입도분포분석 결과가 다음과 같다.

- No. 10체 통과율 = 100%
- No. 40체 통과율 = 80%
- No. 200체 통과율 = 58%

(계속)

No. 40체를 통과한 흙의 액성한계와 소성지수는 각각 30과 10이다. AASHTO 분류법으로 흙을 분류하시오.

풀이

표 4.1을 이용하면 No. 200체를 통과한 흙이 58%이기 때문에 실트와 점토에 해당한다. 즉 A-4, A-5, A-6, A-7에 해당한다. 왼쪽에서 오른쪽으로 진행하면 흙은 A-4에 해당한다.

식 (4.1)로부터

$$GI = (F - 35)[0.2 + 0.005(LL - 40)] + 0.01(F - 15)(PI - 10)$$
$$= (58 - 35)[0.2 + 0.005(30 - 40)] + (0.01)(58 - 15)(10 - 10)$$
$$= 3.45 \approx 3$$

그러므로 흙은 **A-4(3)**으로 분류된다.

예제 4.2

No. 200체 통과율이 95%이고, 액성한계 60, 소성지수 40인 흙이 있다. AASHTO 분류법에 따라 이 흙을 분류하시오.

풀이

표 4.1에 따르면 흙은 A-7에 해당한다(예제 4.1과 비슷하게 진행한다).

$$40 > 60 - 30$$
$$\uparrow \qquad \uparrow$$
$$PI \qquad LL$$

이기 때문에 이 흙은 A-7-6이다.

$$GI = (F - 35)[0.2 + 0.005(LL - 40)] + 0.01(F - 15)(PI - 10)$$
$$= (95 - 35)[0.2 + 0.005(60 - 40)] + (0.01)(95 - 15)(40 - 10)$$
$$= 42$$

그러므로 **A-7-6(42)**로 분류된다.

4.3 통일분류법

통일분류법(USCS, Unified Soil Classification System)의 최초 방식은 2차 세계대전 중에 육군 공병단의 비행기 활주로 공사에 사용하기 위해 Casagrande가 1948년에 제안하였다. 이 분류법은 미국 개척국(U.S. Bureau of Reclamation)과 협조하여 1952년에 개정되어 현재 기술자들이 널리 사용하고 있다(ASTM 시험규정 D-2487). 통일분류법은 표 4.2에 제시되어 있다. 이 분류법은 흙을 두 가지의 넓은 범주로 분류한다.

표 4.2 통일분류법(75 mm 체를 통과하는 흙을 대상으로)

그룹기호 배정 기준				분류기호
조립토 No. 200체 50% 이상 남음	**자갈** No. 4체에 남는 조립분이 50% 이상	깨끗한 자갈: 세립분 5% 미만[a]	$C_u \geq 4$ 그리고 $1 \leq C_c \leq 3^c$	GW
			$C_u < 4$ 그리고/또는 $1 > C_c > 3^c$	GP
		세립분을 포함한 자갈: 세립분 12% 이상[a, d]	$PI < 4$ 또는 A-선 아래쪽에 위치(그림 4.2)	GM
			$PI > 7$ 그리고 A-선 상 또는 위쪽에 위치 (그림 4.2)	GC
	모래 No. 4체를 통과한 조립분이 50% 이상	깨끗한 자갈: 세립분 5% 미만[b]	$C_u \geq 6$ 그리고 $1 \leq C_c \leq 3^c$	SW
			$C_u < 6$ 그리고/또는 $1 > C_c > 3^c$	SP
		세립분을 포함한 모래: 세립분 12% 이상[b, d]	$PI < 4$ 또는 A-선 아래쪽에 위치(그림 4.2)	SM
			$PI > 7$ 그리고 A-선 상 또는 위쪽에 위치 (그림 4.2)	SC
세립토 No. 200체 50% 이상 통과	**실트 및 점토** $LL < 50$	무기질	$PI > 7$ 그리고 A-선 상 또는 위쪽에 위치 (그림 4.2)[e]	CL
			$PI < 4$ 또는 A-선 아래쪽에 위치(그림 4.2)[e]	ML
		유기질	$\dfrac{LL\text{-오븐 건조}}{LL\text{-자연 상태}} < 0.75$(그림 4.2), OL 영역	OL
	실트 및 점토 $LL \geq 50$	무기질	PI가 A-선 상 또는 위쪽에 위치(그림 4.2)	CH
			PI가 A-선 아래쪽에 위치(그림 4.2)	MH
		유기질	$\dfrac{LL\text{-오븐 건조}}{LL\text{-자연 상태}} < 0.75$(그림 4.2), OH 영역	OH
고함량 유기질토	주로 유기물질, 어두운색, 고유의 냄새			Pt

[a] 5~12%의 세립분을 가진 자갈은 이중기호를 쓴다(GW-GM, GW-GC, GP-GM, GP-GC).
[b] 5~12%의 세립분을 가진 모래는 이중기호를 쓴다(SW-SM, SW-SC, SP-SM, SP-SC).
[c] $C_u = \dfrac{D_{60}}{D_{10}}, \ C_c = \dfrac{(D_{30})^2}{D_{60} \times D_{10}}$
[d] 만약 $4 \leq PI \leq 7$이고 그림 4.2의 빗금 친 부분에 위치하면 GC-GM 또는 SC-SM의 이중기호를 쓴다.
[e] 만약 $4 \leq PI \leq 7$이고 그림 4.2의 빗금 친 부분에 위치하면 CL-ML의 이중기호를 쓴다.

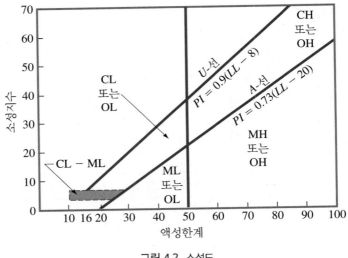

그림 4.2 소성도

1. No. 200체 통과율이 50% 이하인 자연 상태의 자갈질과 모래질이 조립토이다. 이 분류기호는 G나 S의 접두사로 시작된다. G는 자갈이나 자갈질 흙을 나타내고, S는 모래 또는 모래질 흙을 나타낸다.

2. No. 200체 통과율이 50% 이상인 것은 세립토이다. 이 분류기호는 무기질 실트의 경우 M, 무기질 점토의 경우 C, 유기질 실트와 점토인 경우는 O로 시작된다. 이탄(peat)과 부패한 흙, 기타 유기질이 많은 흙은 이탄(Pt)으로 표현된다.

분류에 사용되는 그 밖의 기호는 다음과 같다.

- W: 입도분포 좋음
- P: 입도분포 나쁨
- L: 낮은 소성(액성한계가 50% 이하)
- H: 높은 소성(액성한계가 50% 이상)

이 분류법에 따라 적절한 분류를 하기 위해서는 다음 사항을 알아야 한다.

1. 자갈 함유율—즉 75 mm 체를 통과하고, No. 4체(4.75 mm)에 남는 것

2. 모래 함유율—즉 No. 4체(4.75 mm)를 통과하고, No. 200체(0.075 mm)에 남는 것

3. 실트와 점토 함유율—즉 No. 200체(0.075 mm)보다 가는 것

4. 균등계수(C_u)와 곡률계수(C_c)

5. No. 40체를 통과한 흙에 대한 액성한계와 소성지수

조립토의 분류기호는 GW, GP, GM, GC, GC-GM, GW-GM, GW-GC, GP-GM, GP-GC이다. 비슷하게 세립토의 분류기호는 CL, ML, OL, CH, MH, OH, CL-ML, Pt이다.

통일분류법에 따른 분류명은 그림 4.3, 4.4, 4.5를 이용하여 확인할 수 있다. 이 그림들을 이용할 때, 흙에 대해 다음 사항을 기억해야 한다.

분류기호   **분류명**

GW   <15% 모래 → 입도분포가 좋은 자갈
    ≥15% 모래 → 모래 섞인 입도분포가 좋은 자갈
GP   <15% 모래 → 입도분포가 나쁜 자갈
    ≥15% 모래 → 모래 섞인 입도분포가 나쁜 자갈

GW-GM   <15% 모래 → 실트 섞인 입도분포가 좋은 자갈
     ≥15% 모래 → 실트와 모래가 섞인 입도분포가 좋은 자갈
GW-GC   <15% 모래 → 점토(또는 실트질 점토)가 섞인 입도분포가 좋은 자갈
     ≥15% 모래 → 점토와 모래(또는 실트질 점토와 모래)가 섞인 입도분포가 좋은 자갈

GP-GM   <15% 모래 → 실트 섞인 입도분포가 나쁜 자갈
     ≥15% 모래 → 실트와 모래가 섞인 입도분포가 나쁜 자갈
GP-GC   <15% 모래 → 점토(또는 실트질 점토)가 섞인 입도분포가 나쁜 자갈
     ≥15% 모래 → 점토와 모래(또는 실트질 점토와 모래)가 섞인 입도분포가 나쁜 자갈

GM   <15% 모래 → 실트질 자갈
    ≥15% 모래 → 모래 섞인 실트질 자갈
GC   <15% 모래 → 점토질 자갈
    ≥15% 모래 → 모래 섞인 점토질 자갈
GC-GM   <15% 모래 → 실트질 점토질 자갈
     ≥15% 모래 → 모래 섞인 실트질 점토질 자갈

SW   <15% 자갈 → 입도분포가 좋은 모래
    ≥15% 자갈 → 자갈 섞인 입도분포가 좋은 모래
SP   <15% 자갈 → 입도분포가 나쁜 모래
    ≥15% 자갈 → 자갈 섞인 입도분포가 나쁜 모래

SW-SM   <15% 자갈 → 실트 섞인 입도분포가 좋은 모래
     ≥15% 자갈 → 실트와 자갈이 섞인 입도분포가 좋은 모래
SW-SC   <15% 자갈 → 점토(또는 실트질 점토)가 섞인 입도분포가 좋은 모래
     ≥15% 자갈 → 점토와 자갈(또는 실트질 점토와 자갈)이 섞인 입도분포가 좋은 모래

SP-SM   <15% 자갈 → 실트 섞인 입도분포가 나쁜 모래
     ≥15% 자갈 → 실트와 자갈이 섞인 입도분포가 나쁜 모래
SP-SC   <15% 자갈 → 점토(또는 실트질 점토)가 섞인 입도분포가 나쁜 모래
     ≥15% 자갈 → 점토와 자갈(또는 실트질 점토와 자갈)이 섞인 입도분포가 나쁜 모래

SM   <15% 자갈 → 실트질 모래
    ≥15% 자갈 → 자갈 섞인 실트질 모래
SC   <15% 자갈 → 점토질 모래
    ≥15% 자갈 → 자갈 섞인 점토질 모래
SC-SM   <15% 자갈 → 실트질 점토질 모래
     ≥15% 자갈 → 자갈 섞인 실트질 점토질 모래

그림 4.3 자갈질 흙과 모래질 흙의 분류명(*Annual Book of ASTM Standards*, 2013, copyright ASTM International, 100 Barr Harbor Drive, West Conshohocken, PA, 19428의 허가)

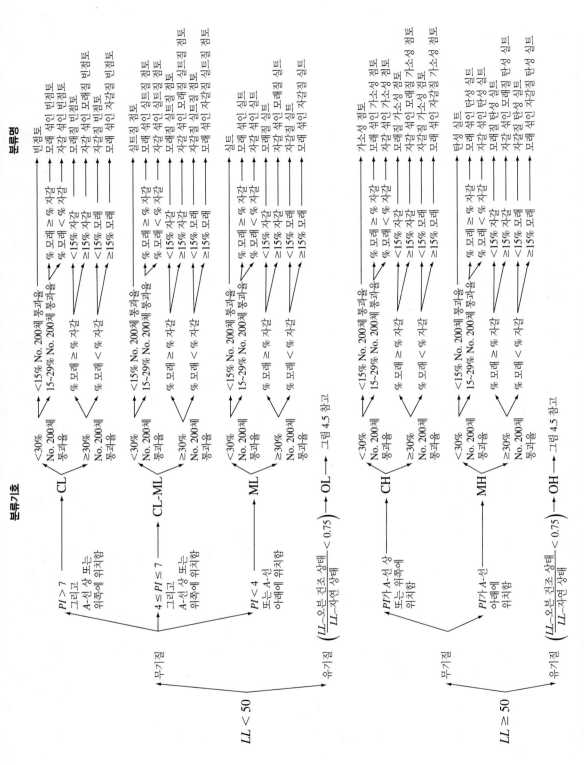

그림 4.4 무기질 실트질과 점토질 흙의 분류명(*Annual Book of ASTM Standards*, 2013, copyright ASTM International, 100 Barr Harbor Drive, West Conshohocken, PA, 19428의 허가)

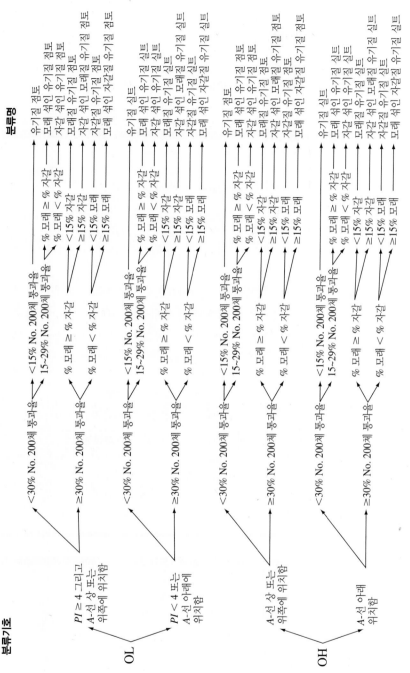

그림 4.5 유기질 실트질과 점토질 흙의 분류명(*Annual Book of ASTM Standards*, 2013, copyright ASTM International, 100 Barr Harbor Drive, West Conshohocken, PA, 19428의 허가)

- 세립분 = No. 200체 통과율(%)
- 조립분 = No. 200체 잔류율(%)
- 자갈분 = No. 4체 잔류율(%)
- 모래분 = (No. 200체 잔류율(%)) − (No. 4체 잔류율(%))

예제 4.3

예제 4.1을 참고하여 통일분류법에 따라 흙을 분류하시오. 분류기호와 분류명을 나타내시오.

풀이

표 4.2를 참고하면, No. 200체 통과율이 58%이므로 세립토이다. 그림 4.2의 소성도를 참고하면 $LL =$ 30, $PI = 10$이므로 **CL**로 분류된다(분류기호).

분류명을 결정하기 위해서 그림 4.4와 그림 4.6을 참고한다. 그림 4.6은 그림 4.4로부터 인용된 것이다. No. 200체 통과율이 30% 이상이고, 자갈의 함유율은 0%, 모래의 함유율은 (100 − 58) − (0) = 42%이다. 그러므로 모래의 함유율이 자갈보다 높다. 또한 자갈의 함유율이 15% 미만이다. 따라서 분류명은 **모래질 빈점토**이다.

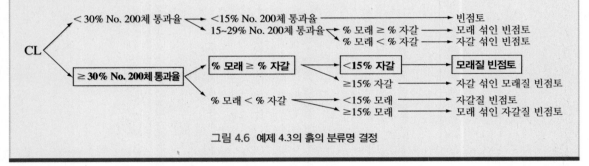

그림 4.6 예제 4.3의 흙의 분류명 결정

예제 4.4

주어진 흙에 대해 다음을 알고 있다.

- No. 4체 통과율 = 70%
- No. 200체 통과율 = 30%
- 액성한계 = 33
- 소성한계 = 12

통일분류법을 이용하여 흙을 분류하시오. 분류기호와 분류명을 나타내시오.

풀이

표 4.2를 참고하면, No. 200체 통과율이 30%이므로 50% 미만이다. 그러므로 조립토로 분류된다.

$$조립분 = 100 - 30 = 70\%$$

$$자갈분 = No.\ 4체\ 잔류율 = 100 - 70 = 30\%$$

그러므로 50% 이상이 No. 4체를 통과한다. 따라서 모래질 흙으로 분류된다. 12% 이상이 No. 200체를 통과하므로 SM 또는 SC로 분류된다. 이 흙은 $PI = 33 - 12 = 21$(7보다 크다)이다. $LL = 33$, $PI = 21$이므로 그림 4.2에서 A-선 위쪽에 있다. 따라서 분류기호는 **SC**이다.

    분류명에 대해서는 그림 4.3과 그림 4.7을 참고한다(그림 4.7은 그림 4.3으로부터 인용한 것이다). 자갈 함유율이 15% 이상이므로, **자갈 섞인 점토질 모래**로 분류된다.

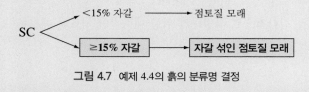

그림 4.7 예제 4.4의 흙의 분류명 결정

4.4 흙의 시각적 분류

숙련된 지반공학자는 실내시험 없이 현장에서 보고 느끼며 흙을 확인하고 분류할 수 있다. 이 기술은 연습을 통해 숙련될 수 있다. 조립토는 상대적으로 식별하기가 쉬우며, 시각적 분류는 다음 정보를 포함한다.

- 입도분포(양입도 또는 빈입도)
- 입자 크기(예, 세립, 중간, 굵은 모래 등)
- 입자 모양(예, 모난 입자, 약간 둥근 입자 등)
- 색깔
- 세립질의 존재(점토질 및 실트질의 유무를 구분)

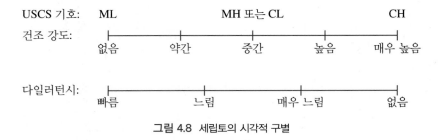

그림 4.8 세립토의 시각적 구별

- 다짐 또는 고결 상태
- 균질성

세립토는 건조토를 분쇄하여 건조 강도를 통해 쉽게 확인할 수 있다. 실트는 건조 강도가 낮고, 점토는 건조 강도가 높다. 또한 습윤 상태에서 점토는 손가락 사이에서 끈적거리지만, 실트는 껄끄럽다. 세립토는 흙의 다일러턴시(dilatancy)를 통해 점토 또는 실트로 구분할 수 있다. 다일러턴시 시험은 손바닥에 촉촉한 흙을 놓고 강하게 흔들어 물이 토양 표면으로 얼마나 빠르게 상승하는지 확인하는 시험이다. 다일러턴시는 실트에서는 빠르고 점토에서는 느리다. 그림 4.8은 건조 강도와 다일러턴시를 기준으로 세립토를 시각적으로 식별하기 위한 대략적인 지표를 제시한다.

4.5 요약

이 장에서는 AASHTO 분류법과 통일분류법에 대해 논의했다. 다음은 각 분류법에 대한 **흙 분류**의 요약이다.

1. AASHTO에 따르면, **조립토**는 No. 200체 통과량이 35% 이하에 해당한다. 이 흙들은 A-1-a, A-1-b, A-3, A-2-4, A-2-5, A-2-6, A-2-7에 속한다. 만약 No. 200체 통과율이 35% 이상이면, 흙은 실트질이나 점토질 흙이다. 이 흙들은 A-4, A-5, A-6, A-7-5, A-7-6에 해당한다.

2. AASHTO 분류법에서, 노상재료로서 흙의 품질은 군지수(*GI*)에 반비례한다.

3. 통일분류법에서, No. 200체 잔류율이 50%보다 높으면 조립토이다[자갈질(G), 모래질(S)]. 조립토에 대한 분류명의 요약은 다음과 같다.

No. 200체 통과율	분류명
5% 이하	GW, GP 또는 SW, SP
5~12%	GW-GM, GP-GM, GW-GC, GP-GC 또는 SW-SM, SP-SM, SW-SC, SP-SC
12% 초과	GM, GC 또는 SM, SC

4. No. 200체 통과율이 50%보다 높으면 세립토이다(실트질 또는 점토질). 이 범주에 속하는 흙은 ML, MH, CL, CH, 그리고 CL-ML이다.

연습문제

4.1 주어진 흙을 통일분류법을 이용해서 분류하시오. 분류기호와 분류명을 나타내시오.

흙	가적통과율		액성한계	소성한계	C_u	C_c
	No. 4	No. 200				
1	70	30	33	12		
2	48	20	41	19		
3	95	70	52	24		
4	100	82	30	11		
5	88	78	69	31		
6	71	4		NP	3.4	2.6
7	99	57	54	28		
8	71	11	32	16	4.8	2.9
9	100	2		NP	7.2	2.2
10	90	8	39	31	3.9	2.1

4.2 AASHTO 분류법에 따라 흙을 분류하고 분류기호를 나타내시오.

흙	가적통과율				액성한계*	소성지수*
	No. 4	No. 10	No. 40	No. 200		
1	100	90	68	30	30	9
2	95	82	55	41	32	12
3	80	72	62	38	28	10
4	100	98	85	70	40	14
5	100	100	96	72	58	23
6	92	85	71	56	35	19
7	100	100	95	82	62	31
8	90	88	76	68	46	21
9	100	80	78	59	32	15
10	94	80	51	15	26	12

*No. 40체 통과 시료에 대하여

4.3 AASHTO에서 다음 흙들은 어느 그룹에 해당하는가?

    a. 약 10%의 세립토가 섞인 양입도 자갈

    b. 약 10%의 세립토가 섞인 양입도 모래

    c. 균질한 가는 모래

    d. 높은 소성의 점토

4.4 그림 4.9는 네 가지 A, B, C, D 흙의 입도분포를 보여준다(연습문제 2.13의 흙과 같다). 소성한계와 액성한계는 다음과 같다.

흙	LL	PL
A	58	34
B	42	22
C	—	—
D	75	31

네 가지 흙을 설명하고 통일분류법 기호로 나타내시오.

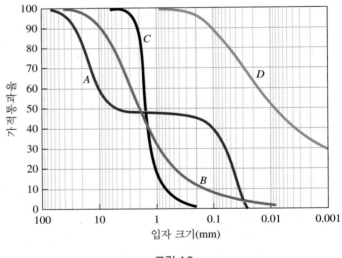

그림 4.9

4.5 다음 문장이 참인지 거짓인지 답하시오.

    a. AASHTO 분류법 표 4.1에서 도로에 더 적합한 흙은 표의 오른쪽보다 왼쪽에 위치한다.

    b. AASHTO 분류법에서 양호한 세립토는 군지수가 작은 흙이다.

    c. AASHTO 분류법에서 모래는 입경이 0.075~4.75 mm인 흙이다.

    d. 통일분류법 분류기호에서 점토질 자갈은 CG이다.

    e. 통일분류법 분류기호에서 SM은 모래질 실트이다.

비판적 사고 문제

4.6 AASHTO 분류법에 따라 다음 흙을 분류했을 때, 통일분류법의 분류기호는 무엇인가? (참고: Liu, 1970)

자갈과 모래: A-1-a, A-1-b, A3, A-2-4, A-2-5, A-2-6, A-2-7

세립토: A-4, A-5, A-6, A-7-5, A-7-6

4.7 통일분류법 분류기호에 의해 분류된 흙의 AASHTO 분류기호는 무엇인가? (참고: Liu, 1970)

자갈: GW, GP, GM, GC

모래: SW, SP, SM, SC

세립토: ML, CL, MH, CH

참고문헌

AMERICAN ASSOCIATION OF STATE HIGHWAY AND TRANSPORTATION OFFICIALS (1982). *AASHTO Materials, Part I, Specifications*, Washington, D.C.

AMERICAN SOCIETY FOR TESTING AND MATERIALS (2013). *ASTM Book of Standards*, Sec. 4, Vol. 04.08, West Conshohocken, PA.

CASAGRANDE, A. (1948). "Classification and Identification of Soils," *Transactions*, ASCE, Vol. 113, 901–930.

LIU, T.K. (1970). "A Review of Engineering Soil Classification Systems," *Special Procedures for Testing Soil and Rock for Engineering Purposes*, 5th Ed., ASTM Special Technical Publication 479, 361–382.

Courtesy of N. Sivakugan, James Cook University, Australia

CHAPTER
5
흙의 다짐

5.1 서론

고속도로 성토, 흙댐 및 그 밖의 많은 흙 구조물을 축조하는 경우, 느슨한 흙은 단위중량을 증대시키기 위해 다짐할 필요가 있다. 다짐은 흙의 강도 특성을 좋게 하여 지반 위에 설치되는 기초의 안정성을 향상시킨다. 또한 다짐은 구조물의 불필요한 침하량을 감소시키고 성토사면의 안정성도 증대시킨다. 흙의 다짐공사에는 평활 로울러, 양족 로울러, 공기고무타이어 로울러가 일반적으로 많이 이용된다. 한편 진동 로울러는 조립토를 다질 때 주로 사용된다.

이 장에서는 다음과 같은 다짐에 관한 사항을 다룬다.

- 현장 다짐 시방을 개발하기 위한 실내 다짐시험
- 현장 다짐절차와 다짐 장비의 선택
- 실내 다짐시험에 기초한 최대 건조단위중량을 평가하기 위한 상관관계식
- 현장 다짐도를 평가하기 위한 절차
- 세립토의 지반공학적 특성에 대한 다짐의 효과

5.2 다짐의 일반적 원리

다짐은 일반적으로 기계적 에너지로 흙 속의 공기를 제거하여 흙을 조밀하게 하는 것이다. 이때 흙의 다져진 정도는 흙의 건조단위중량으로 평가한다. 흙에 물을 첨가하면서 다짐을 하면 물의 윤활작용으로 흙입자의 위치가 서로 이동하게 되어 조밀하게 다져진다. 함수비가 증가하면 다짐된 흙의 건조단위중량은 증가한다(그림 5.1). 함수비가 $w = 0$인 완전히 건조된 흙일 경우, 습윤단위중량(γ)은 건조단위중량(γ_d)과 같다.

$$\gamma = \gamma_{d(w=0)} = \gamma_1$$

함수비를 증가시키면서 동일한 에너지로 다짐을 시행하면 단위체적당 흙입자의 무게는 점진적으로 증가한다. 예를 들어, $w = w_1$에서 습윤단위중량은 다음과 같다.

$$\gamma = \gamma_2$$

그러나 이 함수비에서 건조단위중량은 다음과 같다.

$$\gamma_{d(w=w_1)} = \gamma_{d(w=0)} + \Delta\gamma_d$$

임의 함수비 $w = w_2$(그림 5.1)를 초과하면 건조단위중량은 오히려 감소하는 경향이 있다. 이 현상은 물이 과잉 공급되는 경우 흙입자로 채워질 수 있는 공간을 물이 차지하기 때문이다. **최대 건조단위중량**(maximum dry unit weight)이 얻어지는 함수비를 일반적으로 **최적함수비**(optimum moisture content)라고 한다.

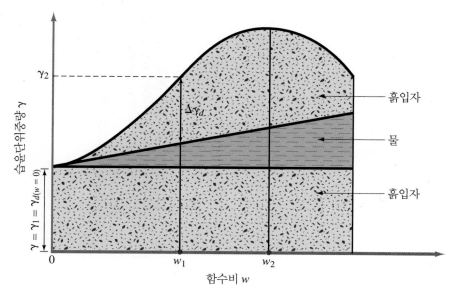

그림 5.1 다짐의 원리

최대 건조단위중량과 최적함수비를 얻기 위해 일반적으로 시행하는 실내시험을 **다짐시험**(Proctor compaction test)이라 한다(Proctor, 1933). 표준다짐시험 방법은 다음 절에서 설명한다.

5.3 표준다짐시험

표준다짐시험에서 흙은 체적이 943.3 cm³이고 직경이 101.6 mm인 몰드 내에서 다져진다. 실내시험 시 몰드를 틀 바닥에 부착하고 상부에 있는 확장부(extension)에 고정한다(그림 5.2a). 흙 시료에 물의 양을 변화시키며 물과 섞은 흙을 해머(그림 5.2b)를 이용하여 1층당 타격 횟수 25회씩, 3층으로 몰드에 넣고 다진다(그림 5.3). 해머의 무게는 24.4 N(질량 ≈ 2.5 kg), 낙하고는 304.8 mm이다. 다짐 시 습윤단위중량 γ는 다음과 같이 계산한다.

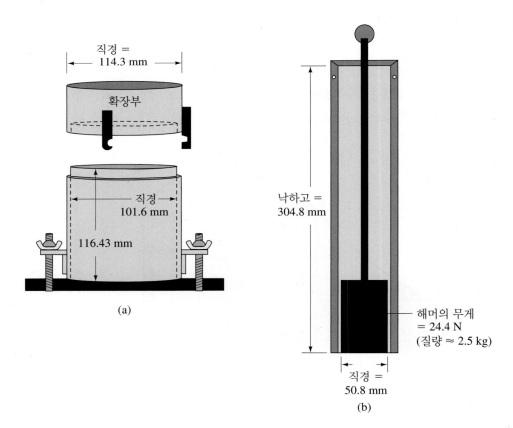

그림 5.2 표준다짐시험의 장비. (a) 몰드, (b) 해머

그림 5.3 실내시험에서 흙 다짐 (Australia, James Cook University, N. Sivakugan 제공)

$$\gamma = \frac{W}{V_{(m)}} \qquad (5.1)$$

여기서

　　W = 몰드 내에서 다져진 흙의 무게

　　$V_{(m)}$ = 몰드의 체적(943.3 cm³)

각각의 시험에서 다져진 흙의 함수비를 결정할 수 있다. 함수비를 알면 다음 식으로 건조단위중량 γ_d를 구할 수 있다[식 (3.12) 참고].

$$\gamma_d = \frac{\gamma}{1 + \dfrac{w\,(\%)}{100}} \qquad (5.2)$$

여기서 $w(\%)$는 함수비이다.

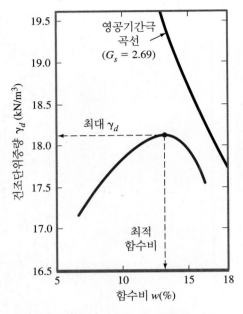

그림 5.4 실트질 점토의 표준다짐시험 결과

식 (5.2)를 통해 결정한 건조단위중량(γ_d)과 함수비 관계를 곡선으로 그릴 수 있고, 이 흙에 대한 최대 건조단위중량 및 최적함수비를 구할 수 있다. 그림 5.4는 실트질 점토에 대한 다짐곡선이다.

표준다짐시험 과정에 관한 세부사항은 ASTM 시험규정 D-698과 AASHTO 시험규정 T-99에 규정되어 있다.

임의 함수비에서 이론적인 최대 건조단위중량은 간극에 공기가 없을 때 얻을 수 있다. 즉, 포화도가 100%일 때이다. 그러므로 영(零)공기간극(zero air voids) 상태에서 함수비에 대한 최대 건조단위중량은 다음과 같은 식으로 구할 수 있다.

$$\gamma_{zav} = \frac{G_s \gamma_w}{1 + e}$$

여기서

γ_{zav} = 영공기간극 단위중량

γ_w = 물의 단위중량

e = 간극비

G_s = 흙입자의 비중

포화도가 100%일 때 $e = wG_s$이므로

$$\gamma_{\text{zav}} = \frac{G_s \gamma_w}{1 + w G_s} = \frac{\gamma_w}{w + \dfrac{1}{G_s}} \tag{5.3}$$

여기서 w는 함수비이다.

함수비 변화에 따른 γ_{zav}의 변화를 나타내는 식 (5.3)을 계산하기 위해서는 다음과 같은 절차를 따른다.

1. 흙입자의 비중을 결정한다.
2. 물의 단위중량(γ_w) 값을 결정한다.
3. 함수비를 가정한다(예를 들어 5%, 10%, 15% 등).
4. 함수비(w)의 변화에 대한 γ_{zav}를 계산하기 위해 식 (5.3)을 이용한다.

그림 5.4는 함수비에 따른 γ_{zav}의 변화와 다짐곡선에 대한 상대적인 위치를 보여 준다. 어떠한 경우라도 다짐곡선이 포화도 $S > 100\%$를 의미하는 영공기간극곡선의 오른쪽에 위치하지 않는다. $S < 100\%$일 때 다짐곡선은 영공기간극곡선의 왼쪽에 위치한다.

N(Newton)은 유도단위이기 때문에 여러 경우에 단위중량보다는 밀도(kg/m^3)를 이용하는 것이 더 편리하다. 이 경우 식 (5.1), (5.2), (5.3)은 다음과 같이 나타낼 수 있다.

$$\rho(\text{kg/m}^3) = \frac{m(\text{kg})}{V_{(m)}(\text{m}^3)} \tag{5.4}$$

$$\rho_d(\text{kg/m}^3) = \frac{\rho(\text{kg/m}^3)}{1 + \dfrac{w(\%)}{100}} \tag{5.5}$$

$$\rho_{\text{zav}}(\text{kg/m}^3) = \frac{\rho_w(\text{kg/m}^3)}{w + \dfrac{1}{G_s}} \tag{5.6}$$

여기서

$\rho,\ \rho_d,\ \rho_{\text{zav}}$ = 밀도, 건조밀도, 영공기간극밀도

m = 몰드 내의 다짐된 흙의 질량

ρ_w = 물의 밀도($1000\ \text{kg/m}^3$)

$V_{(m)}$ = 몰드의 체적($943.3 \times 10^{-6}\ \text{m}^3$)

5.4 다짐에 영향을 미치는 요소

앞 절에서는 함수비가 흙의 다짐도에 매우 중요한 역할을 한다는 사실을 설명했다. 함수비 외에 다짐에 영향을 미치는 매우 중요한 요소는 흙의 종류와 다짐 에너지(단위체적당 에너지)이다. 이 두 요소의 중요성을 상세히 살펴본다.

흙 종류의 영향

흙 종류, 즉 입도분포, 입자의 모양, 흙입자의 비중, 점토광물의 종류와 양은 최대 건조단위중량과 최적함수비에 큰 영향을 미친다. Lee와 Suedkamp(1972)는 35개 흙 시료의 다짐곡선을 분석하여 네 종류의 다짐곡선을 정의했다. 이 곡선들은 그림 5.5에 나와 있다. 다짐곡선 *A*는 1개의 첨두값이 있는 곡선이다. 이 곡선은 액성한계가 30~70 사이의 흙에서 일반적으로 발견된다. 곡선 *B*는 1개 반(one and one-half)의 첨두값이 있으며 곡선 *C*는 2개의 첨두값이 있다. *B*와 *C*의 다짐곡선은 액성한계가 30보다 작은 흙에서 발견된다. 다짐곡선 *D*는 명확한 첨두값이 없다. 이 곡선을 특이곡선(odd-shaped)이라 한다. 액성한계가 70보다 큰 흙에서 *C*와 *D* 곡선이 발견된다. *C*와 *D*를 보이는 흙은 일반적이지 않다.

다짐 에너지의 영향

5.3절에서 설명한 표준다짐시험에서 단위체적당 다짐 에너지는 다음과 같이 구할 수 있다.

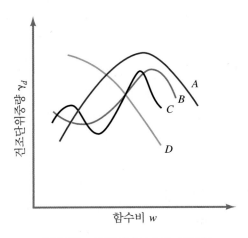

그림 5.5 다양한 형태의 흙의 다짐곡선

$$E = \frac{(\text{층당 타격 횟수}) \times (\text{층수}) \times (\text{해머의 무게}) \times (\text{해머의 낙하고})}{\text{몰드의 체적}} \quad (5.7)$$

또는

$$E = \frac{(25)(3)(24.4)(0.3048 \text{ m})}{943.3 \times 10^{-6} \text{ m}^3} = 591.3 \times 10^3 \text{ N} \cdot \text{m/m}^3 = 591.3 \text{ kN} \cdot \text{m/m}^3$$

만약 흙의 단위체적당 다짐 에너지가 변하면 함수비-단위중량 다짐곡선 또한 바뀐다. 이와 같은 경향은 모래질 점토에 대한 네 가지 다짐곡선을 보여주는 그림 5.6 으로부터 알 수 있다. 이러한 다짐곡선을 구하기 위해 표준 다짐몰드와 해머를 사용한다. 다짐을 시행할 경우 사용되는 흙의 층수는 모든 경우에 3층으로 시행한다. 그

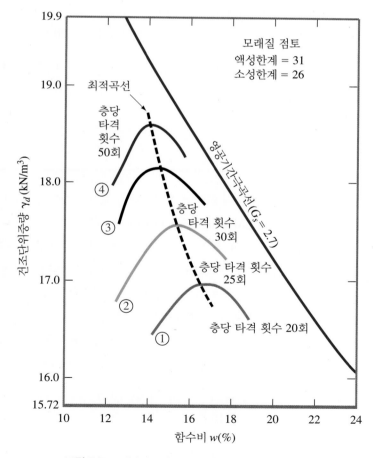

그림 5.6 모래질 점토의 다짐에 대한 다짐 에너지의 영향

표 5.1 그림 5.6의 시험에서 적용한 다짐 에너지

그림 5.6의 곡선 번호	층당 타격 횟수	다짐 에너지 (kN·m/m³)
1	20	473.0
2	25	591.3
3	30	709.6
4	50	1182.6

러나 층당 해머의 타격 횟수는 20~50회로 변화시킨다. 각각의 곡선에 대한 단위체적
당 사용된 다짐 에너지는 식 (5.7)을 이용하여 쉽게 계산할 수 있다. 이 값들은 표 5.1
에 나와 있다.

표 5.1과 그림 5.6으로부터 다음의 두 가지 결론을 내릴 수 있다.

1. 다짐 에너지가 증가하면 최대 건조단위중량도 함께 증가한다.
2. 다짐 에너지가 증가하면 최적함수비는 어느 정도까지 감소한다.

이 내용은 모든 흙에 적용된다. 그러나 다짐도는 다짐 에너지와 정비례하지는 않
는다.

5.5 수정다짐시험

중량의 로울러를 현장에서 사용함에 따라서 현장조건을 잘 반영하도록 표준다짐시험
을 수정한 시험방법을 **수정다짐시험**(modified Proctor test)이라 한다(ASTM 시험규
정 D-1557, AASHTO 시험규정 T-180). 수정다짐시험을 실시할 경우 표준다짐시험
의 경우와 동일한 몰드의 체적 943.3 cm³를 사용한다. 그러나 수정다짐시험은 44.5 N
(질량 = 4.536 kg)의 해머를 이용하며 흙 시료를 5층으로 다짐한다. 해머의 낙하고는
457.2 mm로 증가시킨다. 각 층에 대한 해머의 타격 횟수는 표준다짐시험과 같게 25
회로 한다. 그림 5.7은 다짐시험에 사용되는 두 가지 몰드를 보여준다(표 5.2 참고).
수정다짐시험을 통한 흙의 단위체적당 다짐 에너지는 다음과 같이 계산한다.

$$E = \frac{(\text{층당 타격 횟수 25회})(5\text{층})(44.5 \times 10^{-3}\ \text{kN})(0.4572\ \text{m})}{943.3 \times 10^{-6}\ \text{m}^3} = 2696\ \text{kN·m/m}^3$$

표준다짐시험과 수정다짐시험에서 사용된 해머는 그림 5.8에 비교되어 있다.

그림 5.7 두 가지 다짐 몰드 (Australia, James Cook University, N. Sivakugan 제공)

표 5.2 표준다짐시험의 개요(ASTM 시험규정 D-698)

구분	방법 A	방법 B	방법 C
몰드 직경	101.6 mm	101.6 mm	152.4 mm
몰드 체적	943.3 cm³	943.3 cm³	2124 cm³
해머 무게	24.4 N	24.4 N	24.4 N
해머 낙하고	304.8 mm	304.8 mm	304.8 mm
층당 다짐 횟수	25	25	56
다짐 층수	3	3	3
다짐 에너지	591.3 kN·m/m³	591.3 kN·m/m³	591.3 kN·m/m³
사용된 흙	No. 4(4.57 mm)체 통과 부분. No. 4체의 체눈에 20% 이하로 재료의 중량이 남는 경우.	9.5 mm 체눈을 통과하는 부분. No. 4체의 체눈에 잔류하는 흙이 20% 이상, 9.5 mm 체눈에 잔류하는 흙의 중량이 20% 이하인 경우.	19 mm 체눈을 통과하는 부분. 9.5 mm 체눈에 20% 이상의 재료가 남고, 19 mm 체눈에 30% 미만이 남는 경우.

다짐 에너지를 증가시켰기 때문에 수정다짐시험에서 흙의 최대 건조단위중량이 증가하며, 이와 함께 최적함수비는 감소한다.

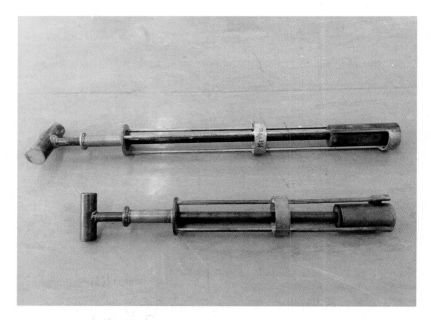

그림 5.8   표준다짐시험과 수정다짐시험의 해머 (Australia, James Cook University, N. Sivakugan 제공)

앞에서 기술한 내용에서 몰드의 체적과 낙하 횟수에 관해 ASTM과 AASHTO(몰드의 체적이 943.3 cm³이고 층당 타격 횟수 25회)가 채택한 다짐시험규정은 일반적으로 No. 4체를 통과한 세립토에 적용된다. 그러나 다짐시험에 사용되는 몰드의 크

표 5.3 수정다짐시험의 개요(ASTM 시험규정 1557)

구분	방법 A	방법 B	방법 C
몰드 직경	101.6 mm	101.6 mm	152.4 mm
몰드 체적	943.3 cm³	943.3 cm³	2124 cm³
해머 무게	44.5 N	44.5 N	44.5 N
해머 낙하고	457.2 mm	457.2 mm	457.2 mm
층당 다짐 횟수	25	25	56
다짐 층수	5	5	5
다짐 에너지	2696 kN · m/m³	2696 kN · m/m³	2696 kN · m/m³
사용된 흙	No. 4(4.57 mm)체 통과 부분. No. 4체의 체눈에 20% 미만으로 재료의 중량이 남는 경우.	9.5 mm 체눈을 통과하는 부분. No. 4체의 체눈에 잔류하는 흙이 20% 이상, 9.5 mm 체눈에 잔류하는 흙의 중량이 20% 미만인 경우.	19 mm 체눈을 통과하는 부분. 9.5 mm 체눈에 20% 이상의 재료가 남고, 19 mm 체눈에 30% 미만이 남는 경우.

기, 층당 타격 횟수 및 흙의 최대입경을 고려한 세 가지 시험방법이 있다. 시험방법의 요약이 표 5.2와 5.3에 나와 있다. 더 큰 몰드를 사용하는 방법 C는 자갈 함량이 많은 흙에 적합하다.

예제 5.1

표준다짐시험에 대한 시험 결과가 아래와 같다. 최대 건조단위중량과 최적함수비를 구하시오.

몰드의 체적(cm³)	습윤토의 질량(kg)	함수비(%)
943.3	1.76	12
943.3	1.86	14
943.3	1.92	16
943.3	1.95	18
943.3	1.93	20
943.3	1.90	22

풀이

몰드의 체적 (cm³)	습윤토의 무게 W^*(N)	습윤단위중량 $\gamma^\dagger$(kN/m³)	함수비 w(%)	건조단위중량 $\gamma_d^\ddagger$(kN/m³)
943.3	17.27	18.3	12	16.34
943.3	18.25	19.3	14	16.93
943.3	18.84	20.0	16	17.24
943.3	19.13	20.3	18	17.20
943.3	18.93	20.1	20	16.75
943.3	18.64	19.8	22	16.23

$^*W$ = 질량(kg) × 9.81

$^\dagger\gamma = \dfrac{W}{V}$ $^\ddagger\gamma_d = \dfrac{\gamma}{1 + \dfrac{w\%}{100}}$

그림 5.9의 γ_d와 w에 관한 그래프로부터,

$$\text{최대 건조단위중량} = 17.25 \text{ kN/m}^3$$

$$\text{최적함수비} = 16.3\%$$

이다.

(계속)

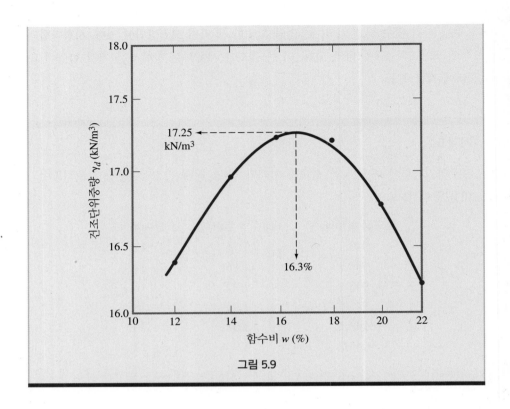

그림 5.9

5.6   경험적인 관계식

Omar 등(2003)은 자갈질 흙 45개(GP, GP-GM, GW, GW-GM, GM), 모래질 흙 264개(SP, SP-SM, SW-SM, SW, SC-SM, SC, SM), 그리고 낮은 소성의 점토 2개 (CL) 등 총 311개의 시료에 대한 수정다짐시험을 실시했다. 모든 시험은 ASTM 1577 방법 C로 수행했다. 시험 결과로부터 다음 관계식을 제안했다.

$$\rho_{d(\max)} \, (\text{kg/m}^3) = [4{,}804{,}574 G_s - 195.55(LL)^2 + 156{,}971(\text{R\#4})^{0.5}$$
$$- 9{,}527{,}830]^{0.5} \tag{5.8}$$

$$\ln(w_{\text{opt}}) = 1.195 \times 10^{-4}(LL)^2 - 1.964 G_s - 6.617$$
$$\times 10^{-5}(\text{R\#4}) + 7.651 \tag{5.9}$$

여기서

$\rho_{d(\max)}$ = 최대 건조단위밀도(kg/m³)

w_{opt} = 최적함수비(%)

G_s = 흙입자의 비중

LL = 액성한계(%)

R#4 = 흙 시료 총량에서 No. 4체에 남은 흙의 비율

Mutjaba 등(2013)은 110개의 모래질 흙(SM, SP-SM, SP, SW-SM, SW)에 대한 실내 다짐시험을 실시했다. 시험 결과를 통해 얻은 $\gamma_{d(\max)}$와 OMC(최적함수비)에 대한 관계식은 다음과 같다.

$$\gamma_{d(\max)} \text{ (kN/m}^3\text{)} = 4.49 \times \log(C_u) + 1.51 \times \log(E) + 10.2 \tag{5.10}$$

$$\log \text{OMC (\%)} = 1.67 - 0.193 \times \log(C_u) - 0.153 \times \log(E) \tag{5.11}$$

여기서

C_u = 균등계수

E = 다짐 에너지(kN · m/m^3)

세립질(No. 200체 통과율) 함유량이 12% 미만인 조립토에 대해서 상대밀도는 현장의 최종다짐 시방규정에 대하여 더 좋은 지표가 될 수 있다. 55개의 깨끗한 모래(No. 200체 통과율이 5% 미만)에 대한 실내시험을 통해 Patra 등(2010)은 다음의 관계식을 제안했다.

$$D_r = AD_{50}{}^{-B} \tag{5.12}$$

$$A = 0.216 \ln E - 0.850 \tag{5.13}$$

$$B = -0.03 \ln E + 0.306 \tag{5.14}$$

여기서

D_r = 다짐 에너지 E(kN · m/m^3)로 얻어진 다짐의 최대 상대밀도

D_{50} = 중앙입경(mm)

Gurtug와 Sridharan(2004)은 점성토의 소성한계(PL)로부터 최적함수비와 최대건조단위중량을 추정하는 상관식을 다음과 같이 제안했다.

$$w_{\text{opt}}(\%) = [1.95 - 0.38(\log E)] \, (PL) \tag{5.15}$$

$$\gamma_{d(\max)} \text{ (kN/m}^3\text{)} = 22.68e^{-0.0183w_{\text{opt}}(\%)} \tag{5.16}$$

여기서

PL = 소성한계(%)

E = 다짐 에너지(kN · m/m^3)

수정다짐시험에서 $E = 2700 \text{ kN} \cdot \text{m/m}^3$이므로

$$w_{\text{opt}}(\%) \approx 0.65(PL)$$

그리고

$$\gamma_{d(\text{max})} (\text{kN/m}^3) \approx 22.68 e^{-0.012(PL)}$$

Osman 등(2008)은 Gurtug와 Sridharan(2004)의 시험결과를 포함하여 세립토(점성토)에 관한 다수의 실내 다짐시험 결과를 분석하였다. 이 연구결과를 근거로 다음과 같은 관계식을 제안하였다.

$$w_{\text{opt}}(\%) = (1.99 - 0.165 \ln E)(PI) \tag{5.17}$$

그리고

$$\gamma_{d(\text{max})}(\text{kN/m}^3) = L - Mw_{\text{opt}}(\%) \tag{5.18}$$

여기서

$$L = 14.34 + 1.195 \ln E \tag{5.19}$$
$$M = -0.19 + 0.073 \ln E \tag{5.20}$$

w_{opt} = 최적함수비(%)

PI = 소성지수(%)

$\gamma_{d(\text{max})}$ = 최대 건조단위중량(kN/m³)

E = 다짐 에너지(kN·m/m³)

Matteo 등(2009)은 71개의 세립토의 시험 결과 자료를 분석하여 수정다짐시험($E = 2700 \text{ kN} \cdot \text{m/m}^3$)에서 최적함수비($w_{\text{opt}}$)와 최대 건조단위중량[$\gamma_{d(\text{max})}$]과의 관계식을 구하였다.

$$w_{\text{opt}}(\%) = -0.86(LL) + 3.04\left(\frac{LL}{G_s}\right) + 2.2 \tag{5.21}$$

그리고

$$\gamma_{d(\text{max})}(\text{kN/m}^3) = 40.316(w_{\text{opt}}^{-0.295})(PI^{0.032}) - 2.4 \tag{5.22}$$

여기서

LL = 액성한계(%)

PI = 소성지수(%)

G_s = 흙입자의 비중

예제 5.2

No. 200체 통과율이 4%인 모래에서 수정다짐시험으로부터 얻은 다짐의 최대 상대밀도를 평가하시오. $D_{50} = 1.4$ mm이다.

풀이

수정다짐시험에서 $E = 2696$ kN·m/m³이다.

식 (5.13)으로부터

$$A = 0.216 \ln E - 0.850 = (0.216)(\ln 2696) - 0.850 = 0.856$$

식 (5.14)로부터

$$B = -0.03 \ln E + 0.306 = -(0.03)(\ln 2696) + 0.306 = 0.069$$

식 (5.12)로부터

$$D_r = AD_{50}^{-B} = (0.856)(1.4)^{-0.069} = 0.836 = \textbf{83.6\%}$$

예제 5.3

실트질 점토에서 $LL = 43$이고 $PL = 18$이다. 수정다짐시험을 수행하여 얻은 다짐의 최대 건조단위중량을 식 (5.18)을 이용하여 구하시오.

풀이

수정다짐시험에서 $E = 2696$ kN·m/m³이다.

식 (5.19)와 (5.20)으로부터

$$L = 14.34 + 1.195 \ln E = 14.34 + 1.195 \ln (2696) = 23.78$$

$$M = -0.19 + 0.073 \ln E = -0.19 + 0.073 \ln (2696) = 0.387$$

식 (5.17)로부터

$$w_{opt} (\%) = (1.99 - 0.165 \ln E)(PI)$$
$$= [1.99 - 0.165 \ln(2696)](43 - 18)$$
$$= 17.16\%$$

식 (5.18)로부터

$$\gamma_{d(\max)} = L - Mw_{opt} = 23.78 - (0.387)(17.16) = \textbf{17.14 kN/m}^3$$

5.7 현장 다짐

현장에서 다짐은 대부분 로울러에 의해 수행된다. 가장 일반적으로 사용되는 네 가지 종류의 로울러는 다음과 같다.

1. 평활 로울러(smooth-wheel roller 또는 smooth-drum roller)
2. 공기고무타이어 로울러(pneumatic rubber-tired roller)
3. 양족 로울러(sheepsfoot roller)
4. 진동 로울러(vibratory roller)

평활 로울러(그림 5.10)는 사질토와 점성토의 성토작업 시 마무리 작업과 노반의 프루프 롤링(proof rolling)에 적합하다. 310~380 kN/m²의 높은 접지압을 바퀴와 접하는 지반에 완전히 분포시킬 수 있다. 다만 이 로울러로 두꺼운 층을 다짐하면 높은 단위중량을 얻기가 힘들다.

공기고무타이어 로울러(그림 5.11)는 평활 로울러보다 여러 가지 장점이 있다. 공기고무타이어 로울러는 각 축에 여러 개의 고무타이어가 장착된 무거운 장비이다. 공기고무타이어가 한 축에 4~6개씩 인접해서 장착되어 있다. 한 축의 접지압은 600~700 kN/m² 정도이며 전체의 약 70~80%에 접지압을 발휘할 수 있다. 공기고무타이어 로울러는 사질토와 점성토의 다짐에 사용할 수 있다. 다짐은 압축작용(pressure action)과 반죽작용(kneading action)이 복합되어 이루어진다.

양족 로울러(그림 5.12)는 원통 표면에 많은 돌기를 가진 드럼으로 구성되어 있고 각 돌기의 면적은 약 25~85 cm²이다. 양족 로울러는 점성토 지반을 다질 때 가장 효과적이다. 돌기의 접지압은 1380~6900 kN/m² 정도이다. 현장 다짐에 있어 처음 통과할 때는 부설토층의 아랫부분을 다진다. 다음 통과할 때에는 부설토층의 중간부분과 윗부분이 다져진다.

진동 로울러는 조립토 지반에서 가장 효과적이다. 흙에 진동 효과를 주기 위해서 진동기를 평활 로울러, 공기고무타이어 로울러 및 양족 로울러에 부착시켜 사용한다. 진동은 편심력이 작용하도록 설치된 회전체의 회전 작용으로 얻어진다.

수동식 진동기는 제한된 지역에서 조립토층에 가장 효과적인 다짐방법으로 사용된다. 진동판을 기계에 한 조로 부착하여 사용되기도 하는데, 주변 조건이 덜 제약될 때 효과적이다.

현장에서 소요단위중량을 얻기 위해서는 흙의 종류와 함수비 외에도 여러 다른 인자를 고려해야 한다. 고려해야 할 인자에는 다짐 장비로 발생하는 접지압의 크기와

그림 5.10 평활 로울러(Dmitry Kalinovsky/Shutterstock.com)

그림 5.11 공기고무타이어 로울러(Vadim Ratnikov/Shutterstock.com)

그림 5.12 양족 로울러(Artit Thongchuea/Shutterstock.com)

면적 및 부설토층의 두께 등이 있다. 지표면에 작용하는 압력은 심도에 따라 감소하고 그 결과 흙의 다짐도가 감소한다.

다짐하는 동안 건조단위중량은 로울러의 통과 횟수에 영향을 받는다. 임의 함수비에서 건조단위중량은 로울러의 통과 횟수와 함께 일정한 값까지 증가한다. 이 값을 초과하면 건조단위중량은 일정한 상태가 된다. 대부분은 최대 건조단위중량을 경제적으로 얻을 수 있는 통과 횟수는 4~6회이다.

5.8 현장 다짐에 관한 시방

대부분 토공작업에 대한 다짐 시방에서는 현장 다짐에 의한 건조단위중량을 표준다짐시험이나 수정다짐시험에 의해 결정된 최대 건조단위중량의 90~95% 정도로 요구한다. 이것은 상대다짐도 R에 대한 시방이며, 식으로 표현하면 다음과 같다.

$$R\,(\%) = \frac{\gamma_{d(\text{field})}}{\gamma_{d(\text{max}-\text{lab})}} \times 100 \tag{5.23}$$

조립토의 다짐에서 시방규정은 소요 상대밀도 D_r 또는 상대다짐도를 사용하기도 한다. 상대밀도는 상대다짐도와 혼동해서는 안 된다. 3장으로부터 아래와 같은 식을 인용한다.

$$D_r = \left[\frac{\gamma_{d(\text{field})} - \gamma_{d(\text{min})}}{\gamma_{d(\text{max})} - \gamma_{d(\text{min})}}\right]\left[\frac{\gamma_{d(\text{max})}}{\gamma_{d(\text{field})}}\right] \tag{5.24}$$

식 (5.23)과 (5.24)를 비교하여 다음과 같이 나타낼 수 있다.

$$R = \frac{R_0}{1 - D_r(1 - R_0)} \tag{5.25}$$

여기서

$$R_0 = \frac{\gamma_{d(\text{min})}}{\gamma_{d(\text{max})}} \tag{5.26}$$

여기서, 다짐시험에서 결정된 최대 건조단위중량$[\gamma_{d(\text{max})-\text{lab}}]$은 가장 조밀한 상태$[\gamma_{d(\text{max})}]$와 같다고 볼 수 있다. 그러나 이러한 시험방법들은 서로 다른 시험절차로 진행되어 그 값이 같지 않을 수도 있다.

상대다짐도 또는 상대밀도에 근거하여 현장 다짐을 규정하는 시방서가 **최종 품질**

시방서(end-product specification)이다. 시공자는 현장에서 어떤 다짐방법을 채택하든지 소요 최소 건조단위중량을 확보하여야 한다. 가장 경제적인 다짐방법은 그림 5.13의 다짐곡선으로 설명할 수 있다. 곡선 A, B, C는 각각 다른 다짐 에너지로 동일한 흙에 대해 실시한 다짐곡선으로, 다짐곡선 A는 현재의 다짐 장비로부터 얻을 수 있는 최대 다짐 에너지를 나타낸다. 시공자는 $\gamma_{d(\text{field})} = R\gamma_{d(\text{max})}$의 소요 최소 건조단위중량을 확보하도록 하여야 하고, 이 값을 확보하기 위해서 함수비 w는 w_1과 w_2 사이에 존재해야 한다. 그러나 다짐곡선 C로부터 알 수 있듯이, 소요 건조단위중량 $\gamma_{d(\text{field})}$는 $w = w_3$ 상태에서 낮은 다짐 에너지로도 얻을 수 있다. 그렇지만 현장조건의 다양한 변수를 모두 고려할 수 없는 상황이므로 현장 다짐작업 시 대부분 현장 소요 건조단위중량 $\gamma_{d(\text{field})} = R\gamma_{d(\text{max})}$를 최소 다짐 에너지로 확보하기가 힘들다. 그러므로 최소 다짐 에너지보다 약간 큰 다짐 에너지를 줄 수 있는 장비로 다짐을 한다. 이러한 다짐 특성은 다짐곡선 B로 나타난다. 그림 5.13으로부터 현장 소요 건조단위중량을 확보하기 위한 가장 경제적인 함수비는 w_3과 w_4 사이에 위치함을 알 수 있다. 여기서 다짐곡선 A는 최대 다짐 에너지에 의한 것으로 $w = w_4$가 최적함수비가 된다.

위에서 설명한 개념은 그림 5.13과 함께 현대 지반공학의 저명한 학자인 Seed (1964)에 의해 정립되었다. 이 개념은 Holtz와 Kovacs(1981)가 더욱 상세하게 설명했다.

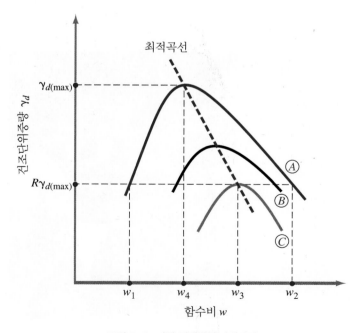

그림 5.13 가장 경제적인 다짐조건

5.9 현장 다짐 시 단위중량 결정

현장에서 다짐작업을 수행할 때 시방에 규정된 단위중량이 확보되었는지를 확인하여
야 한다. 현장에서 단위중량을 결정하는 표준방법으로는 다음과 같은 세 가지 방법
이 있다.

    1. 모래치환법(sand cone method)
    2. 고무풍선법(rubber balloon method)
    3. 핵밀도법(nuclear method)

각 방법을 자세하게 설명하면 다음과 같다.

모래치환법(ASTM 규정 D-1556)

샌드콘(sand cone) 장비는 상부에 부착된 금속제 콘과 플라스틱병 또는 유리병으로
구성되어 있다(그림 5.14). 입경이 균일하고 건조된 표준사(Ottawa 모래)를 이 병 속
에 채워 넣는다. 병에 채워진 모래의 무게와 병과 콘 무게를 고려한 전체 무게 W_1을
측정한다. 현장에서 다짐작업이 시행된 지역에서 조그만 구덩이를 파고 굴착된 흙의
습윤 무게 W_2를 측정한다. 그리고 채취한 흙의 함수비도 측정하여 흙의 건조단위중량
W_3을 다음과 같이 구한다.

그림 5.14 모래치환법을 위한 플라스틱병과 금속제 콘 (Nevada, Henderson, Braja M. Das 제공)

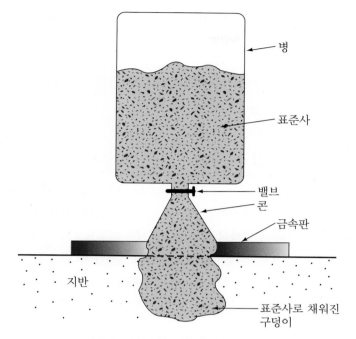

병

표준사

밸브
콘

금속판

지반

표준사로 채워진
구덩이

그림 5.15 모래치환법에 의한 현장 단위중량 측정

$$W_3 = \frac{W_2}{1 + \dfrac{w\,(\%)}{100}} \tag{5.27}$$

여기서 w는 함수비이다.

시험구덩이를 판 후 그림 5.15와 같이 구덩이 위에 콘이 부착된 모래가 채워진 병을 뒤집어 모래가 병으로부터 흘러나와 구덩이와 콘을 채우도록 쏟아 넣는다. 병과 콘의 무게 및 병에 남아 있는 모래의 무게 W_4를 측정하면

$$W_5 = W_1 - W_4 \tag{5.28}$$

여기서 W_5는 콘과 구덩이에 채워진 모래의 무게이다.

굴착된 구덩이의 체적은 다음과 같이 계산할 수 있다.

$$V = \frac{W_5 - W_c}{\gamma_{d(\text{sand})}} \tag{5.29}$$

여기서

$\quad W_c$ = 콘에 채워져 있는 모래 무게

$\quad \gamma_{d(\text{sand})}$ = 사용한 표준사(Ottawa 모래)의 건조단위중량

W_c와 $\gamma_{d(sand)}$ 값은 실내시험에서 측정할 수 있으므로 현장에서 시행된 다짐에 대한 건조단위중량은 다음과 같이 결정할 수 있다.

$$\gamma_d = \frac{구덩이에서\ 파낸\ 흙의\ 건조중량}{구덩이의\ 체적} = \frac{W_3}{V} \tag{5.30}$$

고무풍선법(ASTM 규정 D-2167)

고무풍선법은 시험구덩이를 파고 그 구덩이로부터 채취한 흙의 습윤단위중량과 함수비를 측정하는 것으로 모래치환법과 유사하다. 그러나 파낸 구덩이의 체적은 눈금이 새겨진 용기 내의 물이 시험구덩이 내의 고무풍선을 채움으로써 그 체적을 직접 구할 수 있다. 다져진 흙의 건조단위중량은 식 (5.27)로 결정할 수 있다. 그림 5.16은 고무풍선법에서 사용하는 눈금이 새겨진 용기를 보여준다.

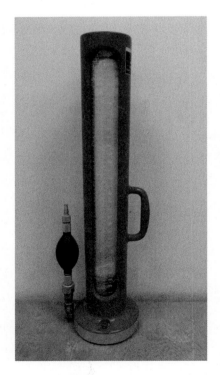

그림 5.16 현장 단위중량을 측정하는 고무풍선법에서 사용하는 눈금이 새겨진 용기
(Nevada, Henderson, Braja M. Das 제공)

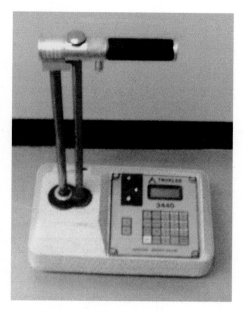

그림 5.17 핵밀도 측정기 (Nevada, Henderson, Braja M. Das 제공)

핵밀도법

핵밀도 측정기는 다져진 흙의 건조단위중량을 측정하는 데 종종 사용된다. 이 밀도 측정기는 현장 지표면이나 시추공에서 작동하며, 단위체적당 습윤토의 무게와 흙의 단위체적에 존재하는 물의 무게를 측정하는 데 사용한다. 다져진 흙의 건조단위중량 은 흙의 습윤단위중량에서 물의 무게를 빼서 결정할 수 있다. 그림 5.17은 핵밀도 측 정기 사진이다.

5.10 점성토의 특성에 대한 다짐의 영향

다짐은 점성토의 구조를 변화시킨다. 즉, 투수계수와 전단강도 같은 물리적 특성에 영 향을 준다(Lambe, 1958). 이것은 그림 5.18을 참고하여 설명할 수 있다. 그림 5.18a 는 다짐곡선(즉, 함수비에 따른 건조단위중량의 변화)을 보여준다. 만약 점토가 A점 과 같이 최적함수비의 건조 측에서 다짐이 된다면, 점토는 **면모구조**(flocculent struc- ture, 느슨하고 불규칙한 배열)로 될 것이다. 이때 각 점토입자는 얇은 흡착수를 가지 고 두껍고 점성이 있는 이중층수를 가진다(2.12절 참고). 이 경우 점토는 음전하를 띤

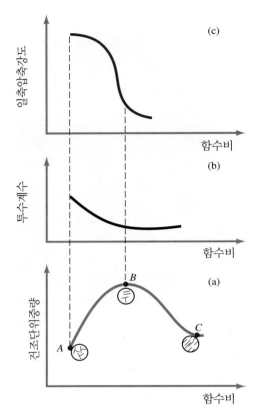

그림 5.18 함수비에 따른 (a) 건조단위중량, (b) 투수계수, (c) 일축압축강도의 변화

면과 양전하를 띠는 모서리의 정전기적 인력에 의해 결합된다. 낮은 함수비에서는 점토입자를 둘러싸고 있는 확산이중층이 자유롭게 발달할 수 없다. 그러나 다짐 시 함수량이 증가하면 B 지점에서처럼 입자 주위의 확산이중층이 확장된다. 따라서 점토입자 사이의 반발력이 크게 되어 응집도가 낮아지고 건조단위중량이 높아진다. B에서 C로 함수비가 지속적으로 증가하면 이중층수는 더욱 확장되어 입자 사이의 반발력이 계속 증가한다. 이로 인해 흙입자는 서로 평형하게 배열되고 흙 구조는 다소 **분산**된다. 그러나 첨가되는 물이 단위체적당 흙입자의 조밀성을 감소시키므로 건조단위중량은 감소한다. 한편 임의 함수비에서 다짐 에너지가 높으면 점토입자를 더욱 평행한 배열상태로 만들기 때문에 흙 구조가 분산구조를 가진다는 점을 기억하자. 흙입자가 더 가까워질수록 큰 단위중량을 가진다.

흙의 종류와 다짐 에너지가 일정한 상태에서 다져진 흙의 투수계수(6장)는 다짐 시 함수비에 따라 변화한다. 그림 5.18b는 건조단위중량과 함수비에 의한 일반적인 투수계수의 변화성을 보여준다. 얼마나 쉽게 물이 흙을 잘 통과하는지에 대한 지표인 투수계수는 함수비가 증가함에 따라 감소한다. 최적함수비에서 투수계수는 거의 최솟 값이다. 최적함수비를 넘어가면 투수계수는 약간 증가한다.

다짐된 점토의 강도(10장 참고)는 일반적으로 함수비가 증가함에 따라 감소한다. 그림 5.18c는 이러한 특성을 보여준다. 최적함수비 근처에서 가장 큰 강도손실이 있 다. 같은 건조단위중량으로 다짐된 두 가지 흙 시료가 있을 때, 하나는 최적함수비의 건조 측이고 나머지 하나는 최적함수비의 습윤 측일 때, 건조 측에서 다짐된 시료(면 모구조)가 더 큰 강도를 갖는다.

5.11 그 밖의 지반 개량방법들

다짐은 가장 오래되고 간편한 지반 개량방법 중 하나이며 대부분의 지반에서 수행 될 수 있다. 다른 특별한 지반 개량기술에는 동다짐(dynamic compaction), 바이브로 플로테이션(vibroflotation), 심층혼합처리공법(deep soil mixing), 화학적 안정처리 (chemical stabilization), 소일네일링(soil nailing), 그라우팅(grouting), 선행하중공법 (preloading), 연직배수재(vertical drain)를 이용한 선행하중공법, 쇄석말뚝공법(stone columns), 토목섬유(geosynthetics)를 이용하는 방법 등이 있다.

현장에서 동다짐이 수행되는 사진이 그림 5.19a에 나와 있다. 무거운 물체를 들 어 올려 떨어뜨려 지반을 개량한다. 이 방법은 조립토, 매립지, 카르스트 지형(karst terrains)에 효과적이다. 바이브로플로테이션은 대부분 조립토에 적용되고, 바이브로 플롯(vibroflot)의 진동장치를 지반에 삽입하여 진동함으로써 주변 지반을 조밀하게 한다. 심층혼합처리공법은 일반적으로 제방과 기초에서 안정성을 높이고 시공 전 침 하를 최소화시키려는 목적으로 흙의 강도를 증가시키기 위해 수행된다. 화학적 안정 처리는 지반공학적인 특성을 개선하기 위해 흙에 안정제를 섞는 방법이다. 소일네일 은 강봉의 형태로 경사면의 시추공에 배치되며 보강을 위해 시추공에 시멘트 그라우 트를 채워 넣는다(그림 5.19b). 시멘트 그라우트는 흙의 강도를 증가시키고 투수성 을 감소시키기 위해 사용된다. 선행하중공법은 점토에서 사용되는 일반적인 공법으 로, 일시적으로 상재하중을 재하하고 몇 달 후에 제거한다. 이 기간에 배수를 촉진하 기 위해 연직배수재(PVDs, perfabricated vertical drains), 샌드 드레인(sand drain), 심지 드레인(wick drain)을 지반에 설치한다. 쇄석말뚝공법(그림 5.19c)은 강도를 높

그림 5.19 (a) 동다짐, (b) 소일네일링, (c) 쇄석말뚝공법[(a)와 (b) Australia, James Cook University, N. Sivakugan 제공, (c) DGI-Menard (USA) 제공]

이고 배수를 개선하기 위해 지반에 설치되는 돌기둥이다. 토목섬유는 수십 년 동안 많은 지반공학적 응용을 위해 사용되었다. 지반을 개량하는 토목섬유의 주요 기능 중 두 가지는 지반의 보강과 배수이다.

5.12 요약

이 장에서 논의한 내용은 다음과 같다.

1. 현장 다짐에 관한 시방 규정을 개발하기 위해 사용되는 최적함수비와 최대 건조 단위중량을 결정하기 위한 실내시험으로 표준다짐시험 및 수정다짐시험이 수행된다.
2. 다짐의 최대 건조단위중량은 다짐 에너지의 함수이다.
3. 평활 로울러, 양족 로울러, 공기고무타이어 로울러는 일반적으로 현장 다짐을 위해 사용된다.
4. 진동 로울러는 조립토의 다짐에서 매우 효과적이다.
5. 모래치환법, 고무풍선법, 핵밀도법은 현장 다짐이 소요의 다짐 시방을 충족하는지 확인하기 위해 사용된다.
6. 점토의 투수계수는 다짐 시 함수비가 증가함에 따라 감소하며 최적함수비에서 최솟값에 도달한다.

연습문제

5.1 표준다짐시험의 결과가 아래와 같다. 다짐의 최대 건조단위중량과 최적함수비를 구하시오.

몰드 체적 (cm³)	습윤토 중량 (N)	함수비 (%)
943	14.5	8.4
943	18.46	10.2
943	20.77	12.3
943	17.88	14.6
943	16.15	16.8

5.2 문제 5.1의 흙에 대하여 만약 $G_s = 2.72$이면, 최적함수비에서 간극비와 포화도를 결정하시오.

5.3 함수비가 10.0%인 2.5 kg의 흙 시료에 다짐시험을 수행하려 한다. 얼마의 물을 넣어야 함수비 16.0%가 되겠는가?

5.4 흙의 비중이 $G_s = 2.75$로 주어질 때, $w = 5\%$, 8%, 10%, 12%, 15%에 대한 영공기

간극 단위중량(kN/m³)을 계산하시오.

5.5 다음 문장이 참인지 거짓인지 답하시오.

a. 같은 흙에서 수정다짐시험보다 표준다짐시험에서 최적함수비가 크다.

b. 상대다짐도는 100%를 초과할 수 없다.

c. 양족 로울러는 점토를 다지는 데 매우 효과적이다.

d. 다짐된 점토의 강도는 최적함수비의 습윤 측보다 건조 측에서 다짐했을 때 더 크다.

e. 다짐된 점토의 투수계수는 최적함수비의 습윤 측보다 건조 측에서 다짐했을 때 더 크다.

5.6 모래의 최대 건조단위중량과 최소 건조단위중량이 실내시험을 통해 17.5 kN/m³, 14.8 kN/m³으로 각각 결정되었다. 만약 상대밀도가 70%라면, 현장의 상대다짐도는 얼마인가?

5.7 표준다짐시험 결과가 다음 표에 나와 있다. 다짐의 최대 건조밀도(kg/m³)와 최적함수비를 구하시오.

몰드 체적 (cm³)	습윤토 질량 (N)	함수비 (%)
943.3	1.68	9.9
943.3	1.71	10.6
943.3	1.77	12.1
943.3	1.83	13.8
943.3	1.86	15.1
943.3	1.88	17.4
943.3	1.87	19.4
943.3	1.85	21.2

5.8 문제 5.7에 설명되어 있는 흙의 현장 단위중량 측정 시험에서 함수비가 10.5%, 습윤밀도가 1705 kg/m³으로 산출되었다. 상대다짐도를 결정하시오.

5.9 점토질 흙에 대한 실내 다짐시험 결과가 아래 표와 같다.

함수비(%)	건조단위중량(kN/m³)
6	14.80
8	17.45
9	18.52
11	18.9
12	18.5
14	16.9

동일한 흙에 대하여 모래치환법으로 시험한 현장 단위중량 측정결과가 다음과 같다.

- 표준사의 보정된 건조밀도 = 1570 kg/m³
- 콘에 채운 표준사의 질량 = 0.545 kg
- 시험 전 병 + 콘 + 모래의 질량 = 7.59 kg
- 시험 후 병 + 콘 + 모래의 질량 = 4.78 kg
- 구덩이에서 파낸 습윤토의 질량 = 3.007 kg
- 습윤토의 함수비 = 10.2%

다음을 결정하시오.

a. 현장의 다짐 건조단위중량

b. 현장의 상대다짐도

5.10 축조될 제방의 성토량은 3500 m³이다. 제방의 간극비는 0.65로 규정되어 있다. 흙을 채취할 4개의 토취장이 다음과 같이 가능하며, 각 토취장 흙의 간극비와 흙의 운반비용이 제시되어 있다. 경제적 성토를 위한 토취장을 선택하고, 그 계산절차를 밝히시오. 비중 G_s은 모든 토취장에서 동일하다고 가정한다.

토취장	간극비	가격($/m³)
A	0.85	9
B	1.2	6
C	0.95	7
D	0.75	10

5.11 토취장 흙의 함수비가 18%, 습윤단위중량은 16.5 kN/m³, 비중은 2.75이다. 이 흙은 채취 후 성토재로 사용되기 위해 성토현장으로 이동된다. 시방서가 같은 함수비 18%에서 최소 건조단위중량이 16.27 kN/m³이 되도록 다짐을 규정한다면, 7651 m³의 성토를 위해 이 토취장에서 성토현장으로 운반해야 하는 흙의 양(m³)은 얼마인가? 흙을 운반하기 위해 얼마나 많은 트럭(적재하중 178 kN)이 필요한가?

5.12 그림 5.20은 다짐된 점토 제방에 대한 표준다짐시험으로부터 얻은 함수비와 건조단위중량을 보여준다. 흙의 비중은 2.72이다. 다짐 시방서는 현장의 점토가 수정다짐시험과 관련하여 상대다짐도 95%, 함수비 16.0~19.0%의 범위를 요구한다.

현장에서 점토의 다짐이 완료된 후 핵밀도법을 이용하여 4개의 지점에서 시험을 수행하여 다음과 같은 함수비와 건조단위중량이 측정되었다.

시험번호	1	2	3	4
함수비(%)	13.1	17.2	19.5	18.1
건조단위중량(kN/m³)	17.2	16.5	17.9	17.1

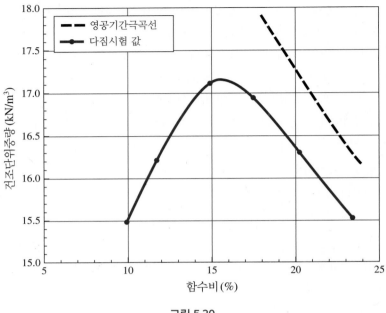

그림 5.20

4개의 시험 지점에 대한 현장 다짐이 시방서를 만족하는지 검토하고 시험결과를 토의하시오.

5.13 다음과 같은 흙이 있다.

- $G_s = 2.60$
- No. 40체를 통과한 액성한계(LL) = 20
- No. 4체에 남은 비율 = 20%

식 (5.8)과 (5.9)를 이용하여 수정다짐시험에 대한 다짐의 최대 건조밀도와 최적함수비를 결정하시오.

5.14 세립질이 3%인 모래에 대해 표준다짐시험으로부터 얻은 다짐의 최대 상대밀도를 결정하시오. 단, D_{50}(중앙입경) = 1.9 mm이다.

5.15 수정다짐시험의 곡선이 그림 5.21에 나와 있다. 흙의 비중은 2.75이다. 이 흙을 사용하여 도로공사용 노반이 다짐시공되며 시방서는 다음과 같다.

a. 함수비는 최적함수비의 ±1.5% 내에 있다.

b. 수정다짐시험에 관한 상대다짐도는 95%보다 크다.

다짐이 시방서를 충족시키는지 검토하기 위하여 모래치환법이 수행되었다. 다짐된 지반에서 1015 cm³의 시료를 채취하였다. 채취한 흙의 질량은 2083 g이고, 오븐 건조된 흙의 질량은 1845 g이다. 다짐이 시방서를 만족하는지 검토하시오.

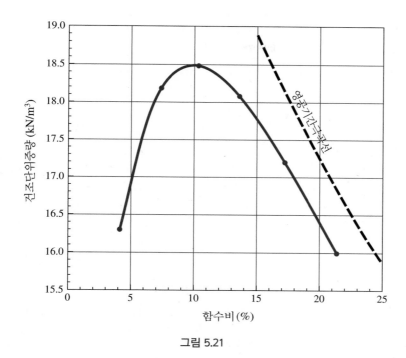

그림 5.21

5.16 체적이 943.3 cm³인 원통형 몰드에서 점토질 모래의 수정다짐시험이 수행되었다. 흙의 비중은 2.68이다. 6개의 다짐된 시료의 함수비와 질량은 아래와 같다.

함수비(%)	5.0	7.0	9.5	11.8	14.1	17.0
몰드 내 습윤 시료 질량(g)	1776	1890	2006	2024	2005	1977

a. 위 다짐시험 결과의 자료를 이용하여 최적함수비와 최대 건조단위중량을 결정할 수 있는 그래프를 그리고 이로부터 이들 값을 결정하시오.

b. 영공기간극곡선을 그리고 다짐곡선과 교차하는지 검토하시오.

c. 함수비에 대한 간극비와 포화도를 그리시오.

d. 최적함수비에서 간극비와 포화도는 얼마인가?

비판적 사고 문제

5.17 점토질 흙(G_s = 2.71)으로 943.3 cm³인 원통형 몰드를 이용하여 표준다짐시험을 수행하였다. 시험은 6개의 다른 함수비 조건에서 수행되었다. 다짐된 6개 시료의 습윤 및 건조 시료의 질량이 다음과 같이 측정되었다.

습윤 시료의 질량(g)	1652	1799	1938	1936	1895	1864
건조 시료의 질량(g)	1430	1541	1637	1604	1546	1507

a. 영공기간극곡선과 함께 다짐곡선을 그리시오.

b. 최적함수비와 최대 건조단위중량을 결정하시오.

c. 최적함수비에서 포화도를 구하시오.

d. 다짐곡선 위에 포화도 $S = 90\%$일 때 이론곡선을 그리시오.

e. 표준다짐시험을 이용하여 80%의 포화도를 얻기 위한 함수비를 구하시오.

참고문헌

AMERICAN ASSOCIATION OF STATE HIGHWAY AND TRANSPORTATION OFFICIALS (1982). *AASHTO Materials, Part II*, Washington, D.C.

AMERICAN SOCIETY FOR TESTING AND MATERIALS (2013). *ASTM Standards*, Vol. 04.08, West Conshohocken, PA.

GURTUG, Y., AND SRIDHARAN, A. (2004). "Compaction Behaviour and Prediction of Its Characteristics of Fine Grained Soils with Particular Reference to Compaction Energy," *Soils and Foundations*, Vol. 44, No. 5, 27–36.

HOLTZ, R. D., AND KOVACS, W. D. (1981). *An Introduction to Geotechnical Engineering*, Prentice-Hall, Englewood Cliffs, NJ.

LAMBE, T. W. (1958). "The Structure of Compacted Clay," *Journal of the Soil Mechanics and Foundations Division*, ASCE, Vol. 84, No. SM2, 1654-1–1654-34.

LEE, P. Y., AND SUEDKAMP, R. J. (1972). "Characteristics of Irregularly Shaped Compaction Curves of Soils," *Highway Research Record No. 381*, National Academy of Sciences, Washington, D.C., 1–9.

MUJTABA, H., FAROOQ, K., SIVAKUGAN, N., AND DAS, B. M. (2013). "Correlation between Gradation Parameters and Compaction Characteristics of Sandy Soils," *International Journal of Geotechnical Engineering*, Maney Publishing, U.K., Vol. 7, No. 4, 395–401.

MATTEO, L. D., BIGOTTI, F., AND RICCO, R. (2009). "Best-Fit Model to Estimate Proctor Properties of Compacted Soil," *Journal of Geotechnical and Geoenvironmental Engineering*, ASCE, Vol. 135, No. 7, 992–996.

OMAR, M., ABDALLAH, S., BASMA, A., AND BARAKAT, S. (2003). "Compaction Characteristics of Granular Soils in United Arab Emirates," *Geotechnical and Geological Engineering*, Vol. 21, No. 3, 283–295.

OSMAN, S., TOGROL, E., AND KAYADELEN, C. (2008). "Estimating Compaction Behavior of Fine-Grained Soils Based on Compaction Energy," *Canadian Geotechnical Journal*, Vol. 45, No. 6, 877–887.

PATRA, C. R., SIVAKUGAN, N., DAS, B. M., AND ROUT, S. K. (2010). "Correlation of Relative Density of Clean Sand with Median Grain Size and Compaction Energy," *International Journal of Geotechnical Engineering,* Vol. 4, No. 2, 196–203.

PROCTOR, R. R. (1933). "Design and Construction of Rolled Earth Dams," *Engineering News Record*, Vol. 3, 245–248, 286–289, 348–351, 372–376.

SEED, H. B. (1964). Lecture Notes, CE 271, Seepage and Earth Dam Design, University of California, Berkeley.

CHAPTER
6 투수계수

6.1 서론

흙은 높은 에너지를 갖는 지점에서 낮은 에너지를 갖는 장소로 물이 흐를 수 있는 간극들로 서로 연결되어 있다. 지반 내 간극을 통과하는 물의 흐름에 대한 연구는 토질역학에서 중요하다. 이러한 연구는 지중공사에서 물을 양수하거나 침투력의 영향을 받는 제방과 옹벽 구조물의 안정성 검토를 위해 다양한 투수조건에서의 지중 침투량을 예측하는 데 필요하다.

물의 유출속도는 단위시간 동안 토양의 단위 총 단면적(흐름방향에 수직으로)을 통과하는 물의 양을 말하며, 투수계수와 동수경사의 함수이다. 투수계수는 침투 연구에 있어 흙의 중요한 요소이다. 이 장에서는 실험실과 현장에서 흙의 투수계수를 결정하는 절차에 대해 다루고자 한다.

6.2 Bernoulli 방정식

유체역학에서 Bernoulli 방정식에 의하면 흐르고 있는 물의 임의의 점에서 전수두 h(total head)는 압력수두, 속도수두와 위치수두의 합으로 나타낸다.

$$h = \frac{u}{\gamma_w} + \frac{v^2}{2g} + Z \qquad\qquad (6.1)$$

전수두   압력수두   속도수두   위치수두

여기서

   h = 전수두

   u = 간극수압

   v = 속도

   g = 중력가속도

   γ_w = 물의 단위중량

모든 수두는 길이의 단위이다. 위치수두 Z는 기준면에서 위나 아래 임의의 점까지 연직 거리이다. 압력수두는 임의의 점에서 간극수압 u를 물의 단위중량 γ_w로 나눈 값이다.

만약 Bernoulli 방정식이 흙 속의 간극을 통과하는 물의 흐름에 적용된다면, 침투 유속이 느리기 때문에 속도수두는 무시할 수 있다. 따라서 임의의 점에서 전수두는 다음 식으로 충분히 표현할 수 있다.

$$h = \frac{u}{\gamma_w} + Z \qquad\qquad (6.2)$$

그림 6.1은 흙 속을 통과하는 물의 흐름에 대한 압력수두, 위치수두, 전수두 간의 관계를 나타낸다. **피에조미터**(piezometer)라고 불리는 스탠드파이프를 A점과 B점에

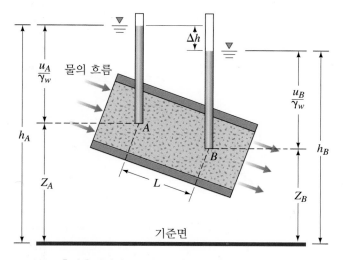

그림 6.1 흙 속을 통과하는 물의 흐름에 대한 압력수두, 위치수두, 전수두

설치한다. 피에조미터관 내부에 올라온 물의 높이를 측정하면 이 높이가 각각 A점과 B점에서의 **피에조미터 수위면**(piezometric level)이 된다. 각 점에서의 압력수두는 그 점에 설치된 피에조미터 연직 물기둥 높이에 해당한다.

두 점 A와 B 사이의 전수두 손실은 다음과 같이 나타낼 수 있다.

$$\Delta h = h_A - h_B = \left(\frac{u_A}{\gamma_w} + Z_A \right) - \left(\frac{u_B}{\gamma_w} + Z_B \right) \tag{6.3}$$

전수두손실 Δh를 무차원 형태로 표현하면 다음과 같다.

$$i = \frac{\Delta h}{L} \tag{6.4}$$

여기서

i = 동수경사

L = A점과 B점 사이의 거리, 즉 수두손실이 발생되어 물이 흐른 거리

일반적으로 동수경사 i에 따른 유속 v의 변화는 그림 6.2와 같다. 이 그림은 3개의 영역으로 나뉜다.

1. 층류영역(laminar flow zone, 영역 I)
2. 전이영역(transition zone, 영역 II)
3. 난류영역(turbulent flow zone, 영역 III)

동수경사가 '0'에서부터 점차 증가함에 따라 흐름은 영역 I와 II에서 층류 상태를 유지하고, 유속 v는 동수경사와 선형관계를 보인다. 동수경사가 더 커지면 물의 흐름은

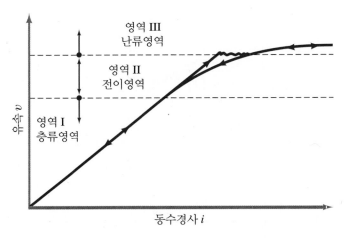

그림 6.2 동수경사 i에 따른 유속 v의 변화 특성

난류(영역 III)가 된다. 그러나 동수경사가 감소할 때, 층류조건은 영역 I에서만 존재하게 된다.

대부분의 흙에서 간극을 통과하는 물의 흐름은 층류로 간주할 수 있으며, 다음과 같은 관계를 갖는다.

$$v \propto i \tag{6.5}$$

유속이 빠른 파쇄가 심한 암반, 암석, 자갈, 굵은 모래에서는 난류조건이 존재할 수 있으며 식 (6.5)가 성립하지 않을 수도 있다.

6.3 Darcy의 법칙

1856년 Darcy는 포화된 흙을 통과하는 물의 유출속도에 대한 경험적인 식을 발표하였다. 이 식은 깨끗한 모래를 통과하는 물의 흐름에 대한 Darcy의 관찰을 바탕으로 제시되었다.

$$v = ki \tag{6.6}$$

여기서

v = **유출속도**(discharge velocity), 단위시간 내 물의 흐름방향에 직각이 되는 흙의 단위 총 단면적에 흐르는 물의 양

k = **투수계수**(hydraulic conductivity, 다른 표현으로 the coefficient of permeability)

투수계수는 cm/s 또는 m/s 단위로, 유량은 m³/s로 표시한다. SI 단위에서는 길이를 mm 또는 m로 표현하므로, 그런 의미에서 투수계수는 cm/s가 아니라 mm/s로 표현해야 한다는 점을 지적할 필요가 있다. 그러나 지반공학자들은 투수계수의 단위를 cm/s로 사용하는 것을 더 선호한다.

식 (6.6)은 식 (6.5)와 유사하며, 두 식 모두 층류조건에서 성립하므로 여러 종류의 흙에 적용이 가능하다. 식 (6.6)에서 v는 흙의 총 단면적에 대한 물의 유속이다. 그러나 간극을 통과하는 물의 실제속도[즉, **침투속도**(seepage velocity)]는 유출속도 v보다 크다. 유출속도와 침투속도와의 상관관계는 그림 6.3에서와 같이 총 단면적이 A이고 길이가 L인 흙을 이용하여 유도할 수 있다. 만약 단위시간당 흙을 통과하는 흐르는 물의 양을 q라고 하면

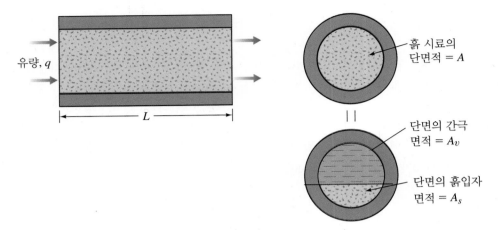

그림 6.3 식 (6.10)의 유도 도식화

$$q = vA = A_v v_s \tag{6.7}$$

여기서

v_s = 침투속도

A_v = 시료 단면의 간극 면적

이때

$$A = A_v + A_s \tag{6.8}$$

여기서 A_s는 시료 단면의 흙입자 면적이다. 식 (6.7)과 (6.8)의 관계로부터

$$q = v(A_v + A_s) = A_v v_s$$

또는

$$v_s = \frac{v(A_v + A_s)}{A_v} = \frac{v(A_v + A_s)L}{A_v L} = \frac{v(V_v + V_s)}{V_v} \tag{6.9}$$

여기서

V_v = 시료 내 간극의 체적

V_s = 시료 내 흙입자의 체적

식 (6.9)는 다음과 같이 다시 쓸 수 있다.

$$v_s = v\left[\frac{1 + \left(\dfrac{V_v}{V_s}\right)}{\dfrac{V_v}{V_s}}\right] = v\left(\frac{1 + e}{e}\right) = \frac{v}{n} \tag{6.10}$$

여기서 e = 간극비

$\quad$ n = 간극률

실제속도(actual velocity)와 **침투속도**의 용어는 평균적인 의미로 정의된다는 점을 기억해야 한다. 실제속도와 침투속도는 지반 내 간극 체적의 위치에 따라 달라진다.

6.4 투수계수

흙의 투수계수는 유체의 점성, 간극 크기의 분포, 입도분포, 간극비, 광물입자의 거칠기 및 흙의 포화도와 같은 여러 가지 요인에 의해 영향을 받는다. 점성토인 경우 입자의 구조는 투수계수에 매우 중요한 역할을 한다. 그 외에 점토의 투수계수에 영향을 미치는 주요 요인으로는 이온의 농도와 점토입자에 붙들린 이중층 수의 두께가 있다.

투수계수 k의 값은 흙의 종류에 따라 크게 다르다. 일부 포화토에 대한 대표적인 투수계수는 표 6.1에 정리된 바와 같다. 불포화토의 투수계수는 상당히 작고 포화도가 증가함에 따라 급격히 증가한다.

또한 흙의 투수계수는 흙 속을 흐르는 유체의 특성과도 다음 식과 같은 관계가 있다.

$$k = \frac{\gamma_w}{\eta}\,\overline{K} \qquad (6.11)$$

여기서

$\quad$ γ_w = 물의 단위중량

$\quad$ η = 물의 동점성

$\quad$ $\overline{K}$ = 절대투수계수

표 6.1 포화토 내 투수계수의 일반적인 범위

흙 종류	k(cm/s)
깨끗한 자갈	100~1
거친 모래	1.0~0.01
미세 모래	0.01~0.001
실트질 점토	0.001~0.00001
점토	<0.000001

절대투수계수(absolute permeability) $\overline{K}$ 는 길이 제곱의 단위(즉, cm²)로 표현되며 침투 특성과 무관하다.

식 (6.11)은 투수계수가 물의 단위중량과 점성의 함수이며, 이것은 결국 투수시험 시의 온도에 관한 함수임을 나타낸다. 그러므로 식 (6.11)로부터 다음 식이 성립한다.

$$\frac{k_{T_1}}{k_{T_2}} = \left(\frac{\eta_{T_2}}{\eta_{T_1}}\right)\left(\frac{\gamma_{w(T_1)}}{\gamma_{w(T_2)}}\right) \tag{6.12}$$

여기서

$k_{T_1},\ k_{T_2}$ = 온도 T_1과 T_2에서의 투수계수

$\eta_{T_1},\ \eta_{T_2}$ = 온도 T_1과 T_2에서의 물의 점성

$\gamma_{w(T_1)},\ \gamma_{w(T_2)}$ = 온도 T_1과 T_2에서의 물의 단위중량

기준 온도 20°C에서 투수계수 k값을 표현하는 것이 일반적이다. 물의 단위중량은 일반적인 시험온도 범위 내에서 $\gamma_{w(T_1)} \simeq \gamma_{w(T_2)}$로 가정할 수 있다. 따라서 식 (6.12)로부터 다음 식을 구할 수 있다.

$$k_{20°C} = \left(\frac{\eta_{T°C}}{\eta_{20°C}}\right)k_{T°C} \tag{6.13}$$

15~30°C 사이의 시험온도 T에 대한 $\eta_{T°C}/\eta_{20°C}$의 변화는 표 6.2와 같다. 시험보고서에는 $k_{T°C}$보다 $k_{20°C}$를 기록하는 것이 일반적이다.

표 6.2 온도에 따른 물의 $\eta_{T°C}/\eta_{20°C}$ 변화

온도 T(°C)	$\eta_{T°C}/\eta_{20°C}$	온도 T(°C)	$\eta_{T°C}/\eta_{20°C}$
15	1.135	23	0.931
16	1.106	24	0.910
17	1.077	25	0.889
18	1.051	26	0.869
19	1.025	27	0.850
20	1.000	28	0.832
21	0.976	29	0.814
22	0.953	30	0.797

6.5 실내실험에 의한 투수계수 결정

흙의 투수계수를 결정하는 데는 두 가지 표준 실내실험인 정수위 투수시험과 변수위 투수시험을 사용한다. 정수위 투수시험은 주로 조립질 흙(굵은 토립자 지반)에 사용한다. 그러나 세립질 흙에서는 유속이 너무 작기 때문에 변수위 투수시험을 선호한다. 이에 대한 간단한 설명은 아래와 같다.

정수위 투수시험

정수위 투수시험(constant head test)의 대표적인 시험장치는 그림 6.4와 같다. 이 장치는 물의 공급을 조절함으로써 시험 중 입수구와 배수구 사이의 수위차를 일정하게 유지한다. 유속이 일정해진 후, 정해진 시간 동안 시료를 통과한 물을 눈금이 새겨진 플라스크에 모은다.

모아진 물의 총 체적 Q는 다음과 같다.

$$Q = Avt = A(ki)t \qquad (6.14)$$

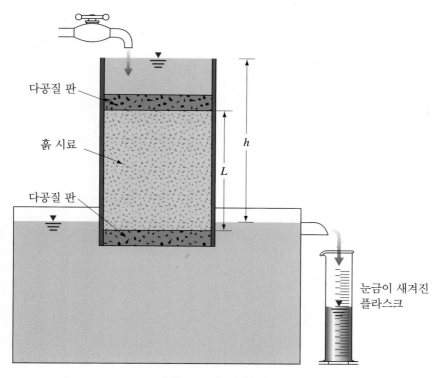

다공질 판

흙 시료

다공질 판

눈금이 새겨진 플라스크

그림 6.4 정수위 투수시험

여기서 A = 흙 시료의 단면적, t = 집수시간

그리고

$$i = \frac{h}{L} \tag{6.15}$$

여기서 L은 시료의 길이이다. 식 (6.15)를 식 (6.14)에 대입하면 다음과 같다.

$$Q = A\left(k\frac{h}{L}\right)t \tag{6.16}$$

또는

$$k = \frac{QL}{Aht} \tag{6.17}$$

변수위 투수시험

변수위 투수시험(falling head test)의 일반적인 시험장치는 그림 6.5와 같다. 물은 스탠드파이프로부터 흙 속으로 흐른다. $t = 0$일 때 초기 수두차 h_1을 기록하고, 물이 흙 시료를 통해 흐르게 한 후 $t = t_2$일 때의 최종 수두차 h_2를 기록한다.

임의의 시간 t에서 시료를 통해 흐르는 유량 q를 다음과 같이 구할 수 있다.

$$q = k\frac{h}{L}A = -a\frac{dh}{dt} \tag{6.18}$$

여기서 a = 스탠드파이프의 단면적, A = 흙 시료의 단면적

식 (6.18)을 다시 정리하면

$$dt = \frac{aL}{Ak}\left(-\frac{dh}{h}\right) \tag{6.19}$$

식 (6.19)의 좌변을 시간 0에서 t까지 적분하고, 우변을 h_1에서 h_2까지의 수두차로 적분하면 다음과 같다.

$$t = \frac{aL}{Ak}\log_e\frac{h_1}{h_2}$$

또는

$$k = 2.303\frac{aL}{At}\log_{10}\frac{h_1}{h_2} \tag{6.20}$$

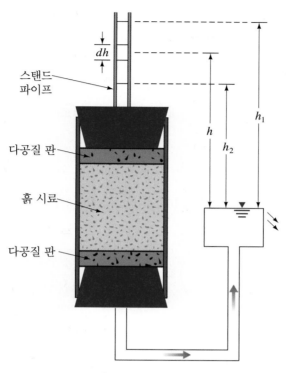

그림 6.5 변수위 투수시험

예제 6.1

그림 6.4의 정수위 투수시험을 참고하여 고운 모래에 대해 다음 값이 주어질 때 a, b, c를 구하시오.

- 시료의 길이 L = 300 mm
- 시료의 직경 = 150 mm
- 수두차 h = 500 mm
- 5분 동안 집수된 물 = 350 cm^3

a. 흙의 투수계수 k(cm/s)
b. 유출속도 v(cm/s)
c. 침투속도 v_s(cm/s)

흙 시료의 간극비는 0.46이다.

(계속)

풀이

a. 식 (6.17)로부터

$$k = \frac{QL}{Aht} = \frac{(350)\,(30)}{\left(\dfrac{\pi}{4}\,15^2\right)(50)(300\ \text{sec})}$$

$$= 3.96 \times 10^{-3}\ \text{cm/s}$$

b. 식 (6.6)으로부터

$$v = ki = (3.96 \times 10^{-3})\left(\frac{50}{30}\right) = 6.6 \times 10^{-3}\ \text{cm/s}$$

c. 식 (6.10)으로부터

$$v_s = v\left(\frac{1+e}{e}\right) = (6.6 \times 10^{-3})\left(\frac{1+0.46}{0.46}\right)$$

$$= 20.95 \times 10^{-3}\ \text{cm/s}$$

예제 6.2

그림 6.6a와 같이 투수층이 불투수층 상부에 존재한다. 투수층의 $k = 4.8 \times 10^{-3}$ cm/s일 때 침투유량(m³/hr/m)을 계산하시오($H = 3$ m, $\alpha = 5°$).

풀이

그림 6.6b와 식 (6.15)로부터

$$i = \frac{\text{수두차}}{\text{길이}} = \frac{L'\tan\alpha}{\left(\dfrac{L'}{\cos\alpha}\right)} = \sin\alpha$$

$$q = kiA = (k)\,(\sin\alpha)\,(3\cos\alpha)\,(1),\quad k = 4.8 \times 10^{-3}\ \text{cm/s} = 4.8 \times 10^{-5}\ \text{m/s},$$

$$q = (4.8 \times 10^{-5})\,(\sin 5°)\,(3\cos 5°)\,(3600) = \mathbf{0.045\ m^3/hr/m}$$

$$\uparrow$$

m/hr로 단위 변환

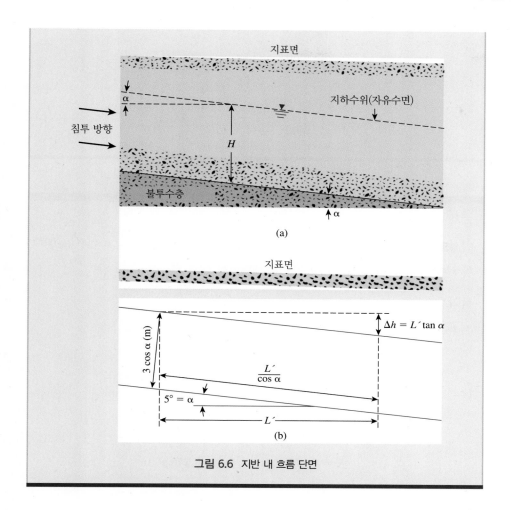

$\Delta h = L'\tan\alpha$

$\dfrac{L'}{\cos\alpha}$

$3\cos\alpha$ (m)

$5° = \alpha$

L'

(b)

그림 6.6   지반 내 흐름 단면

예제 6.3

변수위 투수시험에서 다음과 같이 주어질 때 스탠드파이프의 단면적을 구하시오.

- 흙 시료의 길이 = 38 cm
- 흙 시료의 면적 = 19.4 cm^2
- $k = 2.92 \times 10^{-3}$ cm/s
- 8분 동안 수두가 64 cm에서 30 cm로 떨어짐

풀이

식 (6.20)으로부터

(계속)

$$k = 2.303 \frac{aL}{At} \log_{10} \frac{h_1}{h_2}$$

$$2.92 \times 10^{-3} \, \text{cm/s} = 2.303 \left(\frac{a \times 38 \, \text{cm}}{19.4 \, \text{cm}^2 \times 480 \, \text{s}} \right) \log_{10} \left(\frac{64 \, \text{cm}}{30 \, \text{cm}} \right)$$

$$a = \mathbf{0.944 \, cm^2}$$

예제 6.4

점성토의 투수계수가 3×10^{-7} cm/s이다. 물의 동점성이 25°C에서 0.894×10^{-3} N·s/m²이다. 흙의 절대투수계수 $\overline{K}$ 를 계산하시오.

풀이

식 (6.11)로부터

$$k = \frac{\gamma_w}{\eta} \overline{K} = 3 \times 10^{-7} \, \text{cm/s}$$

따라서

$$3 \times 10^{-9} \, \text{m/s} = \left(\frac{9810 \, \text{N/m}^3}{0.894 \times 10^{-3} \, \text{N·s/m}^2} \right) \overline{K}$$

$$\overline{K} = \mathbf{0.273 \times 10^{-15} \, m^2 = 0.273 \times 10^{-11} \, cm^2}$$

6.6 투수계수의 경험식

투수계수를 추정하는 몇몇 경험식들은 수년에 걸쳐서 제안되어 왔다. 이 절에서는 중요한 사항들을 언급하고자 한다.

조립토

(작은 균등계수를 가지는) 상당히 균일한 모래에 대해 Hazen(1930)은 다음과 같은 형태의 투수계수 경험식을 제안했다.

$$k \, (\text{cm/s}) = cD_{10}^2 \tag{6.21}$$

여기서

c = 1.0부터 1.5까지 변하는 상수

D_{10} = 유효입경(mm)

식 (6.21)은 주로 느슨하고 깨끗한 필터 모래에 관한 Hazen의 연구 결과를 근거로 하고 있다. 모래질 흙에 실트와 점토가 소량 존재할 때 투수계수는 상당히 변화될 수 있다. 지난 몇 년 동안 다양한 종류의 조립토들에 대한 상수 c의 크기는 10^3 범위까지 변화한다는 사실(Carrier, 2003)이 실험적으로 관찰되고 있어 신뢰성이 그리 높지 않은 값이다.

사질토의 투수계수를 평가하는 적용성이 좋은 또 다른 공식으로 Kozeny-Carman 식 (Kozeny, 1927 ; Carman, 1938, 1956)이 있다. 이 식의 유도는 생략했으나 관심 있는 독자들은 《고급토질역학》(Advanced soil mechanics) 책을 참고하기 바란다. Kozeny-Carman 식은 다음과 같다.

$$k = \frac{1}{C_s S_s^2 T^2} \frac{\gamma_w}{\eta} \frac{e^3}{1+e} \tag{6.22}$$

여기서

C_s = 유로 형태 함수인 형상계수

S_s = 흙입자의 단위체적당 비표면적

T = 유로의 굴곡도

γ_w = 물의 단위중량

η = 물의 동점성

e = 간극비

현장에서 사용하기 위해 Carrier(2003)는 식 (6.22)를 다음과 같이 수정했다. 20℃ 온도에서 물에 대한 γ_w/η값은 약 $9.93 \times 10^4 \left(\frac{1}{\text{cm·s}}\right)$이며, $(C_s T^2)$은 대략 5 정도이다. 이를 식 (6.22)에 대입하면 다음과 같다.

$$k = 1.99 \times 10^4 \left(\frac{1}{S_s}\right)^2 \frac{e^3}{1+e} \tag{6.23}$$

또한

$$S_s = \frac{SF}{D_{\text{eff}}} \left(\frac{1}{\text{cm}}\right) \tag{6.24}$$

여기서 D_{eff}는 유효입경으로 정의된다.

$$D_{\text{eff}} = \frac{100\%}{\Sigma\left(\dfrac{f_i}{D_{(av)i}}\right)} \tag{6.25}$$

여기서

$$f_i = 2\text{개의 체분석용 체 사이의 입자 부분}(\%)$$

[주의: 큰 체(l)와 작은 체(s)]

$$D_{(av)i}\,(\text{cm}) = [D_{li}\,(\text{cm})]^{0.5} \times [D_{si}\,(\text{cm})]^{0.5} \tag{6.26}$$

$$SF = \text{형상계수}$$

식 (6.23), (6.24), (6.25)와 (6.26)을 연계하면

$$k = 1.99 \times 10^4 \left[\frac{100\%}{\Sigma\dfrac{f_i}{D_{li}^{0.5} \times D_{si}^{0.5}}}\right]^2 \left(\frac{1}{SF}\right)^2 \left(\frac{e^3}{1+e}\right) \tag{6.27}$$

SF의 크기는 흙입자의 모난 정도(angularity)에 따라 6~8 사이의 값을 갖는다.

Carrier(2003)는 식 (6.27)을 약간 수정하여 다음과 같은 식을 다시 제안했다.

$$k = 1.99 \times 10^4 \left[\frac{100\%}{\Sigma\dfrac{f_i}{D_{li}^{0.404} \times D_{si}^{0.595}}}\right]^2 \left(\frac{1}{SF}\right)^2 \left(\frac{e^3}{1+e}\right) \tag{6.28}$$

식 (6.28)은 다음과 같은 관계를 갖는다.

$$k \propto \frac{e^3}{1+e} \tag{6.29}$$

식 (6.28)과 (6.29)의 사용을 추천한다.

점성토

Tavenas 등(1983)은 연직방향으로 흐르는 물의 흐름에 대해 점성토(cohesiv soil)의 간극비와 투수계수 사이의 관계를 확인하였다. 이러한 관계는 그림 6.7과 같다. 그러나 중요한 점은 소성지수 PI와 점토입자 크기의 구성비 CF가 구성비 형태라는 것이다.

연구자들의 실험적인 관찰에 따르면, Samarasinghe 등(1982)은 정규압밀점토(9장에 정의됨)의 투수계수는 다음과 같은 식으로 얻어질 수 있다고 제안하였다.

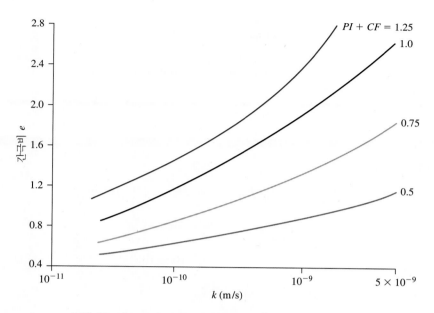

그림 6.7 점성토의 간극비와 투수계수의 관계(Tavenas et al., 1983)

$$k = C\left(\frac{e^n}{1 + e}\right) \qquad (6.30)$$

여기서 C와 n은 실험적으로 결정된 상수이다.

예제 6.5

간극비가 0.5인 모래의 투수계수가 0.02 cm/s이다. 식 (6.29)를 사용하여 간극비가 0.65일 때 투수계수를 구하시오.

풀이

식 (6.29)로부터

$$k \propto \frac{e^3}{1 + e}$$

이므로

$$\frac{k_{0.5}}{k_{0.65}} = \frac{\left[\dfrac{0.5^3}{1 + 0.5}\right]}{\left[\dfrac{0.65^3}{1 + 0.65}\right]} = 0.5$$

(계속)

따라서

$$k_{0.65} = \frac{k_{0.5}}{0.5} = \frac{0.02}{0.5} \simeq \textbf{0.04 cm/s}$$

예제 6.6

정규압밀점토에 대한 간극비와 투수계수 관계를 아래와 같이 얻었다.

간극비	$k(\text{cm/s})$
1.2	0.6×10^{-7}
1.52	1.519×10^{-7}

간극비가 1.4일 때 같은 점토의 투수계수 k를 구하시오.

풀이

식 (6.30)으로부터

$$\frac{k_1}{k_2} = \frac{\left[\dfrac{e_1^n}{1+e_1}\right]}{\left[\dfrac{e_2^n}{1+e_2}\right]}$$

$e_1 = 1.2$, $k_1 = 0.6 \times 10^{-7}$ cm/s, $e_2 = 1.52$, $k_2 = 1.159 \times 10^{-7}$ cm/s를 위 수식에 대입하면

$$\frac{0.6}{1.519} = \left(\frac{1.2}{1.52}\right)^n \left(\frac{2.52}{2.2}\right)$$

이므로

$$n = 4.5$$

다시 식 (6.30)으로부터

$$k_1 = C\left(\frac{e_1^n}{1+e_1}\right)$$

$$0.6 \times 10^{-7} = C\left(\frac{1.2^{4.5}}{1+1.2}\right)$$

이므로

$$C = 0.581 \times 10^{-7} \text{ cm/s}$$

그래서

$$k = (0.581 \times 10^{-7})\left(\frac{e^{4.5}}{1 + e}\right) \text{ cm/s}$$

위 식에 간극비 $e = 1.4$를 대입하면

$$k = (0.581 \times 10^{-7})\left(\frac{1.4^{4.5}}{1 + 1.4}\right) = \mathbf{1.1 \times 10^{-7} \text{ cm/s}}$$

예제 6.7

모래의 체분석 결과가 아래와 같다. 식 (6.28)을 이용하여 투수계수를 계산하시오. 모래의 간극비는 0.6이고, $SF = 7$이다.

체번호	통과백분율
30	100
40	96
60	84
100	50
200	0

풀이

아래와 같은 표를 작성할 수 있다.

체번호	체눈 크기(cm)	통과백분율(%)	두 체 사이에 남은 잔류율(%)
30	0.06	100	
40	0.0425	96	4
60	0.02	84	12
100	0.015	50	34
200	0.0075	0	50

No. 30체와 No. 40체 사이 잔류량에 대하여:

$$\frac{f_i}{D_{li}^{0.404} \times D_{si}^{0.595}} = \frac{4}{(0.06)^{0.404} \times (0.0425)^{0.595}} = 81.62$$

No. 40체와 No. 60체 사이 잔류량에 대하여:

$$\frac{f_i}{D_{li}^{0.404} \times D_{si}^{0.595}} = \frac{12}{(0.0425)^{0.404} \times (0.02)^{0.595}} = 440.76$$

No. 60체와 No. 100체 사이 잔류량에 대하여:

$$\frac{f_i}{D_{li}^{0.404} \times D_{si}^{0.595}} = \frac{34}{(0.02)^{0.404} \times (0.015)^{0.595}} = 2009.5$$

No. 100체와 No. 200체 사이 잔류량에 대하여:

$$\frac{f_i}{D_{li}^{0.404} \times D_{si}^{0.595}} = \frac{50}{(0.015)^{0.404} \times (0.0075)^{0.595}} = 5013.8$$

$$D_{\text{eff}} = \frac{100\%}{\Sigma \dfrac{f_i}{D_{li}^{0.404} \times D_{si}^{0.595}}} = \frac{100}{81.62 + 440.76 + 2009.5 + 5013.8} \approx 0.0133$$

식 (6.28)로부터

$$k = (1.99 \times 10^4)(0.0133)^2 \left(\frac{1}{7}\right)^2 \left(\frac{0.6^3}{1 + 0.6}\right) = \mathbf{0.0097 \ cm/s}$$

대부분의 정수위 투수시험과 변수위 투수시험은 상재하중이나 적용되는 압력 없이 실험실에서 수행된다. 그러나 실제 현장에서는 상재하중과 지표면에서 가해지는 하중으로 인해 상당한 유효응력이 작용할 수 있다. 따라서 작용된 상재하중이 투수계수에 어떠한 영향을 미치는지 알면 유용할 것이다. Cedergren(1967)은 그림 6.8에 압력에 따른 투수계수 값과 경향을 제안하였다. 조립질 흙(coarse-grained soil)의 경우 압력 증가에 투수계수는 단지 약간 감소함을 보여준다.

6.7 층상지반에서의 등가투수계수

지반은 **비등방성**(anisotropic) 물질로 그 성질이 방향에 따라 달라진다. 투수계수는 때로 비등방성일 수 있는 흙의 성질 중 하나이다. 지층의 자연적 퇴적 특성에 따라 주어진 퇴적층의 투수계수는 흐름방향에 따라 달라질 수 있다. 지층마다 흐름방향에 따라

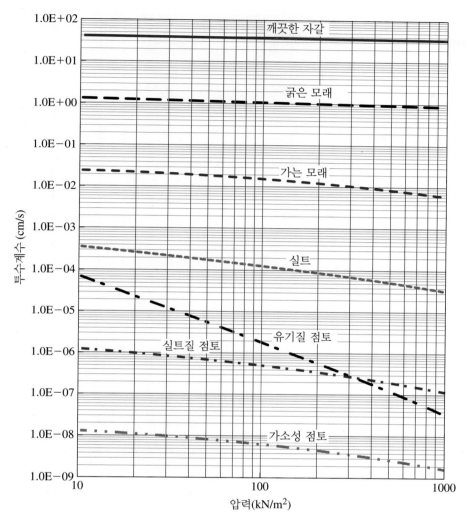

그림 6.8 지반 압력에 의한 투수계수 감소 경향(Cedergren, 1967)

투수계수가 변화하는 층상지반에서 계산을 단순화하기 위해 등가투수계수를 산정할 필요가 있다. 다음은 수평으로 지층이 평행하게 형성된 층상지반의 경우 연직방향과 수평방향의 흐름에 대한 등가투수계수 유도과정이다.

그림 6.9는 n개의 층으로 형성된 지반에서 **수평방향** 흐름을 도시하였다. n개의 지층을 통과하며 흐름방향에 수직인 단위길이의 단면을 고려하자. 단위시간에 단면을 통과하는 총 유량은 다음과 같다.

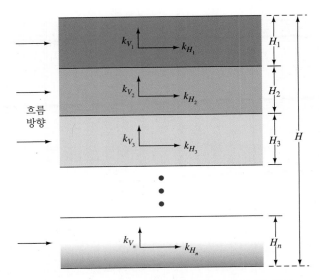

그림 6.9 층상지반에서 수평흐름에 대한 등가투수계수 결정

$$q = v \cdot 1 \cdot H$$
$$= v_1 \cdot 1 \cdot H_1 + v_2 \cdot 1 \cdot H_2 + v_3 \cdot 1 \cdot H_3 + \cdots + v_n \cdot 1 \cdot H_n \qquad (6.31)$$

여기서

$$v = \text{평균 유속}$$

$$v_1, v_2, v_3, \cdots, v_n = \text{각 층의 유속}$$

만약 k_{H_1}, k_{H_2}, k_{H_3}, $\cdots$, k_{H_n}이 수평흐름에서 각 층의 투수계수이고, $k_{H(\text{eq})}$가 수평방향으로의 등가투수계수라고 하면, Darcy의 법칙으로부터

$$v = k_{H(\text{eq})}i_{\text{eq}}, \; v_1 = k_{H_1}i_1, \; v_2 = k_{H_2}i_2, \; v_3 = k_{H_3}i_3, \cdots, \; v_n = k_{H_n}i_n$$

언급한 속도 관계식들을 식 (6.31)에 대입하고 $i_{\text{eq}} = i_1 = i_2 = i_3 = \ldots = i_n$이므로 등가투수계수는 다음과 같다.

$$k_{H(\text{eq})} = \frac{1}{H}(k_{H_1}H_1 + k_{H_2}H_2 + k_{H_3}H_3 + \cdots + k_{H_n}H_n) \qquad (6.32)$$

그림 6.10은 연직방향으로 흐름이 있는 n개의 층상구조를 보여준다. 이 경우에 모든 층을 통과하는 유속은 동일하다. 그러나 전수두손실 h는 각 층의 수두손실을 합한 값과 같다. 따라서

$$v = v_1 = v_2 = v_3 = \cdots = v_n \qquad (6.33)$$

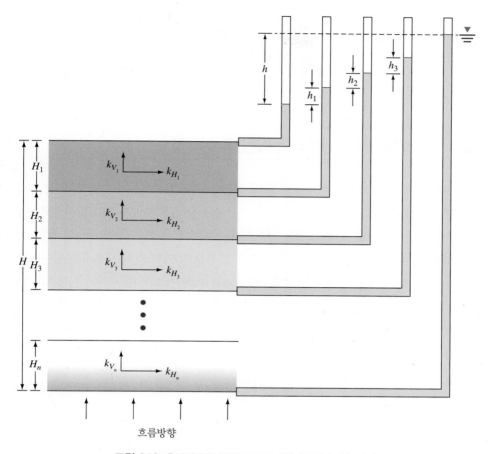

그림 6.10 층상지반에서 연직흐름에 대한 등가투수계수 결정

그리고

$$h = h_1 + h_2 + h_3 + \cdots + h_n \tag{6.34}$$

Darcy의 법칙을 사용하여 식 (6.33)을 다시 쓰면

$$k_{V(\text{eq})}\frac{h}{H} = k_{V_1}i_1 = k_{V_2}i_2 = k_{V_3}i_3 = \cdots = k_{V_n}i_n \tag{6.35}$$

여기서 k_{V1}, k_{V2}, k_{V3}, ..., k_{Vn}은 각 층의 연직방향 투수계수이고, $k_{V(\text{eq})}$는 등가투수계수이다.

또한 식 (6.34)로부터

$$h = H_1i_1 + H_2i_2 + H_3i_3 + \cdots + H_ni_n \tag{6.36}$$

식 (6.35)와 (6.36)으로부터 등가투수계수를 얻을 수 있다.

$$k_{V(eq)} = \frac{H}{\left(\dfrac{H_1}{k_{V_1}}\right) + \left(\dfrac{H_2}{k_{V_2}}\right) + \left(\dfrac{H_3}{k_{V_3}}\right) + \cdots + \left(\dfrac{H_n}{k_{V_n}}\right)} \tag{6.37}$$

6.8   현장에서 우물 양수에 의한 투수시험

현장에서 물의 흐름방향으로 퇴적된 흙의 평균 투수계수는 우물에서의 양수시험으로 결정할 수 있다. 그림 6.11은 투수계수를 측정해야 될 상부의 투수층이 비피압상태이고, 하부에는 불투수층이 놓여 있는 경우이다. 투수시험을 하는 동안 구멍이 뚫린 시험정으로부터 물을 일정하게 양수한다. 시험정 주위에 여러 개의 관측정을 방사방향으로 설치한다. 양수를 시작하여 정상상태(steady state)에 도달할 때까지 시험정과 관측정 내의 수위를 계속 관측한다. 시험정과 관측정 내의 수위가 일정해질 때가 정상상태이다. 시험정 내 지하수가 흐른 유량과 물을 양수하여 퍼 올리는 유량이 같으므로 이를 수식으로 표현하면 다음과 같다.

$$q = k\left(\frac{dh}{dr}\right)2\pi rh \tag{6.38}$$

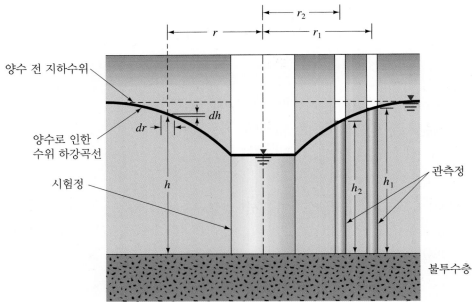

그림 6.11 불투수층 위 비피압투수층 내 우물에 의한 양수시험

또는

$$\int_{r_2}^{r_1} \frac{dr}{r} = \left(\frac{2\pi k}{q}\right)\int_{h_2}^{h_1} h\,dh$$

따라서

$$k = \frac{2.303q\,\log_{10}\left(\dfrac{r_1}{r_2}\right)}{\pi(h_1^2 - h_2^2)} \qquad (6.39)$$

현장관측 결과로부터 q, r_1, r_2, h_1, 그리고 h_2를 안다면 투수계수는 식 (6.39)로부터 구할 수 있다.

피압대수층(confined aquifer)의 평균 투수계수는 피압대수층의 전체 깊이를 관통하는 시험정에서 양수시험을 수행하고, 여러 방사형 거리에 위치한 관측정들의 피에조미터 수위(piezometer level)를 관측함으로써 결정할 수 있다(그림 6.12). 정상상태에 도달할 때까지 일정한 유량 q으로 양수는 계속된다.

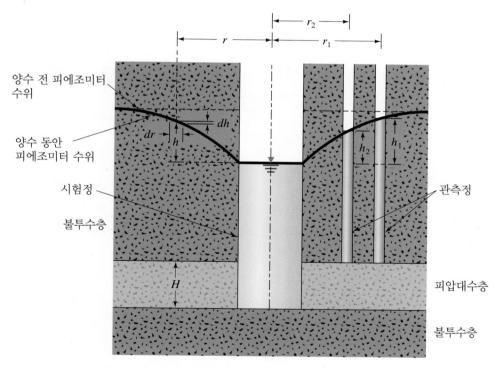

그림 6.12 피압대수층의 전체 깊이를 관통하는 시험정에서의 양수시험

두께 H의 대수층만으로부터 시험정으로 물이 들어오기 때문에 정상상태의 유량은 다음과 같다.

$$q = k\left(\frac{dh}{dr}\right)2\pi rH \qquad (6.40)$$

또는

$$\int_{r_2}^{r_1}\frac{dr}{r} = \int_{h_2}^{h_1}\frac{2\pi kH}{q}\,dh$$

위 수식을 통해 흐름방향의 투수계수를 얻을 수 있다.

$$k = \frac{q\log_{10}\left(\dfrac{r_1}{r_2}\right)}{2.727\,H(h_1 - h_2)} \qquad (6.41)$$

6.9 요약

이 장에서는 흙 속의 간극을 통한 물의 흐름에 대해서 다뤘다. 다음은 주요한 내용을 정리한 것이다.

1. 동수경사(i)는 수두손실이 발생한 거리에 대한 두 지점의 수두차의 비이다.
2. 투수계수(k)는 아래 수식으로 정의된다.

$$k = \frac{v}{i} = \frac{\text{유출속도}}{\text{동수경사}}$$

3. 투수계수는 흙의 종류에 따라 넓은 범위에 걸쳐 변한다. 굵은 모래일 경우 1~0.01 cm/s, 점토일 경우 10^{-6} cm/s 이하의 값을 갖는다.
4. 투수계수를 결정하는 실내시험으로 정수위 투수시험과 변수위 투수시험이 있다.
5. Kozeny-Carman 식은 조립토의 투수계수를 평가하기 위해 어느 정도 수정될 수 있다[식 (6.27)].
6. 각 지층의 투수계수가 주어진다면 층상지반을 흐르는 물의 등가투수계수는 식 (6.32)와 (6.37)을 사용하여 계산할 수 있다.
7. 현장에서 투수계수는 우물을 이용한 양수시험을 통해 결정할 수 있다.

연습문제

6.1 그림 6.4에 보여준 정수위 투수시험과 다음 값들을 참고하여 투수계수(cm/s)를 계산하시오.

- 흙 시료의 길이 L = 300 mm
- 흙 시료의 단면적 A = 175 cm²
- 수두차 h = 500 mm
- 3분 동안 시료를 통과한 물의 양 = 620 cm³

6.2 그림 6.4를 참고하여 모래의 정수위 투수시험에 대해 얻어진 다음의 값을 이용해 a, b를 구하시오.

- 흙 시료의 길이 L = 350 mm
- 흙 시료의 단면적 A = 125 cm²
- 수두차 h = 420 mm
- 3분 동안 시료를 통과한 물의 양 = 580 cm³
- 모래의 간극비 = 0.61

a. 투수계수 k(cm/s)

b. 침투속도

6.3 그림 6.13과 같이 불투수층 위에 투수층이 위치한다. 투수층의 $k = 5.2 \times 10^{-4}$ cm/s일 때, 이 층을 통해 흐르는 물의 침투유량(m³/hr/m)을 계산하시오(H = 3.8 m, $\alpha = 8°$).

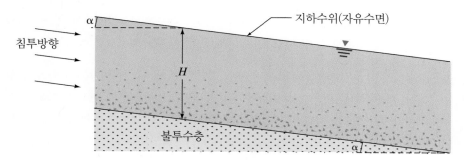

그림 6.13

6.4 그림 6.14와 같은 투수층에서 단위 폭당 유량($m^3/s/m$)을 다음과 같은 조건에서 계산하시오.

$$H = 3 \text{ m}, H_1 = 2.5 \text{ m}, h = 2.8 \text{ m}, L = 25 \text{ m}, \alpha = 10°, k = 0.04 \text{ cm/s}$$

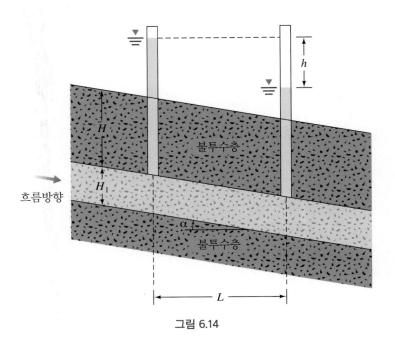

그림 6.14

6.5 다음 문장이 참인지 거짓인지 답하시오.

   a. 침투속도는 유출속도보다 항상 큰 값을 갖는다.

   b. 사질토의 투수계수는 점성토의 투수계수보다 크다.

   c. 다공성 물질 내에서 물과 기름의 투수계수는 같다.

   d. 압력수두는 간극수압에 비례한다.

   e. 압력수두의 크기는 선택된 기준점에 의해 좌우된다.

6.6 20℃에서의 흙의 투수계수 $k = 0.832 \times 10^{-5}$ cm/s이다. 20℃에서 $\gamma_w = 9.789$ kN/m³, $\eta = 1.005 \times 10^{-3}$ N·s/m²일 때, 절대투수계수를 구하시오.

6.7 실험실에서 규사(quartz sand)의 최대 건조단위중량을 측정하여 16.0 kN/m³을 얻었다. 식 (6.29)를 이용하여, 현장에서 상대다짐도가 90%일 때 현장다짐 조건에서 모래의 투수계수를 결정하시오[최대 건조단위중량 조건에서 모래의 투수계수(k)는 0.03 cm/s이고 $G_s = 2.7$이다].

6.8 2개의 원통형 시료(A와 B)에 대하여 그림 6.15에서 보여준 것처럼 수정된 정수위 투수시험을 수행하였다. 두 시료의 직경은 75 mm이고 10분 후에 650 g의 통과된 물이 수조에 모였다. 두 시료의 투수계수를 구하시오.

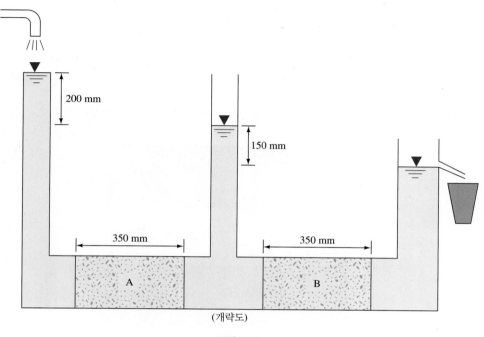

200 mm

150 mm

350 mm

350 mm

A

B

(개략도)

그림 6.15

6.9 변수위 투수시험을 수행한 다짐한 점토 시료의 직경은 101.6 mm이며 높이는 116.4 mm이다. 스탠드파이프의 직경은 3 mm이다. 시험을 시작했을 때 수두차는 1050 mm이었으나, 20분 후에 835 mm로 떨어졌다. 이 시료의 투수계수를 결정하시오.

만약 같은 시료가 정수위 투수시험으로 600 mm 수두차로 수행되었다면, 20분 후에 얼마나 많은 물이 시료를 통과하여 모였겠는가? 이와 같이 작은 투수계수를 갖는 시료에 정수위 투수시험을 사용할 수 있는가?

6.10 암반 시료를 통과하는 물의 투수계수가 온도 20°C에서 2.0×10^{-9} cm/s이며, 물의 동점성계수는 1.005×10^{-3} N·s/m², 물의 단위중량은 9.81 kN/m³이다. 같은 온도 20°C에서 암반 시료를 통과하는 기름의 투수계수를 다음 조건에서 구하시오.

동점성계수 = 7.5×10^{-3} N·s/m², 기름의 단위중량 = 8.44 kN/m³

6.11 아래 표는 모래의 체분석 결과를 보여준다. 식 (6.28)을 이용하여 모래의 간극비가 0.5일 때, 투수계수 k를 결정하시오. 형상계수(SF) = 6.5이다.

체번호	통과백분율
30	100
40	80
60	68
100	28
200	0

6.12 그림 6.16의 층상지반에서 연직방향 흐름에 대한 등가투수계수를 구하시오.

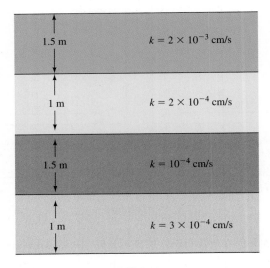

1.5 m $k = 2 \times 10^{-3}$ cm/s

1 m $k = 2 \times 10^{-4}$ cm/s

1.5 m $k = 10^{-4}$ cm/s

1 m $k = 3 \times 10^{-4}$ cm/s

그림 6.16

6.13 그림 6.16을 참고하여 수평방향 흐름에 대한 등가투수계수(cm/s)를 구하시오. 또한 연직방향에 대한 수평방향 등가투수계수의 비 $k_{V(eq)} / k_{H(eq)}$를 구하시오.

6.14 정규압밀점토에 대한 실험값이 아래 표와 같다.

간극비 e	k(cm/s)
0.8	1.2×10^{-6}
1.4	3.6×10^{-6}

식 (6.30)을 이용하여 간극비(e)가 0.62일 때 점토의 투수계수를 구하시오.

6.15 다져진 점토로 만들어진 500 m 길이의 제방은 그림 6.17과 같이 저수지에 물을 담는다. 1 m 두께(경계층과 직각을 이루는 방향으로 측정)의 모래 경계층이 수평에

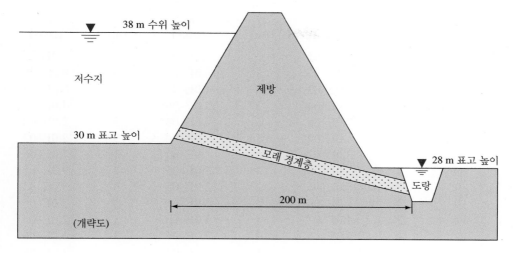

그림 6.17

10° 기울기로 전체 길이를 따라 이어져 저수지와 도랑을 연결한다. 모래 경계층의 투수계수가 2.6×10^{-3} cm/s일 때, 도랑으로 매일 흐르는 유량은 얼마인지 계산하시오.

6.16 임의 부지는 단단한 불투수층의 점토층 위에 10 m 두께의 균질한 밀도의 실트질 모래층으로 구성되어 있다. 초기 지하수위는 지표면 아래 3.0 m 깊이에 있었다. 양수시험으로 0.5 m³/min 속도로 물을 퍼 올리며, 시험정 중심으로부터 20 m와 30 m 떨어진 곳에 관측정을 파서 수위를 관측하였다. 정상상태(관측정의 수위에 변화가 없을 때)에서 두 관측정 수위는 각각 500 mm와 150 mm씩 떨어졌다. 실트질 모래층의 현장 투수계수를 구하시오.

비판적 사고 문제

6.17 지층이 H_1, H_2, H_3의 세 두께로 구성된다. 각 층에서 등방 투수계수(isotropic hydraulic conductivity) 값은 k_1, k_2, k_3이다. 다음 표와 같이 임의로 결정된 H와 k를 가지는 20개 지층에 대하여 연직 및 수평 등가투수계수와 비등방성 비(anisotropy ratio) $k_{v(eq)}/k_{H(eq)}$를 계산하시오. 구해진 등가투수계수와 이 비(ratio)에 대해 어떤 독특한 점이 있는지 서술하시오. 계산은 스프레드시트(spreadsheet)를 이용하시오.

Rec No.	H_1 (m)	k_1 (cm/s)	H_2 (m)	k_2 (cm/s)	H_3 (m)	k_3 (cm/s)
1	2	4.0E–05	3	5.0E–05	5	2.0E–05
2	4	2.0E–06	3	6.0E–07	6	8.0E–06
3	3	2.0E–03	5	4.0E–05	2	6.0E–05
4	5	3.0E–04	2	3.0E–06	4	4.0E–05
5	1	7.0E–06	5	4.0E–04	3	2.0E–02
6	1	4.0E–04	5	7.0E–06	3	2.0E–02
7	1	2.0E–02	5	4.0E–04	3	7.0E–06
8	4	2.0E–05	3	7.0E–05	2	9.0E–05
9	3	5.0E–06	2	2.0E–05	6	8.0E–05
10	4	8.0E–06	5	4.0E–05	2	3.0E–05
11	2	4.0E–07	4	3.0E–06	3	2.0E–05
12	4	3.0E–05	2	7.0E–06	3	5.0E–06
13	3	2.0E–07	1	2.0E–04	5	3.0E–06
14	4	6.0E–05	4	6.0E–06	2	5.0E–06
15	3	5.0E–06	3	8.0E–06	3	3.0E–06
16	2	4.0E–05	5	6.0E–06	3	4.0E–05
17	4	6.0E–06	2	5.0E–05	3	6.0E–05
18	3	5.0E–06	3	4.0E–05	4	3.0E–06
19	4	3.0E–05	1	8.0E–05	4	6.0E–05
20	1	4.0E–05	5	9.0E–06	2	5.0E–05

참고문헌

CARMAN, P.C. (1938). "The Determination of the Specific Surface of Powders." *J. Soc. Chem. Ind. Trans.*, Vol. 57. 225.

CARMAN, P.C. (1956). *Flow of Gases through Porous Media.* Butterworths Scientific Publications, London.

CARRIER III, W.D. (2003). "Goodbye. Hazen; Hello, Kozeny-Carman," *Journal of Geotechnical and Geoenvironmental Engineering*, ASCE, Vol. 129, No. 11, 1054–1056.

CEDERGREN, H.R. (1967). *Seepage, Drainage, and Flow Nets.* Wiley, New York.

DARCY, H. (1856). *Les Fontaines Publiques de la Ville de Dijon.* Dalmont, Paris.

HAZEN, A. (1930). "Water Supply." in *American Civil Engineers Handbook*, Wiley, New York.

KOZENY, J. (1927). "Ueber kapillare Leitung des Wassers in Boden," *Wien, Akad. Wiss.*, Vol. 136, No. 2a, 271.

SAMARASINGHE, A. M., HUANG. Y. H., AND DRNEVICH, V. P. (1982). "Permeability and Consolidation of Normally Consolidated Soils," *Journal of the Geotechnical Engineering Division*, ASCE, Vol. 108, No. GT6, 835–850.

TAVENAS, F., JEAN, P., LEBLOND, F.T.P., AND LEROUEIL, S. (1983). "The Permeability of Natural Soft Clays. Part II: Permeability Characteristics," *Canadian Geotechanical Journal*, Vol. 20, No. 4, 645–660.

CHAPTER
7 침투

7.1 서론

이전 6장에서는 대부분 일차원적인 흙을 통과하는 물의 흐름을 계산하기 위해 Darcy
의 법칙을 직접 적용한 몇 가지 간단한 사례를 살펴보았다. 많은 경우 흙을 통과하
는 물의 흐름은 한 방향으로만 흐르지 않고, 흐름방향에 대한 직각면의 전 면적에 걸
쳐 균일하게 흐르는 것도 아니다. 이러한 경우에 지하수의 흐름은 일반적으로 **유선망**
(flow net)이라고 하는 그래프를 이용하여 계산된다. 유선망의 개념은 흙 층의 한 점에
서 정상류조건을 지배하는 **Laplace 연속방정식**(equation of continuity)에 근거를 두고
있다. 이 장에서는 Laplace 연속방정식을 유도하여 유선망을 그리기 위해 적용할 것이
다. 또한 콘크리트 댐이나 널말뚝(sheet pile) 공사와 같은 구조물 밑으로 침투가 발생
할 때 유량을 계산하기 위해 유선망을 이용할 것이다. 마지막으로 Laplace 연속방정식
은 비등방성 흙(anisotropic soil)으로도 확장된다.

7.2 Laplace 연속방정식

Laplace 연속미분방정식을 유도하기 위해 그림 7.1a에서 보는 바와 같이 투수층에 근
입된 1열 널말뚝에 대해 생각해보자. 널말뚝 구조물은 불투수라 가정한다. 물이 상류

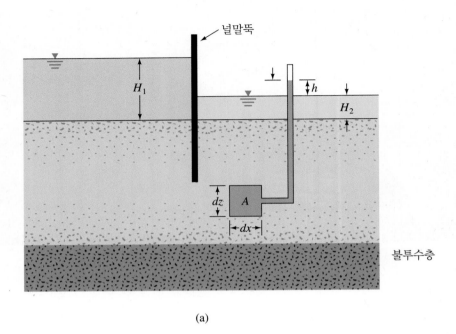

(a)

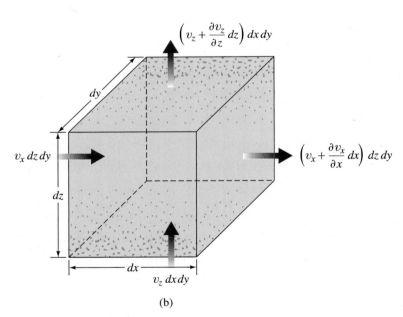

(b)

그림 7.1 (a) 투수층으로 근입된 1열 널말뚝, (b) A에서의 흐름

에서 하류로 투수층을 통과하는 정상류의 흐름은 이차원 흐름이다. 점 A에서의 흐름
에 대해 흙의 요소 블록(elemental soil block)을 고려하자. 그 요소 블록은 dx, dy, dz
크기를 갖고 있다(dy는 평면에 직각방향 길이). 확대된 요소 블록의 모양은 그림 7.1b

와 같다. v_x와 v_z는 각각 수평방향과 연직방향의 유출속도 성분이라 하자. 수평방향으로 요소 블록에 유입되는 유량은 $v_x\,dz\,dy$이고, 연직방향으로 유입되는 유량은 $v_z\,dx\,dy$이다. 그리고 요소 블록으로부터 수평방향과 연직방향으로 유출되는 유량은 각각 다음과 같다.

$$\left(v_x + \frac{\partial v_x}{\partial x}dx\right)dz\,dy$$

$$\left(v_z + \frac{\partial v_z}{\partial z}dz\right)dx\,dy$$

물은 비압축성이고 흙의 체적 변화가 일어나지 않는다고 가정하면, 요소 블록의 총 유입량과 총 유출량은 같아야 한다. 따라서

$$\left[\left(v_x + \frac{\partial v_x}{\partial x}dx\right)dz\,dy + \left(v_z + \frac{\partial v_z}{\partial z}dz\right)dx\,dy\right] - [v_x\,dz\,dy + v_z\,dx\,dy] = 0$$

또는

$$\frac{\partial v_x}{\partial x} + \frac{\partial v_z}{\partial z} = 0 \tag{7.1}$$

Darcy의 법칙에 의해 수평 및 연직방향의 유속은 다음과 같이 나타낼 수 있다.

$$v_x = k_x i_x = k_x\left(-\frac{\partial h}{\partial x}\right) \tag{7.2}$$

$$v_z = k_z i_z = k_z\left(-\frac{\partial h}{\partial z}\right) \tag{7.3}$$

여기서 k_x와 k_z는 각각 수평과 연직방향의 투수계수이다.

식 (7.1), (7.2) (7.3)으로부터 다음과 같이 쓸 수 있다.

$$k_x\frac{\partial^2 h}{\partial x^2} + k_z\frac{\partial^2 h}{\partial z^2} = 0 \tag{7.4}$$

만약 흙이 투수계수에 관해 등방성이라면, 즉 $k_x = k_z$이면 앞서 말한 이차원 흐름에 대한 연속방정식은 다음과 같이 간략화할 수 있다.

$$\frac{\partial^2 h}{\partial x^2} + \frac{\partial^2 h}{\partial z^2} = 0 \tag{7.5}$$

7.3 유선망

등방성 지반에서 연속방정식[식 (7.5)]은 2개의 직교하는 곡선, 즉 유선과 등수두선을 나타낸다. **유선**(flow line)이란 물입자가 투수층의 상류에서 하류면으로 이동하는 경로를 선으로 나타낸 것이다. **등수두선**(equipotential line)은 모든 점들 중에서 전수두가 같은 점들을 연결한 선이다. 이 2개의 선은 서로 직교한다. 그래서 하나의 등수두선에서 다른 위치에 피에조미터를 설치한다면, 모두 동일한 높이로 수위가 상승할 것이다. 그림 7.2a는 그림 7.1($k_x = k_z = k$)에 나타낸 근입된 널말뚝 주위의 투수층에서 물의 흐름에 대한 등수두선과 유선의 정의를 설명한다. 피에조미터의 물의 높이는 그 위치에서의 압력수두를 의미한다.

여러 개의 유선과 등수두선으로 이루어진 그림을 **유선망**(flow net)이라 한다. 유선망은 지반 내의 지하수 흐름을 계산하기 위해 작성된다. 유선망의 도면을 완성하기 위해서는 등수두선이 유선과 직각으로 교차해야 하고, 직교한 선들로 형성된 흐름 요소(flow element)는 거의 정사각형이 되도록 그려야 한다.

그림 7.2b는 완성된 유선망의 예를 보여준다. 그림 7.3은 등방성 투수층 내 유선망의 또 다른 예이다. 이들 그림들에서 유선망에서 유로(flow channel)들의 숫자를 N_f로, 수두낙차(potential drop) 수를 N_d로 나타낸다(7장 뒷부분에 설명).

유선망을 작도하려면 여러 번의 시행착오가 필요하다. 유선망을 작도하는 동안 경계조건들을 유념해야 한다. 그림 7.2b에서 보여준 유선망을 그리기 위해서는 다음과 같은 네 가지 경계조건을 적용해야 한다.

1. 상류 지표면과 하류 지표면은 투수층으로 등수두선(선 *ab*와 *de*)이다.
2. 선 *ab*와 *de*는 등수두선이기 때문에 모든 유선들은 이들 등수두선과 직교한다.
3. 불투수층의 경계인 선 *fg*는 유선이며, 불투수 조건인 근입된 널말뚝인 선 *acd* 또한 유선이다.
4. 등수두선들은 선 *acd*, *fg*와 직교한다.

유선망을 작도하면서 2개의 유선은 서로 교차하지 않도록 해야 한다. 마찬가지로 등수두선끼리도 교차하지 않는다.

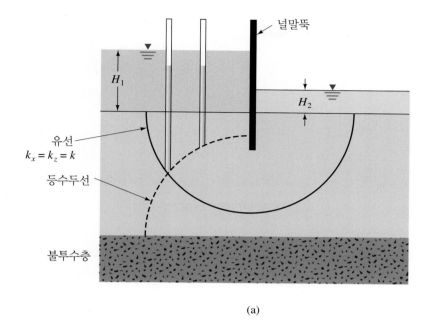

(a)

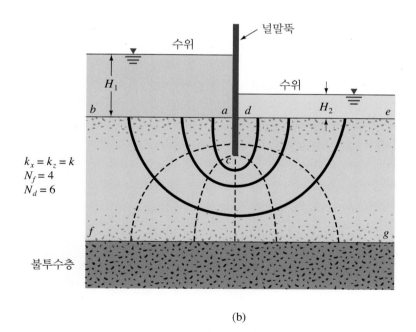

(b)

그림 7.2 (a) 유선과 등수두선의 정의, (b) 완성된 유선망

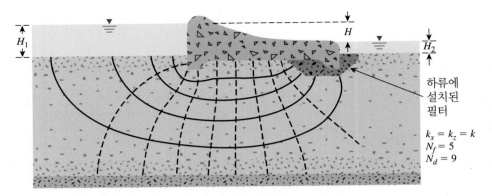

그림 7.3 필터가 설치된 댐 하부의 유선망

7.4 유선망을 이용한 침투유량 계산

유선망에서 인접해 있는 2개의 유선 사이의 통로를 **유로**(flow channel)라고 한다. 그림 7.4는 정사각형 요소를 형성하는 등수두선들을 가진 유로를 나타낸다. 여기서 $h_1, h_2, h_3, h_4, \ldots, h_n$은 각 등수두선들에 해당하는 피에조미터 높이들이라 하자. 단위 길이(투수층을 통과하는 수직면에 직각)당 유로를 통과하는 침투유량은 다음과 같이 계산할 수 있다.

유선을 가로지르는 물의 흐름은 없기 때문에

$$\Delta q_1 = \Delta q_2 = \Delta q_3 = \cdots = \Delta q \tag{7.6}$$

Darcy의 법칙으로부터 유량은 kiA이다. 그래서 식 (7.6)은 다음과 같이 쓸 수 있다.

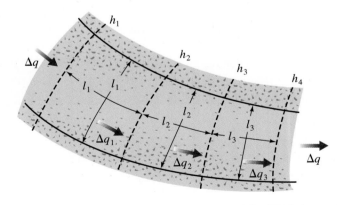

그림 7.4 정사각형 요소로 구성된 유로를 통과하는 침투유량

$$\Delta q = k\left(\frac{h_1 - h_2}{l_1}\right)l_1 = k\left(\frac{h_2 - h_3}{l_2}\right)l_2 = k\left(\frac{h_3 - h_4}{l_3}\right)l_3 = \cdots \qquad (7.7)$$

식 (7.7)에서 흐름 요소가 정사각형에 가깝게 그려질 경우, 2개의 인접한 등수두선 사이 피에조미터의 수위 저하는 같다. 이것을 **수두낙차**(potential drop)라 한다.

$$h_1 - h_2 = h_2 - h_3 = h_3 - h_4 = \cdots = \frac{H}{N_d} \qquad (7.8)$$

그러므로

$$\Delta q = k\frac{H}{N_d} \qquad (7.9)$$

여기서

$H = $ 상류와 하류 사이의 수두차

$N_d = $ 수두낙차 수

그림 7.2b에서 흐름 요소는 정사각형에 가깝다. 임의의 유로에 대해 $H = H_1 - H_2$, $N_d = 6$이다.

유선망에서 유로 수가 N_f라면, 단위길이당 모든 유로를 통과하는 총 유량은 다음과 같다.

$$q = k\frac{HN_f}{N_d} \qquad (7.10)$$

유선망을 위해 정사각형 요소를 그리는 것은 편리하지만 항상 필요한 것은 아니다. 그림 7.5와 같이 유선망에서 모든 직사각형의 길이당 폭의 비율이 일정하다면 유로에 대해 직사각형 요소를 그릴 수도 있다. 이러한 경우 유로를 통과하는 유량 식

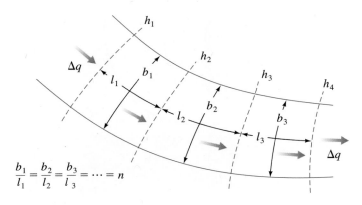

그림 7.5 직사각형 요소를 갖는 유로를 통과하는 침투

(7.7)은 다음과 같이 수정할 수 있다.

$$\Delta q = k\left(\frac{h_1 - h_2}{l_1}\right)b_1 = k\left(\frac{h_2 - h_3}{l_2}\right)b_2 = k\left(\frac{h_3 - h_4}{l_3}\right)b_3 = \cdots \quad (7.11)$$

만약 $b_1/l_1 = b_2/l_2 = b_3/l_3 = \cdots = n$(즉, 요소들은 정사각형이 아님)이라면 식 (7.9)와 (7.10)은 다음과 같이 수정할 수 있다.

$$\Delta q = kH\left(\frac{n}{N_d}\right) \quad (7.12)$$

또는

$$q = kH\left(\frac{N_f}{N_d}\right)n \quad (7.13)$$

그림 7.6은 1열 널말뚝 주변의 침투에 대한 유선망을 보여준다. 유로 1과 2는 정사각형 요소를 갖고 있다. 따라서 이 두 유로를 통과하는 유량은 식 (7.9)로부터 구할 수 있다.

$$\Delta q_1 + \Delta q_2 = k\frac{H}{N_d} + k\frac{H}{N_d} = 2k\frac{H}{N_d}$$

그러나 유로 3은 직사각형 요소들이다. 이 요소들의 길이에 대한 폭의 비는 약 0.38이

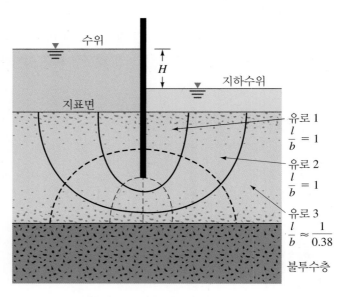

그림 7.6 1열 널말뚝 주변 침투로 인한 유선망

다. 따라서 식 (7.12)로부터

$$\Delta q_3 = kH\left(\frac{0.38}{N_d}\right)$$

그러므로 총 침투유량은 다음과 같다.

$$q = \Delta q_1 + \Delta q_2 + \Delta q_3 = 2.38\frac{kH}{N_d}$$

유로 3은 부분 유로(즉, 정사각형 유로의 0.38에 상응)로 간주하여 고려될 수 있으며, 여기서 $N_f = 2.38$이다.

흐름 영역 내에서는 유선과 등수두선은 정말로 수백 개를 그릴 수도 있다. 그러나 유선망 작성의 목적에 맞게, 모든 유로 내 유량은 동일하고 인접한 등수두선 사이의 전수두차가 동일하도록 몇 개만 그려서 나타낸다. 일반적으로 유선망에서 4~8개의 유선을 그리고, 흐름 영역의 형상에 따라 등수두선 수는 달라질 것이다. 유로 수 N_f와 수두낙차 수 N_d는 항상 정수가 아닐 수도 있다.

예제 7.1

투수층 내에 설치된 1열 널말뚝 주위의 흐름에 대한 유선망이 그림 7.7과 같다. $k_x = k_z = k = 5 \times 10^{-3}$ cm/s로 주어질 때 다음을 결정하시오.

a. 만약 피에조미터를 a, b, c, d에 설치한다면 지표면 위로 올라온 물의 높이는 얼마인가?

b. 단위길이당 유로 II를 통과하는 침투유량은 얼마인가?

풀이

a. 그림 7.7로부터 $N_f = 3$, $N_d = 6$이며, 상류와 하류의 수두차는 3.33 m이다. 그래서 각 수두낙차에 대한 수두손실은 3.33/6 = 0.555 m이다. 등수두선 1에 위치한 점 a에서의 총 수두낙차는 1×0.555 m이다. a점에서 피에조미터 수위 상승은 (5 − 0.555) = **지표면으로부터 4.445 m**이다. 같은 방법으로 다른 지점에서의 피에조미터 수위 상승은 다음과 같다.

$b = (5 - 2 \times 0.555) =$ **지표면으로부터 3.89 m**

$c = (5 - 5 \times 0.555) =$ **지표면으로부터 2.225 m**

$d = (5 - 5 \times 0.555) =$ **지표면으로부터 2.225 m**

(계속)

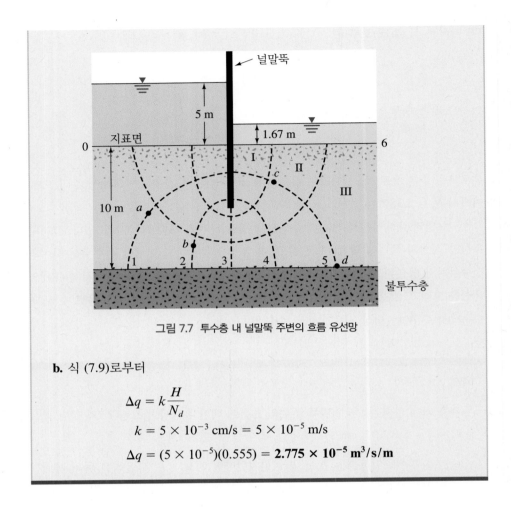

그림 7.7 투수층 내 널말뚝 주변의 흐름 유선망

b. 식 (7.9)로부터

$$\Delta q = k \frac{H}{N_d}$$

$$k = 5 \times 10^{-3} \text{ cm/s} = 5 \times 10^{-5} \text{ m/s}$$

$$\Delta q = (5 \times 10^{-5})(0.555) = \mathbf{2.775 \times 10^{-5} \, m^3/s/m}$$

7.5   비등방성 흙에서의 유선망

유선망 작도와 침투유량 계산을 위해 유도된 식 (7.10)과 (7.13)은 흙이 등방성(iso-tropic)이라는 가정에 근거를 두고 있다. 그러나 자연에서 대부분의 흙은 어느 정도 비등방성(또는 이방성)(anisotropic)을 갖는다. 투수계수와 관련된 흙의 비등방성을 고려하기 위해서는 유선망 작도법을 수정해야 한다.

이차원 흐름에 대한 연속미분방정식인 식 (7.4)는 다음과 같다.

$$k_x \frac{\partial^2 h}{\partial x^2} + k_z \frac{\partial^2 h}{\partial z^2} = 0$$

비등방성 흙일 때는 $k_x \neq k_z$이다. 이 경우에 방정식은 서로 양립된 2개의 곡선을 나타내지만 직교하지는 않는다. 그러나 위 방정식을 다음과 같이 다시 쓸 수 있다.

$$\frac{\partial^2 h}{(k_z/k_x)\partial x^2} + \frac{\partial^2 h}{\partial z^2} = 0 \tag{7.14}$$

식 (7.14)에 $x' = \sqrt{k_z/k_x}\, x$를 대입하면 다음과 같이 쓸 수 있다.

$$\frac{\partial^2 h}{\partial x'^2} + \frac{\partial^2 h}{\partial z^2} = 0 \tag{7.15}$$

식 (7.15)는 x 대신에 새로 변환된 좌표인 x'을 식 (7.5)에 대입한 것과 같다. 유선망을 작성하기 위해 다음과 같은 절차를 따른다.

1단계: 단면을 그리는 데 연직 축척(즉, z축)을 기준으로 한다.
2단계: '수평 축척 $= \sqrt{k_z/k_x} \times$ 연직 축척'이 되도록 수평 축척(즉, x축)을 결정한다.
3단계: 1단계와 2단계에서 정해진 축척에 따라 흐름방향과 평행인 투수층을 통과하는 연직단면을 그린다.
4단계: 3단계에서 작성한 단면의 투수층에 대해 유선은 등수두선에 직각으로 교차하고 요소는 정사각형에 가깝도록 유선망을 그린다.

단위길이당 침투유량은 식 (7.10)을 수정하여 다음과 같이 계산할 수 있다.

$$q = \sqrt{k_x k_z}\, \frac{H N_f}{N_d} \tag{7.16}$$

여기서

H = 총 수두차
N_f, N_d = 4단계에서 그려진 유선망의 유로 수와 수두낙차 수

비등방성 흙에서 변환된 단면으로 작도하면 유선망의 유선과 등수두선은 서로 직교한다. 그러나 유선과 등수두선을 실제 단면에 다시 그리면 서로 직교하지 않는다. 이와 같은 사실은 그림 7.8에 나타나 있다. 이 그림에서 $k_x = 6k_z$인 비등방성을 가정한다. 그림 7.8a는 변환된 단면에서의 흐름 요소를 보여준다. 그림 7.8b는 실제 단면에서 재작성된 흐름 요소를 나타낸 것이다.

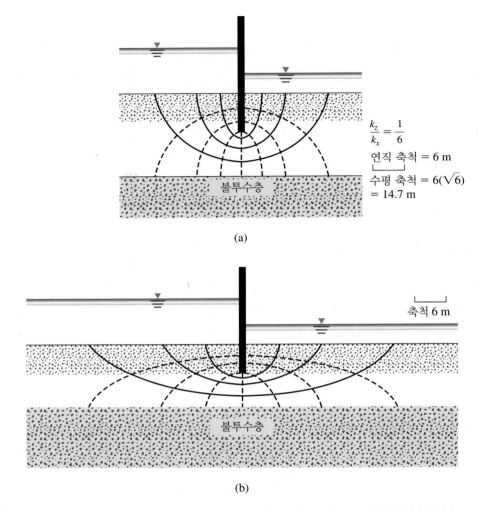

$$\frac{k_z}{k_x} = \frac{1}{6}$$

연직 축척 = 6 m

수평 축척 = $6(\sqrt{6})$
= 14.7 m

불투수층

(a)

축척 6 m

불투수층

(b)

그림 7.8 비등방성 지반에서의 흐름 요소. (a) 변환된 단면에서 유선망, (b) 실제 단면에서 유선망

예제 7.2

그림 7.9a와 같은 댐 단면이 있다. 투수층의 연직과 수평방향 투수계수가 각각 2×10^{-2} mm/s와 4×10^{-2} mm/s이다. 유선망을 그리고 침투에 의한 손실 유량 (m^3/day/m)을 계산하시오.

풀이

주어진 투수계수의 조건으로부터

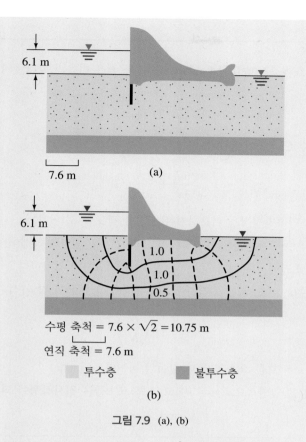

수평 축척 = 7.6 × √2 = 10.75 m

연직 축척 = 7.6 m

■ 투수층   ■ 불투수층

(b)

그림 7.9 (a), (b)

$$k_z = 2 \times 10^{-2} \text{ mm/s} = 1.728 \text{ m/day}$$

$$k_x = 4 \times 10^{-2} \text{ mm/s} = 3.456 \text{ m/day}$$

그리고 h = 6.1 m이다. 유선망을 그리기 위해

$$\text{수평 축척} = \sqrt{\frac{2 \times 10^{-2}}{4 \times 10^{-2}}} (\text{연직 축척})$$

$$= \frac{1}{\sqrt{2}} (\text{연직 축척})$$

이러한 축척을 토대로, 댐의 단면을 다시 그려 그림 7.9b와 같이 유선망을 표현할 수 있다. 침투유량은 $q = \sqrt{k_x k_z}\, H(N_f/N_d)$로 주어진다. 그림 7.9b로부터 N_d = 8, 그리고 N_f = 2.5이다(맨 아래 유로의 길이당 폭의 비는 0.5로 한다). 따라서

$$q = \sqrt{(1.728)(3.456)}\,(6.1)(2.5/8) = \textbf{4.66 m}^3\textbf{/day/m}$$

이다.

7.6 요약

1. 이차원 흐름조건에 대한 Laplace 연속방정식은 다음과 같다[식 (7.4)].

$$k_x \frac{\partial^2 h}{\partial x^2} + k_z \frac{\partial^2 h}{\partial z^2} = 0$$

2. 투수계수 $k_x = k_z$인 등방성 조건은 다음과 같다.

$$\frac{\partial^2 h}{\partial x^2} + \frac{\partial^2 h}{\partial z^2} = 0$$

3. Laplace 연속방정식을 이용하여 유선망을 작도할 수 있다.
4. 유선들과 등수두선들은 유선망에서 그려지는 두 계열의 곡선이다. $k_x = k_z$인 투수계수 조건에서 유선과 등수두선은 서로 직교하게 교차한다.
5. 투수계수($k_x = k_z = k$) 조건하에 침투유량(q)은 다음과 같다[식 (7.13)].

$$q = kH \left(\frac{N_f}{N_d} \right) n$$

여기서 n = 흐름 요소의 폭과 길이의 비이다.

유선망은 일반적으로 $n = 1$이고 흐름 요소들은 정사각형이 되도록 그린다.

연습문제

7.1 다음 문장이 참인지 거짓인지 답하시오.

    a. 압력수두는 유선을 따라 감소한다.

    b. 압력수두는 등수두선을 따라 같다.

    c. 비등방성 지반 내에서 유선들과 등수두선들은 서로 직교하지 않는다.

    d. 피에조미터 수위가 4.5 m 상승한다면, 간극수압은 44.1 kN/m²이다.

    e. 유선망 내의 모든 점에서 정사각형 흐름 요소의 크기는 같다.

7.2 그림 7.10에서 보여준 콘크리트 댐 아래로 침투가 발생한다. 댐 아래 지반은 4.2×10^{-4} cm/s 투수계수와 19.5 kN/m³ 포화단위중량인 세립분 실트질 모래이다.

    a. 댐 아래로 흐르는 침투유량(m³/day/m)을 계산하시오.

    b. 피에조미터가 널말뚝 끝에 설치된다면, 수위는 얼마나 높이 상승하겠는가?

    c. 널말뚝 끝에서의 간극수압을 계산하시오.

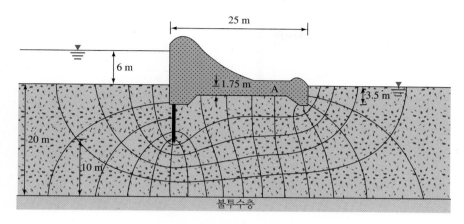

그림 7.10

7.3 그림 7.11에서처럼 옹벽 주위에서 침투가 발생한다. 모래의 투수계수가 1.5×10^{-3} cm/s이다. 옹벽의 길이가 50 m이다. 1일 동안 전체 옹벽을 따라 흐르는 침투유량을 결정하시오.

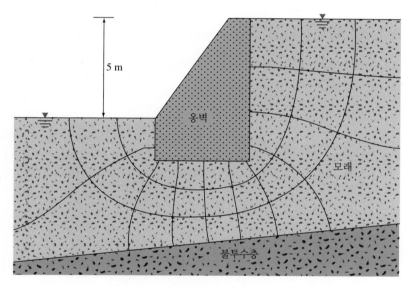

그림 7.11

7.4 그림 7.12에 다음 값들을 사용하여 유선망을 그리시오.

    • $H_1 = 7$ m   • $D = 3.5$ m   • $H_2 = 1.75$ m   • $D_1 = 7$ m

주어진 단면에서 널말뚝의 단위길이(m)당 침투 손실량을 계산하시오.

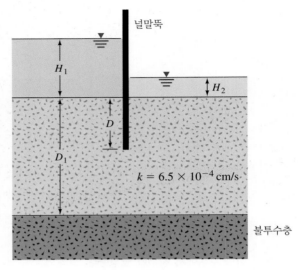

그림 7.12

7.5 그림 7.12에 다음 값들을 사용하여 유선망을 그리시오.

· H_1 = 5 m   · D = 4 m   · H_2 = 0.7 m   · D_1 = 10 m

주어진 단면에서 널말뚝의 단위길이(m)당 침투 손실량을 계산하시오.

7.6 그림 7.13과 같이 설치된 보(weir) 구조물 아래 유선망을 그리시오. 그리고 보 아래로 흐르는 침투유량을 계산하시오.

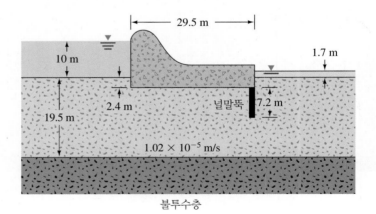

그림 7.13

비판적 사고 문제

7.7 그림 7.14와 같이 점토질 모래 지반에 4 m 떨어져 2개의 널말뚝이 설치되고 사이의 흙을 지표로부터 2 m 굴착하였다. 널말뚝 사이의 제안된 공간의 공사를 원활하게 진행하기 위해서 굴착단면으로 차오르는 수위를 낮추기 위해 지속적으로 굴착단면까지 펌프로 물을 퍼내고 있다. 등수두선들은 그려져 있다. 유선을 작도하여 유선망을 완성하시오.

점토질 모래의 투수계수는 2×10^{-4} cm/s이며, 유선망 단면에서 직각방향으로 단위길이(m)당 하루에 퍼내야 하는 물의 양을 계산하시오.

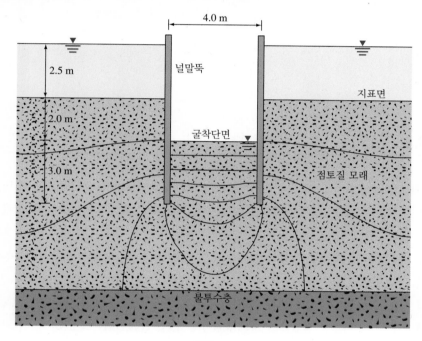

그림 7.14

CHAPTER
8 흙의 응력

8.1 서론

3장에 기술되어 있듯이 흙은 다상 체계(multiphase systems)이다. 일정한 체적의 흙 내부에 흙입자들은 사이사이에 있는 간극과 더불어 불규칙하게 분포한다. 간극은 연속적으로 연결되어 있으며, 물 또는 공기로 채워져 있다. 흙의 압축성, 기초의 지지력, 제방의 안정성, 옹벽의 수평토압과 같은 문제를 분석하기 위해서 지반공학자는 주어진 토층 단면에서의 응력분포 특성을 파악하여야 한다. 즉, 토체 내 어떤 깊이에서 연직응력은 간극 내 물에 의해 지지가 되거나 흙입자 간의 접촉을 잇는 흙 골격에 의해 지지가 된다. 이것을 **유효응력 개념**(effective stress concept)이라고 하며, 이 장의 첫 부분에서 논의한다.

기초가 건설될 때, 기초 아래 흙에서 응력의 변화가 일어난다. 일반적으로 순응력이 증가한다. 지반에서 순응력 증가는 기초가 받게 될 단위면적당 하중, 기초하부로부터 응력 평가가 이루어지는 위치까지의 깊이 및 기타 요소에 의해 결정된다. 기초의 침하량을 계산하기 위해서는 기초 시공의 결과로 발생하는 지반 내 연직응력의 순증가량이 평가되어야 한다. 이 장의 두 번째 부분에서는 탄성이론에 기반을 두고 흙을 연속체(continuum)로 취급하여 다양한 형태의 하중으로 인한 지반 내 **연직응력 증가량**을 평가하는 이론에 대해 논의한다. 대부분 자연 상태의 지반은 완전한 탄성, 등방성,

균질한 재료는 아니지만, 여기서 논의되는 연직응력 증가량을 추정하는 계산은 실무에서 큰 오차 없이 잘 적용될 수 있다.

유효응력 개념

8.2 침투가 없는 포화토 내부에서의 응력

그림 8.1a는 어떤 방향에서도 침투(seepage)가 없는 포화토층의 단면이다. 점 A에서 전응력은 그 위치 상부에 있는 흙의 포화단위중량과 물의 단위중량으로부터 다음과 같이 구할 수 있다.

$$\sigma = H\gamma_w + (H_A - H)\gamma_{\text{sat}} \tag{8.1}$$

여기서

γ_w = 물의 단위중량

γ_{sat} = 흙의 포화단위중량

H = 토층 상부로부터의 수면까지의 높이(수심)

H_A = 수면에서 점 A까지의 깊이

식 (8.1)에서 전응력(σ)은 두 부분으로 나눌 수 있다.

1. 전응력의 한 부분은 연결된 간극 속을 채우고 있는 물을 통해 전달된다. 이 부분은 모든 방향에서 같은 힘으로 작용한다.
2. 전응력의 다른 나머지 부분은 흙입자들 사이의 접촉점을 통해 전달된다. 흙입자들의 접촉점에 전달되는 힘 중에서 연직방향으로 작용하는 단위면적당 힘 요소의 합을 **유효응력**(effective stress)이라 한다.

유효응력 개념은 점 A를 통과하고 흙입자들의 접촉점만을 연결한 굴곡선 *a-a*를 그려서 설명할 수 있다. 흙입자의 접촉점에 작용하는 힘들을 $P_1, P_2, P_3, ..., P_n$이라 하면(그림 8.1b), 단위면적에 작용하는 모든 힘의 연직성분의 합이 유효응력(σ')이 된다. 즉 다음 식이 성립한다.

$$\sigma' = \frac{P_{1(v)} + P_{2(v)} + P_{3(v)} + \cdots + P_{n(v)}}{\overline{A}} \tag{8.2}$$

여기서 $P_{1(v)}, P_{2(v)}, P_{3(v)}, ..., P_{n(v)}$는 각각 $P_1, P_2, P_3, ..., P_n$의 연직성분이고, $\overline{A}$는 토

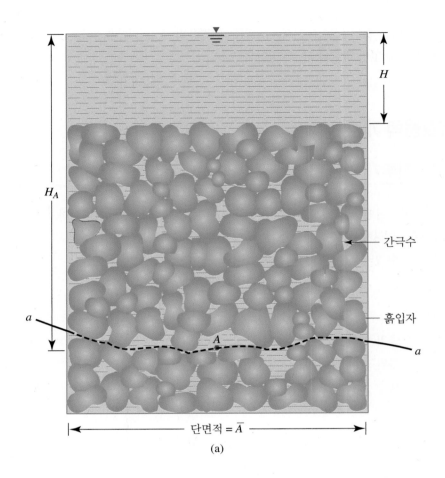

(a)

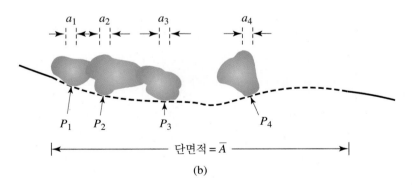

(b)

그림 8.1 (a) 침투가 없는 포화토에서의 유효응력, (b) 점 A 위치의 흙입자 간 접촉점에서의 작용력

층의 단면적이다.

또 a_s가 흙입자와 흙입자의 접촉으로 점유되는 단면적(즉 $a_s = a_1 + a_2 + a_3 + \cdots + a_n$)이라면, 물이 점유하는 공간은 $(\overline{A} - a_s)$가 된다. 따라서 다음 식이 성립한다.

$$\sigma = \sigma' + \frac{u(\overline{A} - a_s)}{\overline{A}} = \sigma' + u(1 - a_s') \tag{8.3}$$

여기서

$\quad u = H_A\gamma_w = $ **간극수압**(pore water pressure) (즉 A점에서 정수압)

$\quad a_s' = a_s/\overline{A} = $ 흙입자 간 접촉으로 점유된 부분의 단위단면적의 비율

a_s'값은 매우 작아서 실제 문제에서는 무시할 수 있다. 따라서 식 (8.3)은 다음과 같이 간략하게 정리된다.

$$\sigma = \sigma' + u \tag{8.4}$$

여기서 u는 **중립응력**(neutral stress)이라고도 한다. 식 (8.4)의 σ에 식 (8.1)을 대입하면 다음 식이 성립한다.

$$\begin{aligned}
\sigma' &= [H\gamma_w + (H_A - H)\gamma_{sat}] - H_A\gamma_w \\
&= (H_A - H)(\gamma_{sat} - \gamma_w) \\
&= (\text{토층의 높이}) \times \gamma'
\end{aligned} \tag{8.5}$$

여기서 $\gamma' = \gamma_{sat} - \gamma_w$는 흙의 수중단위중량과 같다. 따라서 임의의 한 점 A에서 유효응력은 지반 위 수심(H)과는 무관하다는 사실을 알 수 있다.

식 (8.4)가 나타내고 있는 유효응력 원리는 Terzaghi(1925, 1936)에 의해 처음으로 개발되었다. Skempton(1960)은 Terzaghi의 연구내용을 확장하여 식 (8.3)의 형태로 전응력과 유효응력의 관계식을 제안하였다.

예제 8.1

흙의 단면도가 그림 8.2에 나와 있다. 점 A, B, C, D의 전응력, 간극수압, 유효응력을 구하시오.

풀이

$\quad$ 모래에서 $\gamma_d = \dfrac{G_s\gamma_w}{1 + e} = \dfrac{(2.65)(9.81)}{1 + 0.5} = 17.33 \text{ kN/m}^3$

(계속)

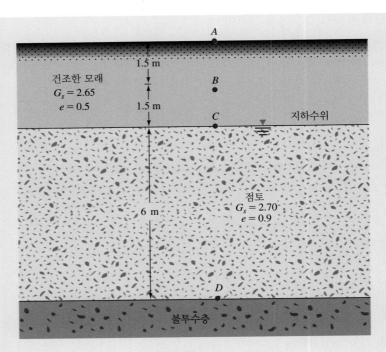

그림 8.2

점토에서 $\gamma_{\text{sat}} = \dfrac{(G_s + e)\gamma_w}{1 + e} = \dfrac{(2.70 + 0.9)(9.81)}{1 + 0.9} = 18.59 \text{ kN/m}^3$

점 A: 전응력: $\sigma_A = \mathbf{0}$

간극수압: $u_A = \mathbf{0}$

유효응력: $\sigma'_A = \mathbf{0}$

점 B: $\sigma_B = 1.5\gamma_{\text{dry(sand)}} = 1.5 \times 17.33 = \mathbf{26.0 \text{ kN/m}^2}$

$u_B = \mathbf{0 \text{ kN/m}^2}$

$\sigma'_B = 26.0 - 0 = \mathbf{26.0 \text{ kN/m}^2}$

점 C: $\sigma_C = 3\gamma_{\text{dry(sand)}} = 3 \times 17.33 = \mathbf{51.99 \text{ kN/m}^2}$

$u_C = \mathbf{0 \text{ kN/m}^2}$

$\sigma'_C = 51.99 - 0 = \mathbf{51.99 \text{ kN/m}^2}$

점 D: $\sigma_D = 3\gamma_{\text{dry(sand)}} + 6\gamma_{\text{sat(clay)}}$

$= 3 \times 17.33 + 6 \times 18.59$

$= \mathbf{163.53 \text{ kN/m}^2}$

$u_D = 6\gamma_w = 6 \times 9.81 = \mathbf{58.86 \text{ kN/m}^2}$

$\sigma'_D = 163.53 - 58.86 = \mathbf{104.67 \text{ kN/m}^2}$

8.3 침투가 있는 포화토 내부에서의 응력

만약 토층 내에 물이 침투하게 되면 지반 내 임의 지점에서 유효응력은 정적 상태의 경우와는 달라질 것이다. 침투 방향에 따라 증가하거나 감소하게 된다.

상향 침투

그림 8.3a는 수조 바닥에 있는 밸브를 통해 주입되는 물에 의해 상향 침투가 발생하는 수조 내의 토층을 나타내고 있다. 이때, 단위시간당 물 공급량은 일정하게 유지된다. 스탠드파이프(standpiles)에서 물의 높이는 압력수두이며, 압력수두에 γ_w을 곱하면 간극수압이 된다. A 위치와 B 위치 사이에서 상향 침투로 야기되는 수두손실은 h이다. 토체 속 임의 점에서 전응력은 오직 그 점 위의 흙과 물의 중량에만 의존한다는 사실을 기억하면, 위치 A와 B에서 유효응력은 다음과 같다는 것을 알 수 있다.

위치 A에서

- 전응력: $\sigma_A = H_1\gamma_w$
- 간극수압: $u_A = H_1\gamma_w$
- 유효응력: $\sigma'_A = \sigma_A - u_A = 0$

위치 B에서

- 전응력: $\sigma_B = H_1\gamma_w + H_2\gamma_{\text{sat}}$
- 간극수압: $u_B = (H_1 + H_2 + h)\gamma_w$
- 유효응력: $\sigma'_B = \sigma_B - u_B$
$$= H_2(\gamma_{\text{sat}} - \gamma_w) - h\gamma_w$$
$$= H_2\gamma' - h\gamma_w$$

마찬가지로 토층 표면에서 z 깊이 C 위치에서 유효응력은 다음과 같이 계산할 수 있다.

위치 C에서

- 전응력: $\sigma_C = H_1\gamma_w + z\gamma_{\text{sat}}$
- 간극수압: $u_C = \left(H_1 + z + \dfrac{h}{H_2}z\right)\gamma_w$
- 유효응력: $\sigma'_C = \sigma_C - u_C$
$$= z(\gamma_{\text{sat}} - \gamma_w) - \frac{h}{H_2}z\gamma_w$$
$$= z\gamma' - \frac{h}{H_2}z\gamma_w$$

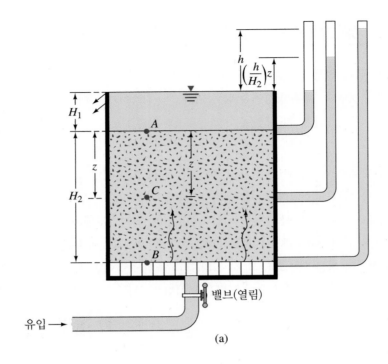

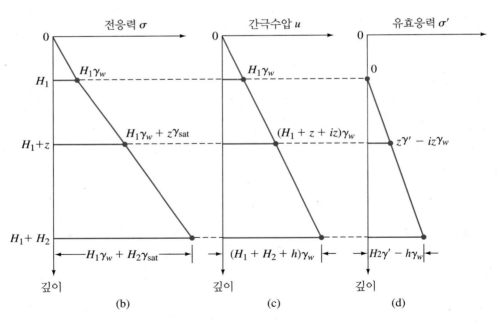

그림 8.3 (a) 상향 침투가 있는 수조 속의 토층. 상향 침투가 있는 수조 속 토층에서 깊이에 따른 (b) 전응력의 변화, (c) 간극수압의 변화, (d) 유효응력의 변화

h/H_2는 흐름에 의해 야기되는 동수경사 i이므로 다음 식이 성립한다.

$$\sigma_C' = z\gamma' - iz\gamma_w \tag{8.6}$$

전응력, 간극수압, 유효응력의 깊이에 따른 변화를 그림 8.3b에서 8.3d까지 각각 나타내었다. 침투량의 증가로 동수경사가 점점 증가하면 한계상태에 도달하게 되는데, 이때의 유효응력은 다음과 같다.

$$\sigma_C' = z\gamma' - i_{cr}z\gamma_w = 0 \tag{8.7}$$

여기서 i_{cr}는 **한계동수경사**(critical hydraulic gradient)(유효응력이 0일 경우)이다. 이와 같은 조건에서 흙은 안정성을 잃는다. 이러한 현상을 일반적으로 **보일링**(boiling) 또는 **분사현상**(quick condition)이라고 한다. 상향 침투 때문에 동수경사가 증가하는 경우, 흙의 유효응력은 감소한다. 점착력이 없는 사질토에서 동수경사가 한계동수경사(i_{cr})에 이르게 되면, 지반은 유효응력이 0이 되면서 입자 간 접촉을 잃게 된다. 점성토에서는 흙의 점착성으로 인해 보일링이나 분사현상이 발생하지 않는다. 그림 8.3은 또한 상향 침투가 일어날 때, 동수경사가 증가하면 간극수압이 증가한다는 것을 보여준다.

식 (8.7)로부터 다음 식을 얻을 수 있다.

$$i_{cr} = \frac{\gamma'}{\gamma_w} \tag{8.8}$$

대부분 지반에서 i_{cr}값은 0.9~1.1 사이에 있으며 평균값은 1이다.

예제 8.2

그림 8.4에 200 mm의 재성형된 흙 시료($G_s = 2.65$, $e = 0.70$)를 통해 침투가 일어나고 있다. 높이 h는 0에서부터 점점 증가한다. 분사현상이 일어나지 않기 위한 h의 값은 얼마인가?

풀이

$$\gamma_{sat} = \left(\frac{G_s + e}{1 + e}\right)\gamma_w = \left(\frac{2.65 + 0.70}{1 + 0.70}\right) \times 9.81 = 19.33 \text{ kN/m}^3$$

그러므로 한계동수경사 $i_{cr} = \dfrac{19.33 - 9.81}{9.81} = 0.97$

(계속)

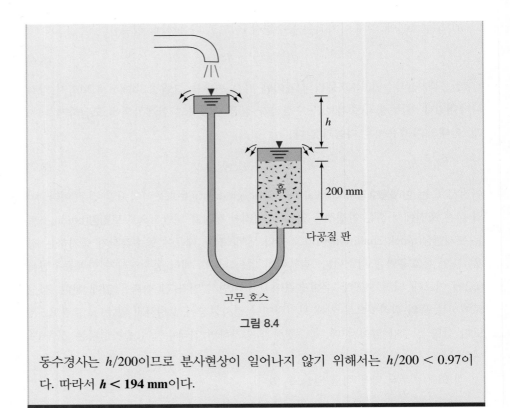

그림 8.4

동수경사는 $h/200$이므로 분사현상이 일어나지 않기 위해서는 $h/200 < 0.97$이다. 따라서 **$h < 194\ \text{mm}$**이다.

하향 침투

하향 침투의 상황은 그림 8.5a에 나타나 있다. 토조 내부의 수위는 상부에서의 물 공급량과 하부에서의 배출량을 조절하여 일정하게 유지된다.

하향 침투로 인한 동수경사는 $i = h/H_2$와 같다. 임의 점 C에서 전응력, 간극수압 및 유효응력은 각각 다음과 같다.

$$\sigma_C = H_1\gamma_w + z\gamma_{\text{sat}}$$
$$u_C = (H_1 + z - iz)\gamma_w$$
$$\sigma'_C = (H_1\gamma_w + z\gamma_{\text{sat}}) - (H_1 + z - iz)\gamma_w$$
$$= z\gamma' + iz\gamma_w \tag{8.9}$$

깊이에 따른 전응력, 간극수압 및 유효응력의 변화를 그림 8.5b, c, d에 도시하였다.

그림 8.5로부터 하향 침투가 발생할 때, 유효응력은 증가하고 간극수압은 감소한다는 것을 알 수 있다.

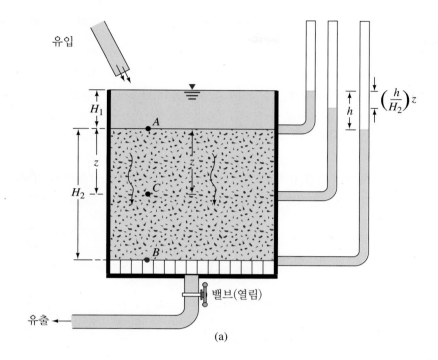

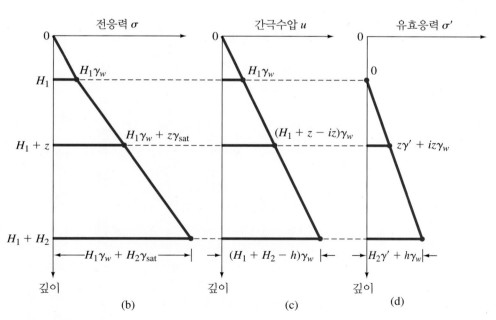

그림 8.5 (a) 하향 침투가 있는 수조 속의 토층. 하향 침투가 있는 수조 속 토층에서 깊이에 따른 (b) 전응력의 변화, (c) 간극수압의 변화, (d) 유효응력의 변화

예제 8.3

9 m 두께의 단단한 포화점토층이 모래층 위에 놓여 있다(그림 8.6). 모래층은 대수층에 의해 피압상태에 있다. 점토층에서 굴착 가능한 최대 깊이 H를 산출하시오.

풀이

굴착으로 인해 토층의 상재하중은 감소할 것이다. 굴착면 바닥에서 융기(heaving)가 발생하는 굴착 깊이를 H라 하고, 융기가 일어날 때 A 위치에서 안정성을 고려하도록 한다.

$$\sigma_A = (9 - H)\gamma_{\text{sat(clay)}}$$
$$u_A = 3.6\gamma_w$$

융기가 발생하기 위해서는 σ'_A가 0이 되어야 한다. 따라서

$$\sigma_A - u_A = (9 - H)\gamma_{\text{sat(clay)}} - 3.6\gamma_w$$

해당 값을 대입하면,

$$(9 - H)18 - (3.6)9.81 = 0$$

$$H = \frac{(9)18 - (3.6)9.81}{18} = \textbf{7.04 m}$$

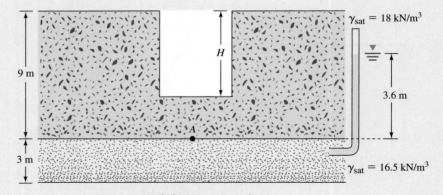

☒ 포화점토   ☒ 모래

그림 8.6

예제 8.4

모래층 위에 놓여 있는 단단한 포화점토층에서 굴착이 이루어지고 있다(그림 8.7). 굴착 중 포화점토층이 안정성을 잃지 않기 위한 굴착 내부의 수위 h를 계산하시오.

풀이

위치 A에서

$$\sigma_A = (7 - 5)\gamma_{sat(clay)} + h\gamma_w = (2)(19) + (h)(9.81) = 38 + 9.81h \ (kN/m^2)$$

$$u_A = 4.5\gamma_w = (4.5)(9.81) = 44.15 \ kN/m^2$$

안정성을 잃기 위해서는 $\sigma' = 0$이 되어야 한다. 따라서

$$\sigma_A - u_A > 0$$

$$38 + 9.81h - 44.15 > 0$$

$$h > \textbf{0.63 m}$$

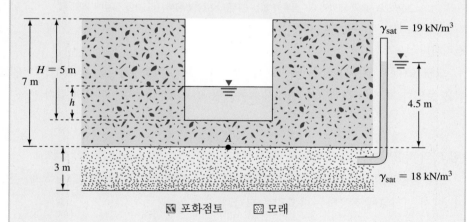

그림 8.7

8.4 침투력

8.2절에서는 흙의 한 지점에 대해 침투로 인해 유효응력이 증가하거나 감소하는 것을 보였다. 이것은 종종 흙의 단위체적당 침투력(seepage force)으로 표현하는 것이

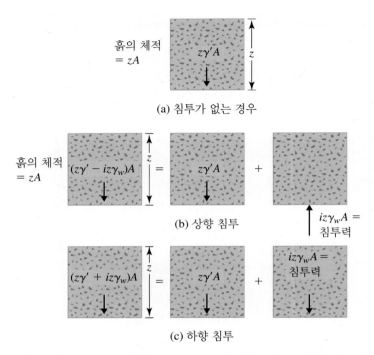

(a) 침투가 없는 경우

(b) 상향 침투

(c) 하향 침투

그림 8.8 흙의 체적에 (a) 침투가 없는 경우, (b) 상향 침투, (c) 하향 침투에 의한 힘

편리하다.

그림 8.1에서 침투가 없는 경우에 지표면으로부터 깊이 z에서의 유효응력은 $z\gamma'$이 됨을 보였다. 따라서 면적 A에 가해지는 유효력(effective force)은 다음과 같다.

$$P_1' = z\gamma'A$$

(힘 P_1'의 작용방향은 그림 8.8a에 나타내었다.)

또한 위에서와 같은 토층을 통해 연직방향으로 상향 침투가 있다면(그림 8.3), 깊이 z에서 면적 A에 작용하는 유효력은 다음과 같다.

$$P_2' = (z\gamma' - iz\gamma_w)A$$

따라서 침투로 인한 전체 힘의 감소는 다음과 같이 발생한다.

$$P_1' - P_2' = iz\gamma_w A \tag{8.10}$$

유효력과 관련된 흙의 체적은 zA이다. 따라서 흙의 단위체적당 침투력은 다음과 같다.

$$\frac{P_1' - P_2'}{(\text{흙의 체적})} = \frac{iz\gamma_w A}{zA} = i\gamma_w \tag{8.11}$$

이 경우 단위체적당 힘 $i\gamma_w$는 물의 흐름방향과 같은 상향으로 작용한다. 이것이 그림 8.8b에 나타나 있다. 마찬가지로, 하향 침투에 대하여는 흙의 단위체적당 하향의 침투력이 $i\gamma_w$임을 알 수 있다(그림 8.8c).

앞에서 논의한 내용으로부터 흙의 단위체적당 침투력은 $i\gamma_w$와 같고, 등방성 흙에서 침투력은 물의 흐름방향과 같은 방향으로 작용한다고 결론지을 수 있다. 이 사실은 어떠한 방향의 흐름에도 적용된다. 임의 위치에서 동수경사는 유선망을 이용하여 구할 수 있고, 이로부터 흙의 단위체적당 침투력도 구할 수 있다.

이 침투력의 개념은 수리 구조물의 하류부에서 융기에 대한 안전율을 얻는 데 효과적으로 사용된다. 이는 다음 절에서 논의한다.

8.5 널말뚝 주위의 흐름에 의한 지반의 융기

흙의 단위체적당 침투력은 침투 흐름으로 널말뚝의 하류부에 발생할 수 있는 융기로 인한 파괴 가능성 검토에 이용될 수 있다(그림 8.9a). 다수의 모형시험을 수행한 결

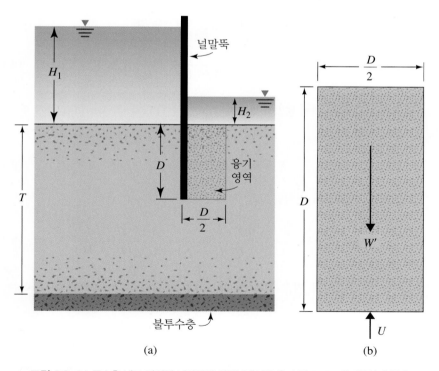

(a) (b)

그림 8.9 (a) 투수층 내로 관입된 널말뚝의 하류부에서의 융기 검토, (b) 융기영역의 확대

과로부터 Terzaghi(1922)는 융기가 일반적으로 널말뚝으로부터 $D/2$의 거리 이내에서 발생한다고 결론지었다(D는 투수층 내에 널말뚝 관입 깊이). 따라서 그림 8.9a에 나타낸 것과 같이 단면상 $D \times D/2$ 영역에서 지반의 안정성을 조사할 필요가 있다.

융기에 대한 안전율은 다음 식으로 얻을 수 있다(그림 8.9b).

$$FS = \frac{W'}{U} \tag{8.12}$$

여기서

FS = 안전율

W' = 널말뚝의 단위길이당 융기영역 내 흙의 수중무게

$\quad = D(D/2)(\gamma_{sat} - \gamma_w) = (\tfrac{1}{2})D^2\gamma'$

U = 동일한 흙 체적에 침투로 인해 발생하는 양압력(uplifting force)

식 (8.11)로부터

$$U = (흙 체적) \times (i_{av}\gamma_w) = \frac{1}{2}D^2 i_{av}\gamma_w$$

여기서 i_{av}는 융기영역 바닥의 평균 동수경사 $\approx \dfrac{0.5(H_1 - H_2)}{D}$이다.

W'과 U를 식 (8.12)에 대입하면 다음 식을 얻을 수 있다.

$$FS = \frac{\gamma'}{i_{av}\gamma_w} = \frac{D\gamma'}{0.5\gamma_w(H_1 - H_2)} \tag{8.13}$$

그림 8.9의 균질지반에서 널말뚝 주변의 양압력 U는 Tanaka와 Verruijt(1999)에 의해 다음과 같이 증명되었다.

$$U = 0.5\gamma_w D(H_1 - H_2)C_o \tag{8.14}$$

여기서 D/T에 따른 C_o의 변화는 그림 8.10에 나와 있다.

$$FS = \frac{W'}{U} = \frac{0.5D^2\gamma'}{0.5C_o\gamma_w D(H_1 - H_2)} = \frac{D\gamma'}{C_o\gamma_w(H_1 - H_2)} \tag{8.15}$$

식 (8.15)는 식 (8.13)과 비슷하다. 식 (8.15)의 C_o값은 식 (8.13)의 0.5보다는 작다.

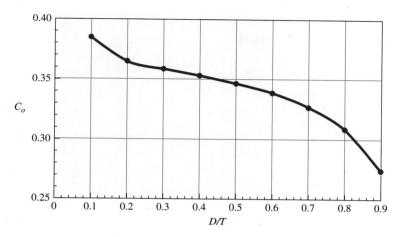

그림 8.10 D/T에 대한 C_o의 변화[Tanaka와 Verruijt (1999) 참고]

예제 8.5

그림 8.9에서 $D = 3$ m, $T = 6$ m, $H_1 = 5$ m, $H_2 = 1$ m이다. 투수층에서 $G_s = 2.68$, $e = 0.7$이다. 하류부에서의 융기에 대한 안전율을 계산하시오.

풀이

식 (8.15)에서

$$FS = \frac{D\gamma'}{C_o\gamma_w(H_1 - H_2)}$$

$$\gamma' = \frac{(G_s - 1)\gamma_w}{1 + e} = \frac{(2.68 - 1)(9.81)}{1 + 0.7} = 9.69 \text{ kN/m}^3$$

그림 8.10으로부터 $D/T = 3/6 = 0.5$, $C_o \approx 0.347$이다.

$$FS = \frac{(3)(9.69)}{(0.347)(9.81)(5 - 1)} = \mathbf{2.13}$$

하류부에서 출구동수경사(exit hydraulic gradient, i_{exit})가 한계동수경사(i_{cr})를 초과할 때 **파이핑**(piping)으로 불리는 현상이 발생한다. 유효응력이 0이 되고, 흙은 하류부 구조물 바로 옆이 침식된다. 침식은 하류부에서 상류부로 진행되며, 단시간 내에 구조물을 붕괴시킬 수 있는 수로(channel)나 자유수 흐름(즉 'pipe')을 형성한다. 파이핑으로

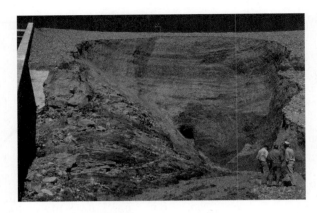

그림 8.11 와이오밍 퐁트넬 댐의 파이핑 (Colorado, Denver, U.S. Bureau of Reclamation 제공)

인한 붕괴는 전 세계적으로 발생되어 왔으며 큰 재앙이 될 수 있다. 파이핑에 대한 안전율은 다음과 같이 정의된다.

$$FS = \frac{i_{cr}}{i_{exit}} \tag{8.16}$$

그림 8.11은 와이오밍(Wyoming)의 42 m 높이인 퐁트넬 댐(Fontenelle Dam)의 오른쪽 교대를 관통하는 파이핑을 보여준다. 1976년 아이다호(Idaho)의 테턴 댐(Teton Dam)의 붕괴 또한 파이핑이 원인이었다. 파이핑에 의한 붕괴의 심각성을 고려하여 높은 안전율(4~6)을 적용한다. Harr(1962)에 따르면 출구동수경사는 대부분 설계에서 사용되며 앞에서 설명한 잠재적인 융기에 대한 사항들을 고려하여야 한다.

다양한 하중 종류에 의한 연직응력 증가

8.6　점하중에 의해 발생하는 응력

흙은 입자로 이루어진 매체이지만, 이를 단순화하기 위하여 선형 탄성재료로 거동하는 연속체로 간주한다. Boussinesq(1883)는 반무한 공간 표면에 점하중이 작용하는 경우 균질하고 탄성체인 등방성 매체 내의 임의 점에 발생하는 응력문제를 해석하였다. 그림 8.12에 따르면 점하중 P에 의해 점 A에 발생하는 연직응력에 대한 Boussinesq의 해는 다음과 같다.

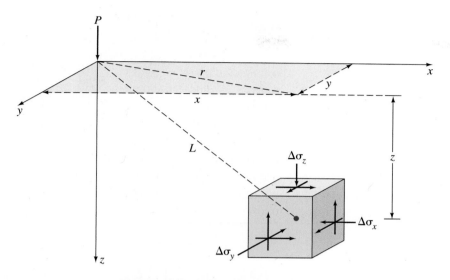

그림 8.12 점하중에 의해 발생하는 탄성체 내의 응력

$$\Delta\sigma_x = \frac{P}{2\pi}\left\{\frac{3x^2z}{L^5} - (1 - 2\mu_S)\left[\frac{x^2 - y^2}{Lr^2(L + z)} + \frac{y^2z}{L^3r^2}\right]\right\} \qquad (8.17)$$

$$\Delta\sigma_y = \frac{P}{2\pi}\left\{\frac{3y^2z}{L^5} - (1 - 2\mu_S)\left[\frac{y^2 - x^2}{Lr^2(L + z)} + \frac{x^2z}{L^3r^2}\right]\right\} \qquad (8.18)$$

그리고

$$\Delta\sigma_z = \frac{3P}{2\pi}\frac{z^3}{L^5} = \frac{3P}{2\pi}\frac{z^3}{(r^2 + z^2)^{5/2}} \qquad (8.19)$$

여기서

$$r = \sqrt{x^2 + y^2}$$

$$L = \sqrt{x^2 + y^2 + z^2} = \sqrt{r^2 + z^2}$$

$$\mu_s = 포아송비(Poisson's\ ratio)$$

수평면에 작용하는 연직응력을 나타내는 식 (8.17) 및 (8.18)은 매체의 포아송비에 따라 달라진다. 그러나 식 (8.19)에서 주어진 바와 같이 연직응력 증가량 $\Delta\sigma_z$에 대한 관계식은 포아송비와는 무관하다. $\Delta\sigma_z$에 대한 관계식은 다음과 같이 표현할 수 있다.

표 8.1 I_1의 변화[식 (8.20)]

r/z	I_1	r/z	I_1
0	0.4775	0.9	0.1083
0.1	0.4657	1.0	0.0844
0.2	0.4329	1.5	0.0251
0.3	0.3849	1.75	0.0144
0.4	0.3295	2.0	0.0085
0.5	0.2733	2.5	0.0034
0.6	0.2214	3.0	0.0015
0.7	0.1762	4.0	0.0004
0.8	0.1386	5.0	0.00014

$$\Delta\sigma_z = \frac{P}{z^2}\left\{ \frac{3}{2\pi}\frac{1}{[(r/z)^2 + 1]^{5/2}} \right\} = \frac{P}{z^2}I_1 \tag{8.20}$$

여기서

$$I_1 = \frac{3}{2\pi}\frac{1}{[(r/z)^2 + 1]^{5/2}} \tag{8.21}$$

다양한 r/z값에 대한 I_1의 변화가 표 8.1에 주어져 있다.

8.7　선하중에 의해 발생하는 연직응력

그림 8.13은 반무한 지표면에 작용하는 q/단위길이의 강도(intensity)를 갖는 무한길이의 연성(flexible) 선하중을 나타낸다. 지반 내부의 연직응력 증가량 $\Delta\sigma$는 탄성이론의 원리를 이용하면 다음 식과 같다.

$$\Delta\sigma = \frac{2qz^3}{\pi(x^2 + z^2)^2} \tag{8.22}$$

이 식은 다음과 같이 표현할 수 있다.

$$\Delta\sigma = \frac{2q}{\pi z[(x/z)^2 + 1]^2}$$

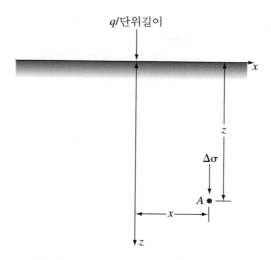

그림 8.13 반무한 지반의 표면에 작용하는 선하중

또는

$$\frac{\Delta\sigma}{(q/z)} = \frac{2}{\pi\left[\left(\dfrac{x}{z}\right)^2 + 1\right]^2} \tag{8.23}$$

식 (8.23)은 무차원 형태이다. 이 식을 이용하여, x/z에 따른 $\Delta\sigma/(q/z)$의 변화를 산출할 수 있다. 이 변화는 표 8.2에 주어져 있다. 식 (8.23)을 사용하여 산출된 $\Delta\sigma$값은 선하중에 의해 발생한 추가된 응력이다. $\Delta\sigma$값은 A점 상부에 있는 흙의 상재압력은 포함하지 않는다.

표 8.2 x/z에 따른 $\Delta\sigma/(q/z)$의 변화[식 (8.23)]

x/z	$\dfrac{\Delta\sigma}{q/z}$	x/z	$\dfrac{\Delta\sigma}{q/z}$
0	0.637	0.7	0.287
0.1	0.624	0.8	0.237
0.2	0.589	0.9	0.194
0.3	0.536	1.0	0.159
0.4	0.473	1.5	0.060
0.5	0.407	2.0	0.025
0.6	0.344	3.0	0.006

8.8 등분포하중을 받는 원형 면적 아래의 연직응력

점하중으로 인해 발생하는 연직응력 $\Delta\sigma$[식 (8.19)]에 대한 Boussinesq의 해를 사용하면 연성 등분포하중을 받는 원형 면적의 중심 아래에서 연직응력에 대한 수식을 구할 수 있다.

그림 8.14에서 반경 R인 원형 면적에 작용하는 압력강도를 q라고 하자. 미소면적의 하중(그림에서 음영 부분)은 $qr\,dr\,d\alpha$와 같다. 미소면적의 하중(점하중으로 가정할 수 있음)에 의해 발생하는 A점에서 연직응력 $d\sigma$는 식 (8.19)로부터 얻을 수 있다.

$$d\sigma = \frac{3(qr\,dr\,d\alpha)}{2\pi} \frac{z^3}{(r^2 + z^2)^{5/2}} \tag{8.24}$$

전체 재하면적에 의해 발생하는 A점에서 응력 증가는 식 (8.24)를 적분하여 구할 수 있다.

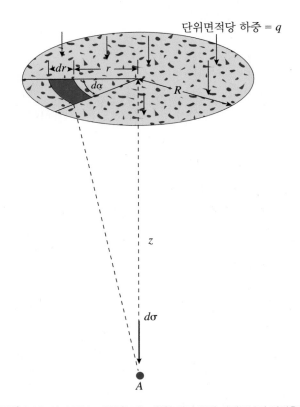

그림 8.14 연성 등분포하중을 받는 원형 면적 중심 아랫부분의 연직응력

표 8.3 z/R에 따른 $\Delta\sigma/q$의 변화[식 (8.25)]

z/R	$\Delta\sigma/q$	z/R	$\Delta\sigma/q$
0	1	1.0	0.6465
0.02	0.9999	1.5	0.4240
0.05	0.9998	2.0	0.2845
0.1	0.9990	2.5	0.1996
0.2	0.9925	3.0	0.1436
0.4	0.9488	4.0	0.0869
0.5	0.9106	5.0	0.0571
0.8	0.7562		

$$\Delta\sigma = \int d\sigma = \int_{\alpha=0}^{\alpha=2\pi} \int_{r=0}^{r=R} \frac{3q}{2\pi} \frac{z^3 r}{(r^2 + z^2)^{5/2}} \, dr \, d\alpha$$

따라서

$$\Delta\sigma = q\left\{ 1 - \frac{1}{[(R/z)^2 + 1]^{3/2}} \right\} \tag{8.25}$$

식 (8.25)로부터 얻어진 z/R에 따른 $\Delta\sigma/q$의 변화가 표 8.3에 주어져 있다. $\Delta\sigma$값은 깊이에 따라 급격하게 감소하고 $z = 5R$에서 지표면의 압력강도 q의 약 6% 정도가 된다.

연성 등분포하중을 받는 원형 면적의 중심 아랫부분의 임의 깊이 z에 대한 연직응력 증가량($\Delta\sigma$)은 식 (8.25)로부터 구할 수 있다. 유사한 방법으로 재하면적의 중심으로부터 방사방향으로 거리 r에 위치한 임의 깊이 z에 대한 응력 증가는 다음과 같이 구한다.

$$\Delta\sigma = f\left(q, \frac{r}{R}, \frac{z}{R} \right)$$

또는

$$\frac{\Delta\sigma}{q} = I_2 \tag{8.26}$$

r/R과 z/R에 따른 I_2의 변화가 표 8.4에 주어져 있다.

표 8.4 I_2의 변화[식 (8.26)]

z/R	r/R					
	0	0.2	0.4	0.6	0.8	1.0
0	1.000	1.000	1.000	1.000	1.000	1.000
0.1	0.999	0.999	0.998	0.996	0.976	0.484
0.2	0.992	0.991	0.987	0.970	0.890	0.468
0.3	0.976	0.973	0.963	0.922	0.793	0.451
0.4	0.949	0.943	0.920	0.860	0.712	0.435
0.5	0.911	0.902	0.869	0.796	0.646	0.417
0.6	0.864	0.852	0.814	0.732	0.591	0.400
0.7	0.811	0.798	0.756	0.674	0.545	0.367
0.8	0.756	0.743	0.699	0.619	0.504	0.366
0.9	0.701	0.688	0.644	0.570	0.467	0.348
1.0	0.646	0.633	0.591	0.525	0.434	0.332
1.2	0.546	0.535	0.501	0.447	0.377	0.300
1.5	0.424	0.416	0.392	0.355	0.308	0.256
2.0	0.286	0.286	0.268	0.248	0.224	0.196
2.5	0.200	0.197	0.191	0.180	0.167	0.151
3.0	0.146	0.145	0.141	0.135	0.127	0.118
4.0	0.087	0.086	0.085	0.082	0.080	0.075

8.9 직사각형 면적의 재하로 인한 연직응력

Boussinesq의 해는 그림 8.15에 나타낸 것과 같이 연성 직사각형 재하로 인한 지반 하부의 연직응력 증가량을 계산하기 위해서도 사용할 수 있다. 재하면적은 지표면에 위치하고 길이는 L, 폭은 B이다. 단위면적당 등분포하중은 q와 같다. 직사각형 면적의 모서리 하부 깊이 z에 있는 점 A에서 연직응력 증가량($\Delta\sigma$)을 구하기 위해서는 직사각형의 미소면적 $dx\,dy$를 고려하여야 한다(그림 8.15). 이 미소면적의 하중은 다음과 같다.

$$dq = q\,dx\,dy \tag{8.27}$$

미소하중 dq에 의해 발생한 점 A에서의 응력 증가량($d\sigma$)은 식 (8.19)를 사용하여 결정할 수 있다. 그러나 이 식에서 P를 $dq = q\,dx\,dy$로, r^2을 $x^2 + y^2$으로 대체하여야 한다. 따라서

$$d\sigma = \frac{3q\,dx\,dy\,z^3}{2\pi(x^2 + y^2 + z^2)^{5/2}} \tag{8.28}$$

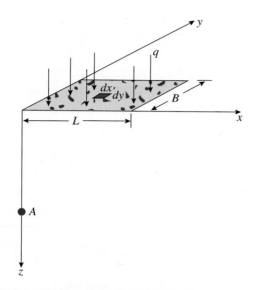

그림 8.15 연성 등분포하중을 받는 직사각형 면적 모서리 아래의 연직응력

전체 재하면적에 의해 발생하는 점 A에서 응력 증가량은 위의 식을 적분하여 다음과 같이 구할 수 있다.

$$\Delta\sigma = \int d\sigma = \int_{y=0}^{B} \int_{x=0}^{L} \frac{3qz^3(dx\,dy)}{2\pi(x^2 + y^2 + z^2)^{5/2}} = qI_3 \tag{8.29}$$

여기서

$$I_3 = \frac{1}{4\pi} \left[\frac{2m'n'\sqrt{m'^2 + n'^2 + 1}}{m'^2 + n'^2 + m'^2 n'^2 + 1} \left(\frac{m'^2 + n'^2 + 2}{m'^2 + n'^2 + 1} \right) \right.$$
$$\left. + \tan^{-1} \left(\frac{2m'n'\sqrt{m'^2 + n'^2 + 1}}{m'^2 + n'^2 - m'^2 n'^2 + 1} \right) \right] \tag{8.30}$$

$$m' = \frac{B}{z} \tag{8.31}$$

$$n' = \frac{L}{z} \tag{8.32}$$

식 (8.30)에서 $\tan^{-1}$ 항은 라디안으로 양(+)의 각이어야 한다. 여기서 $m'^2 + n'^2 + 1 < m'^2 n'^2$일 때는 음(−)의 각이 된다. 이 경우에는 그 음의 각에 π를 더해 주어야 한다.

  m'과 n' 변화에 따른 I_3의 변화가 그림 8.16에 나와 있다. 여기서 m'과 n'은 상호 교환할 수 있다.

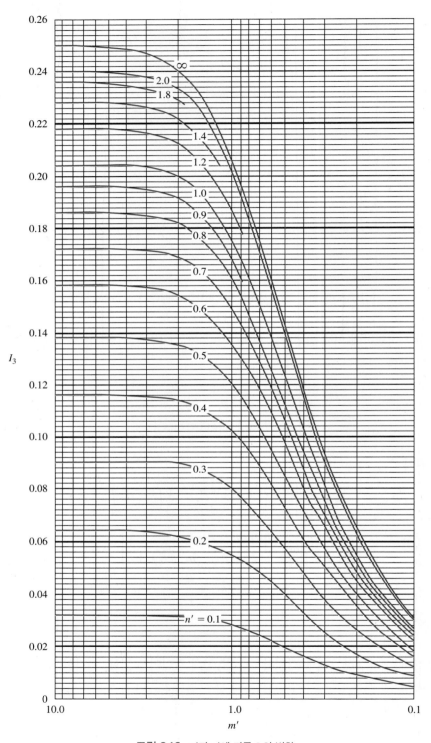

그림 8.16 m'과 n'에 따른 I_3의 변화

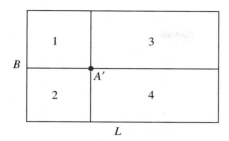

그림 8.17 직사각형 연성 재하면적 하부의 임의 위치에서 응력 증가

직사각형 재하면적 하부의 임의 점에서 응력 증가는 식 (8.29)와 그림 8.16을 사용하여 구할 수 있다. 이 개념은 그림 8.17을 참고하여 설명할 수 있다. A' 위치 하부의 깊이 z에서 응력을 결정하기로 한다. 재하면적은 그림과 같이 4개의 직사각형으로 나눌 수 있다. 점 A'은 4개의 직사각형의 공통된 모서리이다. 각각의 직사각형 재하면적에 의해 발생하는 A' 위치 하부의 깊이 z에서 응력 증가량은 식 (8.29)를 사용하여 구할 수 있다. 전체 재하면적에 의해 발생하는 전체 응력 증가량은 다음 식을 이용하여 구할 수 있다.

$$\Delta\sigma = q[I_{3(1)} + I_{3(2)} + I_{3(3)} + I_{3(4)}] \tag{8.33}$$

많은 지반 문제에서 등분포하중이 재하된 직사각형 면적 중심점 아랫부분의 응력 증가를 계산하는 것이 필요하다. 편의상 응력 증가량은 다음과 같이 표현될 수 있다.

$$\Delta\sigma_c = qI_c \tag{8.34}$$

여기서

$$I_c = f(m_1, n_1) \tag{8.35}$$

$$m_1 = \frac{L}{B} \tag{8.36}$$

그리고

$$n_1 = \frac{z}{\dfrac{B}{2}} \tag{8.37}$$

m_1과 n_1에 따른 I_c의 변화가 표 8.5에 주어져 있다.

표 8.5 m_1과 n_1에 따른 I_c의 변화 [식 (8.34)]

n_1	m_1									
	1	2	3	4	5	6	7	8	9	10
0.20	0.994	0.997	0.997	0.997	0.997	0.997	0.997	0.997	0.997	0.997
0.40	0.960	0.976	0.977	0.977	0.977	0.977	0.977	0.977	0.977	0.977
0.60	0.892	0.932	0.936	0.936	0.937	0.937	0.937	0.937	0.937	0.937
0.80	0.800	0.870	0.878	0.880	0.881	0.881	0.881	0.881	0.881	0.881
1.00	0.701	0.800	0.814	0.817	0.818	0.818	0.818	0.818	0.818	0.818
1.20	0.606	0.727	0.748	0.753	0.754	0.755	0.755	0.755	0.755	0.755
1.40	0.522	0.658	0.685	0.692	0.694	0.695	0.695	0.696	0.696	0.696
1.60	0.449	0.593	0.627	0.636	0.639	0.640	0.641	0.641	0.641	0.642
1.80	0.388	0.534	0.573	0.585	0.590	0.591	0.592	0.592	0.593	0.593
2.00	0.336	0.481	0.525	0.540	0.545	0.547	0.548	0.549	0.549	0.549
3.00	0.179	0.293	0.348	0.373	0.384	0.389	0.392	0.393	0.394	0.395
4.00	0.108	0.190	0.241	0.269	0.285	0.293	0.298	0.301	0.302	0.303
5.00	0.072	0.131	0.174	0.202	0.219	0.229	0.236	0.240	0.242	0.244
6.00	0.051	0.095	0.130	0.155	0.172	0.184	0.192	0.197	0.200	0.202
7.00	0.038	0.072	0.100	0.122	0.139	0.150	0.158	0.164	0.168	0.171
8.00	0.029	0.056	0.079	0.098	0.113	0.125	0.133	0.139	0.144	0.147
9.00	0.023	0.045	0.064	0.081	0.094	0.105	0.113	0.119	0.124	0.128
10.00	0.019	0.037	0.053	0.067	0.079	0.089	0.097	0.103	0.108	0.112

예제 8.6

등분포하중을 받는 직사각형 영역의 평면도가 그림 8.18a에 나와 있다. $z = 4$ m인 점 A'의 연직응력 증가량 $\Delta\sigma$를 구하시오.

풀이

응력 증가량 $\Delta\sigma$는 다음과 같다.

$$\Delta\sigma = \Delta\sigma_1 - \Delta\sigma_2$$

여기서

$\Delta\sigma_1 =$ 그림 8.18b 영역에 작용하는 하중에 의한 응력 증가량

$\Delta\sigma_2 =$ 그림 8.18c 영역에 작용하는 하중에 의한 응력 증가량

그림 8.18b 영역에 작용하는 응력은

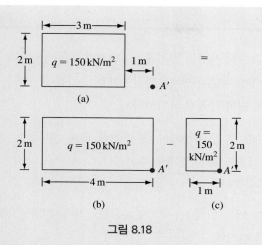

그림 8.18

$$m' = \frac{B}{z} = \frac{2}{4} = 0.5$$

$$n' = \frac{L}{z} = \frac{4}{4} = 1$$

그림 8.16에서 $m' = 0.5$, $n' = 1$인 경우 $I_3 = 0.1225$이다. 그러므로

$$\Delta\sigma_1 = qI_3 = (150)(0.1225) = 18.38 \text{ kN/m}^2$$

마찬가지로 그림 8.18c 영역에 작용하는 응력은

$$m' = \frac{B}{z} = \frac{1}{4} = 0.25$$

$$n' = \frac{L}{z} = \frac{2}{4} = 0.5$$

그러므로 $I_3 = 0.0473$이다. 따라서

$$\Delta\sigma_2 = (150)(0.0473) = 7.1 \text{ kN/m}^2$$

이므로

$$\Delta\sigma = \Delta\sigma_1 - \Delta\sigma_2 = 18.38 - 7.1 = \textbf{11.28 kN/m}^2$$

8.10 요약

이 장에서는 (i) 유효응력 개념의 발전과 (ii) 탄성이론을 이용하여 지표면에 작용하는 다양한 형태의 응력에 의한 지반 내 연직응력의 증가를 추정하는 절차를 기술했다. 다음은 해당 내용에 대한 간결한 요약이다.

1. 유효응력(σ')은 접촉 지점에서 흙 골격에 의해 전달되는 전응력의 일부이다. 유효응력은 다음과 같은 관계로 주어진다.

$$\sigma' = \sigma - u$$

2. 보일링을 일으키는 한계동수경사(i_{cr})는 물의 단위중량(γ_w)에 대한 흙의 수중단위중량(γ')의 비이다.

3. 침투에 의한 흙의 단위체적당 힘(F)은 다음과 같다.

$$F = i\gamma_w$$

4. 지표면에 작용하는 다양한 형태의 하중에 의해 발생하는 깊이 z에서 **연직응력 증가량**($\Delta\sigma$)의 관계는 아래와 같이 요약된다.

하중 형태	식
점하중	(8.19)
선하중	(8.22)
원형 하중	(8.25), (8.26)
직사각형 하중	(8.29), (8.34)

연습문제

8.1 다음 문장이 참인지 거짓인지 답하시오.

　a. 흙에서 유효응력은 간극수압보다 크거나 작을 수 있다.

　b. 상향 침투는 유효응력을 증가시키고 하향 침투는 유효응력을 감소시킨다.

　c. 하향 침투가 일어날 때 분사현상은 발생하지 않는다.

　d. 침투력은 흙의 투수성과 관계가 없다.

　e. 한계동수경사는 조밀한 모래보다 느슨한 모래에서 더 크다.

8.2 한계동수경사가 $i_{cr} = \dfrac{G_s - 1}{1 + e}$임을 보이시오.

8.3~8.7 그림 8.19를 참고하여 점 A, B, C, D 깊이에서 σ, u, σ'을 계산하고 그 변화를 그림으로 나타내시오. 지층의 세부정보는 다음과 같다. (여기서, e = 간극비, w = 함수비, G_s = 흙입자의 비중, γ_d = 건조단위중량, γ_{sat} = 포화단위중량)

문제	지층의 세부정보		
	I	**II**	**III**
8.3	$H_1 = 1.5$ m $\gamma_d = 17.6$ kN/m³	$H_2 = 1.83$ m $\gamma_{sat} = 18.87$ kN/m³	$H_3 = 2.44$ m $\gamma_{sat} = 19.65$ kN/m³
8.4	$H_1 = 1.5$ m $\gamma_d = 15.72$ kN/m³	$H_2 = 3.05$ m $\gamma_{sat} = 18.24$ kN/m³	$H_3 = 2.74$ m $\gamma_{sat} = 19.18$ kN/m³
8.5	$H_1 = 3$ m $\gamma_d = 15$ kN/m³	$H_2 = 4$ m $\gamma_{sat} = 16$ kN/m³	$H_3 = 5$ m $\gamma_{sat} = 18$ kN/m³
8.6	$H_1 = 4$ m $e = 0.4$ $G_s = 2.62$	$H_2 = 5$ m $e = 0.6$ $G_s = 2.68$	$H_3 = 3$ m $e = 0.81$ $G_s = 2.73$
8.7	$H_1 = 4$ m $e = 0.6$ $G_s = 2.65$	$H_2 = 3$ m $e = 0.52$ $G_s = 2.68$	$H_3 = 1.5$ m $w = 40\%$ $e = 1.1$

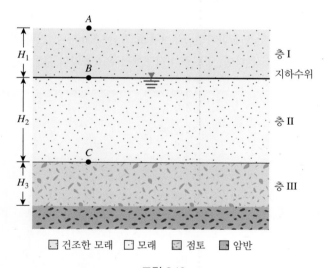

건조한 모래   모래   점토   암반

그림 8.19

8.8 그림 8.20은 지하수위가 지표면에서 5 m 깊이에 있는 9 m의 지층 단면을 보여준다. 상단 3 m는 단위중량이 17.9 kN/m³인 건조한 실트질 자갈로 이루어져 있다. 다음 6 m는 지하수위 위의 단위중량이 17.0 kN/m³이고 지하수위 아래의 단위중량이 19.5 kN/m³인 모래로 이루어져 있다. 깊이에 따른 흙 단면의 전응력, 유효응력, 간극수압의 변화를 그리시오.

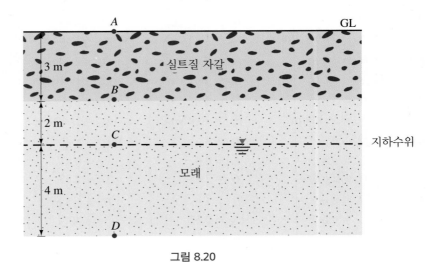

그림 8.20

8.9 그림 8.21의 흙 단면을 참고하면, H_1 = 4 m, H_2 = 3 m이다. 만약 지하수위가 지표면 아래 2 m까지 오른다면, 점토층 바닥면에서 유효응력의 순변화는 얼마인가?

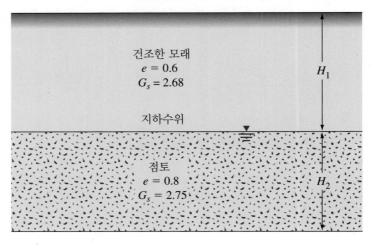

그림 8.21

8.10 어떤 현장의 흙 단면은 연약한 점토층이 10 m의 자갈질 모래 아래에 깔린 형태로 구성되어 있다. 지하수위는 지표면 아래 1 m에 형성되어 있다. 자갈질 모래의 습윤 및 포화단위중량은 각각 17.0 kN/m³, 20 kN/m³이다. 지속적인 건설 작업을 위하여 지하수위를 지표면 아래 3 m로 낮추려고 한다. 연약 점토층 최상부에 작용하는 유효응력의 변화는 얼마인가?

8.11 호수 수심은 4 m이다. 호수 바닥은 모래질 점토로 구성되어 있다. 흙의 함수비는 25.0%로 결정되었고, 흙의 비중은 2.70이다. 흙의 간극비와 포화단위중량을 결정하시오. 모래질 점토인 호수 바닥 5 m 깊이에서 전응력, 유효응력, 간극수압은 얼마인가?

8.12 문제 8.11의 호수에서 수위가 2 m 상승한다면, 동일한 위치에서 전응력, 유효응력, 간극수압은 얼마인가(모래질 점토인 호수 바닥 5 m 깊이)?

8.13 그림 8.3a에서 물의 상향 침투가 발생한다. H_1 = 1.5 m, H_2 = 2.5 m, h = 1.5 m, γ_{sat} = 18.6 kN/m³, k = 0.13 cm/s일 때, 흙의 단위체적당 상향 침투력은 얼마인가?

8.14 문제 8.13에서 물의 상향 침투유량은 얼마인가? 투수계수 k = 0.13 cm/s, 수조의 면적은 0.52 m²이다. m³/min로 답하시오.

8.15 모래의 G_s = 2.66이다. e = 0.35, 0.45, 0.55, 0.7, 0.8에서 보일링을 일으키는 동수경사를 계산하시오.

8.16 6 m 두께의 단단한 포화점토층 아래에 모래층이 놓여 있다(그림 8.22). 모래층은 피압상태에 있다. 점토층에서 굴착할 수 있는 최대 깊이 H를 구하시오.

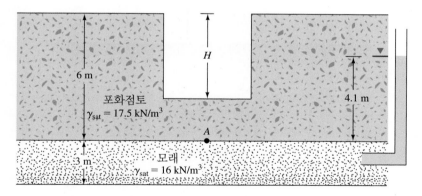

그림 8.22

8.17 지표면에 점하중 1000 kN이 작용한다. 하중으로부터 수평거리 1 m, 2 m, 4 m인 지점에서 연직응력 증가량 $\Delta\sigma_z$의 변화를 그리시오.

8.18 그림 8.23의 지점 A, B, C에 점하중 9, 18, 27 kN이 작용한다. 점 D에서 깊이 3 m 지점의 연직응력 증가량을 Boussinesq의 식을 사용하여 결정하시오.

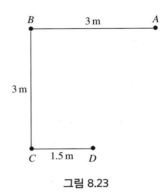

그림 8.23

8.19 그림 8.13에서 선하중 q가 45 kN/m의 크기로 작용하고 있다. z = 4 m인 지점에서 x = −10 m와 x = +10 m 사이의 연직응력 증가량 $\Delta\sigma$의 변화를 계산하고 그리시오.

8.20 그림 8.24와 다음 값을 참고하여 점 A에서 연직응력 증가량 $\Delta\sigma$를 결정하시오.

q_1 = 100 kN/m x_1 = 3 m z = 2 m

q_2 = 200 kN/m x_2 = 2 m

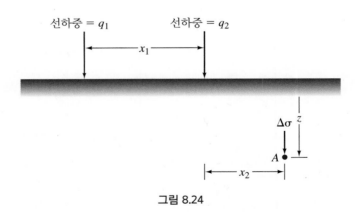

그림 8.24

8.21 연성의 원형 하중이 지표면에 작용하고 있다. 원형 면적의 반경 R = 3 m이고 등분 포하중 q = 250 kN/m²이 작용하고 있다. 지표면 아래(원형 면적의 중심 바로 아래) 5 m(z)에 있는 점에서 연직응력 증가량 $\Delta\sigma$를 계산하시오.

8.22 반경이 R인 연성의 원형 기초에 등분포하중 q가 작용한다. 중심 아래 연직응력이 q의 20%인 깊이를 R로 표현하시오.

8.23 그림 8.25와 같이 직사각형 면적에 연성 등분포하중(q)이 400 kN/m²으로 작용한다. 깊이 $z = 5$ m에서 다음 점들에 대한 연직응력 증가량($\Delta\sigma$)을 결정하시오.

　　a. 점 A 　　　　b. 점 B 　　　　c. 점 C

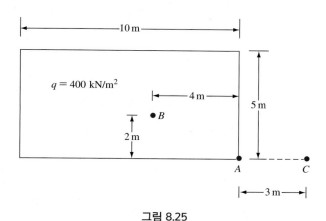

그림 8.25

8.24 그림 8.26에서 연성의 원형 등분포하중(q)이 320 kN/m²으로 작용한다. 점 A에서 연직응력 증가량($\Delta\sigma$)을 결정하시오.

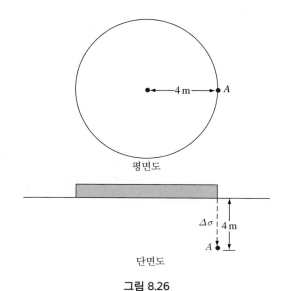

그림 8.26

8.25 그림 8.27을 참고하면 지반에 연성 등분포하중(q)이 300 kN/m²으로 작용한다. 점 A 아래 깊이 3 m에 있는 점 A'에서 연직응력 증가량($\Delta\sigma$)을 결정하시오.

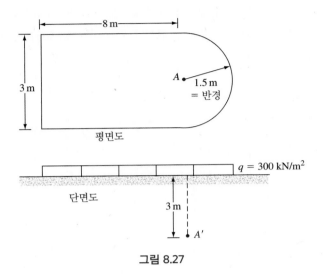

그림 8.27

비판적 사고 문제

8.26 건조단위중량 γ_d, 습윤단위중량 γ, 포화단위중량 γ_{sat}, 수중단위중량 γ'의 크기를 오름차순으로 나열하시오.

8.27 그림 8.28의 L형의 기초로 인해 하부지반에 60 kN/m³의 연성의 등분포하중이 작용한다. 점 A, B, C 아래 4 m에서 연직응력 증가량을 구하시오.

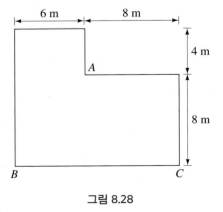

그림 8.28

참고문헌

BOUSSINESQ, J. (1883). *Application des Potentials à L'Etude de L'Equilibre et du Mouvement des Solides Elastiques*, Gauthier–Villars, Paris.

HARR, M.E. (1962). *Groundwater and Seepage*, McGraw Hill, New York.

SKEMPTON, A.W. (1960). "Correspondence," *Geotechnique*, Vol. 10, No. 4, 186.

TANAKA, T. AND VERRUIJT, A. (1999). "Seepage Failure of Sand Behind Sheet Piles—The Mechanism and Practical Approach to Analyse," *Soils and Foundations*, Vol. 39, No. 3, 27–35.

TERZAGHI, K. (1922). "Der Grundbruch an Stauwerken und seine Verhütung," *Die Wasserkraft*, Vol. 17, 445–449.

TERZAGHI, K. (1925). *Erdbaumechanik auf Bodenphysikalischer Grundlage*, Deuticke, Vienna.

TERZAGHI, K. (1936). "Relation between Soil Mechanics and Foundation Engineering: Presidential Address," *Proceedings*, First International Conference on Soil Mechanics and Foundation Engineering, Boston, Vol. 3, 13–18.

CHAPTER
9 압밀

9.1 서론

기초나 제방 등 지표에서의 재하로 응력이 증가하면 하부지반이 압축되어 지표면의 침하가 발생한다. 압축과 이로 인한 지표의 침하는 흙입자의 변위, 흙입자의 재배열, 간극 속에 있는 물 또는 공기의 배출로 인하여 발생한다. 일반적으로 하중으로 인한 지반의 침하는 크게 다음의 두 가지 범주로 분류한다.

1. **탄성침하** 함수비의 변화 없이 건조토, 습윤토 및 포화토 지반의 탄성변형에 의해 발생하는 침하이다. 탄성침하량의 계산은 일반적으로 탄성론으로부터 유도된 방정식을 이용한다.

2. **압밀침하** 간극을 채우고 있는 물의 배출에 따른 포화된 점성토의 체적 변화의 결과로 발생하는 침하이다. 압밀침하는 시간에 의존한다.

이 장에서는 다음과 같은 내용을 포함하여 압밀의 진행에 대하여 논의한다.

- 실내에서의 압밀실험의 개요
- 압밀침하량 계산에 요구되는 설계정수
- 압밀 진행속도
- 흙입자의 재배열에 의한 2차 압밀

- 얕은 기초의 압밀침하량 계산 과정

9.2 압밀의 기본

포화된 토층에 응력 증가가 발생하게 될 때 간극수압이 빠르게 증가한다. 투수성이 큰 사질토에서는 간극수압의 증가로 발생되는 배수는 즉시 완료된다. 간극수의 배수는 지반의 체적 감소가 동반되고 그 결과로 침하가 발생한다. 사질토에서는 간극수의 빠른 배수로 탄성침하와 압밀이 동시에 발생한다.

압축성 포화점토층에 응력 증가가 발생하면 탄성침하는 즉시 발생한다. 그러나 점토의 투수계수는 모래의 투수계수보다 훨씬 작기 때문에 하중재하에 의해 발생된 과잉간극수압은 장기간에 걸쳐 서서히 소산된다. 따라서 이와 관련된 점토에서의 체적변화(즉 압밀)는 즉시 발생된 탄성침하 이후에도 오랫동안 지속된다. 점토에서의 압밀에 의한 침하는 탄성침하에 비해 몇 배 이상 더 크다.

이러한 포화점성토에서의 시간 의존적 변형은 실린더 중심부에 스프링이 장착된 간단한 모델을 고려함으로써 가장 잘 이해할 수 있다. 실린더 내부의 단면적은 A이다. 그림 9.1a와 같이 실린더는 물로 채워져 있고, 마찰이 없는 수밀성의 피스톤과 밸브가 장착되어 있다. 이때 밸브를 닫은 채로 피스톤에 하중 P(그림 9.1b)를 가하면 물은 **비압축성**이기 때문에 전체 하중은 실린더 내부의 물에 전달될 것이고, 스프링에는 어떠한 변형도 일어나지 않을 것이다. 이때의 과잉 정수압(excess hydrostatic pressure)은 다음과 같다.

$$\Delta u = \frac{P}{A} \tag{9.1}$$

하중 P는 다음과 같이 나타낼 수 있다.

$$P = P_s + P_w \tag{9.2}$$

여기서 P_s는 스프링에 전달되는 하중, P_w는 물에 전달되는 하중이다.

앞에서의 논의로부터, 하중 P를 가한 후 밸브가 닫혀 있을 때는 다음과 같음을 알 수 있다.

$$P_s = 0 \quad \text{그리고} \quad P_w = P$$

이제 밸브가 개방된다면 물은 밖으로 배출될 것이다(그림 9.1c). 물의 배출은 과잉 정

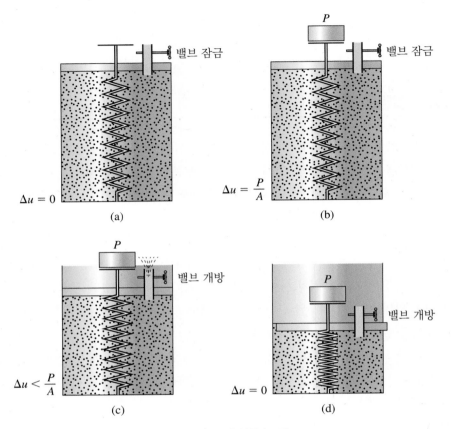

그림 9.1 스프링-실린더 모델

수압의 감소와 스프링의 압축을 동반하게 될 것이다. 따라서 이때도 식 (9.2)는 성립한다. 그러나 하중은 다음과 같이 된다.

$$P_s > 0 \quad \text{그리고} \quad P_w < P \ (\text{즉, } \Delta u < P/A)$$

시간이 지남에 따라 P_w는 감소하고 P_s는 증가한다. 결국 일정 시간이 경과한 후에는 과잉 정수압은 0이 될 것이고, 모든 하중 P는 스프링에 전달되어 그림 9.1d와 같이 이 시스템은 평형상태에 도달할 것이다. 지금 시점에서는 다음 식과 같이 쓸 수 있다.

$$P_s = P \text{이고} \quad P_w = 0$$

그리고

$$P = P_s + P_w$$

앞의 내용을 바탕으로 응력 증가가 발생한 포화점토층의 변형률을 분석할 수 있다(그림 9.2a). 2개의 모래층 사이에 구속된 두께 H의 포화점토층에 순간적으로 **전응력 $\Delta\sigma$**의 증가가 가해지는 경우를 고려해보자. 증가된 전응력은 간극수압과 흙입자에 전달될 것이다. 전응력 $\Delta\sigma$의 일부는 유효응력으로, 그리고 나머지는 간극수압으로 나누어진다는 의미이다. 유효응력 변화의 거동은 그림 9.1의 스프링 거동과 유사할 것이다. 그리고 간극수압 변화의 거동은 그림 9.1의 과잉 정수압 거동과 유사할 것이다. 8장의 유효응력의 원리로부터 다음과 같이 쓸 수 있다.

$$\Delta\sigma = \Delta\sigma' + \Delta u \tag{9.3}$$

여기서

$\Delta\sigma'$ = 유효응력 증가

Δu = 간극수압 증가

점토는 작은 투수계수를 가지고 물은 흙 골격에 비해 비압축성이므로, $t = 0$일 때 전응력 증가량 $\Delta\sigma$은 모든 깊이에서 물에 전달($\Delta\sigma = \Delta u$)될 것이다(그림 9.2b). 흙 골격에 전달되는 힘은 없다(즉, 유효응력의 증가는 없다. $\Delta\sigma' = 0$).

점토층에 전응력이 증가된 후부터, 간극수는 양쪽의 모래층을 향해 연직으로 배출되기 시작할 것이다. 이러한 과정을 통해서 점토층의 특정 깊이의 과잉간극수압이 점진적으로 감소하며 흙입자에 전달되는 응력(유효응력)은 증가할 것이다. 따라서 임의의 시간 $0 < t < \infty$에서,

$$\Delta\sigma = \Delta\sigma' + \Delta u \quad (\Delta\sigma' > 0 \text{ 그리고 } \Delta u < \Delta\sigma)$$

그러나 상층부나 하층부의 모래층까지의 최소 배수거리에 따라 깊이마다 $\Delta\sigma'$과 Δu의 크기는 변한다(그림 9.2c).

이론적으로는, $t = \infty$일 때 과잉간극수압은 점토층의 모든 위치로부터 배수되어 완전히 소산될 것이다(즉 $\Delta u = 0$). 결국 전응력 증가량 $\Delta\sigma$은 모두 흙의 구조에 전달된다(그림 9.2d). 따라서

$$\Delta\sigma = \Delta\sigma'$$

실제로 이 과정은 수개월에서 몇 년에 걸쳐서 발생하며 점토층의 두께에 따라 달라진다.

이와 같은 추가 하중 작용하에서의 점진적인 배수과정과 배수에 따라 과잉간극수압이 유효응력으로 전환되는 과정은 점토층에서 시간 의존적 침하의 원인이다.

위에서 설명한 과정은 토층에서의 배수와 변형이 모두 일차원인 이상적인 일차

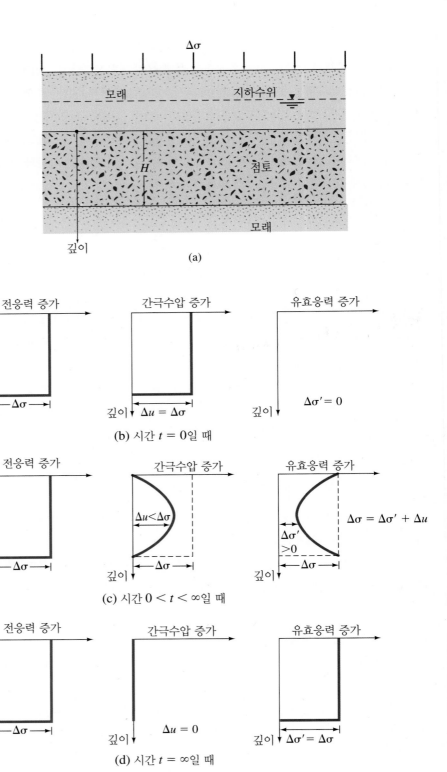

그림 9.2 외부에서 응력 $\Delta\sigma$가 가해질 때 상부와 하부로 배수되는 점토층에서 전응력, 간극수압 및 유효응력의 변화

원 압밀이다. 균일한 하중이 지표면에 넓게 가해지는 경우, 압밀이 일차원이라고 가정하는 것은 합리적이라 할 수 있다. 그러나 기초(foundation)와 같이 좁은 면적에 하중이 가해지는 경우 압밀은 일차원이라고 할 수 없고, 이 과정은 9.13절에서 자세히 다룬다.

9.3   일차원 실내압밀시험

일차원 압밀시험 과정은 Terzaghi에 의해 1925년에 처음으로 제안되었다. 이 시험은 압밀시험기(consolidometer 또는 oedometer)에서 수행된다. 압밀시험기의 개요가 그림 9.3에 나타나 있다. 흙 시료를 금속제 원형 링에 넣고 시료 상하부에 2개의 다공질 판을 설치한다. 시료의 크기는 보통 직경 63.5 mm, 두께 25.4 mm이다. 통상적으로 지렛대(lever arm)를 통해 증폭된 사하중이 시료에 가해지며 흙 시료 두께의 변화량은 다이얼게이지로 측정된다(그림 9.4a). 최근에는 그림 9.4b와 같은 자동제어장치가 달린 자동화된 장치들이 많이 이용된다. 그림 9.4b는 시료에 가해지는 하중을 측정하는 S형 하중계와 시료 두께의 감소를 측정하는 다이얼게이지를 갖춘 진보된 압밀시험기를 보여준다. 그림 9.4c는 압밀 셀, 시료 링, 다공질 판, 수분 감소를 막기 위해 플라스틱 시트로 감싼 금속재질의 튜브에 담겨 있는 흙 시료를 보여준다. 시험 중의 시

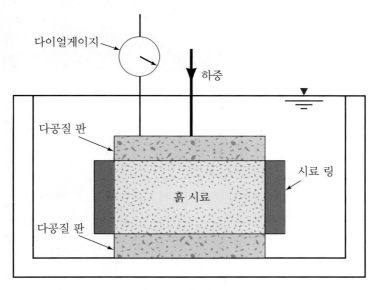

그림 9.3 압밀시험기 개요도

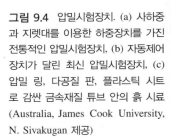
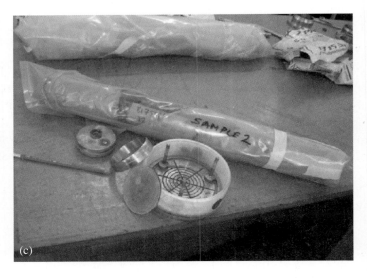

그림 9.4 압밀시험장치. (a) 사하중
과 지렛대를 이용한 하중장치를 가진
전통적인 압밀시험장치, (b) 자동제어
장치가 달린 최신 압밀시험장치, (c)
압밀 링, 다공질 판, 플라스틱 시트
로 감싼 금속재질 튜브 안의 흙 시료
(Australia, James Cook University,
N. Sivakugan 제공)

료는 수침 상태에 있으며 단계마다 하중은 보통 24시간 동안 유지된다. 하중은 통상
두 배로 증가시켜 시료에 가해지는 압력을 두 배가 되게 하고 압축량을 계속 측정한
다. 시험 종료 시 시료의 건조중량을 측정한다.

주어진 하중 증가량에서 시간에 따른 시료의 변형에 관한 일반적 형태는 그림 9.5
와 같다. 이 그림으로부터 다음과 같은 3개의 뚜렷한 단계를 관찰할 수 있다.

단계 I: 초기 압축, 대부분 선행하중(preloading)에 의해 발생한다.

단계 II: 1차 압밀, 이 기간 동안 간극수의 배출로 인해 과잉간극수압이 점진적으
로 유효응력으로 전환된다.

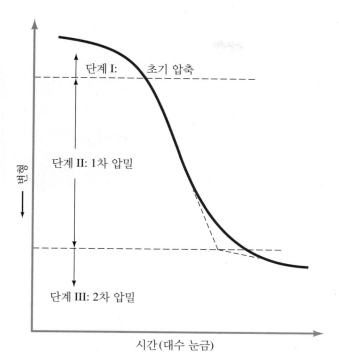

그림 9.5 주어진 하중 증가량에서 압밀과정 동안의 시간-변형 곡선

단계 III: 2차 압밀, 간극수압이 완전히 소산된 후 흙입자의 소성적 재배열 때문에 약간의 시료 변형이 일어날 때 발생한다.

9.4 간극비—압력 곡선

실내시험에서 다양한 하중단계들에 대한 시간—변형 곡선들을 얻은 후 압력에 따른 시료의 간극비 변화를 검토할 필요가 있다. 다음은 이 검토의 단계적 절차이다.

1. 흙 시료 중 흙입자만의 높이 H_s를 다음 식을 이용하여 산출한다(그림 9.6).

$$H_s = \frac{W_s}{A G_s \gamma_w} \tag{9.4}$$

여기서

W_s = 시료의 건조무게, $\quad A$ = 시료의 단면적,

G_s = 흙입자의 비중, $\quad \gamma_w$ = 물의 단위중량

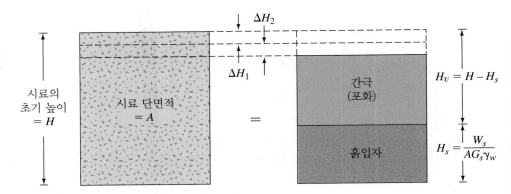

그림 9.6 일차원 압밀시험에서 시료의 높이 변화

2. 간극의 초기 높이 H_v를 다음 식으로 산출한다.

$$H_v = H - H_s \tag{9.5}$$

여기서, H = 시료의 초기 높이

3. 시료의 초기 간극비 e_0를 다음 식으로 산출한다.

$$e_0 = \frac{V_v}{V_s} = \frac{H_v}{H_s}\frac{A}{A} = \frac{H_v}{H_s} \tag{9.6}$$

4. 최초의 하중 증가량 σ_1(전체 하중/시료의 단위면적)에 대하여 변형량 ΔH_1을 측정하고 간극비의 변화 Δe_1를 다음 식으로 산출한다.

$$\Delta e_1 = \frac{\Delta H_1}{H_s} \tag{9.7}$$

ΔH_1은 하중재하 초기와 최종 단계에서 다이얼게이지로 측정된 값으로 계산한다. 하중재하 최종 단계에서 시료의 유효응력은 $\sigma' = \sigma_1 = \sigma'_1$이다.

5. 압력 증가량 σ_1에 의한 압밀 종료 후 새로운 간극비 e_1를 다음 식으로 산출한다.

$$e_1 = e_0 - \Delta e_1 \tag{9.8}$$

다음 단계의 하중 σ_2(주의: σ_2는 시료의 단위면적당 누적 하중과 같다)에 대하여 추가적인 변형량 ΔH_2으로부터 압밀 종료 시 간극비 e_2를 다음 식으로 산출한다.

$$e_2 = e_1 - \frac{\Delta H_2}{H_s} \tag{9.9}$$

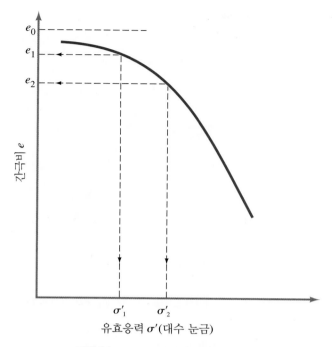

그림 9.7 $\log \sigma'$와 e의 전형적인 관계곡선

이때 압밀 종료 시 시료의 유효응력은 $\sigma' = \sigma_2 = \sigma_2'$임을 잊지 말자.

이와 같은 방법으로 모든 하중 단계에 대해 압밀 종료 후의 간극비를 얻을 수 있다.

유효응력($\sigma = \sigma'$)과 각 응력에 상응하는 압밀 종료 후의 간극비(e)의 관계곡선을 반대수 용지(semilogarithmic graph paper)에 작도한다. 이 관계곡선의 전형적인 형상은 그림 9.7과 같다.

9.5 정규압밀점토와 과압밀점토

그림 9.7에서 e-$\log \sigma'$ 곡선의 윗부분은 경사가 다소 완만한 곡선을 나타내고, 이후에는 $\log \sigma'$에 따른 간극비의 관계가 경사가 급하고 선형적인 관계를 보인다. 이러한 현상은 다음과 같이 설명할 수 있다.

현장에서 일정 깊이의 흙은 과거에 그 지반의 지질학적 역사에서 특정한 최대 유효압력을 받고 있었을 것이다. 그런데 과거의 최대 유효압력은 시료 채취 당시의 현재 상재압력과 같거나 클 수도 있다. 현장에서 압력이 감소하는 경우는 지질학적인

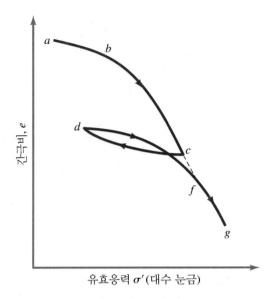

그림 9.8 재하, 제하 및 재재하 단계를 나타내는 log σ'에 대한 e의 관계도

요인이나 인간의 활동 등에 기인할 수 있다. 또한 시료를 채취하는 동안에도, 현재 작용하는 상재압력이 제거되어 흙이 다소 팽창하는 결과를 초래한다. 이 시료로 압밀시험을 실시할 때, 시료에 가해진 총 압력이 그 흙이 현장에서 과거에 받았던 최대 유효상재압력보다 작은 경우 적은 양의 압축(즉 간극비의 작은 변화)이 발생할 것이다. 시료에 가해진 총 압력이 과거 최대 유효압력보다 커질 때 간극비의 변화는 커지고, e-log σ' 관계는 급한 경사를 가지며 거의 선형이 된다.

이러한 관계는 실내시험에서 시료에 최대 유효상재압력을 초과하는 하중을 가한 후 하중을 제거(unloading)했다가 다시 재재하(reloading)하는 방법으로 검증할 수 있다. 이 경우의 e-log σ' 곡선이 그림 9.8에 나타나 있다. 그림에서 cd는 제하(unloading)를 나타내고, dfg는 재재하 과정을 나타낸다.

이러한 특성으로부터 응력이력에 근거하여 점토에 관한 두 가지 기초적 정의를 이끌어 낼 수 있다.

1. **정규압밀(normally consolidated) 상태**   현재 유효상재압력이 그 흙이 과거에 받았던 최대 압력인 상태이다.

2. **과압밀(overconsolidated) 상태**   현재 유효상재압력이 그 흙이 과거에 받았던 최대 압력보다 작은 상태이다. 이때 과거에 받았던 최대 유효압력을 **선행압밀압력**(preconsolidation pressure)이라고 한다.

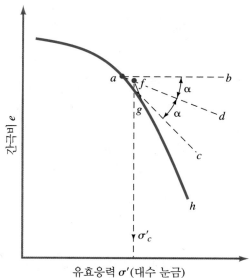

그림 9.9 선행압밀압력을 결정하기 위한 작도법

과거의 유효압력은 보통 지질학적 과정의 함수이기 때문에 분명하게 결정되지는 않으며 결과적으로 실내시험으로부터 추론되어야 한다.

Casagrande(1936)는 실내 e-log σ' 곡선으로부터 선행압밀압력 σ_c'을 결정할 수 있는 간단한 작도법을 제안하였다. 그 절차는 다음과 같다(그림 9.9).

1. 육안관찰에 의해, e-log σ' 곡선상에서 최소 곡률반경을 갖는 점 a를 설정한다.
2. 수평선 ab를 그린다.
3. 점 a에서 접선 ac를 그린다.
4. 각 bac를 이등분하는 선 ad를 그린다.
5. e-log σ' 곡선의 직선부 gh를 연장하여 이등분선 ad와 교차하게 하여 교차점 f를 결정한다. 점 f의 횡좌표가 선행압밀압력 σ_c'이다.

흙에 대한 과압밀비(OCR)가 이제 다음 식과 같이 정의될 수 있다.

$$OCR = \frac{\sigma_c'}{\sigma'}$$

여기서

σ_c' = 시료의 선행압밀압력

σ' = 현재 유효연직압력

9.6 간극비-압력 관계에 미치는 교란의 영향

흙 시료가 어느 정도 교란되면 시료는 재성형되며 이와 같은 재성형은 실내시험에서 얻은 e-$\log \sigma'$ 곡선에 영향을 미친다. 현장에서 σ'_o의 유효상재압력에서 e_0의 간극비를 가지는 낮거나 보통 정도로 예민한 정규압밀점토의 경우, 압력의 증가로 인한 간극비의 변화는 대략 그림 9.10의 곡선 1과 같다. 이 곡선이 **처녀압축곡선**(virgin consolidation line)이며 반대수 용지에서 직선에 가깝다. 그러나 이 흙의 거의 교란되지 않은 시료에 대한 실내압밀시험 결과는 곡선 2와 같으며 곡선 1의 왼편에 위치한다. 만일 흙이 완전히 재성형되고 이 흙에 대한 압밀시험을 실시하면 e-$\log \sigma'$ 곡선은 곡선 3으로 나타날 것이다. 곡선 1, 2, 3은 대략 $e = 0.4e_0$인 간극비에서 교차하게 된다(Terzaghi and Peck, 1967).

σ'_c의 선행압밀압력을 가지고 현재 유효상재압력과 간극비가 σ'_o, e_0인 낮거나 보통 정도로 예민한 과압밀점토의 현장에서의 압밀곡선의 경로는 대략 cbd로 나타날 것이다(그림 9.11). 이때 bd는 **처녀압축곡선**의 일부임을 기억하여야 한다. 이 흙이 보통 정도로 교란된 상태에서 시편으로 성형하여 실내압밀시험을 실시하면 그 결과가

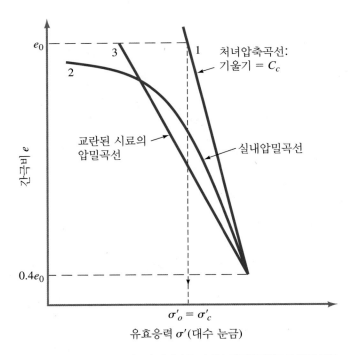

그림 9.10 낮거나 보통 정도의 예민비를 가지는 정규압밀점토의 압밀 특성

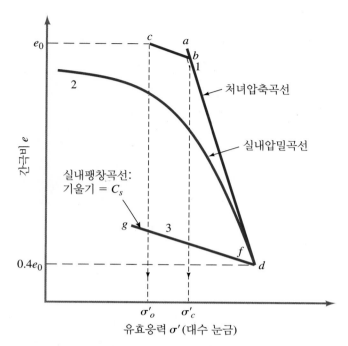

그림 9.11 낮거나 보통 정도의 예민비를 가지는 과압밀점토의 압밀 특성

곡선 2와 같이 나타날 것이다. Schmertmann(1953)은 현장의 재압축 경로인 직선 cb 의 기울기가 실내압밀시험에서 얻어진 제하곡선(rebound curve) fg의 기울기와 거의 같다고 제시했다.

9.7 일차원 1차 압밀침하량 계산

압밀시험 결과에 대한 분석으로부터 현장에서 1차 압밀로 인하여 발생할 수 있는 침하량을 계산할 때 일차원 압밀로 가정하여 산출할 수 있다.

현재 평균 유효상재압력 σ'_o을 받는 두께 H, 단면적 A인 포화점토층을 고려해보자. 또 압력 $\Delta\sigma$의 증가로 인한 1차 압밀침하량을 S_p라고 하자. 그러면 압밀 종료단계에서 $\Delta\sigma = \Delta\sigma'$이고 점토층의 체적 변화는 다음 식과 같이 주어질 수 있다(그림 9.12).

$$\Delta V = V_0 - V_1 = HA - (H - S_p)A = S_pA \tag{9.10}$$

여기서 V_0 및 V_1은 각각 초기 및 최종 체적이다. 그러나 전체 체적의 변화는 간극 체

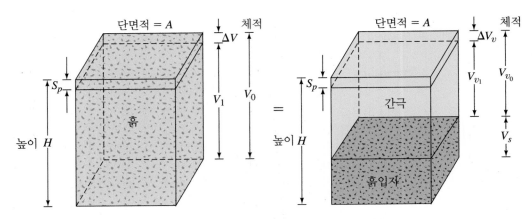

그림 9.12 1차 압밀에 의해 발생하는 침하

적의 변화 ΔV_v와 같으므로

$$\Delta V = S_p A = V_{v0} - V_{v1} = \Delta V_v \tag{9.11}$$

여기서 V_{v0} 및 V_{v1}은 각각 초기 및 최종 간극의 체적이다. 간극비의 정의로부터 다음과 같이 쓸 수 있다.

$$\Delta V_v = \Delta e V_s \tag{9.12}$$

여기서 Δe는 간극비 변화이다. 그리고 V_s는 다음과 같다.

$$V_s = \frac{V_0}{1 + e_0} = \frac{AH}{1 + e_0} \tag{9.13}$$

여기서 e_0는 체적이 V_0일 때의 간극비이다. 따라서 식 (9.10), (9.11), (9.12)와 (9.13)으로부터 다음과 같이 쓸 수 있다.

$$\Delta V = S_p A = \Delta e V_s = \frac{AH}{1 + e_0} \Delta e$$

또는

$$S_p = H \frac{\Delta e}{1 + e_0} \tag{9.14}$$

선형적인 e-log σ' 관계를 나타내는 정규압밀점토(그림 9.10)에 대하여 다음과 같이 쓸 수 있다(주의: 압밀 종료단계에서는 $\Delta \sigma = \Delta \sigma'$이다).

$$\Delta e = C_c [\log(\sigma_o' + \Delta \sigma') - \log \sigma_o'] \tag{9.15}$$

여기서 C_c는 e-log σ_o' 곡선의 기울기이며 **압축지수**(compression index)로 정의한다.

식 (9.15)를 (9.14)에 대입하면 최종적으로 다음의 식을 얻는다.

$$S_p = \frac{C_c H}{1 + e_0} \log\left(\frac{\sigma_o' + \Delta\sigma'}{\sigma_o'}\right) \tag{9.16}$$

두꺼운 점토층의 경우에 좀 더 정확한 침하량 산정을 위하여 여러 개의 층으로 나누고 각 층에 대한 침하량을 계산한다. 따라서 전체 토층에 대한 침하량은 다음 식으로 얻을 수 있다.

$$S_p = \sum \left[\frac{C_c H_i}{1 + e_0} \log\left(\frac{\sigma_{o(i)}' + \Delta\sigma_{(i)}'}{\sigma_{o(i)}'}\right) \right]$$

여기서

H_i = i번째 층의 두께

$\sigma_{o(i)}'$ = i번째 층의 초기 평균 유효상재압력

$\Delta\sigma_{(i)}'$ = i번째 층의 연직압력 증가량

과압밀점토(그림 9.11)의 응력이 $\sigma_o' + \Delta\sigma' \leq \sigma_c'$ 범위인 경우, 현장에서의 e-log σ' 곡선의 변화는 cb선을 따르고, 선 cb의 기울기는 대략적으로 실내 제하곡선(rebound curve)의 기울기와 같을 것이다. 제하곡선의 기울기 C_s는 팽창지수(swell index)라 한다. 따라서

$$\Delta e = C_s[\log(\sigma_o' + \Delta\sigma') - \log\sigma_o'] \tag{9.17}$$

식 (9.14)와 (9.17)로부터 다음 식을 얻을 수 있다.

$$S_p = \frac{C_s H}{1 + e_0} \log\left(\frac{\sigma_o' + \Delta\sigma'}{\sigma_o'}\right) \tag{9.18}$$

만일 과압밀점토의 응력이 $\sigma_o' + \Delta\sigma > \sigma_c'$인 경우

$$S_p = \frac{C_s H}{1 + e_0} \log\frac{\sigma_c'}{\sigma_o'} + \frac{C_c H}{1 + e_0} \log\left(\frac{\sigma_o' + \Delta\sigma'}{\sigma_c'}\right) \tag{9.19}$$

그러나 만일 e-log σ' 곡선이 주어진다면 적절한 압력 범위에 대한 Δe를 간단히 얻을 수 있고, 이 값을 식 (9.14)에 대입하여 침하량 S_p를 산출할 수도 있다.

9.8 압축지수(C_c)와 팽창지수(C_s)

압밀로 인해 발생한 현장 침하량 산출을 위한 압축지수 결정은 간극비와 압력에 관한 실내시험 결과를 얻은 후에 작도법(그림 9.9에 나타낸 것과 같이)으로 결정할 수 있다.

Skempton(1944)은 압축지수에 관한 경험식을 다음과 같이 제안하였다.

불교란 점토:

$$C_c = 0.009(LL - 10) \tag{9.20}$$

재성형 점토:

$$C_c = 0.007(LL - 10) \tag{9.21}$$

여기서 LL은 액성한계(%)이다. 실내압밀시험 결과가 없는 경우 대략적으로 1차 압밀침하량을 산정하기 위해서 식 (9.20)이 자주 사용된다. 현재는 압축지수에 관한 여러 종류의 상관관계식이 제안되어 있다. 이들 상관관계 중 일부는 Rendon-Herrero(1980)에 의하여 수집되었으며 표 9.1에 정리되어 있다.

Rendon-Herrero(1983)는 다양한 자연점토에 대한 관찰에 근거하여 압축지수에 대한 상관관계식을 다음의 형태로 제시하였다.

표 9.1 압축지수 C_c에 대한 상관관계(Rendon-Herrero, 1980)

관계식	적용가능 범위
$C_c = 0.01w_N$	시카고 점토
$C_c = 1.15(e_O - 0.27)$	모든 점토
$C_c = 0.30(e_O - 0.27)$	비유기질 점성토: 실트, 실트질 점토, 점토
$C_c = 0.0115w_N$	유기질토, 이탄, 유기질 실트와 점토
$C_c = 0.0046(LL - 9)$	브라질 점토
$C_c = 0.75(e_O - 0.5)$	낮은 소성을 가지는 토사
$C_c = 0.208e_O + 0.0083$	시카고 점토
$C_c = 0.156e_O + 0.0107$	모든 점토

주의: e_O = 현장 간극비, w_N = 현장 함수비

$$C_c = 0.141 G_s^{1.2} \left(\frac{1 + e_0}{G_s} \right)^{2.38} \tag{9.22}$$

최근에는 Park과 Koumoto(2004)가 압축지수를 다음과 같이 표현하였다.

$$C_c = \frac{n_o}{371.747 - 4.275 n_o} \tag{9.23}$$

여기서 n_o는 흙의 현장 간극률(porosity)(%)이다.

Wroth와 Wood(1978)는 수정 Cam clay 모델에 근거하여 다음 식을 제시하였다.

$$C_c \approx 0.5 G_s \frac{[PI(\%)]}{100} \tag{9.24}$$

여기서 PI는 소성지수이다.

만일 비중 G_s의 평균값을 2.7로 취하면(Kulhawy and Mayne, 1990)

$$C_c \approx \frac{PI}{74} \tag{9.25}$$

팽창지수는 압축지수에 비해 그 크기가 상당히 작으며 보통 실내시험을 통하여 결정할 수 있다. 몇 가지 자연 흙에 대한 액성한계, 소성한계, 처녀압축지수와 팽창지수가 표 9.2에 주어져 있다.

표 9.2로부터 $C_s \approx 0.2 \sim 0.3\, C_c$임을 알 수 있다. Kulhawy와 Mayne(1990)은 수정 Cam clay 모델에 근거하여 다음과 같이 제시하였다.

$$C_s \approx \frac{PI}{370} \tag{9.26}$$

표 9.2 자연 흙의 압축과 팽창

흙	액성한계	소성한계	압축지수 C_c	팽창지수 C_s	C_s / C_c
보스턴 청 점토	41	20	0.35	0.07	0.2
시카고 점토	60	20	0.4	0.07	0.18
조지아 고든점토	51	26	0.12	0.04	0.33
뉴올리언스 점토	80	25	0.3	0.05	0.17
몬타나 점토	60	28	0.21	0.05	0.24

예제 9.1

정규압밀점토 시료에 대하여 실내압밀시험에서 다음과 같은 결과를 얻었다.

- $e_1 = 1.10$ $\sigma_1' = 65.0\ \text{kN/m}^2$
- $e_2 = 0.85$ $\sigma_2' = 240.0\ \text{kN/m}^2$

a. 압축지수 C_c를 찾으시오.

b. 다음 단계의 압력이 460.0 kN/m²으로 증가할 때 압밀 종료 시 간극비는 얼마인가?

풀이

a. 그림 9.13으로부터 압축지수 C_c는 다음과 같이 계산된다.

$$C_c = \frac{e_1 - e_2}{\log \sigma_2' - \log \sigma_1'} = \frac{1.10 - 0.85}{\log 240 - \log 65} = \mathbf{0.441}$$

b. 압력 $\sigma' = 460.0$ kN/m²일 때의 종료 시 간극비를 e_3라 하자.

$$e_1 - e_3 = C_c(\log 460 - \log 65) = 0.441 \times \log\left(\frac{460}{65}\right) = 0.375$$

$$e_3 = 1.10 - 0.375 = \mathbf{0.725}$$

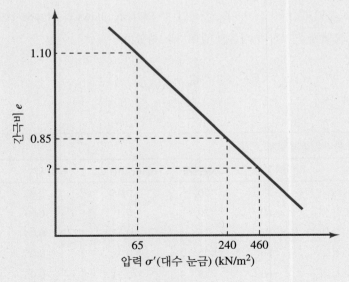

그림 9.13

예제 9.2

그림 9.14에 나타낸 e-log σ' 곡선을 보고 다음 물음에 답하시오.

a. 선행압밀압력 σ'_c을 결정하시오.

b. 압축지수 C_c를 결정하시오.

풀이

a. 그림 9.9에 설명한 절차를 따라 아래의 그림과 같이 선행압밀압력을 결정하면, σ'_c = **160 kN/m²**이다.

b. e-log σ' 곡선으로부터

$$\sigma_1' = 400 \text{ kN/m}^2 \qquad e_1 = 0.712$$
$$\sigma_2' = 800 \text{ kN/m}^2 \qquad e_2 = 0.627$$

따라서

$$C_c = \frac{e_1 - e_2}{\log(\sigma_2'/\sigma_1')} = \frac{0.712 - 0.627}{\log(800/400)} = \mathbf{0.282}$$

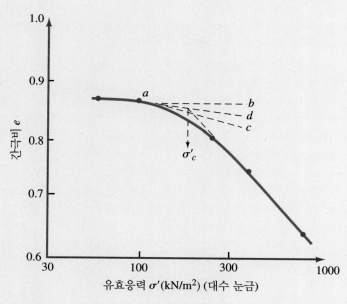

그림 9.14

예제 9.3

토층 구성이 그림 9.15와 같다. 지표면에 등분포하중 $\Delta\sigma$이 재하되었을 때, 1차 압밀에 의한 점토층의 침하량은 얼마인가? 점토층의 선행압밀압력은 $\sigma_c' = 125$ kN/m², $C_s = \frac{1}{6}C_c$이다.

풀이

점토층 중앙부에서의 평균 유효응력은 다음과 같다.

$$\sigma_o' = 2\gamma_{\text{dry(sand)}} + (5)[\gamma_{\text{sat(sand)}} - \gamma_w] + \left(\frac{3}{2}\right)[\gamma_{\text{sat(clay)}} - \gamma_w]$$

또는

$$\sigma_o' = (2)(16) + (5)(18 - 9.81) + (1.5)(19 - 9.81)$$
$$= 86.74 \text{ kN/m}^2$$

$$\sigma_c' = 125 \text{ kN/m}^2 > 86.74 \text{ kN/m}^2$$

$$\sigma_o' + \Delta\sigma' = 86.74 + 75 = 161.74 \text{ kN/m}^2 > \sigma_c'$$

(주의: 압밀 종료단계에서는 $\Delta\sigma = \Delta\sigma'$이다.)

따라서 식 (9.19)를 이용하면 된다.

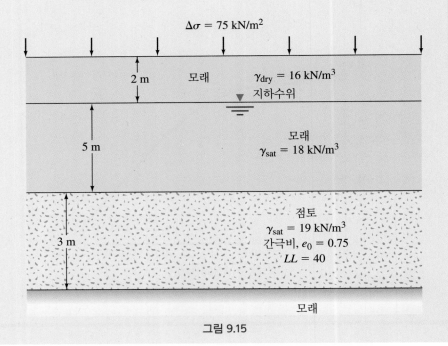

그림 9.15

$$S_p = \frac{C_s H}{1 + e_0} \log \left(\frac{\sigma'_c}{\sigma'_0} \right) + \frac{C_c H}{1 + e_0} \log \left(\frac{\sigma'_o + \Delta\sigma'}{\sigma'_c} \right)$$

$H = 3$ m, $e_0 = 0.8$이므로 식 (9.20)으로부터

$$C_c = 0.009(LL - 10) = 0.009(40 - 10) = 0.27$$

$$C_s = \frac{1}{6} C_c = \frac{0.27}{6} = 0.045$$

따라서

$$S_p = \frac{3}{1 + 0.8} \left[0.045 \log \left(\frac{125}{86.74} \right) + 0.27 \log \left(\frac{161.74}{125} \right) \right]$$

$$= 0.0623 \text{ m} = \textbf{62.3 mm}$$

예제 9.4

토층이 그림 9.16a와 같다. 점토층의 중앙부에서 채취한 시료에 대한 실내압밀시험이 수행되었다. 실내시험 결과로부터 보정한 현장압밀곡선은 그림 9.16b와 같다. 지표면에 가해진 하중이 48 kN/m²일 때 1차 압밀에 의해 발생하는 현장에서의 침하량을 계산하시오.

풀이

$$\sigma'_o = (5)(\gamma_{sat} - \gamma_w) = 5(18.0 - 9.81)$$
$$= 40.95 \text{ kN/m}^2$$
$$e_0 = 1.1$$
$$\Delta\sigma' = 48 \text{ kN/m}^2$$
$$\sigma'_o + \Delta\sigma' = 40.95 + 48 = 88.95 \text{ kN/m}^2$$

유효응력 88.95 kN/m²에 해당하는 간극비는 1.045이다(그림 9.16b). 따라서 $\Delta e = 1.1 - 1.045 = 0.055$이다. 식 (9.14)로부터 침하량은

$$S_p = H \frac{\Delta e}{1 + e_0}$$

따라서

$$S_p = 10 \frac{0.055}{1 + 1.1} = 0.262 \text{ m} = \textbf{262 mm}$$

(계속)

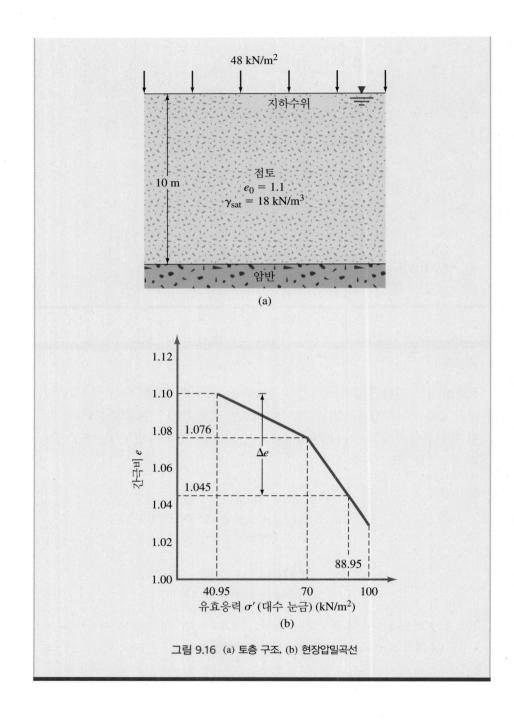

(a)

(b)

그림 9.16 (a) 토층 구조, (b) 현장압밀곡선

예제 9.5

현장의 토층 구성이 그림 9.17과 같다. 모래의 습윤단위중량과 포화단위중량이 각각 17.0 kN/m³과 20.0 kN/m³이다. 점토층의 중앙부에서 채취한 시료에 대한 실내압밀시험을 수행하여 다음과 같은 결과를 얻었다.

- 점토의 자연함수비 = 22.5%
- 흙입자의 비중 = 2.72
- 선행압밀압력 = 110.0 kN/m²
- 압축지수 = 0.52
- 팽창지수 = 0.06

a. 이 점토는 정규압밀인가 아니면 과압밀인가? 과압밀비는 얼마인가?

b. 만일 지표면에 단위중량이 20.0 kN/m³인 흙을 2 m 높이로 다져서 쌓는다면, 최종 압밀침하량은 얼마나 발생하는가?

풀이

a. 이 점토는 지하수위 아래에 있으므로 포화되어 있다. 초기 간극비 e_0는 다음과 같이 결정할 수 있다.

$$e_0 = wG_s = 0.225 \times 2.72 = 0.612$$

점토층의 포화단위중량은

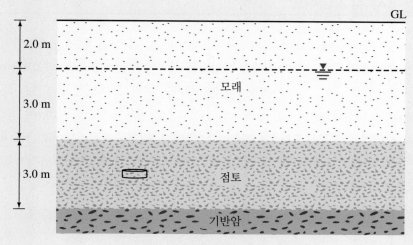

그림 9.17

(계속)

$$\gamma_{sat} = \frac{(G_s + e)\gamma_w}{1 + e} = \frac{(2.72 + 0.612) \times 9.81}{1 + 0.612} = 20.3 \text{ kN/m}^3$$

점토층 중앙부의 유효상재압력은

$$\sigma'_o = 2 \times 17.0 + 3(20.0 - 9.81) + 1.5(20.3 - 9.81)$$
$$= 80.3 \text{ kN/m}^2 < 110.0 \text{ kN/m}^2$$

선행압밀압력이 현재 유효상재압력보다 크므로 이 점토는 **과압밀 상태**이고, 과압밀비는 $OCR = \dfrac{110.0}{80.3} = \textbf{1.37}$이다.

b. 2 m 높이의 다짐 성토는 $2 \times 20 = 40 \text{ kN/m}^2$의 추가 압력을 가하게 되므로, $\Delta\sigma' = 40.0 \text{ kN/m}^2$, $\sigma'_o = 80.3 \text{ kN/m}^2$, $\sigma'_c = 110.0 \text{ kN/m}^2$이다.

$\sigma'_o + \Delta\sigma' > \sigma'_c$이므로 1차 압밀침하량은 식 (9.19)로부터 다음과 같이 계산된다.

$$S_p = \frac{C_s H}{1 + e_0}\log\left(\frac{\sigma'_c}{\sigma'_o}\right) + \frac{C_c H}{1 + e_0}\log\left(\frac{\sigma'_o + \Delta\sigma'}{\sigma'_c}\right)$$

$$S_p = \frac{0.06 \times 3000}{1 + 0.612}\log\left(\frac{110.0}{80.3}\right) + \frac{0.52 \times 3000}{1 + 0.612}\log\left(\frac{80.3 + 40.0}{110.0}\right)$$

$$= \textbf{52.9 mm}$$

9.9 2차 압밀침하량

9.3절에서 1차 압밀 종료시점(즉 과잉간극수압이 완전히 소산된 후)에서 흙입자의 소성적인 재배열 때문에 약간의 침하가 관찰됨을 설명하였다. 이를 보통 **크리프**(creep)라고 부르며 이와 같은 압밀단계를 **2차 압밀**이라고 한다. 2차 압밀 동안 대수 시간 (log time)에 대한 변형 곡선은 실질적으로 선형으로 나타나며(그림 9.5), 이 직선의 기울기가 C_α로 표기되는 **2차 압축지수**이다. 주어진 하중 증가량에서 시간 t에 따른 간극비 e의 변화는 그림 9.5와 유사할 것이다. 이 변화는 그림 9.18에 설명되어 있다.

그림 9.18로부터 2차 압축지수는 다음 식과 같이 정의할 수 있다.

$$C_\alpha = \frac{\Delta e}{\log t_2 - \log t_1} = \frac{\Delta e}{\log(t_2/t_1)} \tag{9.27}$$

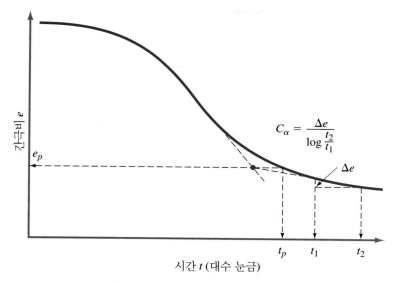

그림 9.18 주어진 하중 증가량에서 $\log t$에 따른 e의 변화와 2차 압축지수의 정의

여기서

C_α = 2차 압축지수

Δe = 간극비의 변화

t_1, t_2 = 시간

2차 압밀의 크기는 다음 식으로 산출할 수 있다.

$$S_s = C'_\alpha H_p \log\left(\frac{t_2}{t_p}\right) \tag{9.28}$$

여기서 C'_α은 수정 2차 압축지수로 다음과 같다.

$$C'_\alpha = \frac{C_\alpha}{1 + e_p} \tag{9.29}$$

여기서

e_p = 1차 압밀 종료 시의 간극비(그림 9.18)

H_p = 1차 압밀 종료 시의 점토층의 두께

t_p = 1차 압밀 종료시점

식 (9.28)과 (9.29)로부터

$$S_s = C_\alpha \frac{H_p}{1 + e_p} \log\left(\frac{t_2}{t_p}\right) \tag{9.30}$$

실제로는 H와 e_0가 H_p와 e_p에 비해 쉽게 이용될 수 있으며, 식 (9.30)의 $\dfrac{H_p}{1 + e_p}$를 $\dfrac{H}{1 + e_0}$로 바꿔 쓸 수 있다.

2차 압밀침하량은 유기질 점토나 압축성이 큰 무기질 점토에 있어서는 1차 압밀침하량보다 중요하다. 과압밀된 무기질 점토의 2차 압축지수는 매우 작으며 실질적으로 의미가 없다. 다양한 자연 퇴적층의 C'_α의 변화는 다음과 같다(Mesri, 1973).

- 과압밀점토 ≈ 0.001 또는 그 이하
- 정규압밀점토 ≈ 0.005에서 0.03
- 유기질토 ≈ 0.04 이상

Mesri와 Godlewski(1977)는 많은 자연 점토에 대한 C_α/C_c 비를 수집하고 다음과 같이 나타냈다.

- 무기질 점토와 실트 C_α/C_c 비 ≈ 0.04 ± 0.01
- 유기질 점토와 실트 C_α/C_c 비 ≈ 0.05 ± 0.01
- 이탄 C_α/C_c 비 ≈ 0.075 ± 0.01

예제 9.6

현장의 정규압밀 점토층에 대하여 다음 값이 주어져 있다.

- 점토층의 두께 = 3 m
- 간극비(e_0) = 0.8
- 압축지수(C_c) = 0.28
- 점토층의 평균 유효압력(σ'_o) = 130 kN/m²
- $\Delta\sigma'$ = 50 kN/m²
- 2차 압축지수(C_α) = 0.02

1차 압밀침하가 종료되고 5년 후 점토층의 총 침하량은 얼마인가? (주의: 1차 압밀침하의 종료 시간은 1.5년이다.)

풀이

식 (9.29)로부터

$$C'_\alpha = \frac{C_\alpha}{1 + e_p}$$

e_p값은 다음과 같이 계산될 수 있다.

$$e_p = e_0 - \Delta e_{\text{primary}}$$

식 (9.14)와 (9.15)를 결합하여 다음과 같이 쓸 수 있다.

$$\Delta e = C_c \log\left(\frac{\sigma'_o + \Delta\sigma'}{\sigma'_o}\right) = 0.28 \log\left(\frac{130 + 50}{130}\right)$$

$$= 0.04$$

1차 압밀침하량, $S_p = \dfrac{\Delta e H}{1 + e_0} = \dfrac{(0.04)(3)}{1 + 0.8} = 0.067 \text{ m}$

$e_0 = 0.8$로 주어져 있으므로,

$$e_p = 0.8 - 0.04 = 0.76$$
$$H_p = 3.0 - 0.067 = 2.933 \text{ m}$$

따라서

$$C'_\alpha = \frac{0.02}{1 + 0.76} = 0.011$$

식 (9.28)로부터

$$S_s = C'_\alpha H_p \log\left(\frac{t_2}{t_p}\right) = (0.011)(2.933) \log\left(\frac{5}{1.5}\right) \approx 0.017 \text{ m}$$

총 압밀침하량 = 1차 압밀침하량(S_p) + 2차 압밀침하량(S_s)이므로

$$0.067 + 0.017 = 0.084 \text{ m} \approx \textbf{84 mm}$$

9.10 압밀 진행속도

토층에 응력 증가로 인한 1차 압밀에 의하여 발생되는 총 침하량은 9.7절에서 주어진 3개의 식들[(9.16), (9.18) 또는 (9.19)] 중 하나의 식을 사용하여 계산할 수 있다. 그러나 이 식들은 1차 압밀 진행속도에 관한 어떤 정보도 제공하지 않는다. Terzaghi(1925)는 포화된 점토 지반의 일차원 압밀 진행속도를 고려하는 첫 번째 이론을 제안하였다. 수학적인 유도는 다음의 여섯 가지 가정들에 근거한다.

1. 점토-물 구성체는 균질하다.

2. 완전히 포화되어 있다.

3. 물의 압축성은 무시한다.

4. 흙입자의 압축성은 무시한다(그러나 흙입자는 재배열된다).

5. 물의 흐름은 일방향이다(즉 압축 방향으로).

6. Darcy의 법칙이 유효하다.

그림 9.19a는 투수성이 매우 큰 모래층 사이에 위치한 두께 $2H_{dr}$인 점토층을 보여준다. 만약 점토층이 $\Delta\sigma$의 압력 증가를 받으면, 점토층 내 임의의 위치 A에서의 간극수압은 증가할 것이다. 일차원 압밀에서는 물은 모래층을 향해 연직방향으로 압착되어 빠져나갈 것이다.

그림 9.19b는 A점에 있는 각주 요소를 통한 물의 흐름을 보여준다. 흙 요소에 대하여 다음과 같이 쓸 수 있다.

$$(\text{물의 유출률}) - (\text{물의 유입률}) = (\text{체적 변화율})$$

따라서

$$\left(v_z + \frac{\partial v_z}{\partial z}dz\right)dx\,dy - v_z\,dx\,dy = \frac{\partial V}{\partial t}$$

여기서

V = 흙 요소의 체적

v_z = z 방향의 흐름 속도

또는

$$\frac{\partial v_z}{\partial z}dx\,dy\,dz = \frac{\partial V}{\partial t} \tag{9.31}$$

Darcy의 법칙을 적용하여, v_z에 대한 다음과 같은 관계를 얻을 수 있다.

$$v_z = ki = -k\frac{\partial h}{\partial z} = -\frac{k}{\gamma_w}\frac{\partial u}{\partial z} \tag{9.32}$$

여기서는 u는 응력 증가로 인한 과잉간극수압이다. 식 (9.31)과 (9.32)로부터, 다음과 같이 쓸 수 있다.

$$-\frac{k}{\gamma_w}\frac{\partial^2 u}{\partial z^2} = \frac{1}{dx\,dy\,dz}\frac{\partial V}{\partial t} \tag{9.33}$$

압밀이 진행되는 동안 흙 요소의 체적 변화율은 간극의 체적 변화율과 같다. 따라서

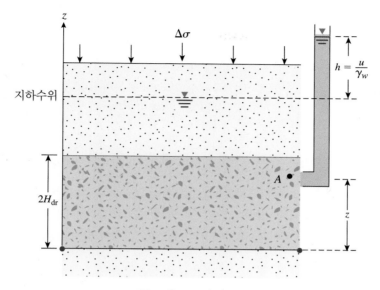

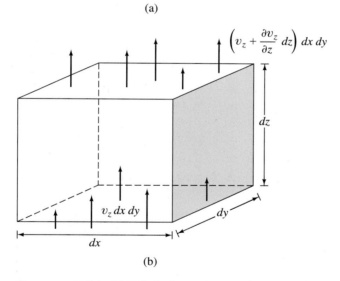

그림 9.19 (a) 압밀이 진행 중인 점토층, (b) 압밀 중 A에서의 물의 흐름

$$\frac{\partial V}{\partial t} = \frac{\partial V_v}{\partial t} = \frac{\partial (V_s + eV_s)}{\partial t} = \frac{\partial V_s}{\partial t} + V_s\frac{\partial e}{\partial t} + e\frac{\partial V_s}{\partial t} \qquad (9.34)$$

여기서

V_s = 흙입자의 체적

V_v = 간극의 체적

그러나(흙입자가 비압축성이라고 가정할 경우)

$$\frac{\partial V_s}{\partial t} = 0$$

그리고

$$V_s = \frac{V}{1 + e_0} = \frac{dx\,dy\,dz}{1 + e_0}$$

식 (9.34)에 $\partial V_s / \partial t$와 V_s를 대입하면 다음 식과 같이 정리된다.

$$\frac{\partial V}{\partial t} = \frac{dx\,dy\,dz}{1 + e_0}\frac{\partial e}{\partial t} \tag{9.35}$$

여기서 e_0는 초기 간극비이다. 식 (9.33)과 (9.35)를 결합하면 다음 식을 얻는다.

$$-\frac{k}{\gamma_w}\frac{\partial^2 u}{\partial z^2} = \frac{1}{1 + e_0}\frac{\partial e}{\partial t} \tag{9.36}$$

간극비의 변화는 유효응력의 증가에 의해 야기된다(즉 과잉간극수압의 감소). 또한 이들의 관계가 선형적이라고 가정하면 다음과 같은 식을 얻는다.

$$\partial e = a_v \partial(\Delta\sigma') = -a_v \partial u \tag{9.37}$$

여기서

$\partial(\Delta\sigma') =$ 유효응력의 변화

$a_v =$ 압축계수(a_v는 좁은 범위의 압력 증가에 대해서만 일정한 것으로 간주할 수 있다.)

식 (9.36)과 (9.37)을 결합하면 다음 식을 얻는다.

$$-\frac{k}{\gamma_w}\frac{\partial^2 u}{\partial z^2} = -\frac{a_v}{1 + e_0}\frac{\partial u}{\partial t} = -m_v\frac{\partial u}{\partial t}$$

여기서 $m_v =$ **체적압축계수** $= a_v/(1 + e_0)$ 또는

$$\frac{\partial u}{\partial t} = c_v\frac{\partial^2 u}{\partial z^2} \tag{9.38}$$

여기서 $c_v =$ **압밀계수** $= k/(\gamma_w m_v)$

식 (9.38)은 Terzaghi 압밀이론의 기본 미분방정식이고, 다음의 경계조건을 적용하여 풀 수 있다.

$$z = 0, \quad u = 0$$
$$z = 2H_{\mathrm{dr}}, \quad u = 0$$

$$t = 0, \quad u = u_0$$

풀이의 결과인 해는 다음과 같다.

$$u = \sum_{m=0}^{m=\infty} \left[\frac{2u_0}{M} \sin\left(\frac{Mz}{H_{\mathrm{dr}}}\right) \right] e^{-M^2 T_v} \tag{9.39}$$

여기서 m은 정수

$$M = \frac{\pi}{2}(2m + 1)$$

$$u_0 = \text{초기 과잉간극수압}$$

그리고

$$T_v = \frac{c_v t}{H_{\mathrm{dr}}^2} = \text{시간계수}$$

시간계수는 무차원 수이다.

압밀은 과잉간극수압의 소산으로 인해 진행되기 때문에 임의의 시간 t에서 일정 깊이 z의 **압밀도**는 다음과 같다.

$$U_z = \frac{u_0 - u_z}{u_0} = 1 - \frac{u_z}{u_0} \tag{9.40}$$

여기서 u_z는 시간 t에서의 과잉간극수압이다. 임의의 깊이 z에서의 압밀도를 얻기 위하여 식 (9.39)와 (9.40)을 결합한다. 이것을 그림 9.20에 나타냈다.

임의의 시간 t에서 점토층의 전체 깊이에 대한 **평균 압밀도**는 식 (9.40)으로부터 다음과 같이 유도된다.

$$U = \frac{S_t}{S_p} = 1 - \frac{\left(\dfrac{1}{2H_{\mathrm{dr}}}\right) \displaystyle\int_0^{2H_{\mathrm{dr}}} u_z\, dz}{u_0} \tag{9.41}$$

여기서

$U = $ 평균 압밀도

$S_t = $ 시간 t에서 침하량

$S_p = $ 1차 압밀에 의한 최종 침하량

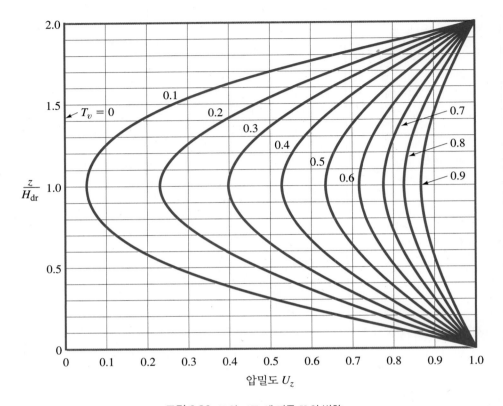

그림 9.20 T_v와 z/H_{dr}에 따른 U_z의 변화

식 (9.39)에 주어진 과잉간극수압 u_z를 식 (9.41)에 대입하여 다음 식을 얻는다.

$$U = 1 - \sum_{m=0}^{m=\infty} \frac{2}{M^2} e^{-M^2 T_v}$$

(9.42)

무차원 시간계수 T_v에 따른 평균 압밀도의 변화는 표 9.3에 주어져 있다. 이 표는 초기 과잉간극수압 u_0가 압밀층의 전체 깊이에 대해 일정한 경우에 대한 것이다. 시간계수 값과 그에 상응하는 평균 압밀도의 값은 다음의 단순한 관계식으로 근사화할 수 있다.

$$U = 0\sim60\%\text{에 대해 } T_v = \frac{\pi}{4}\left(\frac{U\%}{100}\right)^2$$

(9.43)

$$U > 60\%\text{에 대해 } T_v = 1.781 - 0.933 \log(100 - U\%)$$

(9.44)

표 9.3 압밀도*에 따른 시간계수의 변화

$U(\%)$	T_v	$U(\%)$	T_v	$U(\%)$	T_v
0	0	34	0.0907	68	0.377
1	0.00008	35	0.0962	69	0.390
2	0.0003	36	0.102	70	0.403
3	0.00071	37	0.107	71	0.417
4	0.00126	38	0.113	72	0.431
5	0.00196	39	0.119	73	0.446
6	0.00283	40	0.126	74	0.461
7	0.00385	41	0.132	75	0.477
8	0.00502	42	0.138	76	0.493
9	0.00636	43	0.145	77	0.511
10	0.00785	44	0.152	78	0.529
11	0.0095	45	0.159	79	0.547
12	0.0113	46	0.166	80	0.567
13	0.0133	47	0.173	81	0.588
14	0.0154	48	0.181	82	0.610
15	0.0177	49	0.188	83	0.633
16	0.0201	50	0.197	84	0.658
17	0.0227	51	0.204	85	0.684
18	0.0254	52	0.212	86	0.712
19	0.0283	53	0.221	87	0.742
20	0.0314	54	0.230	88	0.774
21	0.0346	55	0.239	89	0.809
22	0.0380	56	0.248	90	0.848
23	0.0415	57	0.257	91	0.891
24	0.0452	58	0.267	92	0.938
25	0.0491	59	0.276	93	0.993
26	0.0531	60	0.286	94	1.055
27	0.0572	61	0.297	95	1.129
28	0.0615	62	0.307	96	1.219
29	0.0660	63	0.318	97	1.336
30	0.0707	64	0.329	98	1.500
31	0.0754	65	0.304	99	1.781
32	0.0803	66	0.352	100	∞
33	0.0855	67	0.364		

일정 u_0를 갖는 다른 형태의 배수

*u_0는 모든 깊이에서 일정하다.

9.11 압밀계수

압밀계수 c_v는 일반적으로 액성한계가 증가함에 따라 감소하며 흙의 주어진 액성한계에 대한 c_v의 변화 범위는 다소 넓다.

시료에 가해진 주어진 하중 증가량에서 일차원 실내압밀시험으로부터 c_v를 결정하기 위해 통상적으로 두 가지의 작도법이 사용된다. 첫 번째 방법은 Casagrande와 Fadum(1940)이 제안한 log t법이고, 두 번째 방법은 Taylor(1942)가 제시한 $\sqrt{t}$ 법이다. 이들 방법에 의하여 c_v를 구하는 일반적인 과정은 다음과 같다.

log t법

실내시험의 주어진 하중 증가량에서, 시료의 변형을 log t(log-of-time)에 표시한 결과가 그림 9.21이다. c_v를 결정하기 위해서는 아래 절차에 따른 작도가 필요하다.

1. 1차 압밀과 2차 압밀의 직선구간을 연장하여 교점 A를 구한다. A의 세로축 좌표가 d_{100}을 나타낸다. 즉 1차 압밀이 100% 완료된 시점에서의 변형을 의미한다.

2. log t에 대한 변형 관계에서 초기 곡선구간은 개략적으로 포물선이다. 이 곡선구간에서 $t_2 = 4t_1$이 되도록 t_1과 t_2를 취한다. ($t_2 - t_1$)시간 동안 시료 변형의 차를 x라고 하자.

3. 연직거리 BD가 x가 되도록 수평선 DE를 긋는다. 선 DE에 상응하는 변형이 d_0이다(즉 0% 압밀 시의 변형을 의미한다).

4. 압밀곡선에서 점 F의 세로축 좌표는 1차 압밀 50%에 상응하는 변형을 나타내고 가로축 좌표는 이에 상응하는 시간(t_{50})을 나타낸다.

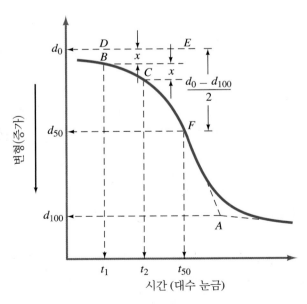

그림 9.21 압밀계수 결정을 위한 log t법

5. 평균 압밀도 50%에 대하여 $T_v = 0.197$(표 9.3)이다. 따라서

$$T_{50} = \frac{c_v t_{50}}{H_{dr}^2}$$

또는

$$c_v = \frac{0.197 H_{dr}^2}{t_{50}} \qquad (9.45)$$

여기서 H_{dr}은 압밀 시 최대 배수길이의 평균이다.

양면배수 시료에 대하여, H_{dr}은 시료의 평균 높이의 1/2과 같다. 일면배수 시료에 대하여 H_{dr}은 시료의 평균 높이와 같다.

$\sqrt{t}$ 법

$\sqrt{t}$ 법에서는 주어진 하중 증가량에서 변형을 시간의 제곱근($\sqrt{t}$)에 대해 그린다(그림 9.22). 추가로 요구되는 작도의 절차는 다음과 같다.

1. 곡선의 초기구간을 통과하는 선 AB를 긋는다.
2. $\overline{OC} = 1.15\,\overline{OB}$가 되는 선 AC를 긋는다. 압밀곡선과 AC의 교점인 점 D의 가로축 좌표가 90% 압밀에 대한 시간의 제곱근($\sqrt{t_{90}}$)을 나타낸다.

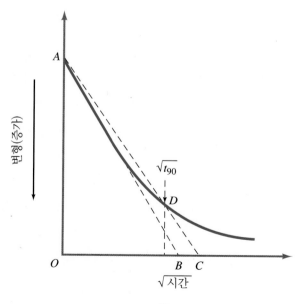

그림 9.22 $\sqrt{t}$ 작도법

3. 평균 압밀도에 90%에 대한 시간계수 $T_{90} = 0.848$이다(표 9.3). 따라서

$$T_{90} = 0.848 = \frac{c_v t_{90}}{H_{dr}^2}$$

또는

$$c_v = \frac{0.848 H_{dr}^2}{t_{90}} \tag{9.46}$$

식 (9.46)에서 H_{dr}은 $\log t$법과 유사한 방법으로 결정된다.

예제 9.7

토층 구조가 그림 9.23에 나타나 있다. 지표면에 96 kN/m²의 추가 하중이 작용할 때 다음의 물음에 답하시오.

a. 하중을 재하한 직후에 피에조미터 안의 물은 얼마나 올라가는가?

b. 하중을 재하하고 104일 후에 $h = 4$ m라면 이 점토층의 압밀계수(c_v)는 얼마인가?

풀이

a. 점토층 3 m 전체에 초기 과잉간극수압이 균일하게 증가한다고 가정하면

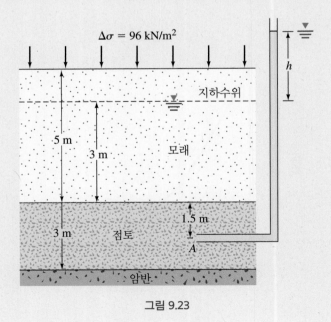

그림 9.23

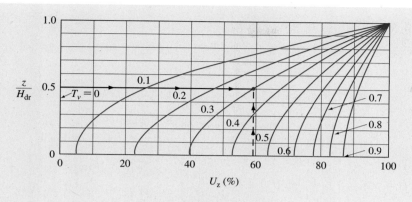

그림 9.24

$$u_0 = \Delta\sigma = 96 \text{ kN/m}^2$$

$$h = \frac{96}{9.81} = \textbf{9.79 m}$$

b.
$$U_A\% = \left(1 - \frac{u_A}{u_0}\right)100 = \left(1 - \frac{4 \times 9.81}{9.79 \times 9.81}\right)100 = \textbf{59\%}$$

점토층의 하부는 암반이므로 일면배수 조건이다. 이러한 조건에서 다양한 T_v 에 대한 z/H_{dr}의 압밀도 U_z가 그림 9.24에 도시되어 있다(주의: 이 그림은 양면 배수 조건에 대한 그림 9.20에서 얻어진 것이다). 이 문제의 $z/H_{dr} = 1.5/3 = 0.5$, $U_z = 59\%$일 때 $T_v \approx 0.3$이다.

$$T_v = \frac{c_v t}{H_{dr}^2}$$

$$0.3 = \frac{c_v(104 \times 24 \times 60 \times 60)}{(300 \text{ cm})^2}$$

$$c_v = \textbf{0.003 cm}^2\textbf{/s}$$

예제 9.8

예제 9.3에 대하여 다음 물음에 답하시오.

a. 침하량이 15 mm일 때, 점토층의 평균 압밀도는 얼마인가?

b. 주어진 압력 범위에서의 압밀계수 c_v의 평균값이 0.003 cm²/s일 때, 침하가

(계속)

50% 발생하는 데 얼마나 걸리는가?

c. 만일 3 m 두께의 점토층이 오직 상부로만 배수가 된다면, 50% 압밀이 발생하는 데 얼마나 걸리는가?

풀이

a.
$$U\% = \frac{\text{임의 시간의 침하량}}{\text{최대 압밀침하량}} = \frac{15 \text{ mm}}{62.3 \text{ mm}} \times 100 = \textbf{24.1\%}$$

b. $U = 50\%$, 양면배수 조건에서 $T_{50} = \dfrac{c_v t_{50}}{H_{dr}^2}$

표 9.3으로부터, $U = 50\%$일 때 $T_{50} = 0.197$이므로

$$0.197 = \frac{0.003 \times t_{50}}{[(3/2)(100)]^2}$$

$$t_{50} = 1{,}477{,}500 \text{ s} = \textbf{17.1 days}$$

c. 일면배수 조건이라면, 최대 배수거리 = 3 m

$$0.197 = \frac{0.003 \times t_{50}}{(3 \times 100)^2}$$

$$t_{50} = 5{,}910{,}000 \text{ s} = \textbf{68.4 days}$$

예제 9.9

양면배수 조건의 3 m 두께인 포화된 점토가 추가 하중에 대하여 75일 동안 90%의 압밀이 진행되었다. 해당 압력 범위에 대한 압밀계수를 산정하시오.

풀이

$$T_{90} = \frac{c_v t_{90}}{H_{dr}^2}$$

점토가 양면배수 조건을 가지고 있으므로 $H_{dr} = 3 \text{ m}/2 = 1.5$ m이고 $T_{90} = 0.848$이다.

$$0.848 = \frac{c_v (75 \times 24 \times 60 \times 60)}{(1.5 \times 100)^2}$$

$$c_v = \frac{0.848 \times 2.25 \times 10^4}{75 \times 24 \times 60 \times 60} = \textbf{0.00294 cm}^2\textbf{/s}$$

예제 9.10

예제 9.9에 기술된 30 mm 두께의 불교란 점토 시료는 실내압밀시험에서 동일한 압력 범위에서 90% 압밀이 진행되는 데 얼마나 걸리는가? 실내압밀시험은 양면 배수 조건이다.

풀이

$$T_{90} = \frac{c_v t_{90(\text{field})}}{H_{\text{dr(field)}}^2} = \frac{c_v(75 \times 24 \times 60 \times 60)}{(1.5 \times 1000)^2}$$

그리고

$$T_{90} = \frac{c_v t_{90(\text{lab})}}{(30/2)^2}$$

따라서

$$\frac{4t_{90(\text{lab})}}{(30)^2} = \frac{(75 \times 24 \times 60 \times 60)}{2.25 \times 10^6}$$

또는

$$t_{90(\text{lab})} = \frac{(75 \times 24 \times 60 \times 60)(9 \times 10^2)}{(2.25 \times 10^6) \times 4} = \textbf{648 s}$$

예제 9.11

양면배수 조건의 흙 시료에 대한 실내압밀시험으로부터 다음과 같은 결과를 얻었다.

$$\text{점토 시료의 두께} = 25 \text{ mm}$$
$$\sigma_1' = 50 \text{ kN/m}^2 \qquad e_1 = 0.92$$
$$\sigma_2' = 120 \text{ kN/m}^2 \qquad e_2 = 0.78$$
$$50\% \text{ 압밀에 걸리는 시간} = 2.5 \text{ min}$$

하중 범위에서의 점토의 투수계수 k를 구하시오.

풀이

$$m_v = \frac{a_v}{1 + e_{\text{av}}} = \frac{(\Delta e/\Delta \sigma')}{1 + e_{\text{av}}}$$

(계속)

$$= \frac{\dfrac{0.92 - 0.78}{120 - 50}}{1 + \dfrac{0.92 + 0.78}{2}} = 0.00108 \text{ m}^2/\text{kN}$$

$$c_v = \frac{T_{50} H_{\text{dr}}^2}{t_{50}}$$

표 9.3에서, $U = 50\%$에 대하여 $T_v = 0.197$이므로

$$c_v = \frac{(0.197)\left(\dfrac{0.025 \text{ m}}{2}\right)^2}{2.5 \text{ min}} = 1.23 \times 10^{-5} \text{ m}^2/\text{min}$$

$$k = c_v m_v \gamma_w = (1.23 \times 10^{-5})(0.00108)(9.81)$$

$$\mathbf{= 1.303 \times 10^{-7} \text{ m/min}}$$

미 해군(U.S. Navy)이 제안한 그림 9.25는 실내시험으로 결정된 압밀계수 c_v를 확인하는 가이드라인으로 사용할 수 있다. 그림에서, 과압밀점토의 압밀계수 값이 정규압

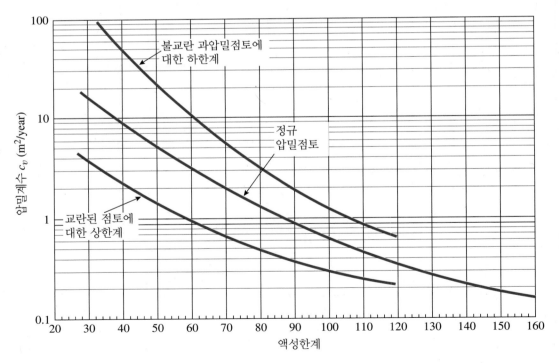

그림 9.25 액성한계와 c_v의 대략적인 상관관계(U.S. Navy, 1986)

밀점토의 압밀계수 값에 비해 현저히 큰 것을 알 수 있다. 따라서 과압밀된 점토가 정규압밀된 점토에 비해 빠르게 압밀이 된다. 압밀계수 c_v의 크기는 투수성이 작은 점토의 경우 1 m²/year보다 작은 것부터 투수성이 매우 큰 과압밀된 모래질 점토의 경우 100 m²/year 이상인 것까지 달라질 수 있다.

9.12 기초 아래에서의 1차 압밀침하량 산정

제한된 면적 위에 가해진 하중에 의해 발생하는 지중 연직응력 증가는 지표면으로부터 깊이 z 증가에 따라 감소한다는 것을 8장에서 설명했다. 따라서 기초의 일차원 압밀침하량을 추정하기 위해서 식 (9.16), (9.18) 또는 (9.19)를 사용할 수 있다. 그러나 이들 식에서의 유효응력 증가량 $\Delta\sigma'$은 기초 중심 하부에서의 평균적인 증가량이어야 한다.

압력 증가가 포물선 형태로 변한다고 가정하면 Simpson의 법칙을 사용하여 $\Delta\sigma'_{av}$ 값을 다음 식과 같이 추정할 수 있다.

$$\Delta\sigma'_{av} = \frac{\Delta\sigma_t + 4\Delta\sigma_m + \Delta\sigma_b}{6} \tag{9.47}$$

여기서 $\Delta\sigma_t$, $\Delta\sigma_m$ 및 $\Delta\sigma_b$는 각각 토층의 상부, 중간부 및 하부에서의 압력 증가를 나타낸다. 또한 $\Delta\sigma_t$, $\Delta\sigma_m$ 및 $\Delta\sigma_b$의 크기는 식 (8.34)와 표 8.5를 사용하여 얻을 수 있다.

많은 경우에 지반공학 엔지니어들은 기초의 건설로 인해 깊이에 따라 지중 응력 증가량을 결정하는 개략적인 방법을 사용한다. 이 방법은 2 : 1 방법으로 알려져 있다 (그림 9.26). 이 방법에 따르면, 깊이 z에서의 응력 증가량은 다음 식과 같이 주어진다.

$$\Delta\sigma = \frac{q \times B \times L}{(B + z)(L + z)} \tag{9.48}$$

식 (9.48)은 응력이 기초의 네 면으로부터 수직 2와 수평 1의 기울기를 가지고 직선적으로 뻗어나간다고 가정한다.

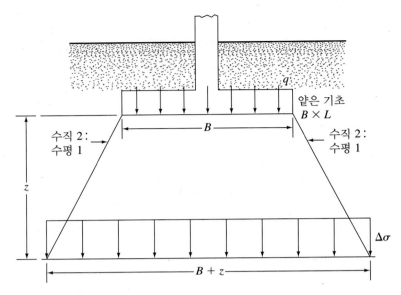

그림 9.26 기초 하부의 응력 증가량을 계산하는 2:1 방법

예제 9.12

1.5 m 폭의 정사각형 기초에 의해 전달되는 하중으로부터 유발되는 3 m 두께 점토층(그림 9.27)의 1차 압밀침하량을 계산하시오. 점토는 정규압밀 상태이다. $\Delta\sigma'$의 계산을 위해서는 2:1 방법을 사용한다.

풀이

정규압밀점토이므로 식 (9.16)으로부터

$$S_p = \frac{C_c H}{1 + e_0} \log\left(\frac{\sigma_o' + \Delta\sigma'}{\sigma_o'}\right)$$

여기서

$$C_c = 0.009(LL - 10) = 0.009(40 - 10) = 0.27$$
$$H = 3000 \text{ mm}$$
$$e_0 = 1.0$$

$$\sigma_0' = 4.5 \times \gamma_{\text{dry(sand)}} + 1.5[\gamma_{\text{sat(sand)}} - 9.81] + \frac{3}{2}[\gamma_{\text{sat(clay)}} - 9.81]$$
$$= 4.5 \times 15.7 + 1.5(18.9 - 9.81) + 1.5(17.3 - 9.81) = 95.52 \text{ kN/m}^2$$

$\Delta\sigma'$을 계산하기 위해서, 다음과 같이 표를 이용할 수 있다.

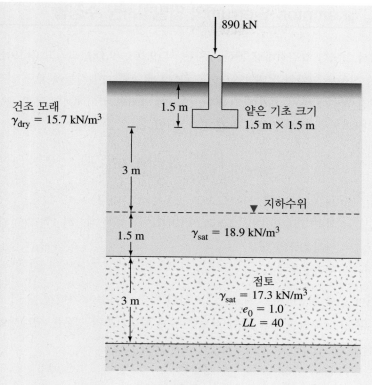

그림 9.27

z (m)	$B + z$ (m)	q^{a} (kN/m^2)	$\Delta\sigma'$ [식 (9.48)]
4.5	6.0	395.6	$24.72 = \Delta\sigma'_t$
6.0	7.5	395.6	$15.82 = \Delta\sigma'_m$
7.5	9.0	395.6	$10.99 = \Delta\sigma'_b$

$$^a\, q = \frac{890}{1\,5 \times 1\,5} = 395.6 \text{ kN/m}^2$$

식 (9.47)로부터

$$\Delta\sigma'_{av} = \frac{24.72 + (4)(15.82) + 10.99}{6} \approx 16.5 \text{ kN/m}^2$$

$$S_p = \frac{(0.27)(3000)}{1 + 1} \log\left(\frac{95.52 + 16.5}{95.52}\right) = \mathbf{28.0 \text{ mm}}$$

주의: $\Delta\sigma'_{av}$을 추정하기 위해 만약 표 8.5와 식 (8.34)를 사용한다면, S_p값은 21.3 mm가 얻어질 것이다.

9.13 Skempton-Bjerrum의 압밀침하량 수정법

앞 절에서 설명한 압밀침하량 계산 절차는 식 (9.16), (9.18), 그리고 (9.19)를 기초로 한다. 이 식들은 일차원 실내압밀시험을 바탕으로 한다. 이 식들에 깔린 가정은 하중이 가해진 직후에 즉시 증가한 간극수압(Δu)이 임의의 깊이에서의 응력 증가($\Delta \sigma$)와 같다는 것이다. 이 경우에 다음과 같이 쓸 수 있다.

$$S_{p(\text{oed})} = \int \frac{\Delta e}{1 + e_o} dz = \int m_v \Delta \sigma_{(1)}\, dz \tag{9.49}$$

여기서

$S_{p(\text{oed})}$ = 식 (9.16), (9.18), 그리고 (9.19)를 이용하여 계산된 1차 압밀침하량

$\Delta \sigma_{(1)}$ = 연직응력 증가량

m_v = 체적압축계수

그러나 실제 현장에서는 지표면의 제한된 범위에 하중이 가해질 때 이 가정이 성립하지 않는다. 그림 9.28과 같이 점토층 위에 원형기초의 경우를 생각해보자. 기초

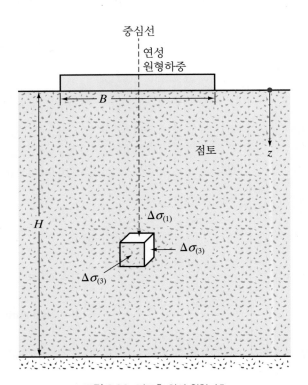

그림 9.28 점토층 위의 원형기초

중앙부 아래 점토층 한 점의 연직응력과 수평응력의 증가량을 각각 $\Delta\sigma_{(1)}$과 $\Delta\sigma_{(3)}$이라 할 때, 포화된 점토의 임의 깊이에서의 간극수압 증가량은 다음과 같다(10장 참고).

$$\Delta u = \Delta\sigma_{(3)} + A[\Delta\sigma_{(1)} - \Delta\sigma_{(3)}] \tag{9.50}$$

여기서 A는 간극수압계수(10장 참고)이다. 이 경우에 다음과 같이 쓸 수 있다.

$$S_p = \int m_v\,\Delta u\,dz = \int (m_v)\{\Delta\sigma_{(3)} + A[\Delta\sigma_{(1)} - \Delta\sigma_{(3)}]\}\,dz \tag{9.51}$$

식 (9.49)와 (9.51)을 결합하면

$$K_{\text{cir}} = \frac{S_p}{S_{p(\text{oed})}} = \frac{\int_0^H m_v\,\Delta u\,dz}{\int_0^H m_v\,\Delta\sigma_{(1)}\,dz} = A + (1 - A)\left[\frac{\int_0^H \Delta\sigma_{(3)}\,dz}{\int_0^H \Delta\sigma_{(1)}\,dz}\right] \tag{9.52}$$

여기서 K_{cir}는 원형기초의 침하비이다. 연속기초에 대한 침하비(K_{str})는 원형기초의 경우와 같은 방법으로 결정될 수 있다. A와 H/B에 따른 K_{cir}과 K_{str}의 변화는 그림 9.29와 같다(B = 원형기초의 직경 또는 연속기초의 폭).

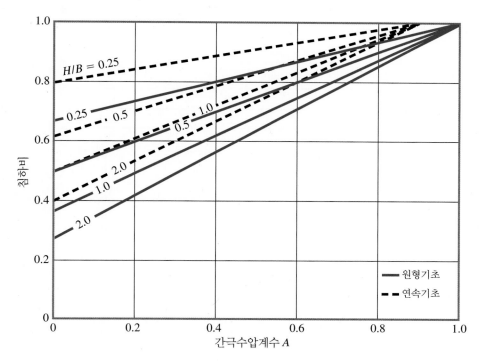

그림 9.29 원형기초와 연속기초의 침하비(K_{cir}, K_{str})

Skempton과 Bjerrum(1957)의 수정법에 따른 압밀침하량 계산과정은 다음과 같다.

1. 9.12절에 기술한 절차에 따라 1차 압밀침하량을 계산한다. 이 값이 $S_{p(oed)}$이다 (표현이 S_p에서 바뀌었음을 주의하자).
2. 간극수압계수 A를 결정한다.
3. H/B 비를 결정한다.
4. 그림 9.29로부터 침하비를 얻는다.
5. 실제 압밀침하량은 다음과 같다.

$$S_p = S_{p(oed)} \times 침하비 \qquad (9.53)$$
$$\uparrow$$
$$단계\ 1$$

이 과정은 압밀침하량 계산을 위한 **Skempton과 Bjerrum(1957)의 수정법**으로 알려져 있다.

Leonards(1976)는 **과압밀점토** 위에 건설된 원형기초의 현장 삼차원 압밀침하 효과를 고려한 침하비를 OCR과 $\dfrac{B}{H}$의 함수로 제안하였다. Leonards(1976)의 제안으로부터 보간된 침하비가 표 9.4에 주어져 있다. 앞에 기술된 수정 요소들을 사용하는 과정이 예제 9.13에 제시되어 있다.

표 9.4 OCR과 B/H에 따른 침하비의 변화

OCR	침하비		
	$B/H = 4.0$	$B/H = 1.0$	$B/H = 0.2$
1	1	1	1
2	0.986	0.957	0.929
3	0.972	0.914	0.842
4	0.964	0.871	0.771
5	0.950	0.829	0.707
6	0.943	0.800	0.643
7	0.929	0.757	0.586
8	0.914	0.729	0.529
9	0.900	0.700	0.493
10	0.886	0.671	0.457
11	0.871	0.643	0.429
12	0.864	0.629	0.414
13	0.857	0.614	0.400
14	0.850	0.607	0.386
15	0.843	0.600	0.371
16	0.843	0.600	0.357

예제 9.13

예제 9.12에서 점토가 과압밀 상태라고 가정하자. $OCR = 3$, 팽창지수$(C_s) \approx \frac{1}{4} C_c$ 이다.

a. 1차 압밀침하량 S_p를 계산하시오.
b. 삼차원 효과를 고려해서 a의 침하량 계산결과를 수정하시오.

풀이

a. 예제 9.12로부터, $\sigma'_o = 95.52$ kN/m²이다. $OCR = 3$이므로 선행압밀압력 $\sigma'_c =$ $(OCR)(\sigma'_o) = (3)(95.52) = 286.56$ kN/m²이다. 이 경우에

$$\sigma'_o + \Delta\sigma'_{av} = 95.52 + 16.5 < \sigma'_c$$

따라서 식 (9.18)을 사용하면

$$S_p = \frac{C_s H}{1 + e_0} \log\left(\frac{\sigma'_o + \Delta\sigma_{av}}{\sigma'_o}\right)$$

$$= \frac{\left(\frac{0.27}{4}\right)(3000)}{1 + 1} \log\left(\frac{95.52 + 16.5}{95.52}\right) = \textbf{7.0 mm}$$

b. 2 : 1 방법을 이용한 응력 증가 예측이 적절하다고 가정하면, 점토층의 상부에서 응력의 분포면적은 다음과 같다.

$$B' = 폭 = B + z = 1.5 + 4.5 = 6\,\text{m}$$
$$L' = 폭 = L + z = 1.5 + 4.5 = 6\,\text{m}$$

등가원형면적의 직경 B_{eq}은 다음과 같다.

$$\frac{\pi}{4} B_{eq}^2 = B' L'$$

$$B_{eq} = \sqrt{\frac{4B'L'}{\pi}} = \sqrt{\frac{(4)(6)(6)}{\pi}} = 6.77\,\text{m}$$

$$\frac{B_{eq}}{H} = \frac{6.77}{3} = 2.26$$

표 9.4로부터, $OCR = 3$이고 $B_{eq}/H = 2.26$인 경우의 침하비 ≈ 0.95이므로

$$S_p = (0.95)(7.0) = \textbf{6.65 mm}$$

9.14 U-T_v 관계에 미치는 초기 과잉간극수압 분포의 효과

이 장에서 논의하고 있는 일차원 압밀이론은 초기 과잉간극수압이 일정하게 분포한다고 가정하였다. 그러나 특별한 경우에 과잉간극수압의 분포가 깊이에 따라 선형적으로 증가하거나 감소할 수 있고 사인곡선(sinusoidal)이나 사인곡선의 절반 형태를 가질 수도 있다. 이러한 경우들에는 점토층이 일면배수이거나 양면배수인 경우에 따라 적절한 U-T_v값(표 9.5)들이 사용되어야 한다.

표 9.5 균일하지 않은 초기 과잉간극수압 분포에 대한 U-T_v값

T_v	U(일면배수: 하부 불투수층)					U(양면배수)		
	일정 (그림 9.30a)	깊이에 따라 선형 증가 (그림 9.30b)	깊이에 따라 선형 감소 (그림 9.30c)	반 사인 (그림 9.30d)	사인 (그림 9.30e)	일정/선형 (그림9.31a, b, c)	반 사인 (그림 9.31d)	사인 (그림 9.31e)
0.004	0.0714	0.0080	0.1347	0.0098	0.0194	0.0714	0.0584	0.0098
0.008	0.1009	0.0160	0.1859	0.0195	0.0380	0.1009	0.0839	0.0195
0.012	0.1236	0.0240	0.2232	0.0292	0.0558	0.1236	0.1040	0.0292
0.020	0.1596	0.0400	0.2792	0.0482	0.0896	0.1596	0.1366	0.0482
0.028	0.1888	0.0560	0.3216	0.0668	0.1207	0.1888	0.1637	0.0668
0.036	0.2141	0.0720	0.3562	0.0850	0.1495	0.2141	0.1877	0.0850
0.048	0.2472	0.0960	0.3985	0.1117	0.1887	0.2472	0.2196	0.1117
0.060	0.2764	0.1199	0.4329	0.1376	0.2238	0.2764	0.2481	0.1376
0.072	0.3028	0.1436	0.4620	0.1628	0.2553	0.3028	0.2743	0.1628
0.083	0.3251	0.1651	0.4851	0.1852	0.2816	0.3251	0.2967	0.1852
0.100	0.3568	0.1977	0.5159	0.2187	0.3184	0.3568	0.3288	0.2187
0.125	0.3989	0.2442	0.5536	0.2654	0.3659	0.3989	0.3719	0.2654
0.150	0.4370	0.2886	0.5853	0.3093	0.4077	0.4370	0.4112	0.3093
0.167	0.4610	0.3174	0.6045	0.3377	0.4337	0.4610	0.4361	0.3377
0.175	0.4718	0.3306	0.6130	0.3507	0.4453	0.4718	0.4473	0.3507
0.200	0.5041	0.3704	0.6378	0.3895	0.4798	0.5041	0.4809	0.3895
0.250	0.5622	0.4432	0.6813	0.4604	0.5413	0.5622	0.5417	0.4604
0.300	0.6132	0.5078	0.7187	0.5230	0.5949	0.6132	0.5950	0.5230
0.350	0.6582	0.5649	0.7515	0.5784	0.6420	0.6582	0.6421	0.5784
0.400	0.6979	0.6154	0.7804	0.6273	0.6836	0.6979	0.6836	0.6273
0.500	0.7640	0.6995	0.8284	0.7088	0.7528	0.7640	0.7528	0.7088
0.600	0.8156	0.7652	0.8660	0.7725	0.8069	0.8156	0.8069	0.7725
0.700	0.8559	0.8165	0.8953	0.8222	0.8491	0.8559	0.8491	0.8222
0.800	0.8874	0.8566	0.9182	0.8611	0.8821	0.8874	0.8821	0.8611
0.900	0.9120	0.8880	0.9361	0.8915	0.9079	0.9120	0.9097	0.8915
1.000	0.9319	0.9125	0.9500	0.9152	0.9280	0.9313	0.9280	0.9152
1.500	0.9800	0.9745	0.9855	0.9753	0.9790	0.9800	0.9790	0.9753
2.000	0.9942	0.9926	0.9958	0.9928	0.9939	0.9942	0.9939	0.9928

Australia, James Cook University, Dr. Julie Lovisa 제공

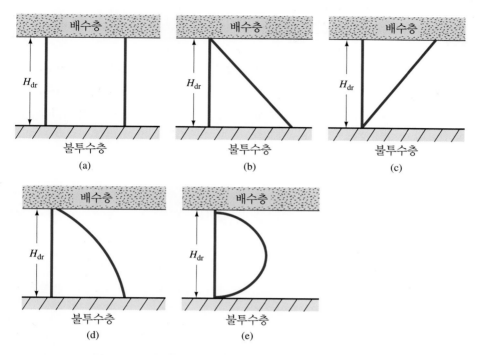

그림 9.30 다양한 형태의 초기 과잉간극수압 분포(하부 불투수층–일면배수)

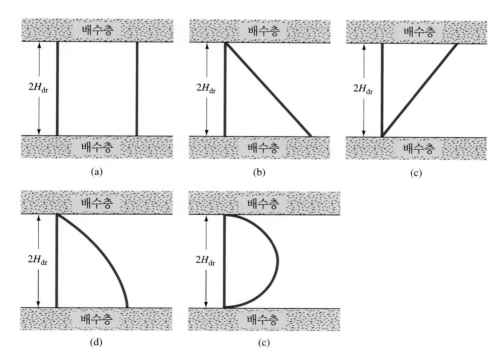

그림 9.31 다양한 형태의 초기 과잉간극수압 분포(양면배수)

9.15 압밀침하량 산정 시 시공기간 보정

지금까지 압밀을 일으키는 전체 하중이 **순간적**으로 가해진다고 가정해 왔다. 그러나 실제로 건물이나 제방은 그림 9.32에 보인 것처럼 여러 달에 걸쳐서 시공된다. 따라서 점토층은 t_0의 기간에 걸쳐서 압력 q까지 점차 증가하는 하중을 받는다. Terzaghi 의 일차원 압밀침하 이론으로부터 하중이 점차 증가하는 경우의 평균 압밀도 U와 시 간계수 T_v가 다음과 같은 관계에 있음을 보일 수 있다.

$$U = 1 - \frac{1}{T_v}\left[\sum_{m=0}^{\infty}\left(\frac{2}{M^4}\right)\left(1 - e^{-M^2 T_v}\right)\right] \tag{9.54}$$

T_v에 따른 U의 변화가 그림 9.33에 나타나 있다(Hanna 등, 2013; Sivakugan 등, 2014). 그림에는 하중이 순간적으로 가해진 경우[식 (9.42)]의 U–T_v 변화가 함께 표 시되었으며 둘의 차이가 매우 큰 것을 알 수 있다.

시공이 종료되었을 때의 압밀도를 U_0라 하면, 잔류 과잉간극수압은 시간 t_0에 순 간적으로 가해진 것으로 고려할 수 있다. 그러면 임의의 시간 $t(>t_0)$에서의 평균 압 밀도는 다음과 같이 계산된다.

$$U_t = U_0 + (1 - U_0)U_{t-t_0} \tag{9.55}$$

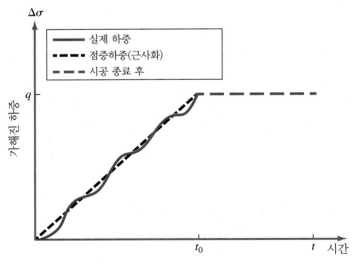

그림 9.32 시공기간 동안 증가하는 하중

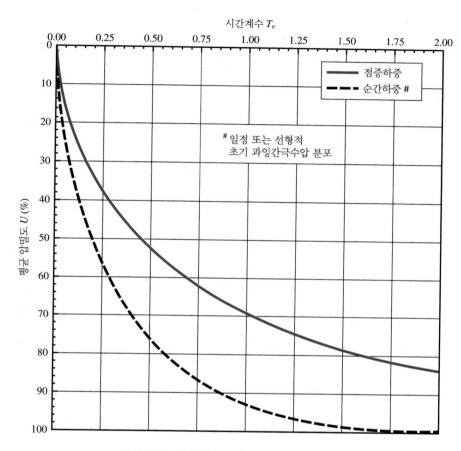

그림 9.33 점증하중과 순간하중에 대한 $U-T_v$ 관계

여기서 U_{t-t_0}는 t_0에 순간적으로 하중이 가해지는 것으로 가정했을 때 $t - t_0$ 기간 동안의 평균 압밀도이다. t_0의 시공기간 동안 상당한 양의 간극수압 소산이 발생하므로, 만일 점토층의 양면배수 조건이라면 간극수압의 분포는 사인곡선에 가깝고 만일 일면배수 조건이라면 사인곡선의 절반 형태의 분포에 가까울 것이다. 따라서 U_{t-t_0}값의 계산을 위해서는 표 9.5에서 적절한 값을 사용하여야 한다. 식 (9.55)와 그림 9.33을 사용하는 절차가 예제 9.14에 제시되어 있다.

예제 9.14

일면배수 조건인 3 m 두께의 점토층을 고려해보자. 실내압밀시험으로부터 다음과 같은 점토층 물성을 얻었다.

(계속)

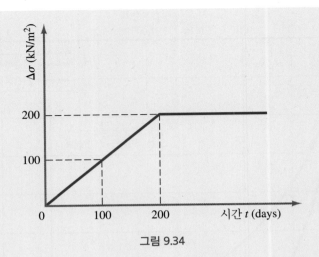

그림 9.34

- 체적압축계수 $m_v = 0.9$ m^2/MN
- 압밀계수 $c_v = 1.6 \times 10^{-2}$ m^2/day

이 점토층은 그림 9.34와 같이 시공기간 동안 증가하는 하중을 받는다. 다음의 시간에 대한 압밀침하량을 추정하시오.

a. $t = 100$ days

b. $t = 500$ days

풀이

a. $t = 100$ days일 때 $\Delta\sigma = 100$ kN/m^{2}이다. 이 하중에 대하여 $t = \infty$일 때의 최종 침하량은 다음과 같이 계산될 수 있다.

$$S_p = m_v \Delta\sigma H = (0.9 \text{ m}^2/\text{MN})(0.1 \text{ MN/m}^2)(3 \text{ m}) = 0.27 \text{ m} = 270 \text{ mm}$$

$t = 100$ days일 때, 시간계수는

$$T_v = \frac{c_v t}{H_{\text{dr}}^2} = \frac{(1.6 \times 10^{-2} \text{ m}^2/\text{day})(100 \text{ days})}{(3 \text{ m})^2} = 0.178$$

그림 9.33에서 $T_v = 0.178$일 때 점증하중에 대한 압밀도의 크기는 약 32% 이다. 따라서

$$S_{p(t=100\text{days})} = 270 \times 0.32 = \textbf{86.4 mm}$$

b. 시공은 $t = t_0 = 200$ days일 때 끝난다. $\Delta\sigma = 200$ kN/m^{2}이고 $t = \infty$일 때의

최종 침하량은 다음과 같이 계산된다.

$$S_p = m_v \Delta\sigma H = (0.9 \text{ m}^2/\text{MN})(0.2)(3) = 0.54 \text{ m} = 540 \text{ mm}$$

시공(점증하중) 종료 시의 시간계수는

$$T_v = \frac{c_v t_0}{H_{dr}^2} = \frac{(1.6 \times 10^{-2})(200)}{(3)^2} = 0.356$$

점증하중(시공)(그림 9.33) 종료 시 U_0의 크기는 약 44%이다.
$t = 500$ days일 때 $t - t_0 = 500 - 200 = 300$ days이므로,

$$T_{v(t-t_0)} = \frac{c_v t_{(t-t_0)}}{H_{dr}^2} = \frac{(1.6 \times 10^{-2})(300)}{(3)^2} = 0.533$$

$T_{v(t-t_0)} = 0.533$일 때 **순간하중**에 대한 U_{t-t_0}는 그림 9.33으로부터 약 78%이다. 따라서

$$U_{t=500\text{days}} = U_0 + (1 - U_0)U_{t-t_0} = 0.44 + (1 - 0.44)(0.78) \approx 0.877$$

$$S_{p(t=500\text{days})} = S_{p(t=\infty)}(0.877) = (540 \text{ mm})(0.877) = 473.58 \text{ mm} \approx \textbf{474 mm}$$

9.16 요약

이 장에서 다루었던 내용을 요약하면 다음과 같다.

1. 압밀은 압력의 증가를 받은 포화된 점성토의 시간 의존적 침하거동이다. 침하는 점토의 간극을 채우고 있던 물이 점차 **빠져나와서** 생긴다.
2. 현장에서 발생하는 압밀은 1차 압밀과 연이어 발생하는 2차 압밀 두 단계로 나눌 수 있다.
3. 정규압밀점토는 현재의 유효상재압력이 흙이 과거에 받았던 최대 압력과 같은 상태이다.
4. 과압밀점토는 현재 유효상재압력이 흙이 과거에 경험했던 압력보다 작은 상태이다.
5. 1차 압밀침하량은 식 (9.14), (9.16), (9.18)과 (9.19)를 사용하여 계산할 수 있다.

6. 2차 압밀침하량은 식 (9.28)과 (9.29)를 사용하여 계산할 수 있다.

7. 평균 압밀도(U)는 시간계수(T_v)의 함수이다. 따라서 $U \propto T_v$이다.

8. 압밀계수(c_v)는 log t법과 $\sqrt{t}$ 법을 이용하여 실내시험으로 결정할 수 있다.

9. 기초 아래의 1차 압밀침하량은 식 (9.16), (9.18)과 (9.19)를 사용하여 계산할 수 있다. 이때 필요한 평균 압력 증가량은 식 (9.47)을 이용하여 추정할 수 있다.

10. 식 (9.16), (9.18)과 (9.19), 그리고 (9.47)을 사용하여 계산된 1차 압밀침하량은 9.13절에 기술한 Skempton-Bjerrum 수정법의 침하비를 이용하여 수정할 필요가 있을 수 있다.

연습문제

9.1 다음 문장이 참인지 거짓인지 답하시오.

   a. 압밀과정 동안 유효응력은 감소한다.

   b. 압축지수는 팽창지수보다 작거나 클 수 있다.

   c. 압밀계수가 클수록 압밀진행은 빠르다.

   d. 소성이 큰 점토는 소성이 낮은 점토에 비해 큰 압밀계수 c_v를 갖는다.

   e. 점토가 단단할수록 압밀계수는 작다.

9.2 점토 시료에 대한 실내압밀시험 결과가 아래 표와 같이 얻어졌다.

압력 σ' (kN/m^2)	압밀 종료 시 시료의 총 높이(mm)
25	17.65
50	17.40
100	17.03
200	16.56
400	16.15
800	15.88

시료의 초기 높이 = 19 mm, G_s = 2.68, 시료의 건조 무게 = 95.2 g, 시료의 단면적 = 31.68 cm^2.

   a. e-log σ' 그래프를 그리시오.

   b. 선행압밀압력을 구하시오.

   c. 압축지수 C_c를 구하시오.

9.3 다음은 압밀시험의 결과이다.

e	압력 σ' (kN/m²)
1.22	25
1.2	50
1.15	100
1.06	200
0.98	400
0.925	500

a. e-log σ' 그래프를 그리시오.

b. Casagrande 작도법으로 선행압밀압력을 구하시오.

c. 압축지수 C_c를 구하시오.

9.4 그림 9.35는 토층의 구조이고 지표면에 $\Delta\sigma$의 균일한 등분포하중이 가해진다. 주어진 값은 $\Delta\sigma = 50$ kN/m², $H_1 = 2.44$ m , $H_2 = 4.57$ m, $H_3 = 5.18$ m이고,

- 모래: $\gamma_{dry} = 17.29$ kN/m³, $\gamma_{sat} = 18.08$ kN/m³
- 점토: $\gamma_{sat} = 18.87$ kN/m³, $LL = 50$, $e = 0.9$

일 때 다음의 경우에 대한 1차 압밀침하량을 구하시오.

a. 점토가 정규압밀인 경우

b. 선행압밀압력이 130 kN/m²인 경우($C_s \approx \frac{1}{6}C_c$)

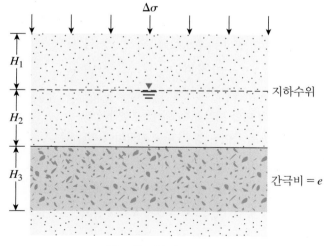

그림 9.35

9.5 그림 9.35에서 $H_1 = 2.5$ m, $H_2 = 2.5$ m, $H_3 = 3$ m, 그리고 $\Delta\sigma = 100$ kN/m²이고,

- 모래: $e = 0.64$, $G_s = 2.65$
- 점토: $e = 0.9$, $G_s = 2.75$, $LL = 55$

일 때 점토층이 정규압밀이라 가정하고 1차 압밀침하량을 계산하시오.

9.6 처녀압축곡선 위의 두 점이 다음과 같다.

- $e_1 = 0.82$ • $\sigma'_1 = 125$ kN/m²
- $e_2 = 0.70$ • $\sigma'_2 = 200$ kN/m²

압력이 300 kN/m²일 때의 간극비를 결정하시오.

9.7 문제 9.5에서 $c_v = 2.8 \times 10^{-6}$ m²/min로 주어진다면, 60% 압밀이 발생하는 데 얼마의 시간이 필요한지 계산하시오.

9.8 현장의 토층 구조가 지표에 2.0 m 두께 모래층과 그 아래 3.0 m 두께의 점토층으로 구성되어 있다. 지하수위는 지표면에서 1.0 m 깊이에 놓여 있다. 모래의 습윤단위중량과 포화단위중량이 각각 16.0 kN/m³과 19.0 kN/m³이다. 점토의 특성은 함수비 = 45.0%, 비중 = 2.70, 압축지수 = 0.65, 팽창지수 = 0.08, 그리고 과압밀비 = 1.5이다.

   지표면에 단위중량 20.0 kN/m³을 가지는 다짐 토사를 1.5 m 쌓았다.

a. 압밀침하량은 얼마나 발생하는가?

b. 다짐 성토로 인한 압밀이 종료되었을 때, 40.0 kN/m²의 균등한 압력을 가지는 창고를 건설하기로 되어 있다. 창고 건설로 인한 압밀침하량은 얼마나 되겠는가?

9.9 처녀압축곡선 위의 두 점이 다음과 같다.

- $e_1 = 1.7$ • $\sigma'_1 = 150$ kN/m²
- $e_2 = 1.48$ • $\sigma'_2 = 400$ kN/m²

a. 위의 압력 범위에 대한 체적압축계수를 결정하시오.

b. $c_v = 0.002$ cm²/s로 주어진 경우, 평균 간극비에 해당하는 투수계수 k를 cm/s 단위로 결정하시오.

9.10 양면배수 조건의 점토층이 t년에 걸쳐 75% 압밀도에 도달하였다. 만일 동일한 점토가 일면배수 조건에 놓인다면 75% 압밀에 도달하는 데 얼마나 걸리는가?

9.11 실내시험에서 25 mm 두께의 점토층이 양면배수 조건으로 50% 압밀도에 도달하는 시간이 2분 20초이다. 동일한 점토가 현장에 2.44 m 두께로 있을 때 동일한 압력 증가에 대하여 30% 압밀도에 도달하는 데 걸리는 시간은 얼마인가? 단, 현장 배수 조건은 점토 하부에 암반층이 있다.

9.12 정규압밀된 점토에 대해 다음과 같이 주어졌다.

- $\sigma'_o = 200 \ kN/m^2$
- $e = e_0 = 1.21$
- $\sigma'_o + \Delta\sigma' = 400 \ kN/m^2$
- $e = 0.96$

선행된 하중 범위에서 점토의 투수계수 k가 54.9×10^{-4} cm/day이다.

a. 양면배수 조건인 2.74 m 두께의 점토층이 현장에서 60% 압밀도에 도달하는 데 며칠(days)이나 걸리겠는가?

b. 그때 침하량은 얼마인가?

9.13 양면배수 조건인 점토 시료에 대한 실내압밀시험에서 다음과 같은 결과를 얻었다.

- 점토층의 두께 = 25 mm
- $\sigma'_1 = 200 \ kN/m^2$
- $e_1 = 0.73$
- $\sigma'_2 = 400 \ kN/m^2$
- $e_2 = 0.61$
- 50% 압밀도 도달시간(t_{50}) = 2.8분

주어진 하중 범위에서 점토의 투수계수를 결정하시오.

9.14 토층의 구조가 그림 9.36에 주어져 있다. 점토 시료를 점토층의 중앙부에서 채취하여 압밀시험으로부터 다음과 같은 물성값들을 얻었다.

선행압밀압력 = 80 kN/m², 압축지수 = 0.55, 팽창지수 = 0.07, 현장 초기 간극비 = 0.85

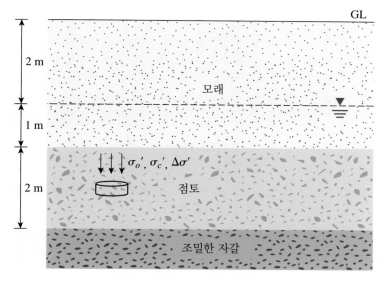

그림 9.36

모래의 습윤단위중량과 포화단위중량이 각각 16.5 kN/m³과 19.0 kN/m³이다. 점토의 포화단위중량은 19.0 kN/m³이다.

a. 점토의 과압밀비는 얼마인가?

b. 만일 넓은 면적에 창고를 건설할 예정이고 지표에 50 kN/m²의 압력이 전달된다면 압밀침하량은 얼마나 발생하겠는가?

9.15 그림 9.37에 주어진 토층의 구조에서 모래의 습윤단위중량과 포화단위중량이 각각 17.0 kN/m³과 19.5 kN/m³이다. 점토의 포화단위중량은 19.0 kN/m³이다. 점토는 정규압밀 상태이며 압축지수가 0.40이다. 또한 점토의 자연함수비는 25.0%이고 비중은 2.70이다. 흙의 자중으로 인한 유효상재압력 외에 건물로 인한 응력 증가량이 점토층의 중앙에서 30 kN/m²이다. 건설과정에서 지하수위가 2 m 저하되고 장기간 동안 유지될 것이다. 지하수위 저하로 인한 추가 압밀침하량은 얼마인가?

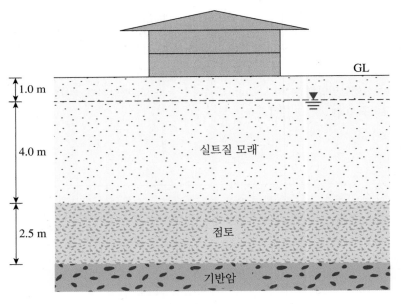

그림 9.37

9.16 토층의 구조가 지표면 상부에 2 m 두께의 모래층이 있고 그 아래에 6 m의 점토층이 있다. 또한 그 아래에 불투수이며 비압축성으로 가정할 수 있는 매우 단단한 점토층이 있다. 지하수위는 지표면에서 1.5 m에 위치한다. 모래의 습윤단위중량과 포화단위중량이 각각 17.0 kN/m³과 18.5 kN/m³이다. 점토의 초기 간극비는 0.81이며 포화단위중량은 19.0 kN/m³이고 압밀계수는 0.0014 cm²/s이다.

a. 지표면에 습윤단위중량이 19.0 kN/m³인 다짐토로 3 m 높이의 추가 하중을 주었더니 1년차에 160 mm의 침하가 발생하였다. 2년차에는 얼마의 압밀침하량이 발생하겠는가?

b. 만일 점토가 정규압밀된 상태라면 점토의 압축지수는 얼마인가?

9.17 일면배수 조건인 3 m 두께의 정규압밀된 점토층이 있다. 주어진 하중조건에서 1차 압밀침하량이 80 mm이다.

a. 압밀침하량이 25 mm일 때 점토층의 평균 압밀도는 얼마인가?

b. 주어진 하중 범위에서의 압밀계수의 평균값이 0.002 cm²/s라면, 50% 압밀도에 도달하는 데 걸리는 시간은 얼마인가?

c. 만일 점토층이 양면배수 조건이라면 50% 압밀에 도달하는 시간은 얼마인가?

9.18 그림 9.38을 참고하여 B = 1 m, L = 3 m, Q = 110 kN일 때 기초의 1차 압밀침하량을 계산하시오.

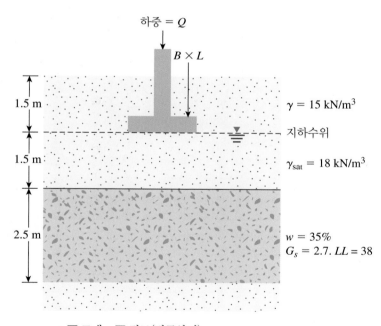

그림 9.38

비판적 사고 문제

9.19 6 m 두께의 점토층이 넓은 면적 위에 균일한 하중을 재하하는 시공으로 인해 압밀이 발생될 상황이다. 시공은 12개월 동안 이루어진다. 최종 압밀침하량 S_p이 220 mm로 예측되었다. 점토층의 압밀계수는 3.0 m²/year이고 양면배수 조건이다. 점증하중과 일차원 압밀로 가정할 때 시간에 따른 압밀침하량을 구하고 도시하시오.

9.20 토층 구조가 그림 9.39와 같이 주어져 있다. 점토는 정규압밀 상태이고 물성값들은 $w = 35\%$, $G_s = 2.70$, $C_c = 0.65$, $c_v = 5.0$ m²/year이다. 모래의 단위중량은 17.5 kN/m³이다. 단위중량이 20.0 kN/m³인 다짐토를 2 m 높이로 쌓아서 지반고(GL)가 높아졌다.

a. 1년 동안 압밀침하량은 얼마나 발생하는가?

b. 점토층의 깊이에 따른 현장 간극수압과 유효응력의 변화를 도시하시오.

c. 위의 문제에서 도시한 그림에, 1년 후의 간극수압과 유효응력을 함께 도시하시오.

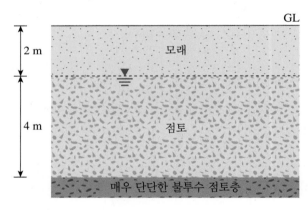

그림 9.39

참고문헌

CASAGRANDE, A. (1936). "Determination of the Preconsolidation Load and Its Practical Significance," *Proceedings*, 1st International Conference on Soil Mechanics and Foundation Engineering, Cambridge, MA, Vol. 3, 60–64.

CASAGRANDE, A., AND FADUM, R.E. (1940). "Notes on Soil Testing for Engineering Purposes," Harvard University Graduate School Engineering Publication No. 8.

HANNA, D., SIVAKUGAN, N., AND LOVISA, J. (2013). "Simple Approach to Consolidation Due to Constant Rate Loading in Clays," *International Journal of Geomechanics*, ASCE, Vol. 13, No. 2, 193–196.

KULHAWY, F.H., AND MAYNE, P.W. (1990). *Manual on Estimating Soil Properties for Foundation Design*, Electric Power Research Institute, Palo Alto, California.

LEONARDS, G.A. (1976). "Estimating Consolidation Settlement of Shallow Foundations on Overconsolidated Clay," *Special Report No. 163*, Transportation Research Board, Washington, D.C., pp. 13–16.

LOVISA, J. (2014). Personal communication.

MESRI, G. (1973). "Coefficient of Secondary Compression," *Journal of the Soil Mechanics and Foundations Division*, ASCE, Vol. 99, No. SM1, 122–137.

MESRI, G. AND GODLEWSKI, P.M. (1977). "Time and Stress – Compressibility Interrelationship", *Journal of the Geotechnical Engineering Division*, ASCE, Vol. 103, No. GT5, 417–430.

PARK, J. H., AND KOUMOTO, T. (2004). "New Compression Index Equation," *Journal of Geotechnical and Geoenvironmental Engineering*, ASCE, Vol. 130, No. 2, 223–226.

RENDON-HERRERO, O. (1983). "Universal Compression Index Equation," *Discussion, Journal of Geotechnical Engineering*, ASCE, Vol. 109, No. 10, 1349.

RENDON-HERRERO, O. (1980). "Universal Compression Index Equation," *Journal of the Geotechnical Engineering Division*, ASCE, Vol. 106, No. GT11, 1179–1200.

SCHMERTMANN, J.H. (1953). "Undisturbed Consolidation Behavior of Clay," *Transactions*, ASCE, Vol. 120, 1201.

SIVAKUGAN, N., LOVISA, J., AMERATUNGA, J. AND DAS, B.M. (2014). "Consolidation Settlement Due to Ramp Loading," *International Journal of Geotechnical Engineering*, Vol. 8, No. 2, 191–196.

SKEMPTON, A.W. (1944). "Notes on the Compressibility of Clays," *Quarterly Journal of the Geological Society of London*, Vol. 100, 119–135.

SKEMPTON, A.W., AND BJERRUM, L. (1957). "A Contribution to Settlement Analysis of Foundations in Clay," *Geotechnique*, London, Vol. 7, 178.

TAYLOR, D.W. (1942). "Research on Consolidation of Clays," *Serial No. 82*, Department of Civil and Sanitary Engineering, Massachusetts Institute of Technology, Cambridge, MA.

TERZAGHI, K. (1925). *Erdbaumechanik auf Bodenphysikalischer Grundlage*, Deuticke, Vienna.

TERZAGHI, K., AND PECK, R.B. (1967). *Soil Mechanics in Engineering Practice*, 2nd ed., Wiley, New York.

US NAVY (1986). *Soil Mechanics, Foundations and Earth Structures*, NAVFAC Design Manual DM-7, Washington, D.C., USA.

WROTH, C.P. AND WOOD, D.M. (1978) "The Correlation of Index Properties with Some Basic Engineering Properties of Soils", *Canadian Geotechnical Journal*, Vol. 15, No. 2, 137–145.

CHAPTER
10 흙의 전단강도

10.1 서론

흙의 **전단강도**(shear strength)란 토체 내부의 어떤 평면을 따라 발생하는 파괴(failure) 혹은 미끄러짐(sliding)에 대해 흙이 저항하는 단위 면적당 내부전단 저항력이다. 전단파괴(shear failure)는 파괴면(failure plane)을 따라 흙입자가 다른 흙입자 위로 미끄러질 때 발생한다. 다음과 같은 문제를 분석하기 위해서 지반공학 엔지니어는 흙의 전단강도에 대한 원리를 반드시 이해해야 한다.

- 얕은 기초의 지지력
- 자연 혹은 인공사면의 안정성
- 옹벽의 설계 시 필요한 수평방향 토압의 산정
- 말뚝 기초의 지지력

일반적으로 흙의 전단강도는 다음 요소들의 함수이다.

- 흙입자 사이의 점착력
- 흙입자 사이의 마찰저항
- 파괴면에 작용하는 유효수직응력

이 장에서는 전단강도의 기본 개념을 제시하고, 전단강도 정수를 결정하기 위한 다양한 실내실험들을 소개한다.

10.2 Mohr−Coulomb의 파괴 기준

Mohr(1900)가 제시한 재료의 파괴에 대한 이론에 따르면, 재료의 파괴는 수직응력 혹은 전단응력이 단독으로 최댓값에 도달할 때보다는, 수직응력과 전단응력이 특정 조합을 이룰 때 발생한다. 그러므로 파괴 시 파괴면에 작용하는 전단응력을 다음과 같이 연직응력의 함수로 나타낼 수 있다.

$$\tau_f = f(\sigma) \tag{10.1}$$

여기서

τ_f = 파괴면에 작용하는 전단응력(즉 전단강도)

σ = 파괴면에 작용하는 수직응력

식 (10.1)에 의해 정의되는 파괴포락선은 곡선이다. 하지만 대부분의 토질역학적 문제에서 파괴면에 작용하는 전단응력을 수직응력에 대한 선형함수로 근사시키는 것은 충분히 합리적이며(Coulomb, 1776), 그 관계는 다음과 같다.

$$\tau_f = c + \sigma \tan \phi \tag{10.2}$$

여기서

c = 점착력

ϕ = 내부마찰각

이 식을 **Mohr-Coulomb의 파괴 기준**이라 한다.

포화토 지반 한 지점에서 전응력은 유효응력과 간극수압의 합으로 정의된다.

$$\sigma = \sigma' + u$$

이때 유효응력 σ'은 흙입자가 받는 응력이다. 따라서 토질역학적 관점에서 유효응력의 개념을 적용하여 식 (10.2)를 다시 쓰면 다음과 같다.

$$\tau_f = c' + (\sigma - u) \tan \phi' = c' + \sigma' \tan \phi' \tag{10.3}$$

여기서

c' = 유효응력 기반 점착력

ϕ' = 유효 마찰각

파괴포락선의 중요성은 다음과 같다. 만약 토체(그림 10.1a) 내부에 한 평면에 작용하는 수직 및 전단응력이 그림 10.1b에서 점 A와 같이 표현된다면, 전단파괴는 해당 평면을 따라서 발생하지 않는다. 만일 한 평면에 작용하는 수직 및 전단응력이 (파괴포락선과 겹치는) 점 B와 같이 그려진다면, 전단파괴는 그 평면을 따라 발생한다. 점 C는 파괴포락선 상부에 위치하며, 토체 내부에서 전단파괴는 응력상태가 점 C에 도달하기 전에 이미 발생한다. 따라서 토체 내부에서 점 C와 같이 표현되는 응력상태는 존재할 수 없다.

자갈, 모래, 그리고 무기질 실트의 유효응력 기반 점착력 c'은 0이다. 정규압밀점토의 c'은 0으로 근사할 수 있다. 과압밀점토는 0보다 큰 c'을 가진다. 마찰각 ϕ'은 때때로 **배수 마찰각**(drained angle of friction)으로 지칭된다. 조립토의 ϕ'의 전형적인 값은 표 10.1과 같다.

정규압밀점토의 마찰각 ϕ'의 범위는 일반적으로 20~30°이다. 과압밀점토에서 마찰각 ϕ'의 크기는 줄어든다. 선행압밀하중이 약 1000 kN/m²보다 작은 미고결 과압밀점토의 경우, c'의 크기는 5~15 kN/m²이다.

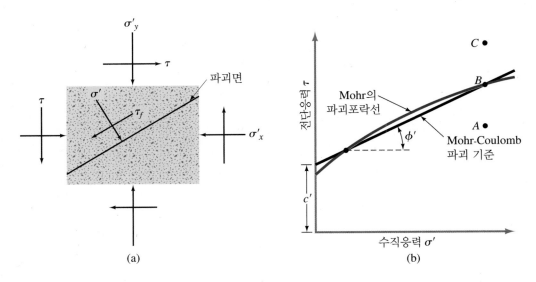

그림 10.1 Mohr의 파괴포락선과 Mohr–Coulomb의 파괴 기준

표 10.1 조립토의 마찰각과 상대밀도 사이의 관계

조밀도	상대밀도(%)	마찰각 $\phi'(°)$
매우 느슨	< 15	< 28
느슨	15~35	28~34
중간	35~65	34~41
조밀	65~85	41~46
매우 조밀	> 85	> 46

10.3 전단파괴면의 경사

Mohr-Coulomb의 파괴 기준에서 언급했듯이, 전단파괴는 한 평면에서 전단응력이 식 (10.3)에 의해 산정된 값에 도달할 때 발생한다. 파괴면이 최대 주평면(최대 주응력이 작용하는 평면)과 이루는 경사를 결정하는 방법은 그림 10.2a와 같으며, 그림 10.2a에서 σ'_1과 σ'_3이 각각 최대 및 최소 유효 주응력이다. 파괴면 EF는 최대 주평면과 각도 θ를 이루고 있다. 각도 θ와 σ'_1과 σ'_3의 관계를 파악하기 위해서는 그림 10.2a의 응력상태를 Mohr원으로 표현한 그림 10.2b를 참고하라. 그림 10.2b에서 직선 fgh는 공식 $\tau_f = c' + \sigma' \tan \phi'$으로부터 정의된 파괴포락선이다. Mohr원에서 점 b와 e는 최대 및 최소 주응력과 이에 대응하는 평면(평면 CD와 CB)을 나타낸다. 점 d는 파괴면 EF를 나타낸다. 각도 bad가 2θ 그리고 $90 + \phi'$과 같음을 증명할 수 있으며,

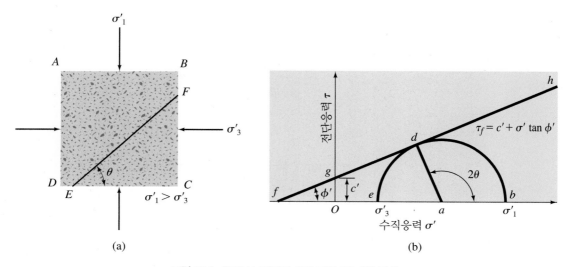

그림 10.2 흙에서 파괴면의 최대 주평면에 대한 경사

이를 다시 쓰면 다음과 같다.

$$\theta = 45 + \frac{\phi'}{2} \tag{10.4}$$

또한 그림 10.2b로부터 다음을 알 수 있다.

$$\frac{\overline{ad}}{\overline{fa}} = \sin \phi' \tag{10.5}$$

$$\overline{fa} = fO + Oa = c' \cot \phi' + \frac{\sigma_1' + \sigma_3'}{2} \tag{10.6}$$

$$\overline{ad} = \frac{\sigma_1' - \sigma_3'}{2} \tag{10.7}$$

식 (10.6)과 (10.7)을 식 (10.5)에 대입하면

$$\sin \phi' = \frac{\dfrac{\sigma_1' - \sigma_3'}{2}}{c' \cot \phi' + \dfrac{\sigma_1' + \sigma_3'}{2}}$$

이를 다시 쓰면 다음과 같다.

$$\sigma_1' = \sigma_3'\left(\frac{1 + \sin \phi'}{1 - \sin \phi'}\right) + 2c'\left(\frac{\cos \phi'}{1 - \sin \phi'}\right) \tag{10.8}$$

삼각함수 공식에 의해

$$\frac{1 + \sin \phi'}{1 - \sin \phi'} = \tan^2\left(45 + \frac{\phi'}{2}\right)$$

$$\frac{\cos \phi'}{1 - \sin \phi'} = \tan\left(45 + \frac{\phi'}{2}\right)$$

이므로,

$$\sigma_1' = \sigma_3' \tan^2\left(45 + \frac{\phi'}{2}\right) + 2c' \tan\left(45 + \frac{\phi'}{2}\right) \tag{10.9}$$

위 관계 식 (10.9)는 Mohr-Coulomb의 파괴 기준을 파괴 시 응력을 이용해서 다시 쓴 것이다.

전단강도 정수의 실험을 통한 산정

일반적으로 흙의 전단강도 정수는 실험실에서 직접전단시험(direct shear test)과 삼축압축시험(triaxial shear test)을 통해서 결정한다. 다음 절에서 각각의 시험을 수행하는 방법을 자세히 다룬다.

10.4 직접전단시험

이 시험은 가장 오래되고 단순한 형태의 전단시험이다. 직접전단 시험기의 연직 단면은 그림 10.3과 같다. 시험 장비는 흙 시료가 놓이는 금속제 전단상자로 구성된다. 흙 시료의 형상은 원형 혹은 정사각형이다. 시료의 일반적인 크기는 단면적 20~35 cm², 높이 25~30 mm이다. 전단상자는 수평방향으로 절반으로 쪼개져 있으며, 시료에 가해지는 수직력은 전단상자의 상부에 작용한다. 일반적으로 시료에는 1000 kN/m²까지의 수직응력을 가할 수 있다. 전단력은 전단상자의 절반을 다른 절반에 대해 상대적으로 움직여서 발생시키며, 이때 흙 시료 안에 파괴가 유발된다.

시험 장비에 따라, 전단시험은 응력-제어(stress-controlled) 혹은 변형률-제어(strain-controlled) 방식으로 수행될 수 있다. 응력-제어 방식의 시험에서는 시료가

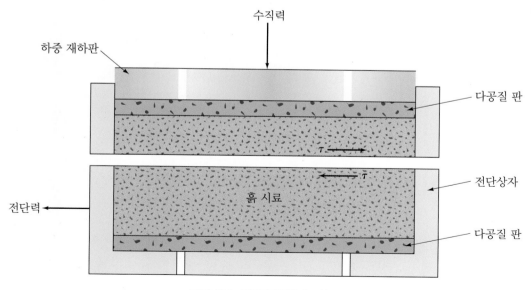

그림 10.3 직접전단시험의 도식도

파괴될 때까지 전단력을 동일한 증분으로 증가시킨다. 파괴면은 전단상자가 나뉘어진 수평면을 따라서 발생한다. 각각의 하중 증분이 가해진 후, 상부 전단상자의 전단 변위가 수평 다이얼게이지를 통해서 측정된다. 시험 중 시료 높이의 변화(즉, 시료의 체적 변화)는 상부 하중 재하판의 연직방향 변위를 측정하는 다이얼게이지로 관측한다.

변형률-제어 방식의 시험에서는, 모터가 기어를 통하여 일정한 속도로 전단상자의 상부 절반에 전단 변위를 발생시킨다. 일정한 속도의 전단 변위는 수평 다이얼게이지로 측정한다. 각각의 전단 변위에 대응하는 흙의 전단 저항력은 수평방향으로 설치된 프루빙 링(proving ring)이나 로드셀(load cell)을 통하여 측정한다. 시험 중 시료의 체적 변화는 응력-제어 시험 방식과 유사한 방법으로 측정한다. 그림 10.4는 변

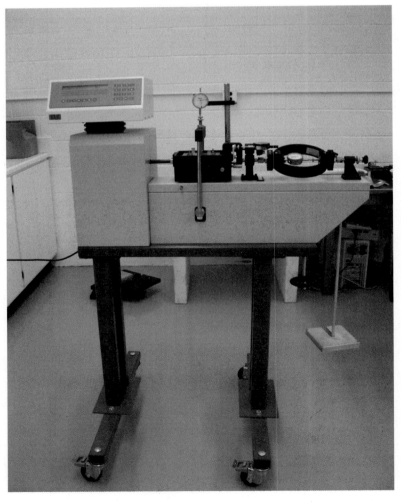

그림 10.4 직접전단시험 장비 (Nevada, Hendearson, Janice Das 제공)

형률-제어 방식의 직접전단시험 장비의 사진이다.

변형률-제어 방식을 이용하여 조밀한 모래를 대상으로 시험을 실시할 경우, 파괴 시에 발현되는 첨두 전단 저항뿐 아니라 파괴 이후에 **극한강도**(ultimate strength)라 불리는 첨두 전단 저항보다 약간 작은 전단 저항까지 관찰하고 도시할 수 있다는 장점이 있다. 응력-제어 방식의 시험에서는 오직 첨두 전단 저항만을 관찰하고 도시할 수 있다. 여기서 주의할 점은 응력-제어 방식에서 산정된 첨두 전단 저항은 근사치라는 것이다. 그 이유는 파괴 전후 하중 증분 사이 어딘가에 파괴가 발생하는 응력이 존재하기 때문이다. 그럼에도 불구하고, 응력-제어 방식의 시험은 변형률-제어 방식보다 실제 현장 상황을 좀 더 잘 모사하는 시험 방법이다.

건조토에 대해 수행한 실험에서 수직응력은 다음과 같이 산정된다.

$$\sigma = \sigma' = \text{수직응력} = \frac{\text{수직력}}{\text{시료의 단면적}} \tag{10.10}$$

전단 변위에 저항하는 전단응력은 다음과 같이 산정된다.

$$\tau = \text{전단응력} = \frac{\text{전단 저항력}}{\text{시료의 단면적}} \tag{10.11}$$

그림 10.5는 느슨한 그리고 조밀한 모래 시료의 전단 변위에 대한 시료의 높이 변화와 전단응력의 일반적인 양상을 보여준다. 이러한 양상은 변형률-제어 시험을 통하여 얻을 수 있다. 그림 10.5로부터 전단 변위에 대한 전단 저항력의 변화에 대한 다음과 같은 일반화가 가능하다.

1. 느슨한 모래에서, 전단 변위가 증가할 때 이에 저항하는 전단응력은 파괴 시 응력인 τ_f에 도달할 때까지 증가한다. 그 후에는 전단 변위가 계속 증가하여도 전단 저항은 대략 일정하게 유지된다.

2. 조밀한 모래에서, 전단 변위가 증가할 때 이에 저항하는 전단응력은 파괴 시 응력인 τ_f에 도달할 때까지 증가한다. 이 τ_f를 **첨두 전단강도**(peak shear strength)라 한다. 파괴 응력에 도달한 이후, 전단 변위가 증가할 때 저항 전단응력은 점진적으로 감소하며, 최종적으로 **극한 전단강도**(ultimate shear strength, τ_{ult})라 불리는 일정한 값에 도달한다.

유사한 시료에 대해 수직응력을 변화시키면서 직접전단시험을 수행한다. 다수의 시험을 통해 산정된 수직응력과 그에 대응하는 τ_f를 그래프에 도시하여 전단강도 정수

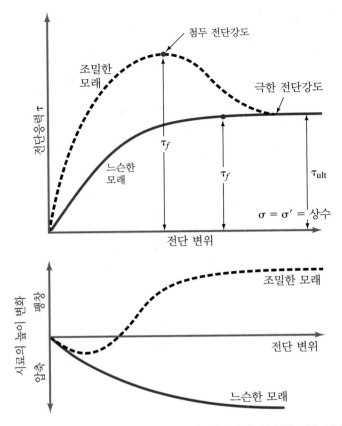

그림 10.5 느슨한 그리고 조밀한 건조모래에 대해 직접전단시험을 실시했을 경우, 전단 변위에 대한 전단응력과 시료 높이 변화의 양상

를 결정한다. 그림 10.6은 건조모래에 대해 그 예를 보여준다. 시험 결과로부터 구한 추세선은 다음과 같다.

$$\tau_f = \sigma' \tan \phi' \tag{10.12}$$

(모래에 대해서 $c' = 0$이며, 건조상태에서는 $\sigma = \sigma'$이다.) 따라서 마찰각은 다음과 같이 산정된다.

$$\phi' = \tan^{-1}\left(\frac{\tau_f}{\sigma'}\right) \tag{10.13}$$

만일 수직응력에 대한 극한 전단강도(τ_{ult})의 변화를 알고 있다면, 그 또한 그림

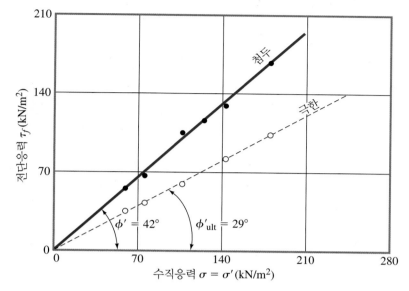

그림 10.6 직접전단시험 결과를 사용한 건조모래의 전단강도 정수 결정

10.6과 같이 표현할 수 있다. 이때 추세선 및 극한 마찰각은 다음 식과 같다.

$$\tau_{ult} = \sigma' \tan \phi'_{ult} \qquad (10.14)$$

$$\phi'_{ult} = \tan^{-1}\left(\frac{\tau_{ult}}{\sigma'}\right) \qquad (10.15)$$

첨두 마찰각 ϕ'은 극한 마찰각 ϕ'_{ult}에 비해 언제나 크거나 같다.

포화된 모래 및 점토에 대한 배수 직접전단시험

직접전단시험에서는 일반적으로 물이 채워져 있는 용기 안에 흙 시료를 담고 있는 전단상자를 위치시켜 시료를 포화시킨다. **배수 시험**(drained test)에서는 포화된 흙 시료에 충분히 느린 속도로 하중을 재하하여 발현된 과잉간극수압이 배수로 인해 완전히 소산되도록 한다. 간극수는 2개의 다공질 판을 통하여 배수된다(그림 10.3 참고).

모래는 투수계수가 크기 때문에, (수직 및 전단) 하중으로 인해 발생한 과잉간극수압은 빠르게 소산된다. 그러므로 일반적인 속도의 하중 재하에 대해서 모래는 언제나 완전 배수 조건 아래에 놓인다. 포화된 모래에 대해서 배수 직접전단시험으로부터 산정된 마찰각 ϕ'은 동일한 건조모래에 대해 실시한 시험으로부터 얻는 값과 동일할 것이다.

점토는 투수계수가 모래에 비해 굉장히 작다. 점토 시료에 수직하중이 작용할 때, (과잉간극수압의 소산인) 압밀이 완료되기 위해서는 충분한 시간이 필요하다. 이러한 이유로, 전단 하중을 굉장히 천천히 가해야 하며, 시험은 2~5일 정도 지속될 수 있다. 점토 시료에 대해서도 비슷한 방법으로 c'과 c'_{ult}을 산정할 수 있다. 극한강도상태에서는 변형이 크기 때문에 입자 사이에 작용하는 결합이 깨지게 된다. 따라서 모든 흙에 대해서 $c'_{ult} \approx 0$이라 할 수 있다.

직접전단시험에 대한 전반적인 의견

직접전단시험은 수행이 간편한 장점이 있지만, 근본적인 단점이 있다. 먼저 결과의 신뢰성이 의문시되는 경우가 있다. 그 이유는 흙이 가장 약한 평면을 따라 파괴되지 않으며, 전단상자의 갈라진 면을 따라서 강제로 파괴되기 때문이다. 또 시료의 전단면을 따라 작용하는 전단응력이 균질하지 않다는 단점이 있다. 이러한 단점에도 불구하고, 직접전단시험은 건조 혹은 포화된 사질토에 대해 가장 간단하고 경제적인 시험법이다.

많은 기초 설계 문제에서, 흙과 기초를 구성하는 재료와의 마찰각을 결정하는 것은 필수적이다(그림 10.7). 기초는 콘크리트, 강재, 혹은 나무를 재료로 건설될 수 있다. 흙과 기초 사이 접촉면을 따라 작용하는 전단강도는 다음과 같다.

$$\tau_f = c'_a + \sigma' \tan \delta' \tag{10.16}$$

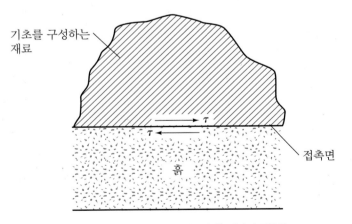

그림 10.7 기초를 구성하는 재료와 흙 사이의 접촉면

여기서

    c'_a = 부착력

    δ' = 흙과 기초를 구성하는 재료 사이의 유효 마찰각

이 방정식은 식 (10.3)과 유사함을 알 수 있다. 흙과 기초를 구성하는 재료 사이의 전단강도 정수는 직접전단시험을 통하여 쉽게 결정할 수 있다. 이는 직접전단시험의 큰 이점이다. 기초를 구성하는 재료를 하부 전단상자에 놓고, 그 위에(즉, 상부 전단상자에) 흙을 위치시킨 후 동일한 방법으로 직접전단시험을 실시한다.

또한 ϕ'과 δ'의 관계는 유효수직응력 σ'의 크기의 영향을 받는다. 그 이유는 그림 10.8과 같다. 10.2절에서 Mohr의 파괴포락선은 사실 곡선이며, 식 (10.3)은 이 파괴포락선의 근사한 함수라고 언급하였다. 만일 직접전단시험을 $\sigma' = \sigma'_{(1)}$ 조건에서 수행한다면, 전단강도는 $\tau_{f(1)}$로 산정된다. 따라서 마찰각은 다음과 같이 산정된다.

$$\delta' = \delta'_1 = \tan^{-1}\left[\frac{\tau_{f(1)}}{\sigma'_{(1)}}\right]$$

그림 10.8은 이를 보여준다. 유사하게, 만일 시험을 $\sigma' = \sigma'_{(2)}$ 조건에서 수행한다면 다음과 같다.

$$\delta' = \delta'_2 = \tan^{-1}\left[\frac{\tau_{f(2)}}{\sigma'_{(2)}}\right]$$

그림 10.8에서 보이듯, $\sigma'_{(2)} > \sigma'_{(1)}$이므로 $\delta'_2 < \delta'_1$이다. 이를 유념할 경우, 표 10.1에 나열된 ϕ'값들은 단순히 평균값임을 알 수 있다. 일반적으로 $\delta' < \phi'$이며, $c'_a < c'$이다.

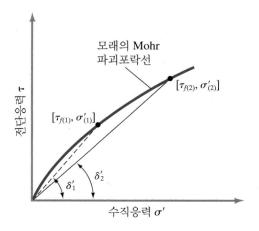

그림 10.8 곡선 형태를 보이는 모래의 Mohr 파괴포락선

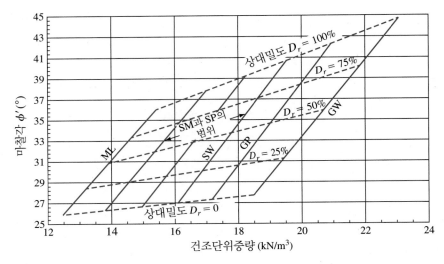

그림 10.10 조립토의 마찰각[U.S. Navy (1986) 참고]

그림 10.10은 U.S. Navy(1986)에 의해 제안된 조립토의 첨두 마찰각의 일반적인 범위를 보여준다.

예제 10.1

직접전단시험을 건조 사질토에 대해 실시하였다. 시료의 크기는 50 mm × 50 mm × 20 mm이며 시험결과는 아래와 같을 때, 전단강도 정수를 산정하시오.

시험 번호	수직력 (N)	수직응력* $\sigma = \sigma'$ (kN/m²)	파괴 시 전단력 (N)	파괴 시 전단응력[†] τ_f (kN/m²)
1	90	36	54	21.6
2	135	54	82.35	32.9
3	315	126	189.5	75.8
4	450	180	270.5	108.2

$$^*\sigma = \frac{\text{수직력}}{\text{시료의 면적}} = \frac{\text{수직력} \times 10^{-3}\,\text{kN}}{50 \times 50 \times 10^{-6}\,\text{m}^2}$$

$$^\dagger\tau_f = \frac{\text{전단력}}{\text{시료의 면적}} = \frac{\text{전단력} \times 10^{-3}\,\text{kN}}{50 \times 50 \times 10^{-6}\,\text{m}^2}$$

풀이

시험 결과로부터 전단응력 τ_f를 수직응력에 대해 그리면 그림 10.9와 같으며, 이로부터 **$c' = 0$, $\phi = 31°$**를 산정할 수 있다.

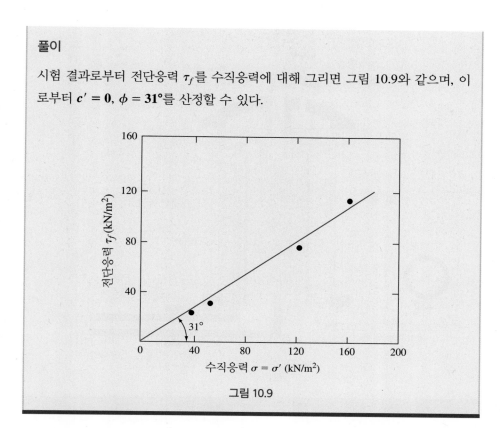

그림 10.9

10.5 삼축전단시험

삼축전단시험은 전단강도 정수 산정이 가능한 가장 신뢰할만한 시험 방법 중 하나이며, 연구 및 일반적인 목적의 토질실험에서 널리 활용된다. 삼축압축시험은 다음과 같은 이유로 신뢰할만한 시험이다.

1. 직접전단시험으로부터는 구할 수 없는 흙의 응력−변형률 거동에 관한 정보를 얻을 수 있다.
2. 파괴면을 따라 응력이 집중되는 직접전단시험에 비해 응력조건을 균일하게 가할 수 있다.
3. 현장 조건을 재현할 수 있는 하중 재하 경로 측면에서 더 유연하다.
4. Mohr원을 이용한 합리적인 해석이 가능하다.

삼축시험기의 모식도는 그림 10.11a와 같으며, 그림 10.11b는 진행 중인 삼축압축시

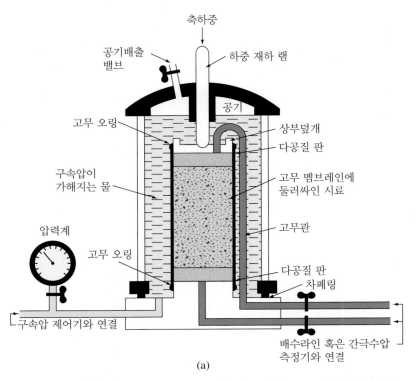

(a)

그림 10.11 (a) 삼축시험장비의 모식도 (Bishop and Bjerrum, "The Relevance of Triaxial Test to the Solution of Stability Problems," *Proceedings, Research Conference on Shear Strength of Cohesive Soils*, ASCE, 1960, pp. 437-501, ASCE 허가), (b) 삼축시험 진행 중 전경, (c) 파괴면을 보여주는 파괴 시 흙 시료 (Australia, James Cook University, N. Sivakugan 제공)

험의 사진을 보여준다.

삼축전단시험에서는 대략 38 mm의 직경과 76 mm의 길이의 흙 시료가 주로 사용된다. 시료를 얇은 고무 멤브레인으로 감싼 후 플라스틱 실린더형 챔버 안에 위치시킨다. 챔버는 보통 물이나 글리세린으로 채운다. 챔버 안 유체에 압축을 가해 시료에 구속압을 가한다. (공기도 때때로 압축재로 사용될 수 있다.) 시료의 전단파괴를 발생시키기 위해 연직 하중 재하 램(ram)을 이용하여 축방향 응력[혹은 **축차응력**(deviator stress)]을 가한다. 다음 두 가지 중 한 가지 방법을 이용하여 응력을 증가시킨다.

1. 파괴될 때까지 사하중이나 수압을 동일한 크기의 증분(즉, 응력-제어)으로 증가시킨다. (램을 통하여 작용한) 하중으로 인한 시료의 축방향 변형은 다이얼게이지를 통해 측정한다.

2. 기어 혹은 수압을 이용하여 동일한 속도로 축방향 변형을 일으킨다. 이 시험법을 변형률-제어 시험법이라 한다. 축방향 변형에 대응하는 (램을 통하여 작용하는) 축방향 하중은 램에 부착된 프루브 링이나 로드셀을 통해 측정한다.

또한 삼축시험기에는 시료로 혹은 시료로부터 배수되는 유량을 측정하는 장비 혹은 (시험 조건에 따라) 간극수에 작용하는 압력을 측정하는 장비가 연결된다. 일반적으로 다음과 같은 세 가지의 표준화된 삼축시험법이 주로 수행된다.

1. 압밀-배수 시험(consolidated-drained test) 혹은 배수 시험(drained test) (CD 시험)
2. 압밀-비배수 시험(consolidated-undrained test) (CU 시험)
3. 비압밀-비배수 시험(unconsolidated-undrained test) 혹은 비배수 시험(undrained test) (UU 시험)

포화토에 대해서 각각의 시험의 전형적인 순서 및 적용은 다음 절에서 소개한다.

10.6 압밀-배수 시험

압밀-배수 시험(consolidated-drained test)에서 먼저 챔버 안 유체를 압축하여 시료에 모든 방향에서 구속압 σ_3을 가한다(그림 10.12). 구속압이 배수밸브가 잠겼을 때 작용한다면, 시료 내부에 간극수압이 u_c만큼 증가한다. 이 간극수압의 증가량은 다음과 같은 무차원 계수로 나타낼 수 있다.

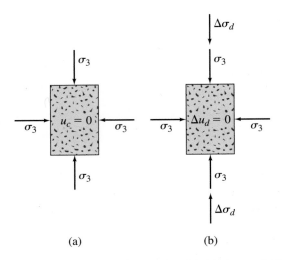

(a)   (b)

그림 10.12 압밀–배수 삼축시험. (a) 챔버 구속압 상태에서의 시료, (b) 축차응력의 적용

$$B = \frac{u_c}{\sigma_3} \tag{10.17}$$

여기서는 B는 Skempton의 간극수압계수이다(Skempton, 1954).

    포화된 연약한 흙에 대해서, B는 대략적으로 1과 같다. 하지만 포화된 강성이 큰 흙에 대해서 B의 크기는 1보다 작을 수 있다. Black과 Lee(1973)는 완전포화에서 다양한 흙에 대한 B의 크기를 이론적으로 제시하였으며, 그 값은 표 10.2와 같다. 일반적으로 CD 혹은 CU 삼축시험에서 시료가 포화되었는지 확인하기 위해 B를 측정한다.

    배수밸브를 열어둔다면, 과잉간극수압의 소산으로 압밀이 발생한다. 시간이 지난 후 시료가 완전히 압밀된다면 u_c는 0과 같아진다. 포화토에서 압밀 중 시료의 체적 변화는 배수된 간극수의 부피로부터 산정할 수 있다(그림 10.13a). 그 후 시료에 가해지

표 10.2 완전포화상태에서 B의 이론값

흙의 종류	이론값
정규압밀상태의 연약한 점성토	0.9998
약과압밀상태의 연약한 점성토 혹은 실트	0.9988
과압밀상태의 단단한 점성토 혹은 모래	0.9877
높은 구속압이 작용하는 매우 조밀한 모래 혹은 매우 단단한 점성토	0.9130

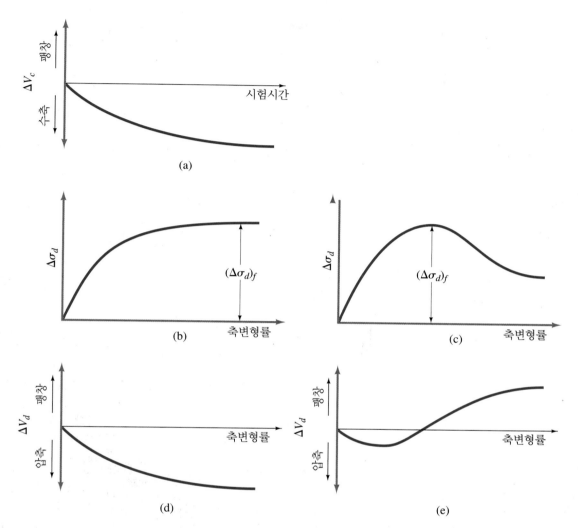

그림 10.13 압밀−배수 삼축시험. (a) 챔버의 구속압에 의한 시료의 체적 변화, (b) 느슨한 모래 혹은 정규압밀점토의 연직방향 변형률에 대한 축차응력의 변화, (c) 조밀한 모래 혹은 과압밀점토의 연직방향 변형률에 대한 축차응력의 변화, (d) 축차응력이 가해지는 동안 느슨한 모래 혹은 정규압밀점토의 체적 변화, (e) 축차응력이 가해지는 동안 조밀한 모래 혹은 과압밀점토의 체적 변화

는 축차응력 $\Delta\sigma_d$을 매우 천천히 증가시킨다(그림 10.13b). 배수밸브를 열어놓은 상태에서 축차응력을 천천히 증가시켜, 그로 인해 발생하는 어떠한 간극수압도 완전히 소산되도록 한다($\Delta u_d = 0$)

느슨한 모래 및 정규압밀점토에서 변형률 대비 축차응력의 전형적인 변화양상은 그림 10.13b와 같다. 그림 10.13c는 조밀한 모래 및 과압밀점토에서의 변화양상을 보여준다. 그림 10.13d와 e는 다양한 흙에서 축차응력의 작용 때문에 발생하는 시료의

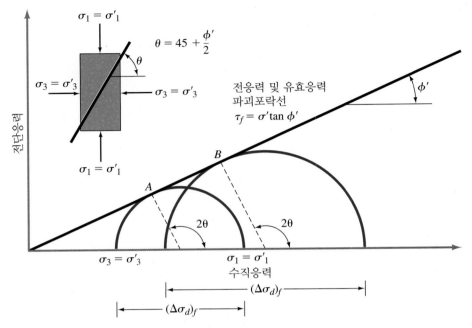

그림 10.14 모래와 정규압밀점토에 대해 실시한 배수 시험을 통해 산정한 유효응력 파괴포락선

체적 변화 ΔV_d의 양상을 보여준다.

시험 중 발현되는 간극수압은 완전히 소산되므로 다음을 알 수 있다.

전 구속응력 및 유효 구속응력 $= \sigma_3 = \sigma'_3$

파괴 시 전 축응력 및 유효 축응력 $= \sigma_3 + (\Delta \sigma_d)_f = \sigma_1 = \sigma'_1$

삼축시험에서 σ'_1은 파괴 시 최대 유효 주응력이며, σ'_3은 파괴 시 최소 유효 주응력이다.

유사한 시료에 대해서 구속압을 달리하면서 여러 번 실험을 실시한 후, 각각의 실험에서 얻은 파괴 시의 최소 및 최대 주응력을 이용하여 Mohr원을 작도하고 파괴포락선을 산정할 수 있다. 그림 10.14는 c'이 0인 모래와 정규압밀점토에 대해서 실시한 실험으로부터 산정할 수 있는 유효응력 파괴포락선을 보여준다. 파괴포락선과 Mohr원이 접하는 지점(예로 들면, A 지점)의 좌표로부터 시험체의 파괴면에 작용하는 (수직 및 전단) 응력을 산정할 수 있다.

점토에 모든 방향으로 구속압 $\sigma_c(= \sigma'_c)$을 가하여 압밀을 시킨 후, 구속압을 σ_3 $(= \sigma'_3)$으로 감소시켜 시료를 팽창시킬 경우, 시료는 과압밀상태에 놓이게 된다. 과압밀점토에 대해서 배수 삼축시험을 통해 산정하는 파괴포락선은 두 부분(그림 10.15의

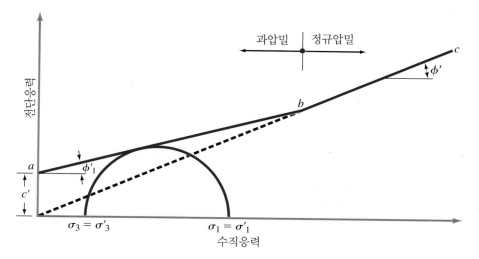

그림 10.15 과압밀점토의 유효응력 파괴포락선

ab와 bc)으로 나뉜다. 파괴포락선에서 ab 부분은 점착력에 해당하는 절편과 더 작은 기울기를 가지며, 이 부분에 대한 전단강도 방정식은 다음과 같다.

$$\tau_f = c' + \sigma' \tan \phi'_1 \tag{10.18}$$

파괴포락선에서 bc 부분은 정규압밀상태의 흙의 파괴포락선을 나타내며 파괴포락선은 $\tau_f = \sigma' \tan \phi'$와 같다.

점성토에 대한 압밀–배수 삼축시험은 며칠에 걸쳐서 수행된다. 흙 시료로부터 완벽한 배수상태를 확보하기 위해 매우 느리게 축차응력을 가하여야 하므로 많은 시간이 필요하다. 이러한 이유로 점성토 시료에 대한 CD 삼축시험은 일반적으로 많이 적용되지 않는다.

점성토의 유효응력 기반 마찰각

그림 10.16은 몇몇 정규압밀점토의 유효응력 마찰각 ϕ'의 변화를 보여준다(Sorensen and Okkels, 2013). 그림으로부터 일반적으로 마찰각 ϕ'은 소성지수(PI)가 증가함에 따라 감소함을 알 수 있다. 정규압밀점토에 대해서 다음을 알 수 있다.

ϕ'의 평균:

$$\phi' = 43 - 10 \log PI \tag{10.19}$$

ϕ'의 하한값:

$$\phi' = 39 - 11 \log PI \tag{10.20}$$

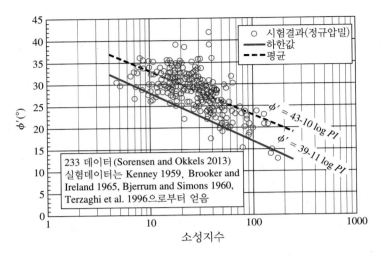

그림 10.16 정규압밀점토의 ϕ'의 소성지수(PI)에 대한 변화(Sorensen and Okkels, 2013)

덴마크에서 점토에 대해 30년 넘게 수행된 시험에 기초하여, Sorensen과 Okkels (2013)은 과압밀점토에 대한 다음과 같은 관계를 제시하였다.

ϕ'의 평균:

$$\phi'\,(°) = 45 - 14\log(PI) \qquad (4 < PI < 50\text{에 대해}) \qquad (10.21)$$

$$\phi'\,(°) = 26 - 3\log(PI) \qquad (50 \leq PI < 150\text{에 대해}) \qquad (10.22)$$

ϕ'의 하한값:

$$\phi'\,(°) = 44 - 14\log(PI) \qquad (4 < PI < 50\text{에 대해}) \qquad (10.23)$$

$$\phi'\,(°) = 30 - 6\log(PI) \qquad (50 \leq PI < 150\text{에 대해}) \qquad (10.24)$$

c'의 하한값:

$$c'\,(kN/m^2) = 30 \qquad (7 < PI < 30\text{에 대해}) \qquad (10.25)$$

$$c'\,(kN/m^2) = 48 - 0.6(PI) \qquad (30 \leq PI < 80\text{에 대해}) \qquad (10.26)$$

$$c'\,(kN/m^2) = 0 \qquad (PI > 80\text{에 대해}) \qquad (10.27)$$

Castellanos와 Brandon(2013)은 강 혹은 호수에서 퇴적된 충적토의 불교란 시료에 대해서 압밀-비배수 삼축시험(10.7절)으로부터 구한 ϕ'이 압밀-배수 직접전단시험으로 구한 ϕ'보다 상당히 큼을 보여준다(그림 10.17).

제안된 ϕ'의 평균을 나타내는 곡선은 다음과 같다.

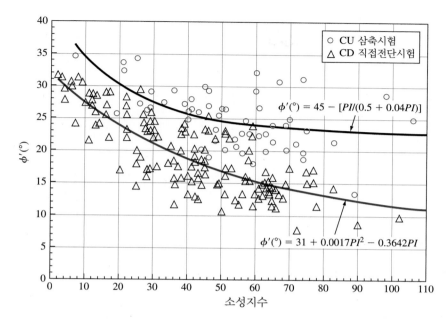

그림 10.17 강 혹은 호수에서 형성된 불교란 충적토의 삼축시험 및 직접전단시험으로부터 산정된 ϕ'의 소성지수(PI)에 대한 변화(Castellanos and Brandon, 2013)

$$\phi'(°) = 45 - \left[\frac{PI}{0.5 + 0.04(PI)}\right] \quad \text{(CU 시험)} \qquad (10.28)$$

$$\phi'(°) = 31 + 0.0017(PI)^2 - 0.3642(PI) \quad \text{(직접전단시험)} \qquad (10.29)$$

예제 10.2

정규압밀점토에 대해서 다음과 같은 배수 삼축시험의 결과를 얻었다.

$$\text{구속압} = 104 \text{ kN/m}^2$$

$$\text{파괴 시 축차응력} = 125 \text{ kN/m}^2$$

a. 마찰각 ϕ'을 찾으시오.

b. 최대 주응력이 작용하는 평면과 파괴면 사이의 각도 θ를 결정하시오.

풀이

정규압밀상태의 흙에 대해서, 파괴포락선 식은 다음과 같다.

$$\tau_f = \sigma' \tan\phi' \quad (c' = 0\text{이므로})$$

(계속)

삼축시험에서 파괴 시 최대 및 최소 유효 주응력은 다음과 같이 계산된다.

$$\sigma'_1 = \sigma_1 = \sigma_3 + (\Delta\sigma_d)_f = 104 + 125 = 229 \text{ kN/m}^2$$

$$\sigma'_3 = \sigma_3 = 104 \text{ kN/m}^2$$

a. 주어진 조건에서 Mohr원과 파괴포락선은 그림 10.18과 같다. 그림으로부터 다음과 같이 마찰각을 산정한다.

$$\sin\phi' = \frac{AB}{OA} = \frac{\left(\dfrac{\sigma'_1 - \sigma'_3}{2}\right)}{\left(\dfrac{\sigma'_1 + \sigma'_3}{2}\right)}$$

또는

$$\sin\phi' = \frac{\sigma'_1 - \sigma'_3}{\sigma'_1 + \sigma'_3} = \frac{229 - 104}{229 + 104} = 0.375$$

$$\phi' = \mathbf{22°}$$

b.
$$\theta = 45 + \frac{\phi'}{2} = 45° + \frac{22}{2} = \mathbf{56°}$$

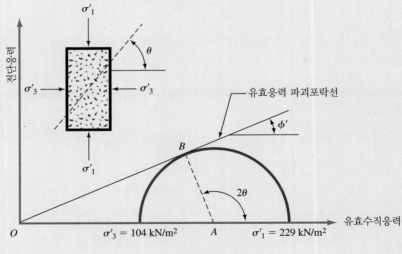

그림 10.18

예제 10.3

한 정규압밀점성토의 유효응력 파괴포락선 식이 $\tau_f = \sigma' \tan 27°$이다. 동일한 흙에 대해서 배수 삼축시험을 구속압 100 kN/m²을 가하여 실시하였다. 파괴 시 축차응력을 계산하시오.

풀이

정규압밀점토이므로, $c' = 0$이다. 따라서 식 (10.9)로부터 다음을 산정할 수 있다.

$$\sigma_1' = \sigma_3' \tan^2 \left(45 + \frac{\phi'}{2} \right)$$

$$\phi' = 27°$$

$$\sigma_1' = 100 \tan^2 \left(45 + \frac{27}{2} \right) = 266.3 \text{ kN/m}^2$$

따라서 파괴 시 축차응력은 다음과 같다.

$$(\Delta\sigma_d)_f = \sigma_1' - \sigma_3' = 266.3 - 100 = \textbf{166.3 kN/m}^2$$

예제 10.4

포화된 점토에 대해서 배수 삼축시험을 2회 실시한 결과가 다음과 같을 때, 전단강도 정수를 산정하시오.

$$\text{시료 I:} \quad \sigma_3 = 70 \text{ kN/m}^2$$
$$(\Delta\sigma_d)_f = 130 \text{ kN/m}^2$$

$$\text{시료 II:} \quad \sigma_3 = 160 \text{ kN/m}^2$$
$$(\Delta\sigma_d)_f = 223.5 \text{ kN/m}^2$$

풀이

그림 10.19를 참고하여, 시료 I에 작용하는 파괴 시 주응력은 다음과 같다.

$$\sigma'_3 = \sigma_3 = 70 \text{ kN/m}^2$$

$$\sigma'_1 = \sigma_1 = \sigma_3 + (\Delta\sigma_d)_f = 70 + 130 = 200 \text{ kN/m}^2$$

(계속)

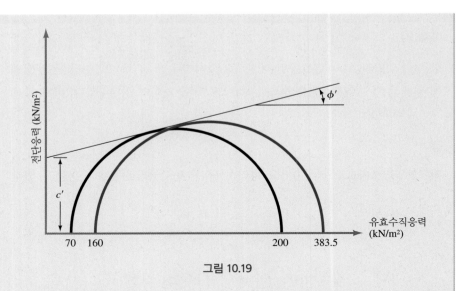

그림 10.19

또한 시료 II에 작용하는 파괴 시 주응력은 다음과 같다.

$$\sigma'_3 = \sigma_3 = 160 \text{ kN/m}^2$$

$$\sigma'_1 = \sigma_1 = \sigma_3 + (\Delta\sigma_d)_f = 160 + 223.5 = 383.5 \text{ kN/m}^2$$

식 (10.9)에 제시된 관계를 이용하여 (과압밀점토에 대해서) 다음 식을 얻을 수 있다.

$$\sigma'_1 = \sigma'_3 \tan^2\left(45 + \frac{\phi'_1}{2}\right) + 2c' \tan\left(45 + \frac{\phi'_1}{2}\right)$$

따라서 시료 I에 대해서 위 식을 적용하면 다음과 같다.

$$200 = 70 \tan^2\left(45 + \frac{\phi'_1}{2}\right) + 2c' \tan\left(45 + \frac{\phi'_1}{2}\right)$$

시료 II에 대해서도 다음 식을 얻을 수 있다.

$$383.5 = 160 \tan^2\left(45 + \frac{\phi'_1}{2}\right) + 2c' \tan\left(45 + \frac{\phi'_1}{2}\right)$$

상기 두 방정식을 풀면 다음 값을 얻는다.

$$\phi' = 20°, \quad c' = 20 \text{ kN/m}^2$$

10.7 압밀-비배수 시험

압밀-비배수 시험(consolidated-undrained test)은 가장 일반적인 삼축시험이다. 이 시험에서는 먼저 모든 방향에서 구속압 σ_3을 가하고 배수시켜 시료를 압밀시킨다(그림 10.20a와 b). 구속압으로 인해 발생한 간극수압이 완전히 소산(즉, $u_c = B\sigma_3 = 0$)된 이후, 전단파괴를 발생시키기 위해 시료에 작용하는 축차응력 $\Delta\sigma_d$을 증가시킨다(그림 10.20c). 시험의 이 단계에서는 시료에 연결된 배수라인을 닫는다. 배수가 허용되지 않기 때문에, 간극수압 Δu_d은 증가하며(그림 10.20f), 시험 중 $\Delta\sigma_d$와 Δu_d를 측정한다. 간극수압의 증분 Δu_d은 다음과 같은 무차원 형태로 나타낼 수 있다.

$$\overline{A} = \frac{\Delta u_d}{\Delta \sigma_d} \tag{10.30}$$

여기서 $\overline{A}$는 Skempton의 간극수압계수이다(Skempton, 1954).

모래와 점토에 대해 축변형률 대비 $\Delta\sigma_d$와 Δu_d의 변화의 일반적인 양상은 그림 10.20d, e, f, g와 같다. 느슨한 모래 혹은 정규압밀점토에서 간극수압은 변형률과 함께 증가한다. 조밀한 모래 혹은 과압밀점토에서 간극수압은 특정 한계까지 증가한 이후, 감소하여 음(대기압 대비)의 값을 가진다. 이러한 양상은 흙이 팽창(dilate)하려는 경향성을 가지고 있기 때문이다.

압밀-배수 시험과 다르게 압밀-비배수 시험에서는 전 주응력과 유효 주응력이 다르다. 이 시험에서는 파괴 시 간극수압이 측정되기 때문에 주응력은 다음과 같이 분석될 수 있다.

- 파괴 시 최대 전 주응력:

$$\sigma_3 + (\Delta\sigma_d)_f = \sigma_1$$

- 파괴 시 최대 유효 주응력:

$$\sigma_1 - (\Delta u_d)_f = \sigma'_1$$

- 파괴 시 최소 전 주응력:

$$\sigma_3$$

- 파괴 시 최소 유효 주응력:

$$\sigma_3 - (\Delta u_d)_f = \sigma'_3$$

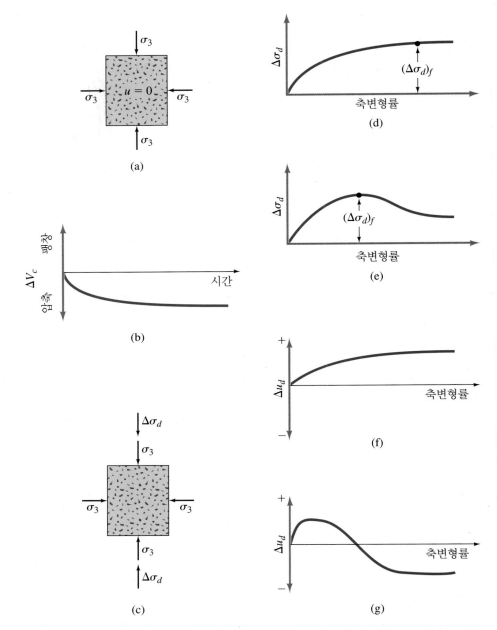

그림 10.20 압밀-비배수 시험. (a) 구속압이 작용하는 시료, (b) 구속압에 의한 시료의 체적 변화, (c) 축차응력의 적용, (d) 느슨한 모래 및 정규압밀점토의 축변형률에 대한 축차응력, (e) 조밀한 모래 및 과압밀점토의 축변형률에 대한 축차응력, (f) 느슨한 모래 및 정규압밀점토의 축변형률에 대한 간극수압의 변화, (g) 조밀한 모래 및 과압밀점토의 축변형률에 대한 간극수압의 변화

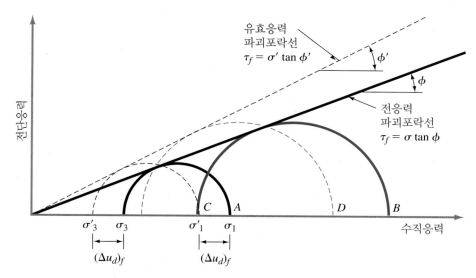

그림 10.21 압밀−비배수 삼축시험의 전응력과 유효응력 파괴포락선
(주의: 이 그림에서는 배압을 적용하지 않았다.)

여기서 $(\Delta u_d)_f$는 파괴 시 간극수압이다. 상기 조건으로부터 다음을 유도할 수 있다.

$$\sigma_1 - \sigma_3 = \sigma'_1 - \sigma'_3$$

전단강도 정수를 결정하기 위해서는 유사한 시료에 대해서 구속압을 달리하면서 여러 번 시험을 수행해야 한다. 그림 10.21은 모래와 정규압밀점토에 대해서 압밀−비배수 삼축시험을 수행하여 산정한 파괴 시 전응력 및 유효응력 Mohr원이다. A와 B는 두 번의 실험에서 각각 구한 전응력 Mohr원임을 유의하자. C와 D는 전응력 Mohr원 A와 B에 각각 대응하는 유효응력 Mohr원이다. 원 A와 C의 직경은 동일하며, B와 D의 직경 또한 동일하다.

그림 10.21에서 전응력 파괴포락선은 모든 전응력 Mohr원을 접하는 선을 그려서 얻을 수 있다. 모래와 정규압밀점토에 대해서, 이 선은 원점을 지나는 직선으로 근사될 수 있으며, 수식으로 나타내면 다음과 같다.

$$\tau_f = \sigma \tan \phi \tag{10.31}$$

여기서

σ = 전응력

ϕ = 전응력 파괴포락선과 수직응력축 사이각으로 압밀−비배수 전단 저항각

다만 식 (10.31)은 실무에서는 거의 적용되지 않는다.

다시 그림 10.21로 돌아가서, 모든 유효응력 Mohr원을 접하는 파괴포락선을 식 $\tau_f = \sigma' \tan \phi'$으로 나타낼 수 있음을 알 수 있다. 이 파괴포락선은 압밀-배수 시험을 통해 산정한 파괴포락선과 동일하다(그림 10.14 참고).

과압밀점토에 대해 압밀-비배수 시험을 통해 산정한 전응력 파괴포락선의 형상은 그림 10.22와 같다. 직선 $a'b'$은 다음 식으로 나타낼 수 있으며,

$$\tau_f = c + \sigma \tan \phi_1 \tag{10.32}$$

직선 $b'c'$은 식 (10.31)을 따른다. 유효응력 Mohr원을 이용하여 작도한 유효응력 파괴포락선은 그림 10.15와 비슷하다.

점토에 대해 압밀-배수 시험을 수행할 경우 많은 시간이 필요하다. 그러한 이유로 점토에 대해서는 배수 전단강도 정수를 얻기 위해 간극수압계를 설치하여 압밀-비배수 시험을 실시한다. 이 시험에서는 축차응력이 가해지는 동안 배수가 허용되지 않기 때문에 실험을 빠르게 진행할 수 있다.

Skempton의 간극수압계수 $\overline{A}$는 식 (10.30)과 같이 정의된다. 파괴 시 간극수압계수 $\overline{A}$는 다음과 같이 쓸 수 있다.

$$\overline{A} = \overline{A}_f = \frac{(\Delta u_d)_f}{(\Delta \sigma_d)_f} \tag{10.33}$$

대부분의 점토에서 파괴 시 간극수압계수 $\overline{A}_f$의 일반적인 범위는 다음과 같다.

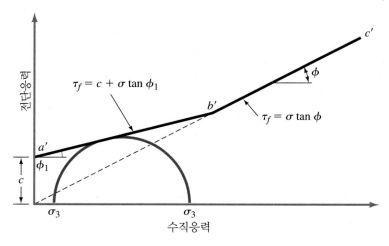

그림 10.22 과압밀점토에 대해 수행한 압밀-비배수 시험을 통해 산정한 전응력 파괴포락선

- 정규압밀점토: 0.5~1
- 약간 과압밀된 점토: 0~0.5
- 아주 과압밀된 점토: −0.5~0

압밀−배수 및 압밀−비배수 삼축시험의 분석에서 흙 시료가 완전히 포화되었음을 가정한다. 현장에서 불교란 시료를 채취할 때, 시료는 응력 해방을 경험하며, 또한 불포화 상태가 될 수 있다. 추가적으로, 대부분 다진 점토 시료는 불포화 상태이다. 따라서 이러한 시료를 이용하여 삼축시험을 실시할 때, 시료를 확실히 완전포화시킬 필요가 있다. 삼축시험 시료를 포화시키기 위해서, 일반적으로 배수라인을 따라 **배압**(back pressure, u_0)을 적용한다. 이 배압은 압밀과정 중에 유지된다. 배압은 간극수 안에 갇힌 공기를 용해시켜 시료를 완전히 포화시킨다. 그러므로 축차응력으로 인한 과잉간극수압 Δu_d은 기존에 작용하고 있는 배압에 추가되어 발생하게 된다(즉, $u = u_0 + \Delta u_d$).

예제 10.5

압밀−비배수 시험을 정규압밀점토에 대해 수행한 결과가 다음과 같을 때, 압밀−비배수 마찰각과 배수 마찰각을 산정하시오.

$$\sigma_3 = 100 \text{ kN/m}^2$$
$$\text{축차응력 } (\Delta\sigma_d)_f = 89.4 \text{ kN/m}^2$$
$$\text{간극수압 } (\Delta u_d)_f = 58.1 \text{ kN/m}^2$$

풀이

그림 10.23을 참고하여 다음과 같이 산정할 수 있다.

$$\sigma_3 = 100 \text{ kN/m}^2$$

$$\sigma_1 = \sigma_3 + (\Delta\sigma_d)_f = 100 + 89.4 = 189.4 \text{ kN/m}^2$$

$$\sigma_1 = \sigma_3 \tan^2\left(45 + \frac{\phi}{2}\right)$$

$$189.4 = 100 \tan^2\left(45 + \frac{\phi}{2}\right)$$

$$\phi = 2\left[\tan^{-1}\left(\frac{189.4}{100}\right)^{0.5} - 45\right] = \mathbf{18°}$$

(계속)

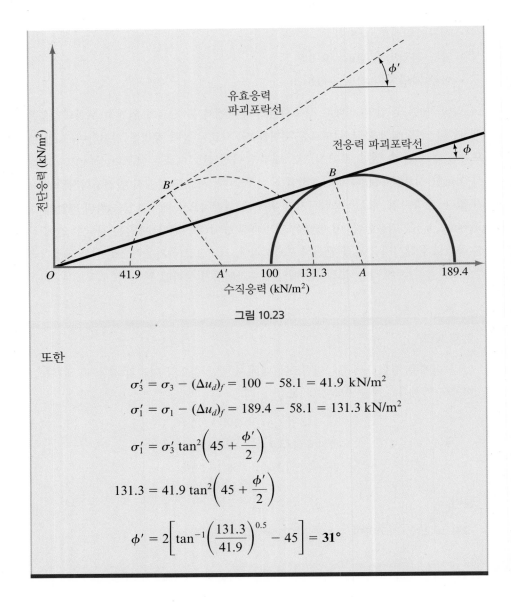

그림 10.23

또한

$$\sigma'_3 = \sigma_3 - (\Delta u_d)_f = 100 - 58.1 = 41.9 \text{ kN/m}^2$$

$$\sigma'_1 = \sigma_1 - (\Delta u_d)_f = 189.4 - 58.1 = 131.3 \text{ kN/m}^2$$

$$\sigma'_1 = \sigma'_3 \tan^2\left(45 + \frac{\phi'}{2}\right)$$

$$131.3 = 41.9 \tan^2\left(45 + \frac{\phi'}{2}\right)$$

$$\phi' = 2\left[\tan^{-1}\left(\frac{131.3}{41.9}\right)^{0.5} - 45\right] = \mathbf{31°}$$

10.8 비압밀-비배수 시험

비압밀-비배수 시험(unconsolidated-undrained test)에서는 흙 시료에 구속압 σ_3을 가하는 동안에 배수를 허용하지 않는다. 그 후 배수가 허용되지 않는 상태에서 축차응력 $\Delta\sigma_d$을 가하여 시료를 파괴시킨다. 모든 시험 단계에서 배수가 허용되지 않으므로 매우 빨리 시험을 수행할 수 있다. 구속압 σ_3의 적용으로 인해 흙 시료 안에 간극수압은 u_c만큼 증가한다. 그 후 축차응력의 작용으로 인해 추가 간극수압이 Δu_d만큼 발생한다. 그러므로 축차응력 작용 단계에서 시료 내부에 작용하는 총 간극수압 u은 다음과 같다.

$$u = u_c + \Delta u_d \qquad (10.34)$$

식 (10.17)과 (10.30)으로부터 $u_c = B\sigma_3$와 $\Delta u_d = \overline{A}\,\sigma_d$이며, 따라서 다음 식을 유도할 수 있다.

$$u = B\sigma_3 + \overline{A}\,\Delta\sigma_d = B\sigma_3 + \overline{A}(\sigma_1 - \sigma_3) \qquad (10.35)$$

일반적으로 점토에 대해서 비압밀−비배수 시험을 실시한다. 또한 비압밀−비배수 시험은 포화 점성토의 강도에 대한 매우 중요한 개념에 기초하고 있다. 파괴에 필요한 추가 축응력 $(\Delta\sigma_d)_f$은 구속압과 상관없이 실질적으로 동일하다. 그림 10.24는 그 결과를 보여준다. 전응력 Mohr원에 대한 파괴포락선은 수평선이 되며, 따라서 이를 $\phi = 0$ 조건이라고 하며, 파괴포락선은 다음 식과 같다.

$$\tau_f = c_u \qquad (10.36)$$

여기서 c_u를 **비배수 전단강도**(undrained shear strength)라 부르며, 그 크기는 Mohr원의 반경과 동일하다.

구속압의 크기에 상관없이 파괴 시 필요한 추가 축응력 $(\Delta\sigma_d)_f$이 동일한 이유는 다음과 같다. 첫 번째 점토 시료를 구속압 σ_3으로 압밀시킨 후 배수를 허용하지 않고

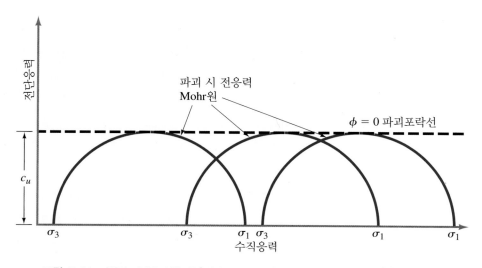

그림 10.24 비압밀−비배수 삼축시험 결과로부터 산정된 전응력 Mohr원과 파괴포락선($\phi = 0$)

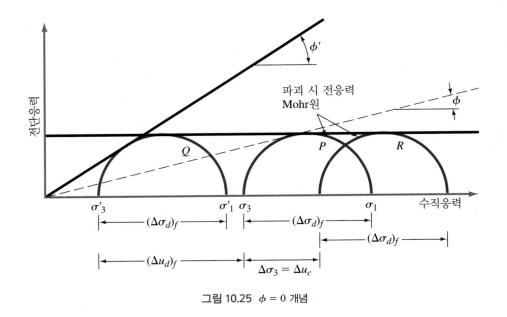

그림 10.25 $\phi = 0$ 개념

전단파괴를 발생시킨다면, 파괴 시 전응력은 그림 10.25의 Mohr원 P와 같다. 파괴 시 시료 내부에서 발현된 간극수압은 $(\Delta u_d)_f$와 같다. 따라서 파괴 시 최대 및 최소 유효 주응력은 다음과 같다.

$$\sigma_1' = [\sigma_3 + (\Delta\sigma_d)_f] - (\Delta u_d)_f = \sigma_1 - (\Delta u_d)_f$$

$$\sigma_3' = \sigma_3 - (\Delta u_d)_f$$

원 Q는 이 주응력들을 이용하여 작도한 유효응력 Mohr원이며, P와 Q의 직경은 동일하다.

　이제 구속압 σ_3으로 압밀된 유사한 점토로 구성된 두 번째 시료를 생각해보자. 만일 배수를 허용하지 않은 상태에서 구속압을 $\Delta\sigma_3$만큼 증가시킨다면, 간극수압은 Δu_c만큼 증가할 것이다. 등방압 상태의 포화된 흙에 대해 간극수압 증가량은 전응력 증가량과 동일하며, $\Delta u_c = \Delta\sigma_3$이다. 이때 유효 구속압은 $\sigma_3 + \Delta\sigma_3 - \Delta u_c = \sigma_3 + \Delta\sigma_3 - \Delta\sigma_3 = \sigma_3$와 같으며, 이는 축차응력을 가하기 전 첫 번째 시료에 작용하는 유효 구속압과 동일하다. 따라서 축응력을 증가시켜 두 번째 시료를 파괴시킨다면 파괴 시 축차응력 $(\Delta\sigma_d)_f$은 첫 번째 시료가 파괴된 축차응력과 동일하여야 한다. 파괴 시 전응력 Mohr원은 그림 10.25에서 R과 같다. 축차응력 $(\Delta\sigma_d)_f$의 작용으로 인해 발생하는 추가 간극수압은 $(\Delta u_d)_f$와 같다.

　파괴 시 최소 및 최대 유효 주응력은 다음과 같다.

$$[\sigma_3 + \Delta\sigma_3] - [\Delta u_c + (\Delta u_d)_f] = \sigma_3 - (\Delta u_d)_f = \sigma_3'$$

$$[\sigma_3 + \Delta\sigma_3 + (\Delta\sigma_d)_f] - [\Delta u_c + (\Delta u_d)_f] = [\sigma_3 + (\Delta\sigma_d)_f] - (\Delta u_d)_f$$
$$= \sigma_1 - (\Delta u_d)_f = \sigma_1'$$

유효응력 Mohr원은 여전히 Q이다. 왜냐하면 강도는 유효응력의 함수이기 때문이다. 또한 원 P, Q, R의 직경은 동일하다는 점에 유의하자.

두 번째 시료에는 어떤 크기의 $\Delta\sigma_3$도 가할 수 있으며, 어떤 경우라도 파괴를 일으키는 축차응력 $(\Delta\sigma_d)_f$은 동일하다.

Sorensen과 Okkels(2013)은 과압밀점토에 대하여 $c' = 0.1c_u$ 관계를 조심스럽게 제안하였다.

현재까지 재성형 시료의 비배수 전단강도(c_{ur})에 대한 다수의 상관관계가 제안되어 왔으며, 표 10.3은 그중 일부를 나열하고 있다. 주의할 점은, 이러한 관계는 대략적인 추정에만 사용되어야 한다는 것이다. O'Kelly(2013)는 함수비 w에 따라 c_{ur}는 다음과 같이 평가할 수 있음을 보였다.

$$\log c_{ur} = (1 - W_{LN})\left[\log\left(\frac{c_{ur(A)}}{c_{ur(B)}}\right)\right] + \log c_{ur(B)} \tag{10.37}$$

여기서

$c_{ur(A)}$ = 함수비가 w_A와 같을 때 비배수 전단강도
$c_{ur(B)}$ = 함수비가 w_B와 같을 때 비배수 전단강도

$$W_{LN} = \frac{\log w - \log w_A}{\log w_B - \log w_A} \tag{10.38}$$

표 10.3 c_{ur} (kN/m²)에 대한 상관관계

조사자	상관관계
Leroueil 등 (1983)	$c_{ur} = \dfrac{1}{[(LI) - 0.21]^2}$
Hirata 등 (1990)	$c_{ur} = \exp[-3.36(LI) + 0.376]$
Terzaghi 등 (1996)	$c_{ur} = 2(LI)^{-2.8}$
Yang 등 (2006)	$c_{ur} = 159.6 \exp[-3.97(LI)]$

주의: LI = 액성지수

10.9 포화점토에 대한 일축압축시험

일축압축시험(unconfined compression test)은 일반적으로 점토 시료에 대해 적용되며, 비압밀-비배수 시험의 특별한 경우이다. 이 실험에서 구속압 σ_3은 0이다. 축하중을 시료에 빠르게 작용하여 파괴를 일으킨다. 파괴상태에서는 최소 전 주응력은 0이며, 최대 전 주응력은 σ_1이다(그림 10.26). 비배수 전단강도는 구속압의 영향을 받지 않으므로 다음을 알 수 있다.

$$\tau_f = \frac{\sigma_1}{2} = \frac{q_u}{2} = c_u \tag{10.39}$$

여기서 q_u는 **일축압축강도**(unconfined compression strength)이다. 표 10.4는 일축압축강도에 따른 점토의 대략적인 연경도를 보여준다. 그림 10.27은 일축압축시험 장비의 사진이다. 그림 10.28은 흙의 두 가지 파괴양상인 전단면이 뚜렷한 경우와 부풀어

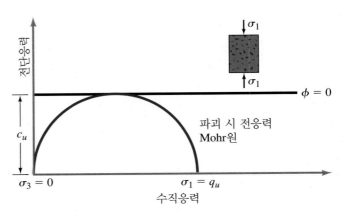

그림 10.26 일축압축시험

표 10.4 점토의 일축압축강도와 연경도 사이의 대략적인 관계	
연경도	$q_u(kN/m^2)$
매우 연약함	0~25
연약함	25~50
중간	50~100
굳음	100~200
매우 굳음	200~400
단단함	400 이상

그림 10.27 일축압축시험 장비 (Australia, James Cook University, N. Sivakugan 제공)

(a)

(b)

그림 10.28 일축압 축시료의 파괴. (a) 뚜렷한 전단면을 보이며 파괴, (b) 부 풀어 오르면서 파괴 (Nevada, Henderson, Braja M. Das 제공)

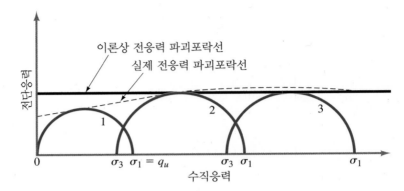

그림 10.29 포화점토에 대해 일축압축시험과 비압밀-비배수 시험 결과의 비교(주의: 1번 Mohr원은 일축압축시험 결과, 2, 3번 Mohr원은 비압밀-비배수 삼축시험 결과)

오르면서 발생하는 흙 시료의 파괴를 보여준다.

이론적으로, 동일한 포화점토로 구성된 시료에 대해 일축압축시험과 비압밀-비배수 시험의 결과로 산출되는 c_u값은 동일하다. 하지만 실제 실험을 해보면 포화점토에 대해 일축압축시험에서 비압밀-비배수 시험보다 c_u가 약간 작게 산출된다. 그림 10.29는 이를 보여준다.

10.10   전단강도 정수의 선택

지금까지 Mohr-Coulomb의 파괴포락선을 정의하는 여러 종류의 전단강도 정수를 다루었다. 이는 다음과 같다.

- c'와 ϕ'(배수 전단강도 정수)
- c_u와 $\phi_u = 0$(비배수 전단강도 정수)
- c'와 ϕ'(첨두 전단강도 정수)
- c'_{ult}와 ϕ'_{ult}(극한 전단강도 정수)

지반공학에서 가장 까다로운 부분은 위 전단강도 정수들의 차이점을 이해하고 설계시 적합한 강도정수를 사용하는 것이다. 한 가지 간단한 법칙은 유효응력 기반 분석에서는 유효응력 기반 강도정수를 사용하고, 전응력 기반 분석에서는 전응력 기반 강도정수(c_u와 $\phi_u = 0$)를 사용하는 것이다.

기초나 제방과 같은 지반공학적 문제를 유효응력을 기반으로 분석할 때, 유효응력 전단강도 정수인 c'와 ϕ' 사용이 필수적이다. 이 정수는 압밀-배수 혹은 압밀-비배수 삼축시험을 통해 결정할 수 있다. 흙이 완전히 배수되거나 간극수압을 알고 있다면, 유효응력과 간극수압을 분리할 수 있으며, 이에 따라 유효응력 기반 분석을 수행할 수 있다. 기초나 제방의 장기 안정성을 분석할 때 혹은 하중 재하가 굉장히 천천히 이루어진다면, 흙의 완전 배수를 가정할 수 있으며, c'와 ϕ'를 이용한 유효응력 분석을 수행할 수 있다. 투수성이 큰 조립토는 언제나 배수 상태이며, 따라서 유효응력 강도정수를 이용하여 이를 분석해야 한다.

흙이 비배수 상태(예를 들어 점토 지반에 놓인 기초의 단기 안정성)라면, 일반적으로 유효응력과 간극수압을 분리하지 않으며 전응력 기반 분석을 수행한다. 여기서 비배수 전단강도 $c_u(\phi = 0)$를 사용하여 전응력 기반 해석을 수행한다.

10.4절에서 논한 직접전단시험은 배수(간극수압의 발현을 억제하기 위해 매우 천천히 하중을 가함) 혹은 비배수(배수를 허용하지 않고 빠르게 하중을 가함) 조건에서 수행하여 c'와 ϕ'(혹은 c_u)를 산정할 수 있다.

대부분의 지반공학적 문제들은 변형률이 작다. 따라서 첨두 점착력(c')과 마찰각(ϕ')의 사용이 적합하다. 한편 변형률이 매우 크다고 알려진 상황(예를 들어 산사태)을 분석할 때만 극한 전단강도 정수 c'_{ult}와 ϕ'_{ult}의 사용을 권장한다.

10.11 점토의 예민비와 틱소트로피

자연 퇴적 점토들의 많은 경우, 그림 10.30과 같이 일축압축강도가 함수비의 어떠한 변화 없이 재성형한 이후에 크게 감소한다. 점토의 이러한 특성을 **예민비**(sensitivity)라 한다. 예민비는 다음 식과 같이 불교란 상태와 재성형 상태에서의 일축압축강도의 비로 정량화한다.

$$S_t = \frac{q_u(불교란\ 시료)}{q_u(재성형\ 시료)} \tag{10.40}$$

대부분의 점토들에서 예민비는 대략 1~8 사이의 값을 가진다. 하지만 강한 면모 구조를 가지는 해성 점토층은 10~80 사이의 예민비를 가질 수 있다. 또 어떠한 점토는 재성형 시 점성이 있는 유체로 변하기도 한다. 이러한 점토는 북미나 스칸디나비아 지역의 과거 빙하로 덮여 있던 지역에서 대부분 발견되며, 이를 'quick' 점토라 한다. Rosenqvist(1953)는 예민비에 기초하여 점토를 분류하였으며, 표 10.5는 이 분류

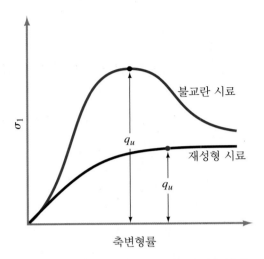

그림 10.30 불교란 그리고 재성형된 점토의 일축압축강도

표 10.5 예민비에 따른 분류

예민비 S_t	분류
1	예민하지 않음
1~2	약간 예민함
2~4	중간 정도 예민함
4~8	매우 예민함
8~16	약간 quick
16~32	중간 정도 quick
32~64	매우 quick
> 64	예외적으로 매우 quick

를 보여준다.

재성형으로 인한 점토의 강도 감소의 근본적인 원인은 초기 퇴적 시 형성된 점토 입자 구조의 파괴이다. 하지만 만일 흙 시료가 재성형 후에도 계속 (함수비의 변화가 전혀 없는) 불교란 상태에 놓인다면, 시료는 시간이 지날수록 강도를 회복하게 된다. 이러한 현상을 **틱소트로피**(thixotropy)라 한다. 틱소트로피는 조성이나 체적의 변화 없이 재료가 재성형 시 연하게 되는 시간 의존적인 가역적 과정으로, 이 감소된 강도는 재료가 안정된다면 점진적으로 증가한다.

대부분의 흙은 틱소트로피 경향성을 부분적으로 가진다. 재성형으로 인해 감소된 강도의 일부는 시간이 지나도 회복되지 않는다. 재성형 시 초기 퇴적 과정에서 형성된 점토 입자 구조가 파괴되므로, 흙에서 불교란 강도와 틱소트로피 경화 이후 강도에는 차이가 있다. 실무적인 관점에서 예민비는 첨두 전단강도와 극한 전단강도의 비로 해석할 수 있다.

10.12   비배수 전단강도의 이방성

점성토의 퇴적과 연이은 압밀의 자연현상으로 인해, 점토 입자는 최대 주응력 방향에 직각방향으로 배열되려는 경향성을 가진다. 다수의 점토 입자가 평행하게 배열되어 있으므로, 점토의 강도는 방향에 따라 달라지게 되며, 다른 말로는 점토의 강도는 **이방성**(anisotropic)을 가진다고 말한다. 그림 10.31은 이를 보여준다. 그림에서 V와 H는 연직방향과 수평방향이며, 각각 흙 퇴적 평면에 수직하고 평행한 방향이다. 만약 수평방향과 각도 i만큼 기울어진 축을 따라 흙 시료가 채취되고 비배수 시험을 수행한다면, 비배수 전단강도는 다음과 같이 산정된다.

$$c_{u(i)} = \frac{\sigma_1 - \sigma_3}{2} \tag{10.41}$$

여기서 $c_{u(i)}$는 최대 주응력이 수평면과 각도 i를 이룰 때의 비배수 전단강도이다.

시료의 종축이 연직축과 같은 흙 시료의 비배수 전단강도[즉, $c_{u(i\,=\,90°)}$]를 $c_{u(V)}$라 하자(그림 10.31a). 비슷하게 시료의 축이 수평축과 같은 흙 시료의 비배수 전단강도[즉, $c_{u(i\,=\,0°)}$]를 $c_{u(H)}$라 하자(그림 10.31c). 만일 $c_{u(V)} = c_{u(i)} = c_{u(H)}$라면, 흙은 강도 측

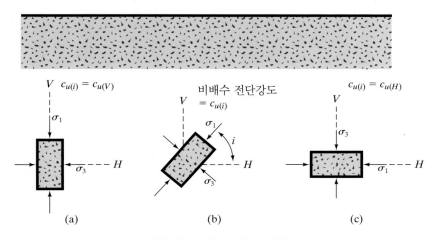

그림 10.31 점토의 강도 이방성

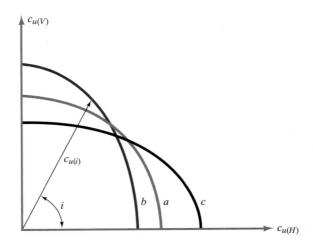

그림 10.32 방향에 따른 점토의 비배수 강도의 변화

면에서 등방성이며, 비배수 전단강도의 방향에 따른 변화는 그림 10.32의 곡선 a와 같이 극좌표계에서 원으로 표현된다. 하지만 만일 흙이 이방성이라면, $c_{u(i)}$는 방향에 따라 바뀌게 된다. Casagrade와 Carrillo(1944)는 비배수 전단강도의 방향에 따른 변화에 대해 다음 식을 제안하였다.

$$c_{u(i)} = c_{u(H)} + [c_{u(V)} - c_{u(H)}] \sin^2 i \qquad (10.42)$$

만약 $c_{u(V)} > c_{u(H)}$라면, $c_{u(i)}$의 방향에 따른 변화는 그림 10.32의 곡선 b와 같이 나타낼 수 있다. 또한 만약 $c_{u(V)} < c_{u(H)}$라면, $c_{u(i)}$의 방향에 따른 변화는 곡선 c와 같다. 이방성 계수는 다음과 같이 정의된다.

$$K = \frac{c_{u(V)}}{c_{u(H)}} \qquad (10.43)$$

자연적으로 퇴적된 흙의 경우, K는 0.75~2.0 사이의 값을 가진다. 과압밀점토에서 K는 일반적으로 1보다 작다.

10.13 요약

이 장에서 다룬 중요한 개념의 요약은 다음과 같다.

1. 유효응력 기반 Mohr-Coulomb의 파괴 기준은 식 (10.3)과 같다.

$$\tau_f = c' + \sigma' \tan \phi'$$

모래와 정규압밀점토에 대해서는 $c' \approx 0$이다.

2. 파괴 시 최대 유효 주응력(σ'_1)과 최소 유효 주응력(σ'_3) 사이의 관계는 식 (10.9)와 같다.

$$\sigma'_1 = \sigma'_3 \tan^2 \left(45 + \frac{\phi'}{2} \right) + 2c' \tan \left(45 + \frac{\phi'}{2} \right)$$

3. 직접전단시험과 삼축시험은 실험실에서 흙 시료의 전단강도를 결정하는 데 수행되는 일반적인 두 가지 주요한 시험법이다.

4. 삼축시험은 다음 세 가지로 분류된다.

   (a) 압밀-배수(혹은 배수) 시험

   (b) 압밀-비배수 시험

   (c) 비압밀-비배수 시험

5. 일축압축시험은 비압밀-비배수 시험의 한 형태이다.

6. 점토의 예민비(S_t)는 불교란 시료와 재성형 시료의 일축압축강도 사이의 비이다. 대부분의 점토들은 1~8 사이의 S_t를 가진다.

연습문제

10.1 다음 문장이 참인지 거짓인지 답하시오.

   a. 정규압밀점토에서 $c' = 0$이다.

   b. 첨두 마찰각은 극한 마찰각보다 작을 수 없다.

   c. 조밀한 모래의 응력-변형률 곡선은 정규압밀점토의 응력-변형률 곡선과 유사한 형태를 가진다.

   d. 점토의 예민비는 1보다 작을 수 있다.

   e. c'와 ϕ'는 비압밀-비배수 삼축시험을 통해 산정할 수 없다.

10.2 건조모래에 수직응력 200 kN/m²으로 직접전단시험을 수행하였다. 전단응력이 175 kN/m²일 때 파괴가 발생하였다. 시험에 사용한 시료의 크기는 75 mm × 75 mm × 30 mm(높이)와 같다. 마찰각 ϕ'을 결정하시오. 또한 수직응력이 150 kN/m²이라면, 시료를 파괴시키기 위해서는 얼마의 전단력이 필요한가?

10.3 50 mm × 50 mm × 30 mm(높이) 크기의 모래 시료에 대해 직접전단시험을 수행하였다. 모래에 대해서, $\tan \phi' = 0.65/e$(여기서 e = 간극비)이며, 흙입자의 비중

G_s = 2.65로 알려져 있다. 시험 시 수직응력 140 kN/m²을 가하였다. 파괴는 전단
응력이 105 kN/m²일 때 발생하였다. 모래 시료의 질량은 얼마인가?

10.4 다져진 건조모래의 마찰각은 35°이다. 이 모래에 대한 직접전단시험에서 수직응력
115 kN/m²을 가하였다. 시료의 크기는 50 mm × 50 mm × 30 mm(높이)이다. 파
괴를 일으키는 전단력(단위는 kN)은 얼마인가?

10.5 단면이 60 mm × 60 mm인 과압밀점토 시료에 대해 직접전단시험을 수행하였다.
하중 재하를 굉장히 천천히 하여 시료 내부에 간극수압이 발현되지 않도록 하였다
(즉, 배수 재하). 다음 데이터가 기록되었다.

수직력 (N)	전단력 (N)	σ (kN/m²)	τ (kN/m²)
178	102	49.4	28.3
362	174	100.6	48.3
537	256	149.2	71.1
719	332	199.7	92.2

전단강도 정수 c'와 ϕ'를 결정하시오.

10.6 한 모래에 대해서 상대밀도 D_r와 마찰각 ϕ' 사이의 관계는 $\phi'° = 25 + 0.18D_r(D_r$의
단위는 %)이다. 동일한 모래에 대해 배수 삼축시험을 구속압 124 kN/m²으로 하여
수행하였다. 시료는 상대밀도 60%로 다졌다. 파괴 시 최대 주응력을 산정하시오.

10.7 문제 10.6의 삼축시험을 고려하여 다음 문제를 푸시오.
a. 최대 주평면과 파괴면이 이루는 각도를 산정하시오.
b. (시료가 파괴될 때) 최대 주평면과 30°를 이루는 평면에 작용하는 수직 및 전단
응력을 산정하시오.

10.8 정규압밀점토 시료에 대해서 일련의 압밀-배수 삼축시험을 실시하였다. 파괴 시 주
응력 사이의 비 σ_1'/σ_3'의 평균은 2.3이었다. 유효 마찰각을 산정하시오.

10.9 한 모래의 유효응력 파괴포락선은 $\tau_f = \sigma' \tan 38°$와 같다. 배수 삼축시험을 동일한
모래에 대해 수행하였다. 시료는 축차응력이 250 kN/m²일 때 파괴되었다. 시험 중
구속압은 얼마인가?

10.10 문제 10.9를 참고하여 다음 문제를 푸시오.
a. 최소 주평면과 파괴면이 이루는 각도를 산정하시오.
b. 최소 주평면과 35°를 이루는 평면에 작용하는 수직 및 전단응력을 산정하시오.

10.11 정규압밀점토 시료에 대해서 구속압을 75.0 kN/m²으로 하여 압밀-배수 삼축시험
을 수행하였다. 파괴 시 축차응력은 96.0 kN/m²이었다. 같은 점토 시료에 대해 압

밀-비배수 삼축시험을 구속압 150.0 kN/m²에서 수행하였다. 파괴 시 축차응력은 115.0 kN/m²이었다. 파괴 시 간극수압은 얼마인가?

10.12 압밀-배수 삼축시험을 모래 시료에 대해 구속압 100 kN/m²을 가하여 수행하였다. 시료 내부에 간극수압을 발현시키지 않기 위해 연직 축차응력을 천천히 증가시켰다. 시료는 축차응력이 260 kN/m²이 되었을 때 파괴되었다. 이 모래의 마찰각을 산정하시오.

동일한 모래로 구성된 다른 시료에 200 kN/m²의 구속압을 가하였다. 축차응력이 얼마가 될 때 파괴가 발생하는가?

10.13 압밀-배수 삼축시험을 정규압밀점토 시료에 대해 수행하였으며, 다음과 같은 결과가 기록되었다. $\sigma'_3 = 150$ kN/m², $(\Delta\sigma_d)_f = 260$ kN/m². 같은 점토의 동일한 시료에 압밀-비배수 시험을 구속압 150 kN/m²에서 수행하였으며, 이때 파괴 시 축차응력은 115 kN/m²이었다. 이 두 번째 시료 내부의 파괴 시 간극수압은 얼마인가? 파괴 시 Skempton의 간극수압계수 $\overline{A}$는 얼마인가?

10.14 현장의 점토층에서 채취한 시료에 압밀-배수 삼축시험을 한 결과 다음과 같은 전단강도 정수를 얻었다. $c' = 10$ kN/m², $\phi' = 26°$. 이 흙에 대해 시료는 구속압 100 kN/m²으로 압밀되고 비배수상태에서 하중이 재하되는 압밀-비배수 삼축시험을 수행하였다. 시료는 축차응력이 107.0 kN/m²일 때 파괴되었다. 시료 내부의 간극수압은 얼마인가?

10.15 정규압밀점토에 대해 압밀-배수 삼축시험을 실시하였다. 결과는 다음과 같다.

$$\sigma_3 = 276 \text{ kN/m}^2$$
$$(\Delta\sigma_d)_f = 276 \text{ kN/m}^2$$

a. 마찰각 ϕ'을 산정하시오.
b. 최대 주응력과 파괴면이 이루는 각도는 얼마인가?
c. 파괴면에 작용하는 수직응력 σ'과 전단응력 τ_f를 결정하시오.

10.16 문제 10.15를 참고하여 다음 문제를 푸시오.
a. 최대 전단응력이 작용하는 평면에서 유효수직응력을 결정하시오.
b. 최대 전단응력이 작용하는 평면이 아니라 (b)에서 결정한 평면을 따라 파괴가 일어나는 이유를 설명하시오.

10.17 포화점토에 대해 수행한 두 번의 배수 삼축시험의 결과는 다음과 같다.
· 시료 I: 구속압 = 103.5 kN/m²
파괴 시 축차응력 = 216.7 kN/m²

- 시료 II: 구속압 = 172.5 kN/m^2

  파괴 시 축차응력 = 324.3 kN/m^2

이 흙의 전단강도 정수를 산정하시오.

10.18 일련의 압밀-비배수 삼축시험으로부터 얻은 데이터는 아래와 같다. Mohr원 3개를 그리고, 유효응력 파괴포락선을 작도하여, c'와 ϕ'를 산정하시오.

시료 번호	구속압 (kN/m^2)	파괴 시 축차응력 (kN/m^2)	파괴 시 간극수압 (kN/m^2)
1	100	88.2	57.4
2	200	138.5	123.7
3	350	232.1	208.8

10.19 압밀-비배수 시험을 정규압밀점토에 대해 구속압을 140 kN/m^{2}으로 하여 수행하였다. 시료는 축차응력이 126 kN/m^{2}일 때 파괴되었다. 이때 시료 내부의 간극수압은 76.3 kN/m^{2}이었다. 압밀-비배수 마찰각과 배수 마찰각을 산정하시오.

10.20 한 정규압밀점토의 전단강도는 식 $\tau_f = \sigma' \tan 31°$와 같다. 이 점토에 대해 압밀-비배수 삼축시험을 수행하였다. 시험 결과는 다음과 같다.

- 구속압 = 112 kN/m^2
- 파괴 시 축차응력 = 100 kN/m^2

a. 압밀-비배수 마찰각 ϕ을 산정하시오.

b. 파괴 시 점토 시료 내부에서 발현되는 간극수압은 얼마인가?

10.21 압밀-비배수 삼축시험을 세 점토 시료들에 대해 수행하였으며, 각각 대응하는 Mohr원은 그림 10.33과 같다. 전단강도 정수 c, ϕ, c', ϕ'를 산정하시오.

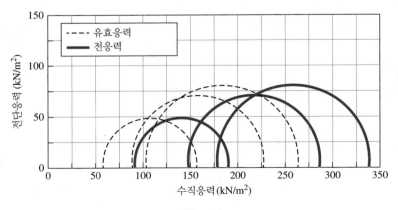

그림 10.33

10.22 질량이 1500 g인 강판을 직경 75 mm, 높이 150 mm인 점토 시료 위에 그림 10.34 와 같이 쌓았다. 만일 시료의 비배수 전단강도가 45.0 kN/m²이라면, 시료가 파괴되 기 전 얼마나 많은 강판을 쌓을 수 있는가? 이 점토의 연경도는 무엇이라 할 수 있 는가?

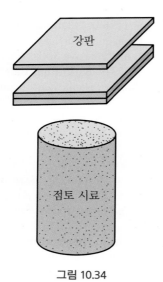

강판

점토 시료

그림 10.34

10.23 지반조사 중 채취한 한 정규압밀점토 시료에 대해 배수 삼축시험을 수행하여 마찰 각을 22°로 산정하였다. 동일한 시료에 대해 일축압축강도 q_u는 120 kN/m²이었다. 일축압축시험에서 파괴 시 간극수압을 산정하시오. (주의: 일축압축시험에서 간극 수압은 음의 부호를 가진다.)

비판적 사고 문제

10.24 식 (10.8)로부터 다음을 보이시오

$$\sigma_3' = \sigma_1' \tan^2\left(45 - \frac{\phi'}{2}\right) - 2c' \tan\left(45 - \frac{\phi'}{2}\right)$$

10.25 이전 실험으로부터, 약하게 과압밀된 점토에 대해 다음과 같은 특성을 알고 있다. $c' = 10$ kN/m², $\phi' = 24°$, $\overline{A} = 0.3$. 포화점토 시료는 구속압 150 kN/m²으로 압밀 되었으며, 비배수 조건에서 연직응력을 가하였다. 이때 연직응력은 파괴까지 빠르 게 증가시켰다. 시료를 파괴시키는 데 필요한 연직응력은 얼마인가? 파괴 시 간극 수압은 얼마인가?

참고문헌

BISHOP, A.W., AND BJERRUM, L. (1960). "The Relevance of the Triaxial Test to the Solution of Stability Problems," *Proceedings*, Research Conference on Shear Strength of Cohesive Soils, ASCE, 437–501.

BJERRUM, L., AND SIMONS, N.E. (1960). "Compression of Shear Strength Characteristics of Normally Consolidated Clay," *Proceedings*, Research Conference on Shear Strength of Cohesive Soils, ASCE. 711–726.

BLACK, D.K., AND LEE, K.L. (1973). "Saturating Laboratory Samples by Back Pressure," *Journal of the Soil Mechanics and Foundations Division*, ASCE, Vol. 99, No. SM1, 75–93.

CASAGRANDE, A., AND CARRILLO, N. (1944). "Shear Failure of Anisotropic Materials," in *Contribution to Soil Mechanics 1941–1953*, Boston Society of Civil Engineers, Boston, MA.

CASTELLANOS, B.A. AND BRANDON, T.L. (2013). "A Comparison between the Shear Strength Measured with Direct Shear and Triaxial Devices on Undisturbed and Remoulded Soils," *Proceedings, 18th International Conference on Soil Mechanics and Geotechnical Engineering*, Paris, Presses des Ponts, Vol. 1, 317–320.

COULOMB, C.A. (1776). "Essai sur une application des regles de Maximums et Minimis à quelques Problèmes de Statique, relatifs à l'Architecture," *Memoires de Mathematique et de Physique*, Présentés, à l'Academie Royale des Sciences, Paris, Vol. 3, 38.

HIRATA, S., YAO, S., AND NISHIDA, K. (1990). "Multiple Regression Analysis between the Mechanical and Physical Properties of Cohesive Soils," *Soils and Foundations*, Vol. 30, No. 3, 91–108.

KENNEY, T. C. (1959). "Discussion," *Proceedings*, ASCE, Vol. 85, No. SM3, 67–79.

LEROUEIL, S., TAVENAS, F. AND LEBIHAN, J.P. (1983). "Propriétés Caractéristiques des Argyles de l'est du Canada," *Canadian Geotechnical Journal*, Vol. 20, No. 4, 681–705.

MOHR, O. (1900). "Welche Umstände Bedingen die Elastizitätsgrenze und den Bruch eines Materiales?" *Zeitschrift des Vereines Deutscher Ingenieure*, Vol. 44, 1524–1530, 1572–1577.

O'KELLY, B.C. (2013). "Atterberg Limit and Remolded Shear Strength—Water Content Relationship," *Geotechnical Testing Journal*, ASTM, Vol. 36, No. 6, 939–947.

ROSENQVIST, I. TH. (1953). "Considerations on the Sensitivity of Norwegian Quick Clays, *Geotechnique*, Vol. 3, No. 5, 195–200.

SKEMPTON, A.W. (1954). "The Pore Water Coefficients A and B," *Geotechnique*, Vol. 4, 143–147.

SORENSEN, K.K. AND OKKELS, N. (2013). "Correlation between Drained Shear Strength and Plasticity Index of Undisturbed Overconsolidated Clays," *Proceedings, 18th International Conference on Soil Mechanics and Geotechnical Engineering*, Paris, Presses des Ponts, Vol. 1, 423–428.

TERZAGHI, K., PECK, R.B., AND MESRI, G. (1996). *Soil Mechanics in Engineering Practice*, 3rd Ed., Wiley, NY.

US NAVY (1986). *Soil Mechanics—Design Manual 7.1*, Department of the Navy, Naval Facilities Engineering Command, U.S. Government Printing Office, Washington, D.C.

YANG, S.L., KVALSTAD, T., SOLHEIM, A., AND FORSBERG, C.F. (2006). "Parameter Studies of Sediments in the Storegga Slide Region," *Geo-Marine Letters*, Vol. 26, No. 4, 213–224.

CHAPTER
11 사면안정

11.1 서론

수평면에 경사를 갖고 솟아 오른 노출된 지표면을 **자유사면**(unrestrained slope)이라고 한다. 사면은 자연적이거나 혹은 공사에 의해 생성될 수 있다. 지표면이 수평하지 않으면, 그림 11.1에서처럼 중력에 의해서 아랫방향으로 이동될 수 있다. 특히 만약 중력이 충분히 크다면, *abcdea* 구역에서 토체가 아래로 미끄러지는 것과 같은 사면 파괴가 일어날 수 있다. 이때 붕괴시키려는 힘은 파괴면을 따라 흙의 전단강도에 의

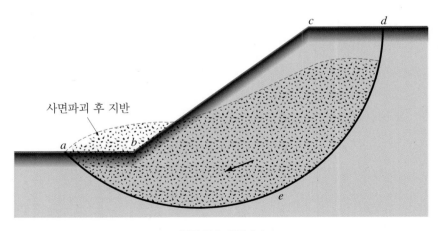

그림 11.1 사면파괴

한 저항력을 넘어선다.

많은 사례들에서 토목공학기술자들은 자연사면, 절토사면, 다져진 제방사면의 안정성을 계산을 해왔다. **사면안정해석**(slope stability analysis)이라고 부르는 이러한 절차들은 가장 파괴되기 쉬운 표면을 따라 발생하는 전단응력을 결정하고 흙의 전단강도와 비교하는 과정을 포함한다.

사면의 안정해석은 쉬운 작업이 아니다. 지층별 분석과 그 토체 내부의 전단강도 정수를 평가하는 것은 만만치 않은 작업임이 틀림없다. 여기에 사면으로 흐르는 침투수와 붕괴될 수 있는 파괴면의 선택은 문제의 복잡성을 가중시킨다. 이 장에서는 사면안정해석과 관련된 기본 원리를 설명한다.

11.2 안전율

사면의 안정성을 분석하는 기술자의 임무는 안전율(factor of safety)을 결정하는 것이다. 일반적으로 안전율은 다음과 같이 정의된다.

$$FS_s = \frac{\tau_f}{\tau_d} \tag{11.1}$$

여기서

FS_s = 강도에 관한 안전율

τ_f = 가상 파괴면을 따라 발생하는 흙의 평균전단강도

τ_d = 가상파괴면을 따라 발생하는 평균전단응력

흙의 전단강도는 점착력과 내부마찰각으로 구성되며 다음과 같이 표현된다.

$$\tau_f = c' + \sigma' \tan \phi' \tag{11.2}$$

여기서

c' = 점착력

ϕ' = 배수 내부마찰각

σ' = 가상파괴면에서의 유효수직응력

또한 같은 방법으로 아래와 같이 쓸 수 있다.

$$\tau_d = c'_d + \sigma' \tan \phi'_d \tag{11.3}$$

여기서 c'_d과 ϕ'_d은 각각 가상파괴면(the surface of potential failure)을 따라 발생되

는 유효 점착력과 내부마찰각을 나타낸다. 파괴가 발생하지 않았을 때 c'_d과 ϕ'_d의 크기는 c'과 ϕ'보다 작다. 식 (11.2)와 (11.3)을 식 (11.1)에 대입하면 다음 식을 얻는다.

$$FS_s = \frac{c' + \sigma' \tan \phi'}{c'_d + \sigma' \tan \phi'_d} \tag{11.4}$$

참고로 안전율을 다른 관점으로, 다시 말해 점착력에 관한 안전율 $FS_{c'}$과 내부마찰각에 관한 안전율 $FS_{\phi'}$으로 표현하면 다음과 같이 정의할 수 있다.

$$FS_{c'} = \frac{c'}{c'_d} \tag{11.5}$$

$$FS_{\phi'} = \frac{\tan \phi'}{\tan \phi'_d} \tag{11.6}$$

식 (11.4)와 식 (11.5), (11.6)을 비교하면, $FS_{c'}$이 $FS_{\phi'}$과 같게 되었을 때, 강도에 관한 안전율임을 알 수 있다. 또는 만약 아래 식과 같으면

$$\frac{c'}{c'_d} = \frac{\tan \phi'}{\tan \phi'_d}$$

다음과 같이 쓸 수 있다.

$$FS_s = FS_{c'} = FS_{\phi'} \tag{11.7}$$

FS_s가 1일 때 사면은 파괴가 임박한 상태에 있다. 일반적으로 강도에 관한 안전율 1.5가 안정적인 사면의 설계에 적용된다.

11.3 무한사면의 안정성

사면의 안정성에 관한 문제를 고려할 때 먼저 그림 11.2와 같은 무한사면(infinite slope)을 대상으로 시작할 수 있다. 무한사면은 사면의 높이보다 훨씬 긴 길이를 갖는 사면을 말한다. 흙의 전단강도는 다음 식 (11.2)로 표현된다.

$$\tau_f = c' + \sigma' \tan \phi'$$

지표면 아래로 H만큼의 깊이에 위치한 AB평면을 따라 파괴될 수 있는 무한사면의

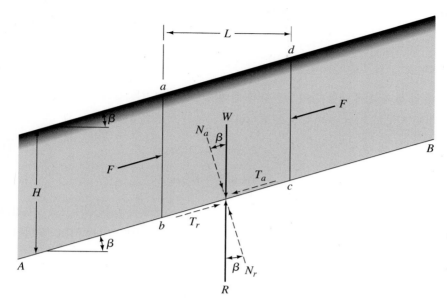

그림 11.2 침투가 없는 무한사면해석

안전율을 평가해보자. 사면의 파괴는 AB평면 위 지반이 오른쪽에서 왼쪽으로 이동하는 것에 의해 발생할 수 있다.

보여준 단면의 평면에 수직방향으로 단위길이를 갖고 있는 사면의 요소 $abcd$를 고려해보자. ab면과 cd면에 작용하고 있는 힘 F는 같고, 서로 반대방향으로 작용하기 때문에 무시할 수 있다. 간극수압이 '0'인 흙 요소의 유효무게는 다음과 같다.

$$W = (흙 요소의 체적) \times (흙의 단위무게) = \gamma L H \tag{11.8}$$

흙의 무게 W는 다음과 같은 두 구성 성분으로 분리할 수 있다.

1. 평면 AB에 수직인 힘 $= N_a = W \cos \beta = \gamma L H \cos \beta$
2. 평면 AB에 평행한 힘 $= T_a = W \sin \beta = \gamma L H \sin \beta$. 참고로 이 힘이 평면을 따라 미끄러짐을 야기하는 힘이다.

그래서 사면 요소의 하부에서 유효수직응력 σ'과 전단응력 τ은 각각 다음과 같이 계산된다.

$$\sigma' = \frac{N_a}{바닥의 면적} = \frac{\gamma L H \cos \beta}{\left(\dfrac{L}{\cos \beta} \right)} = \gamma H \cos^2 \beta \tag{11.9}$$

$$\tau = \frac{T_a}{\text{바닥의 면적}} = \frac{\gamma LH \sin \beta}{\left(\dfrac{L}{\cos \beta}\right)} = \gamma H \cos \beta \sin \beta \qquad (11.10)$$

흙의 무게 W에 대한 반력 R은 W와 반대방향이며 크기는 같다. 평면 AB에 대한 R의 수직 성분과 접선 성분은 N_r과 T_r이다.

$$N_r = R \cos \beta = W \cos \beta \qquad (11.11)$$

$$T_r = R \sin \beta = W \sin \beta \qquad (11.12)$$

힘의 평형에 의해 흙 요소 하부에서 발생하는 저항전단응력 τ_d는 $(T_r)/(\text{바닥의 면적})$ $= \gamma H \sin \beta \cos \beta$가 된다. 저항전단응력은 다음과 같은 형태[식 (11.3)]로 표현될 수 있다.

$$\tau_d = c_d' + \sigma' \tan \phi_d'$$

식 (11.9)로 주어지는 유효수직응력 값을 식 (11.3)에 대입하면 다음과 같다.

$$\tau_d = c_d' + \gamma H \cos^2 \beta \tan \phi_d' \qquad (11.13)$$

그래서

$$\gamma H \sin \beta \cos \beta = c_d' + \gamma H \cos^2 \beta \tan \phi_d'$$

또는

$$\frac{c_d'}{\gamma H} = \sin \beta \cos \beta - \cos^2 \beta \tan \phi_d'$$
$$= \cos^2 \beta(\tan \beta - \tan \phi_d') \qquad (11.14)$$

강도에 관한 안전율은 식 (11.7)에서 정의되었고 아래와 같다.

$$\tan \phi_d' = \frac{\tan \phi'}{FS_s}, \quad c_d' = \frac{c'}{FS_s} \qquad (11.15)$$

위의 관계식을 식 (11.14)에 대입하면 다음 식을 얻는다.

$$FS_s = \frac{c'}{\gamma H \cos^2 \beta \tan \beta} + \frac{\tan \phi'}{\tan \beta} \qquad (11.16)$$

$c' = 0$인 조립토에서는 안전율 $FS_s = (\tan \phi')/(\tan \beta)$가 된다. 이 식으로부터 모래질 무한사면에서는 FS_s 값이 사면 높이 H와 무관하고, $\beta < \phi'$인 조건에서 사면은

안정하다. 점착력이 없는 사질토에 대해서 마찰각 ϕ'을 **안식각**(angle of repose)이라고 한다. 실무에서는 이 각을 유효마찰각으로 간주할 수 있다.

만약 흙이 점착력과 내부마찰각이 있다면, 한계평형이 발생하는 평면의 깊이는 $FS_s = 1$과 $H = H_{cr}$을 식 (11.16)에 대입함으로써 결정할 수 있다. 그래서

$$H_{cr} = \frac{c'}{\gamma} \frac{1}{\cos^2 \beta(\tan \beta - \tan \phi')} \tag{11.17}$$

만약 그림 11.3과 같이 지반 내 침투가 발생하고 지하수위가 지표면과 일치한다면, 강도와 관련된 안전율은 다음과 같이 얻을 수 있다.

$$FS_s = \frac{c'}{\gamma_{sat}H \cos^2 \beta \tan \beta} + \frac{\gamma'}{\gamma_{sat}} \frac{\tan \phi'}{\tan \beta} \tag{11.18}$$

여기서

γ_{sat} = 흙의 포화단위중량

γ' = 흙의 유효단위중량(수중단위중량)

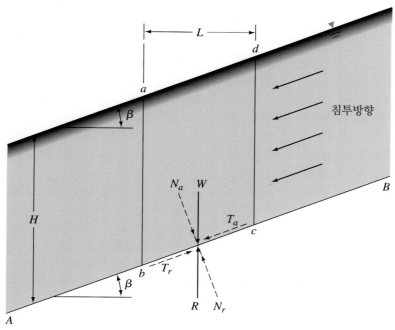

그림 11.3 침투가 있는 무한사면

예제 11.1

그림 11.4와 같은 무한사면이 있다. 흙과 암반 사이의 경계면에서 전단강도정수는 $c' = 18$ kN/m², $\phi' = 25°$이다.

  a. 만약 $H = 8$ m와 $\beta = 20°$라면, 암반 표면에서 미끄러짐에 대한 안전율을 구하시오.

  b. 만약 $\beta = 20°$라면, $F_s = 1$에서 높이 H를 구하시오.

풀이

a. $\rho = 1900$ kg/m³이 주어지면 흙의 단위중량은

$$\gamma = \rho g = \frac{1900 \times 9.81}{1000} = 18.64 \text{ kN/m}^3$$

식 (11.16)으로부터

$$FS_s = \frac{c'}{\gamma H \cos^2\beta \tan\beta} + \frac{\tan\phi'}{\tan\beta}$$

$$= \frac{18}{(18.64)(8)(\cos 20)^2(\tan 20)} + \frac{\tan 25}{\tan 20}$$

$$= 0.376 + 1.28 = \textbf{1.656}$$

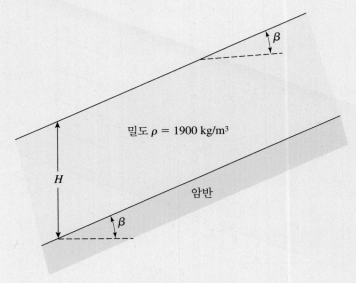

밀도 $\rho = 1900$ kg/m³

H

암반

β

β

그림 11.4

b. 식 (11.17)로부터

$$H_{cr} = \frac{c'}{\gamma} \frac{1}{\cos^2 \beta (\tan \beta - \tan \phi')}$$

$$= \frac{18}{18.64} \frac{1}{\cos^2 30 (\tan 30 - \tan 25)}$$

$$= \textbf{11.6 m}$$

예제 11.2

만약 지반 내 침투가 발생하고 지하수위가 지표면과 일치한다면, 이때 안전율 F_s 은 얼마인가? (그림 11.4 참고) $H = 8$ m, $\rho_{sat} = 1900$ kg/m³, 그리고 $\beta = 20°$이다.

풀이

$$\gamma_{sat} = 18.64 \text{ kN/m}^3 \text{와 } \gamma_w = 9.81 \text{ kN/m}^3. \text{ 그래서}$$

$$\gamma' = \gamma_{sat} - \gamma_w = 18.64 - 9.81 = 8.83 \text{ kN/m}^3$$

식 (11.18)로부터

$$FS_s = \frac{c'}{\gamma_{sat} H \cos^2 \beta \tan \beta} + \frac{\gamma'}{\gamma_{sat}} \frac{\tan \phi'}{\tan \beta}$$

$$= \frac{18}{(18.64)(8)(\cos 20)^2 \tan 20} + \frac{8.83}{18.64} \frac{\tan 25}{\tan 20}$$

$$= 0.376 + 0.606 = \textbf{0.982}$$

11.4 유한사면

H_{cr}값이 사면의 높이에 근접하면 일반적으로 유한사면(finite slope)이라고 할 수 있다. 균일한 흙으로 이루어진 유한사면의 안정해석을 실시할 때 해석을 단순화하기 위해 가상파괴면의 일반적인 형태에 관한 가정이 필요하다. 비록 사면파괴가 곡선으로 발생한다는 충분한 증거가 있지만, Culmann(1875)은 가상파괴면(the surface of potential failure)을 평면으로 가정했다. Culmann의 근사법으로 계산한 안전율 FS_s는 거의 연직에 가까운 비탈면에만 상당히 좋은 결과를 산출한다. 1920년대에 광범

위한 사면파괴에 대한 조사를 통해, 스웨덴의 지반공학위원회(Swedish geotechnical commission)는 실제적인 사면파괴면은 원형의 원통형(circularly cylindrical)으로 근사화할 수 있다고 추천하였다.

그 이후로는 대부분의 사면안정해석은 가상활동면을 원호로 가정하여 수행되었다. 그러나 많은 다른 환경[예를 들어, 구역화된 댐(zoned dams)이나 약한 지층 위의 기초]에서는 평면파괴(plane failure)를 활용한 안정해석이 더 적합하고 좋은 결과를 보여주기도 한다.

평면파괴면을 갖는 유한사면해석(Culmann 방법)

이 해석은 파괴를 발생시키려는 평균전단응력이 흙의 전단강도보다 클 때 평면을 따라 사면파괴가 발생한다는 가정에 근거를 두고 있다. 또한 가장 임계상태의 평면(critical plane)은 파괴를 일으키려는 평균전단응력에 대한 흙 전단강도의 최소비를 갖는 평면을 말한다[즉 최소 안전율(minimum factor of safety)].

그림 11.5는 높이 H인 사면을 보여주며 수평면과 β각으로 경사를 갖고 있다. AC는 가상파괴면(trial failure plane)이다. 사면의 단면에 직각인 단위길이를 고려하여 쐐기 ABC의 무게는 W와 같다.

$$W = \frac{1}{2}(H)(\overline{BC})(1)(\gamma) = \frac{1}{2}H(H\cot\theta - H\cot\beta)\gamma$$

$$= \frac{1}{2}\gamma H^2\left[\frac{\sin(\beta - \theta)}{\sin\beta\sin\theta}\right] \tag{11.19}$$

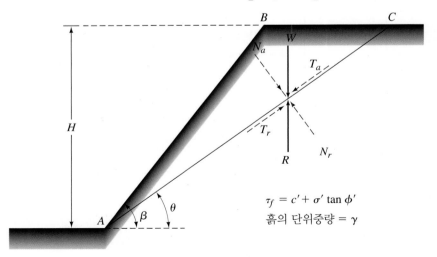

$$\tau_f = c' + \sigma'\tan\phi'$$
흙의 단위중량 $= \gamma$

그림 11.5 유한사면해석(Culmann 방법)

평면 AC에 관한 W의 수직 및 접선 성분은 다음과 같다.

$$N_a = \text{수직 성분} = W \cos \theta = \frac{1}{2} \gamma H^2 \left[\frac{\sin(\beta - \theta)}{\sin \beta \sin \theta} \right] \cos \theta \qquad (11.20)$$

$$T_a = \text{접선 성분} = W \sin \theta = \frac{1}{2} \gamma H^2 \left[\frac{\sin(\beta - \theta)}{\sin \beta \sin \theta} \right] \sin \theta \qquad (11.21)$$

평면 AC에 작용하는 평균유효수직응력과 평균전단응력은 다음과 같다.

$$\sigma' = \text{평균유효수직응력} = \frac{N_a}{(\overline{AC})(1)} = \frac{N_a}{\left(\dfrac{H}{\sin \theta} \right)}$$

$$= \frac{1}{2} \gamma H \left[\frac{\sin(\beta - \theta)}{\sin \beta \sin \theta} \right] \cos \theta \sin \theta \qquad (11.22)$$

$$\tau = \text{평균전단응력} = \frac{T_a}{(\overline{AC})(1)} = \frac{T_a}{\left(\dfrac{H}{\sin \theta} \right)}$$

$$= \frac{1}{2} \gamma H \left[\frac{\sin(\beta - \theta)}{\sin \beta \sin \theta} \right] \sin^2 \theta \qquad (11.23)$$

또한 평면 AC를 따라 발생하는 평균저항전단응력은 다음과 같이 표현될 수 있다.

$$\tau_d = c'_d + \sigma' \tan \phi'_d$$

$$= c'_d + \frac{1}{2} \gamma H \left[\frac{\sin(\beta - \theta)}{\sin \beta \sin \theta} \right] \cos \theta \sin \theta \tan \phi'_d \qquad (11.24)$$

식 (11.23)과 (11.24)로부터

$$\frac{1}{2} \gamma H \left[\frac{\sin(\beta - \theta)}{\sin \beta \sin \theta} \right] \sin^2 \theta = c'_d + \frac{1}{2} \gamma H \left[\frac{\sin(\beta - \theta)}{\sin \beta \sin \theta} \right] \cos \theta \sin \theta \tan \phi'_d \quad (11.25)$$

또는

$$c'_d = \frac{1}{2} \gamma H \left[\frac{\sin(\beta - \theta)(\sin \theta - \cos \theta \tan \phi'_d)}{\sin \beta} \right] \qquad (11.26)$$

식 (11.26)은 가상파괴면 AC에 대해 유도된다. 임계파괴면(critical failure plane)을 결정하기 위한 노력으로 최대와 최소의 원리를 이용하여 발현된 점착력이 최대가

되는 각도 θ를 찾아야 한다(주어진 ϕ_d' 값에 대해). 그래서 θ에 관한 c_d'의 1차 도함수는 0과 같다고 설정한다.

$$\frac{\partial c_d'}{\partial \theta} = 0 \tag{11.27}$$

식 (11.26)에서 γ, H, 그리고 β는 상수이므로

$$\frac{\partial}{\partial \theta}[\sin(\beta - \theta)(\sin \theta - \cos \theta \tan \phi_d')] = 0 \tag{11.28}$$

식 (11.28)을 풀면 θ의 임계값을 얻는다. 즉

$$\theta_{cr} = \frac{\beta + \phi_d'}{2} \tag{11.29}$$

$\theta = \theta_{cr}$로 식 (11.26)에 대입하면 다음 식이 된다.

$$c_d' = \frac{\gamma H}{4}\left[\frac{1 - \cos(\beta - \phi_d')}{\sin \beta \cos \phi_d'}\right] \tag{11.30}$$

$c_d' = c'$과 $\phi_d' = \phi'$을 식 (11.30)에 대입하여 얻은 임계평형상태의 최대 사면 높이는 다음과 같다.

$$H_{cr} = \frac{4c'}{\gamma}\left[\frac{\sin \beta \cos \phi'}{1 - \cos(\beta - \phi')}\right] \tag{11.31}$$

어떠한 경우는 임계파괴면이 아닌 주어진 평면을 따라 안전율을 결정하도록 요구될 수도 있다. 이를 위해 사면의 선단 또는 하단부(toe)를 통과하는 임의의 평면 AC를 고려하자. 이 파괴면은 T_r에 의해 저항되며 다음과 같이 쓸 수 있다.

$$T_r = \overline{AC}(c_d' + \sigma' \tan \phi_d') = \overline{AC}\left(\frac{c'}{FS_s} + \frac{N_a}{\overline{AC}}\frac{\tan \phi'}{FS_s}\right)$$

$$= \frac{H}{\sin \theta}\left(\frac{c'}{FS_s} + \frac{N_a \sin \theta}{H}\frac{\tan \phi'}{FS_s}\right)$$

$$T_a = W \sin \theta$$

$T_r = T_a$ 평형조건이기 때문에

$$W \sin\theta = \frac{H}{\sin\theta}\left(\frac{c'}{FS_s} + \frac{N_a \sin\theta}{H}\frac{\tan\phi'}{FS_s}\right) = \frac{H}{\sin\theta}\frac{c'}{FS_s} + \frac{W\cos\theta\tan\phi'}{FS_s}$$

평면 AC를 따라 발생 가능한 파괴면의 안전율은 다음과 같다.

$$FS_s = \frac{H}{W\sin^2\theta}\left(c' + \frac{W\cos\theta\sin\theta}{H}\tan\phi'\right) \tag{11.32}$$

여기서 W는 그림 11.5에서 파괴면 위의 흙 쐐기 ABC의 무게로 식 (11.19)로 주어진다. 식 (11.32)는 최소 안전율을 제공하는 임계상태의 평면이 아니라 가상파괴면에 대한 안전율을 계산하는 데 사용할 수 있다.

예제 11.3

$\gamma = 17$ kN/m³, $c' = 40$ kN/m²과 $\phi' = 15°$인 흙에 절토가 이루어졌다. 절토사면은 수평면과 30° 경사를 갖는다. 안전율(FS_s)이 3이 될 때의 절토사면의 깊이를 구하시오.

풀이

$\phi' = 15°$, $c' = 40$ kN/m²으로 주어졌으므로, 만약 $FS_s = 3$이면 $FS_{c'}$과 $FS_{\phi'}$ 모두 3이 된다.

$$FS_{c'} = \frac{c'}{c'_d}$$

또는

$$c'_d = \frac{c'}{FS_{c'}} = \frac{c'}{FS_s} = \frac{40}{3} = 13.33 \text{ kN/m}^2$$

같은 방법으로

$$FS_{\phi'} = \frac{\tan\phi'}{\tan\phi'_d}$$

$$\tan\phi'_d = \frac{\tan\phi'}{FS_{\phi'}} = \frac{\tan\phi'}{FS_s} = \frac{\tan 15}{3}$$

또는

$$\phi'_d = \tan^{-1}\left[\frac{\tan 15}{3}\right] = 5.1°$$

(계속)

앞의 c'_d과 ϕ'_d 값을 식 (11.31)에 대입하면

$$H = \frac{4c'_d}{\gamma}\left[\frac{\sin\beta\cos\phi'_d}{1-\cos(\beta-\phi'_d)}\right] = \frac{4\times13.33}{17}\left[\frac{\sin30\cos5.1}{1-\cos(30-5.1)}\right] \approx \mathbf{16.8\ m}$$

11.5　원호파괴면을 갖는 유한사면해석(일반사항)

일반적으로 유한사면은 다음과 같은 파괴 형태 중 한 가지로 나타난다(그림 11.6).

1. 파괴가 사면 선단(toe)에서 또는 선단 위 사면과 교차하는 활동면에서 발생할
　때 **사면내 파괴**(slope failure)라고 한다(그림 11.6a). 파괴원이 사면의 선단을
　통과할 때 **선단원**(toe circle)이라 하고, 파괴원이 사면의 선단 위를 지날 때는

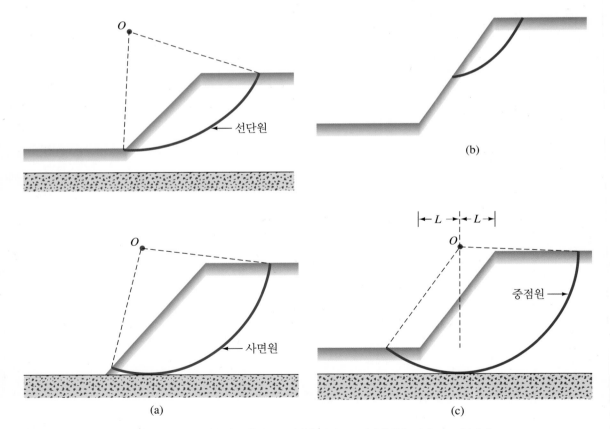

그림 11.6 유한사면의 파괴 형태. (a) 사면내 파괴, (b) 사면내 얕은 파괴, (c) 저부파괴

사면원(slope circle)이라고 한다. 그림 11.6b에서와 같은 특정한 상황에서는 사면내 얕은 파괴(shallow slope failure)가 발생하기도 한다.

2. 파괴가 사면 선단(toe) 아래를 통과하여 활동면이 발생할 때는 **저부파괴**(base failure)라고 한다(그림 11.6c). 저부파괴인 경우에는 파괴원을 **중점원**(midpoint circle)이라고 한다. 그래서 원의 중앙은 사면의 중점 위에 놓인다.

사면안정해석의 여러 절차들은 일반적으로 다음 두 가지로 나뉜다.

1. **질량법(또는 일체법)**(mass procedure) 이 방법에서는 활동면 위의 토체(mass of soil)를 하나로 취급한다. 비록 대부분 자연사면에서는 흙이 균질하지 않지만, 이 절차는 사면을 구성하는 흙이 균질하다고 가정하였을 때 유용한 방법이다.

2. **절편법**(method of slices) 이 방법에서는 활동면 위의 흙을 여러 개의 연직의 절편들로 나눈다. 각 절편의 안전성은 독립적으로 계산되며, 불균질한 흙과 간극수압을 고려할 때 특히 좋은 방법이다. 이 방법은 또한 가상파괴면을 따라 수직응력의 변화를 고려할 수 있다.

질량법과 절편법에 의한 사면안정해석의 기본 원칙들은 다음 절에서 설명한다.

11.6 질량법 안정해석(원호파괴면)

A. $\phi = 0$을 갖는 균질한 점토사면
(비배수 조건과 깊이에 따라 일정한 c_u 조건)

그림 11.7은 균질한 흙 사면을 보여준다. 흙의 비배수 전단강도는 깊이에 상관없이 일정하며 $\tau_f = c_u$로 주어진다. 안정성 해석을 수행하기 위해서 반경 r을 갖는 원호인 가상파괴곡선(trial potential curve) AED 활동면을 선정한다. 원의 중심은 O점에 위치하며, 사면 단면에 수직인 방향으로 단위길이를 고려하면 곡선 AED 위 흙의 총 무게는 $W = W_1 + W_2$로 나타낼 수 있다.

$$W_1 = (FCDEF의 \ 면적)(\gamma)$$

$$W_2 = (ABFEA의 \ 면적)(\gamma)$$

여기서 γ는 흙의 포화단위중량이다.

사면파괴는 토체의 활동에 의해 일어날 수 있다. 사면의 불안정성을 일으키는 O

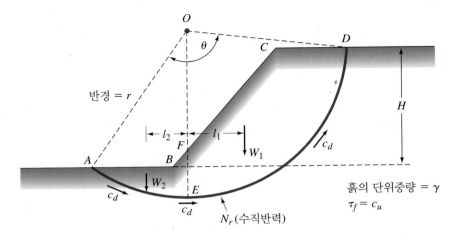

그림 11.7 균질한 점토로 이루어진 사면안정해석($\phi = 0$)

점을 중심으로 활동모멘트(moment of driving force)는

$$M_d = W_1 l_1 - W_2 l_2 \tag{11.33}$$

여기서 l_1과 l_2는 모멘트 팔 길이(moment arms)다.

활동에 대한 저항력은 가상활동면을 따라 작용하는 점착력으로부터 유도된다. 만약 c_d가 발현되는 점착력이면, O점에 관한 저항모멘트(moment of resisting force)는 다음과 같다.

$$M_r = c_d(\widehat{AED})(1)(r) = c_d r^2 \theta \tag{11.34}$$

평형상태라면 $M_r = M_d$이기 때문에

$$c_d r^2 \theta = W_1 l_1 - W_2 l_2$$

또는

$$c_d = \frac{W_1 l_1 - W_2 l_2}{r^2 \theta} \tag{11.35}$$

활동에 대한 안전율은 다음과 같다.

$$FS_s = \frac{\tau_f}{c_d} = \frac{c_u}{c_d} \tag{11.36}$$

가상활동면 AED가 임의로 선정되었다는 점에 유의하자. 그 임계활동면은 c_u와 c_d의 비가 최소인 면이다. 즉 c_d가 최대라는 것을 의미한다. 임계활동면을 찾기 위해서는 수많은 가상의 원호면에 대한 시행착오를 거쳐야 한다. 그렇게 얻어진 최소 안전율 값이 사면활동에 대한 안전율이 되며, 그때의 원호가 **임계원**(critical circle)이 된다.

이러한 형태의 안정성 문제는 Fellenius(1927)와 Taylor(1937)가 해석적으로 해결하였다. 임계원을 따라 발현되는 점착력은 다음과 같이 표현할 수 있다.

$$c_d = \gamma H m$$

또는

$$\frac{c_d}{\gamma H} = m \tag{11.37}$$

위 식에서 m은 무차원이고 **안정수**(stability number)라고 한다. 사면의 임계높이(즉, $FS_s = 1$)는 식 (11.37)에 $H = H_{cr}$과 $c_d = c_u$(비배수 전단강도)를 대입하여 평가한다. 그래서

$$H_{cr} = \frac{c_u}{\gamma m} \tag{11.38}$$

다양한 사면경사각 β에 대한 안정수 m의 역수 값이 그림 11.8에 주어졌다. Terzaghi와 Peck(1967)은 m의 역수로 $\gamma H / c_d$항을 사용했고 **안정계수**(stability factor)라 한다. 그림 11.8을 사용함에 있어 주의해야 한다. 안정수는 포화점토 사면에 유효하고 비배수 조건에서만 적용이 가능하다($\phi = 0$).

그림 11.8을 참고할 때 다음 사항들을 고려한다.

1. 사면경사각 β가 53°보다 클 경우, 임계원은 항상 선단원이다. 임계선단원의 중심 위치는 그림 11.9의 도움을 받아 찾을 수 있다.
2. 사면경사각이 $\beta < 53°$일 경우, 임계원은 사면 아래 단단한 기반암의 깊이에 따라 선단원, 사면원, 중점원일 수 있다. 이를 **심도계수**(depth function)라 하며 다음과 같이 정의한다(그림 11.8a).

$$D = \frac{\text{기반암에서 사면 상단까지의 연직거리}}{\text{사면의 높이}} \tag{11.39}$$

3. 임계원이 중점원일 때(즉, 파괴면이 단단한 기반암에 접할 때), 중점원의 위치는 그림 11.10으로 결정할 수 있다.
4. 중점원 파괴 시 안정수의 최대 값은 0.181이다.

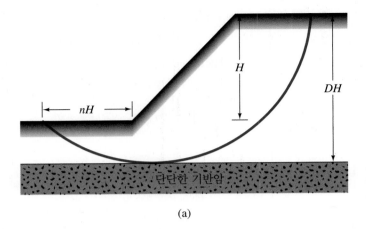

(a)

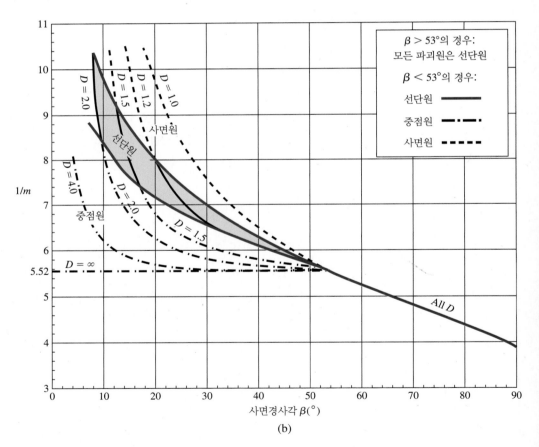

(b)

그림 11.8 (a) 중점원 파괴 형태에 대한 매개변수들의 정의, (b) 사면경사각에 대한 안정수의 역수 (출처: *Soil Mechanics in Engineering Practice*, Terzaghi and Peck, 1967, John Wiley & Sons, Inc.)

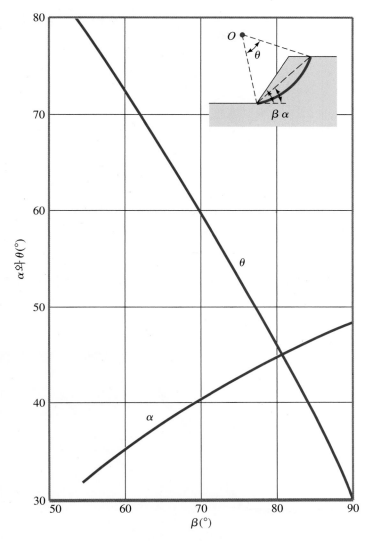

그림 11.9 사면경사각 $\beta > 53°$의 경우 임계원의 중심 위치

또한 Fellenius(1927)는 사면경사각이 $\beta < 53°$일 때 임계선단원의 경우에 대해 조사를 했다. 임계선단원의 위치는 그림 11.11과 표 11.1을 사용하여 결정할 수 있다. 그러나 이러한 임계선단원이 반드시 임계원은 아니라는 점에 유의할 필요가 있다.

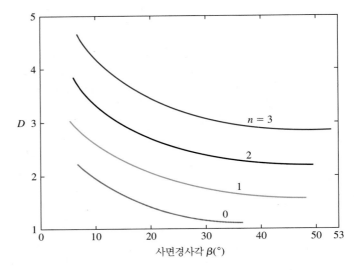

그림 11.10 중점원의 위치[Fellenius(1927)와 Terzaghi and Peck(1967) 문헌 참고]

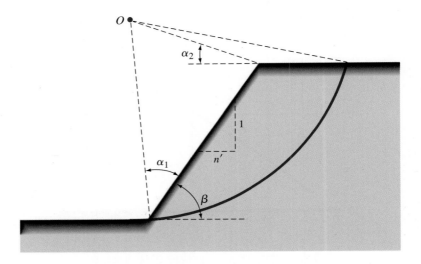

그림 11.11 $\beta < 53°$에서 임계선단원의 중심 위치[Fellenius(1927)와 Terzaghi and Peck(1967) 문헌 참고]

표 11.1 임계선단원의 중심 위치($\beta < 53°$)

n'	$\beta(°)$	$\alpha_1(°)$	$\alpha_2(°)$
1.0	45	28	37
1.5	33.68	26	35
2.0	26.57	25	35
3.0	18.43	25	35
5.0	11.32	25	37

주의: n', β, α_1, α_2의 표기는 그림 11.11 참고.

예제 11.4

포화점토에 절토사면이 수평선과 60°를 이루고 있다(그림 11.12).

a. 사면을 굴착할 수 있는 최대 깊이를 결정하시오. 임계파괴면은 원호파괴로 가정하자. 임계원은 어떤 형태인가(즉, 선단원, 사면원, 중점원)?

b. 문항 a를 참고하여 사면의 상단 가장자리부터 임계파괴원의 교차점까지의 거리를 결정하시오.

c. 활동에 대한 안전율이 2일 때 절토할 수 있는 깊이는 얼마인가?

풀이

a. 사면경사각이 $\beta = 60° > 53°$이므로, 임계원은 **선단원**이다. 그림 11.8로부터 $\beta = 60°$, $\frac{1}{m} = 5.13$, 그리고 $m = 0.195$일 때 식 (11.38)은 다음과 같다.

$$H_{cr} = \frac{c_u}{\gamma m} = \frac{35}{(18)(0.195)} = \textbf{9.97 m}$$

b. 그림 11.13으로부터 임계원에 대한 거리는

$$\overline{BC} = \overline{EF} = \overline{AF} - \overline{AE} = H_{cr}(\cot \alpha - \cot 60°)$$

그림 11.9로부터 $\beta = 60°$에서 α의 크기는 35°이다. 그래서

$$\overline{BC} = 9.97 \,(\cot 35 - \cot 60) = \textbf{8.48 m}$$

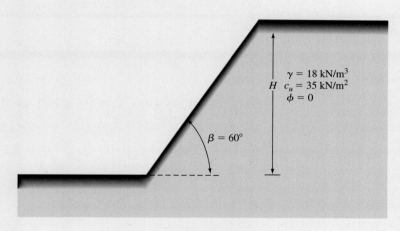

$\gamma = 18 \text{ kN/m}^3$
$c_u = 35 \text{ kN/m}^2$
$\phi = 0$

$\beta = 60°$

그림 11.12

(계속)

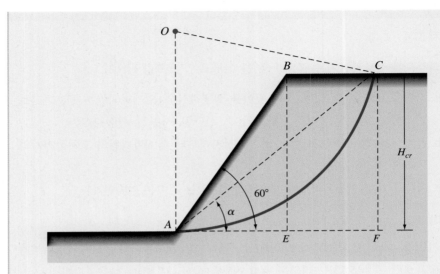

그림 11.13

c. 발현되는 점착력은

$$c_d = \frac{c_u}{FS_s} = \frac{35}{2} = 17.5 \text{ kN/m}^2$$

그림 11.8로부터 $\beta = 60°$, $\frac{1}{m} = 5.13$이기 때문에 $m = 0.195$이다. 그래서 다음과 같이 얻을 수 있다.

$$H = \frac{c_d}{\gamma m} = \frac{17.5}{(18)(0.195)} = \textbf{4.99 m}$$

예제 11.5

포화점토에서 절토사면이 굴착되었다. 사면의 경사는 수평선으로부터 40°이다. 절토된 사면의 깊이가 6.1 m에 도달할 때 사면파괴가 발생했다. 사전 지반조사 결과에 의하면 암반층이 지표면 아래 9.15 m 깊이에 위치해 있다. 비배수 조건이고 γ_{sat} = 17.29 kN/m³으로 가정하고 다음을 구하시오.

a. 점토의 비배수 점착력을 결정하시오(그림 11.8을 사용하시오).
b. 임계원은 어떤 종류의 파괴원인가?
c. 사면의 선단을 기준으로 활동면이 굴착바닥을 얼마만큼 떨어져서 교차하는가?

풀이

a. 그림 11.8을 참고하여 다음과 같이 구할 수 있다.

$$D = \frac{9.15}{6.1} = 1.5$$

$$\gamma_{sat} = 17.29 \text{ kN/m}^3$$

$$H_{cr} = \frac{c_u}{\gamma m}$$

그림 11.8로부터 $\beta = 40°$이고 $D = 1.5$, $\frac{1}{m} = 5.71$에서 $m = 0.175$이므로

$$c_u = (H_{cr})(\gamma)(m) = (6.1)(17.29)(0.175) = \textbf{18.5 kN/m}^2$$

b. 중점원

c. 그림 11.10으로부터 $D = 1.5$이고 $\beta = 40°$, $n = 0.9$이므로

$$\text{거리} = (n)(H_{cr}) = (0.9)(6.1) = \textbf{5.49 m}$$

B. $\phi = 0$인 점토사면과 깊이에 따라 증가하는 c_u

많은 상황에서 정규압밀점토의 비배수 점착력 c_u는 그림 11.14에서처럼 깊이에 따라 증가한다.

$$c_{u(z)} = c_{u(z=0)} + a_0 z \tag{11.40}$$

여기서

$c_{u(z)}$ = 깊이 z에서 비배수 전단강도

$c_{u(z=0)}$ = 깊이 $z = 0$에서 비배수 전단강도

a_0 = $c_{u(z)}$와 z의 그래프에서 직선의 경사

그러한 조건에서는 강도가 깊이에 따라 증가하므로 임계원은 중점원이 아닌 선단원이 된다. 그림 11.15는 이러한 유형의 사례에 대한 가상파괴원을 보여준다. O에 대한 활동 모멘트는 다음과 같다.

$$M_d = \frac{\gamma H^3}{12}(1 - 2\cot^2\beta - 3\cot\alpha'\cot\beta + 3\cot\beta\cot\lambda + 3\cot\lambda\cot\alpha') \tag{11.41}$$

같은 방법으로 O에 대한 저항 모멘트는 다음과 같다.

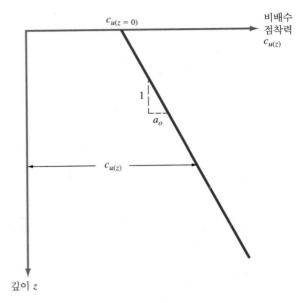

그림 11.14 깊이에 따른 비배수 점착력의 증가[식 (11.40)]

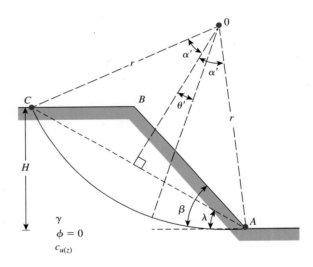

그림 11.15 비배수 전단강도가 증가하는 점토사면($\phi = 0$ 조건)의 해석

$$M_r = r \int_{-\alpha'}^{+\alpha'} c_{d(z)} r \cdot d\theta' \tag{11.42}$$

여기서 $c_{d(z)}$는 깊이 z에서 발현되는 비배수 점착력이다.

활동에 대한 안전율은 다음과 같다.

표 11.2 Koppula(1984) 해석을 토대로 얻은 m, c_R, 그리고 β의 변화[식 (11.44)와 (11.48)]

c_R	m					
	1H: 1V $\beta = 45°$	1.5H: 1V $\beta = 33.69°$	2H: 1V $\beta = 26.57°$	3H: 1V $\beta = 18.43°$	4H: 1V $\beta = 14.04°$	5H: 1V $\beta = 11.31°$
0.1	0.158	0.146	0.139	0.130	0.125	0.121
0.2	0.148	0.135	0.127	0.117	0.111	0.105
0.3	0.139	0.126	0.118	0.107	0.0995	0.0937
0.4	0.131	0.118	0.110	0.0983	0.0907	0.0848
0.5	0.124	0.111	0.103	0.0912	0.0834	0.0775
1.0	0.0984	0.086	0.0778	0.0672	0.0600	0.0546
2.0	0.0697	0.0596	0.0529	0.0443	0.0388	0.0347
3.0	0.0541	0.0457	0.0402	0.0331	0.0288	0.0255
4.0	0.0442	0.0371	0.0325	0.0266	0.0229	0.0202
5.0	0.0374	0.0312	0.0272	0.0222	0.0190	0.0167
10.0	0.0211	0.0175	0.0151	0.0121	0.0103	0.0090

$$FS_s = \frac{M_r}{M_d} \tag{11.43}$$

Koppula(1984a)는 이 문제를 약간 다른 형태로 해석하였다. 최소 안전율을 얻기 위해서 다음과 같은 방법을 제시하였다.

$$m = \left[\frac{c_{u(z=0)}}{\gamma H} \right] \frac{1}{FS_s} \tag{11.44}$$

여기서 m은 안정수이며, 또한 다음과 같은 함수이다.

$$c_R = \frac{a_0 H}{c_{u(z=0)}} \tag{11.45}$$

표 11.2는 다양한 c_R과 β값에 따른 m값을 나타내는데, 이는 Koppula(1984a)에 의해 제시된 형태와 약간 다르다.

예제 11.6

포화점토에서 굴착된 사면은 수평면에서 45° 경사를 갖는 사면으로 만들어졌다. 아래와 같은 조건에서 안전율 FS_s를 결정하시오.

(계속)

a. $c_{u(z)} = c_{u(z=0)} + a_0 z = 9.6 \text{ kN/m}^2 + (8.65 \text{ kN/m}^2/\text{m})z$

b. $\gamma_{sat} = 19.18 \text{ kN/m}^3$

c. 절토 깊이 $H = 3.1 \text{ m}$

풀이

식 (11.45)로부터

$$c_R = \frac{a_0 H}{c_{u(z=0)}} = \frac{(8.65)(3.1)}{9.6} = 2.79$$

식 (11.44)로부터

$$m = \left[\frac{c_{u(z=0)}}{\gamma H}\right]\frac{1}{FS_s}$$

표 11.2를 참고하여 $c_R = 2.79$와 $\beta = 45°$에 대하여 $m = 0.0574$를 얻을 수 있으며 다음과 같다.

$$0.0574 = \left[\frac{9.6}{(19.18)(3.1)}\right]\frac{1}{FS_s}$$

$$FS_s = \mathbf{2.81}$$

C. $\phi > 0$인 균질한 지반의 사면

균질한 지반으로 구성된 사면이 그림 11.16a에 나타나 있다. 흙의 전단강도는 다음과 같다.

$$\tau_f = c' + \sigma' \tan \phi'$$

간극수압을 0으로 가정하면, $\widehat{AC}$는 사면의 선단을 통과하는 가상파괴원호이고 O는 가상원의 중심이다. 사면의 단면에 수직인 단위길이를 고려할 때 흙 쐐기 ABC의 무게는 다음과 같다.

흙의 쐐기 ABC의 무게 $= W = (ABC$의 면적$)(\gamma)$

평형상태에서 다음과 같은 힘들이 쐐기에 작용하고 있다.

1. C_d' — 점착력에 의한 저항력은 단위 점착력을 선 $\overline{AC}$의 길이만큼 곱한 값과 동일하다. C_d'의 크기는 그림 11.16b에 의해 주어진다.

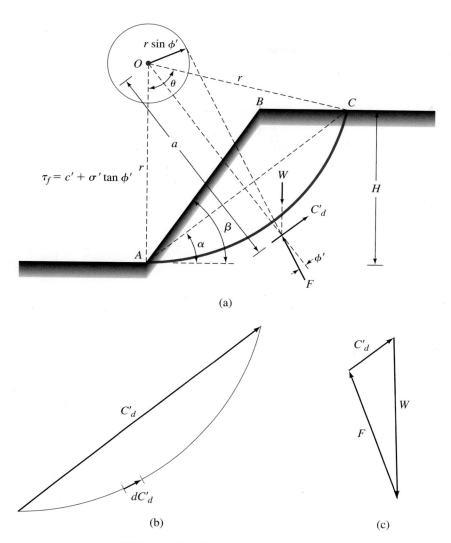

그림 11.16 $\phi' > 0$인 균질한 지반의 사면안정해석

$$C_d' = c_d'(\overline{AC}) \tag{11.46}$$

C_d' 은 원 중심 O에서 거리 a만큼 떨어진 곳에서 선 $\overline{AC}$(그림 11.16b)와 평행한 방향으로 작용한다. 따라서

$$C_d'(a) = c_d'(\widehat{AC})r$$

또는

$$a = \frac{c_d'(\widehat{AC})r}{C_d'} = \frac{\widehat{AC}}{\overline{AC}}r \tag{11.47}$$

2. F — 활동면을 따라 발생하는 수직력과 마찰력의 합력. 평형조건에서 F의 작용 선은 W와 C_d'의 작용선의 교차점을 통과할 것이다.

이제 최대 마찰이 발현된다면($\phi_d' = \phi'$ 또는 $FS_{\phi'} = 1$), F의 작용선은 원호의 수직 과 각 ϕ'을 만들고 원 중심 O와 반경 $r\sin\phi'$을 갖는 원에 접선이 될 것이다. 이 원을 **마찰원**(friction angle)이라고 한다. 실제로 마찰원의 반경은 $r\sin\phi'$보다 조금 더 크 다(Terzaghi and Peck, 1967).

W, C_d', 그리고 F의 방향들과 W의 크기는 이미 알고 있기 때문에 그림 11.16c처럼 힘의 다각형을 그릴 수 있다. C_d'의 크기를 힘의 삼각형으로부터 결정할 수 있다. 그래 서 작용하고 있는 단위 점착력은 다음과 같다.

$$c_d' = \frac{C_d'}{AC}$$

앞에서 설명한 c_d'의 크기를 결정하는 것은 가상활동면으로부터 얻는다. 발현되는 점착력이 최댓값인 가장 임계값에 가까운 활동면(the most critical sliding surface)을 얻기 위해 여러 번의 시도가 필요하다. 따라서 임계활동면을 따라 작용하는 최대 점 착력을 다음과 같이 표현할 수 있다.

$$c_d' = \gamma H[f(\alpha, \beta, \theta, \phi')] \tag{11.48}$$

임계평형상태에서, 즉 $FS_{c'} = FS_{\phi'} = FS_s = 1$이며, $H = H_{cr}$과 $c_d' = c'$을 식 (11.48) 에 대입하면

$$c' = \gamma H_{\mathrm{cr}}[f(\alpha, \beta, \theta, \phi')]$$

또는

$$\frac{c'}{\gamma H_{\mathrm{cr}}} = f(\alpha, \beta, \theta, \phi') = m \tag{11.49}$$

여기서 m은 안정수이다. 다양한 ϕ'과 β에 대한 m값들은 Taylor(1937)의 해석을 토대 로 그림 11.17에 주어졌다. 균질한 지반사면에서의 안전율 FS_s를 결정하기 위해서 사 용될 수 있다. 그 해석 과정은 아래와 같다.

1. c', ϕ', γ, β, 그리고 H를 결정한다.
2. 몇몇 ϕ_d'값들을 가정한다(참고로 $\phi_{d(1)}'$, $\phi_{d(2)}'$, ...처럼 $\phi_d' \le \phi'$, 표 11.3의 첫 번째 열).

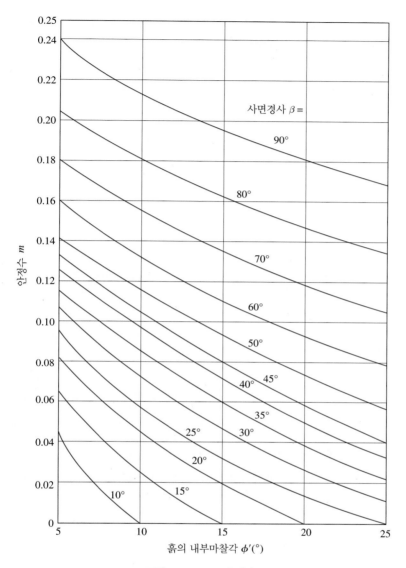

그림 11.17 Talyor의 안정수

표 11.3 마찰원법에 의한 FS_s의 결정

ϕ'_d (1)	$FS_{\phi'} = \dfrac{\tan \phi'}{\tan \phi'_d}$ (2)	m (3)	c'_d (4)	$FS_{c'}$ (5)
$\phi'_{d(1)}$	$\dfrac{\tan \phi'}{\tan \phi'_{d(1)}}$	m_1	$m_1 \gamma H = c'_{d(1)}$	$\dfrac{c'}{c'_{d(1)}} = FS_{c'(1)}$
$\phi'_{d(2)}$	$\dfrac{\tan \phi'}{\tan \phi'_{d(2)}}$	m_2	$m_2 \gamma H = c'_{d(2)}$	$\dfrac{c'}{c'_{d(2)}} = FS_{c'(2)}$

3. 각각의 가정된 ϕ'_d값들에 대한 $FS_{\phi'}$을 결정한다(표 11.3의 두 번째 열).

$$FS_{\phi'(1)} = \frac{\tan \phi'}{\tan \phi'_{d(1)}}$$

$$FS_{\phi'(2)} = \frac{\tan \phi'}{\tan \phi'_{d(2)}}$$

4. 그림 11.17로부터 가정된 각각의 ϕ'_d과 β값에 대해 m(즉 m_1, m_2, m_3, ...)을 결정한다(표 11.3의 세 번째 열).

5. 각각의 m값에 대해 작용하는 점착력을 결정한다(표 11.3의 네 번째 열).

$$c'_{d(1)} = m_1 \gamma H$$

$$c'_{d(2)} = m_2 \gamma H$$

6. 각각의 c'_d값에 대해 $FS_{c'}$을 결정한다(표 11.3의 다섯 번째 열).

$$FS_{c'(1)} = \frac{c'}{c'_{d(1)}}$$

$$FS_{c'(2)} = \frac{c'}{c'_{d(2)}}$$

7. $FS_{\phi'}$과 $FS_{c'}$에 대한 그래프를 도시(그림 11.18)하고 $FS_s = FS_{\phi'} = FS_{c'}$을 결정한다.

이러한 절차를 따라 결정된 FS_s의 예를 예제 11.8에 보여준다.

Singh(1970)은 Taylor의 마찰원법을 사용(예제 11.8에서처럼)하여 다양한 사면경

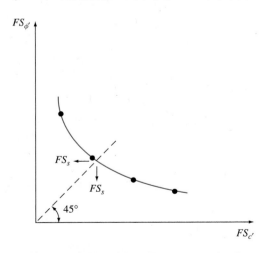

그림 11.18 FS_s를 결정하기 위한 $FS_{\phi'}$ vs. $FS_{c'}$ 그래프

사에 대해 동일한 안전율 FS_s을 주는 그래프를 제공하였다. Singh(1970)의 결과들을
사용하여 다양한 내부마찰각(ϕ')에 대한 안전율(FS_s)과 $c'/\gamma H$의 변화를 그림 11.19
에 도시하였다. 그림 11.20a와 b는 각각 $FS_s = 3$과 2에서 사면경사 β에 따른 $c'/\gamma H$
와 ϕ'의 그래프를 보여준다.

좀 더 최근에 Michalowski(2002)는 강체회전붕괴 메커니즘(rigid rotational col-
lapse mechanism)에 운동학적 한계해석을 이용하여 사면의 안정성 분석을 수행하였

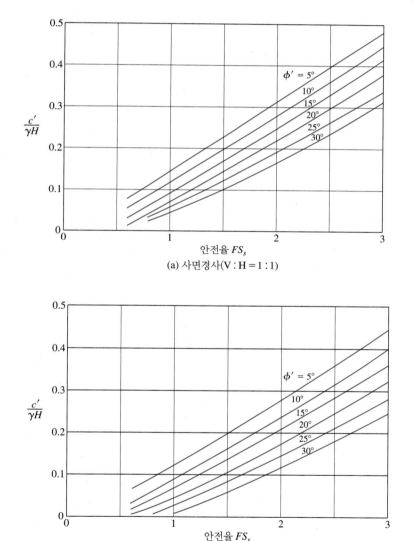

그림 11.19 다양한 사면경사와 ϕ'에 따른 $c'/\gamma H$ vs. FS_s 그래프[Singh(1970) 문헌 참고]

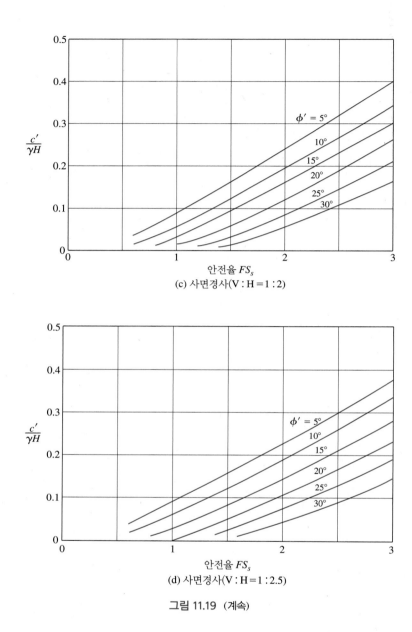

(c) 사면경사(V : H = 1 : 2)

(d) 사면경사(V : H = 1 : 2.5)

그림 11.19 (계속)

다. 이 연구에서 흙의 파괴면은 대수나선형 원호(arc of a logarithmic spiral)로 가정한다(그림 11.21). 이 연구의 결과는 그림 11.22에 요약되어 있으며 FS_s를 직접적으로 얻을 수 있다. 다양한 $\dfrac{c'}{\gamma H \tan \phi'}$ 과 β 값에 대해 $\dfrac{FS_s}{\tan \phi'}$ 의 보간 값은 표 11.4에 주어진다.

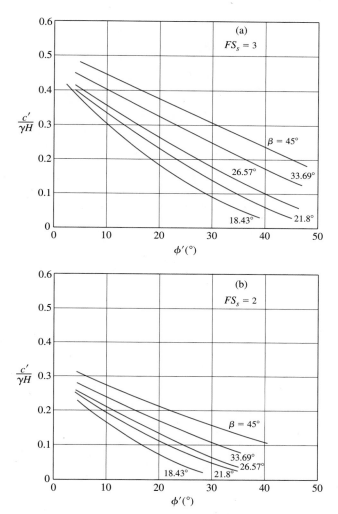

그림 11.20 (a) $FS_s = 3$과 (b) $FS_s = 2$
일 때 사면경사 β의 영향(Singh, 1970)

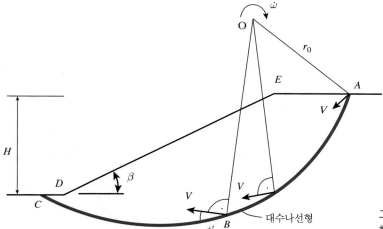

그림 11.21 회전붕괴 메커니즘을 이용
한 안정해석

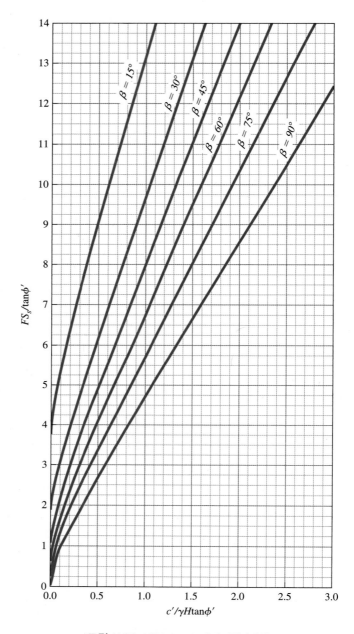

그림 11.22 Michalowski의 사면안정해석

표 11.4 Michalowski의 안정수

$\dfrac{c'}{\gamma H \tan \phi'}$	$\dfrac{FS_s}{\tan \phi'}$					
	$\beta = 15°$	$\beta = 30°$	$\beta = 45°$	$\beta = 60°$	$\beta = 75°$	$\beta = 90°$
0	3.85	1.82	1.10	0.64	0.35	0.14
0.05	4.78	2.56	1.74	1.27	0.94	0.65
0.1	5.30	3.09	2.19	1.67	1.29	0.96
0.2	6.43	3.98	2.96	2.37	1.88	1.47
0.3	7.30	4.79	3.66	2.96	2.41	1.91
0.4	8.21	5.46	4.33	3.57	2.91	2.35
0.5	9.15	6.20	4.96	4.13	3.41	2.74
1.0	13.10	9.68	8.07	6.79	5.72	4.71
1.5		13.12	11.08	9.51	8.07	6.71
2.0			14.00	12.16	10.39	8.62
2.5					12.72	10.57
3.0						12.46

예제 11.7

$\phi' = 20°$와 $c' = 15$ kN/m²인 흙에 경사각 $\beta = 45°$를 갖는 사면을 시공하려 한다. 임계높이를 구하시오. 다짐된 흙의 단위중량은 17 kN/m³이다.

풀이

안정수는

$$m = \frac{c'}{\gamma H_{cr}}$$

그림 11.17로부터 $\beta = 45°$와 $\phi' = 20°$, $m = 0.062$이므로

$$H_{cr} = \frac{c'}{\gamma m} = \frac{15}{17 \times 0.062} = \textbf{14.2 m}$$

예제 11.8

그림 11.23a에서처럼 사면의 강도에 맞는 안전율을 그림 11.17을 이용하여 결정하시오.

(계속)

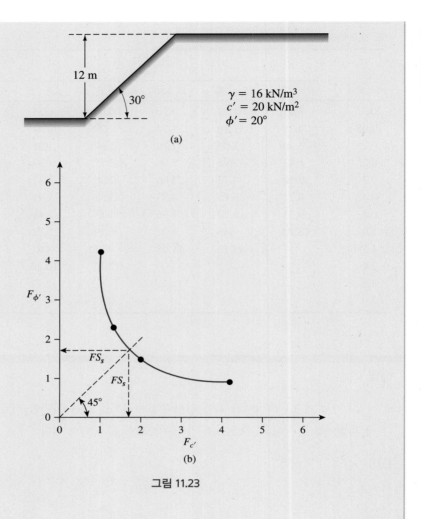

그림 11.23

풀이

최대 마찰이 발현된다고 가정하면, 그림 11.17을 참고하여($\beta = 30°$, $\phi'_d = \phi' = 20°$에 대해) 다음을 얻을 수 있다.

$$m = 0.025 = \frac{c'_d}{\gamma H}$$

또는

$$c'_d = (0.025)(16)(12) = 4.8 \text{ kN/m}^2$$

그래서

$$F_{\phi'} = \frac{\tan \phi'}{\tan \phi'_d} = \frac{\tan 20}{\tan 20} = 1$$

그리고

$$F_{c'} = \frac{c'}{c'_d} = \frac{20}{4.8} = 4.17$$

$F_{c'} \neq F_{\phi'}$이기 때문에, 이 값은 강도에 맞는 안전율이 아니다.

한 번 더 다른 시도를 한다면 작용하는 마찰각 ϕ'_d은 15°와 같다. $\beta = 30$°와 마찰각이 15°라고 하면

$$m = 0.046 = \frac{c'_d}{\gamma H} \qquad \text{(그림 11.17)}$$

또는

$$c'_d = 0.046 \times 16 \times 12 = 8.83 \text{ kN/m}^2$$

이번 시도에서

$$F_{\phi'} = \frac{\tan \phi'}{\tan \phi'_d} = \frac{\tan 20}{\tan 15} = 1.36$$

그리고

$$F_{c'} = \frac{c'}{c'_d} = \frac{20}{8.83} = 2.26$$

$F_{c'} \neq F_{\phi'}$이기 때문에, 이 값 역시 강도에 맞는 안전율이 아니다.

가정된 다양한 ϕ'_d값들에 대해 $F_{\phi'}$과 $F_{c'}$을 계산하는 과정을 다음 표로 나타내었다.

ϕ'_d	$\tan \phi'_d$	$F_{\phi'}$	m	c'_d (kN/m²)	$F_{c'}$
20	0.364	1	0.025	4.8	4.17
15	0.268	1.36	0.046	8.83	2.26
10	0.176	2.07	0.075	14.4	1.39
5	0.0875	4.16	0.11	21.12	0.95

$F_{\phi'}$값에 상응하는 $F_{c'}$값을 도시하면 그림 11.23b와 같이 나타나고, 그림으로부터 아래와 같은 값을 얻을 수 있다.

$$F_{c'} = F_{\phi'} = F_s = \mathbf{1.73}$$

예제 11.9

그림 11.22를 이용하여 예제 11.8을 계산하시오.

풀이

주어진 $c' = 20 \ kN/m^2$, $\gamma = 16 \ kN/m^3$, $H = 12 \ m$, $\phi' = 20°$로,

$$\frac{c'}{\gamma H \tan \phi'} = \frac{20}{(16)(12)(\tan 20)} = 0.286$$

$\beta = 30°$와 $\dfrac{c'}{\gamma H \tan \phi'} = 0.286$으로부터, 그림 11.22로 $\dfrac{F_s}{\tan \phi'} \approx 4.7$을 산출할 수 있다. 그래서

$$F_s = (4.7)(\tan 20°) = \mathbf{1.71}$$

11.7 절편법

절편법(method of slices)을 이용한 안정해석은 가상파괴면(trial failure surface)을 표현하는 원호 AC를 포함한 그림 11.24a를 이용하여 설명할 수 있다. 가상파괴면 위의 토체는 몇 개의 연직절편(vertical slices)으로 나뉜다. 각 절편의 폭이 똑같을 필요는 없다. 사면 단면에 직각인 방향으로 단위길이를 고려하여, 임의의 절편(n번째 절편)에 작용하는 힘들을 그림 11.24b에 보여준다. W_n은 절편의 유효무게(effective weight)이다. 힘 N_r과 T_r은 각각 반력 R의 수직 성분과 접선 성분이다. P_n과 $P_{(n+1)}$은 절편 양면에 작용하는 수직력들이다. 절편 양면에 작용하는 전단력들은 T_n과 $T_{(n+1)}$이다. 단순화시키기 위해 간극수압은 0으로 가정한다. 힘 P_n, $P_{(n+1)}$, T_n, $T_{(n+1)}$은 결정하기 어렵다. 그러나 P_n과 T_n의 합력이 $P_{(n+1)}$과 $T_{(n+1)}$의 합력과 크기가 같고 또한 그 힘들의 작용선이 일치한다고 대략적인 가정을 할 수 있다.

힘의 평형을 고려하면

$$N_r = W_n \cos \alpha_n$$

저항전단력은 다음과 같이 표현할 수 있다.

$$T_r = \tau_d(\Delta L_n) = \frac{\tau_f(\Delta L_n)}{FS_s} = \frac{1}{FS_s}\left[c' + \sigma' \tan \phi'\right]\Delta L_n \tag{11.50}$$

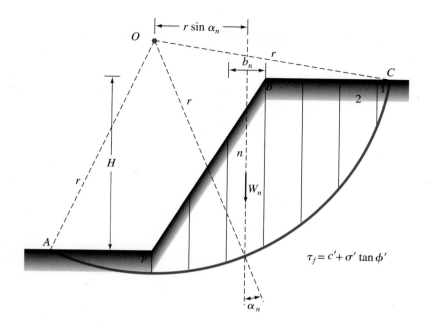

(a)

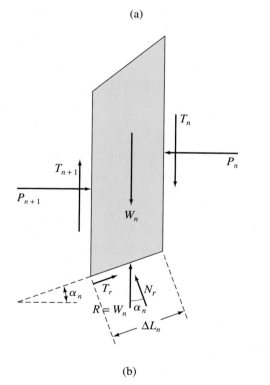

(b)

그림 11.24 일반적인 절편법에 의한 안정해석. (a) 가상파괴면, (b) n번째 절편에 작용하는 힘들

식 (11.50)에서 유효수직응력 σ'은 다음과 같다.

$$\frac{N_r}{\Delta L_n} = \frac{W_n \cos \alpha_n}{\Delta L_n}$$

가상쐐기 ABC의 평형을 위해 원점 O에 대해 활동모멘트와 저항모멘트는 같다.

$$\sum_{n=1}^{n=p} W_n r \sin \alpha_n = \sum_{n=1}^{n=p} \frac{1}{FS_s}\left(c' + \frac{W_n \cos \alpha_n}{\Delta L_n} \tan \phi'\right)(\Delta L_n)(r)$$

또는

$$FS_s = \frac{\displaystyle\sum_{n=1}^{n=p} (c' \Delta L_n + W_n \cos \alpha_n \tan \phi')}{\displaystyle\sum_{n=1}^{n=p} W_n \sin \alpha_n} \tag{11.51}$$

참고로, 식 (11.51)에서 ΔL_n은 거의 $(b_n)/(\cos \alpha_n)$ 값과 동일하다. 여기서 $b_n = n$번째 절편의 폭이며, α_n의 값은 음수이거나 양수일 수 있다. 원호의 경사가 사면의 경사와 같은 사분면(quadrant)에 있다면 α_n의 값은 양수가 된다. 임계원에 대한 안전율, 즉 최소 안전율을 찾기 위해서는 가상원의 중심을 변화시키면서 여러 번의 가상원에 대한 시행착오를 거쳐야 한다. 이 방법을 **일반적인 절편법**(ordinary method of slices)이라고 한다.

식 (11.51)을 유도할 때 간극수압을 '0'으로 가정했다. 그러나 많은 현장 상황과 같이 사면을 통과하는 정상침투가 있는 경우, 유효 전단강도정수들을 사용할 때 간극수압을 고려해야 한다. 따라서 식 (11.51)은 약간 수정이 필요하다.

그림 11.25는 정상침투가 있는 사면을 보여준다. n번째 절편에 대해서, 절편 하단의 평균 간극수압은 $u_n = h_n \gamma_w$와 같다. n번째 절편에서 간극수압에 의해 발생되는 총 힘은 $u_n \Delta L_n$이다. 따라서 일반적인 절편법을 위한 식 (11.51)은 아래와 같이 수정된다.

$$FS_s = \frac{\displaystyle\sum_{n=1}^{n=p} [c' \Delta L_n + (W_n \cos \alpha_n - u_n \Delta L_n)]\tan \phi'}{\displaystyle\sum_{n=1}^{n=p} W_n \sin \alpha_n} \tag{11.52}$$

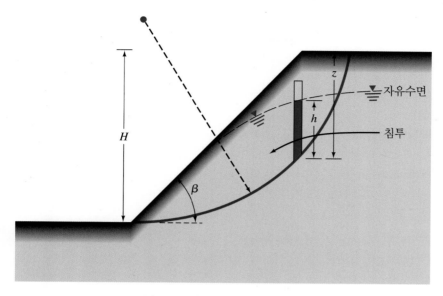

그림 11.25 정상침투가 있는 사면의 안정

예제 11.10

그림 11.26에서 보여준 사면의 가상활동면 AC에 대해 일반 절편법으로 원호파괴에 관한 안전율을 구하시오.

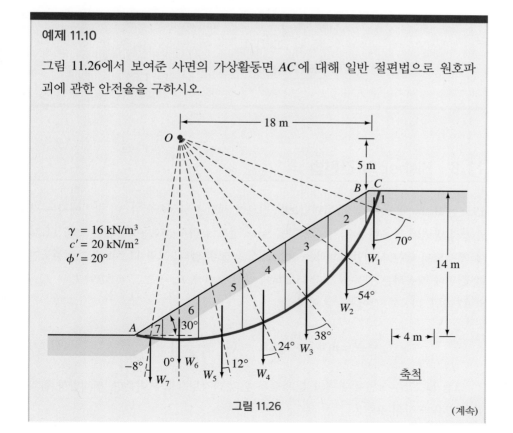

그림 11.26

(계속)

풀이

활동이 일어난 토체는 7개의 절편으로 나뉜다. 안전율은 다음 표를 따라 계산할 수 있다.

절편 번호 (1)	W (kN/m) (2)	α_n (°) (3)	$\sin \alpha_n$ (4)	$\cos \alpha_n$ (5)	ΔL_n (m) (6)	$W_n \sin \alpha_n$ (kN/m) (7)	$W_n \cos \alpha_n$ (kN/m) (8)
1	22.4	70	0.94	0.342	2.924	21.1	6.7
2	294.4	54	0.81	0.588	6.803	238.5	173.1
3	435.2	38	0.616	0.788	5.076	268.1	342.94
4	435.2	24	0.407	0.914	4.376	177.1	397.8
5	390.4	12	0.208	0.978	4.09	81.2	381.8
6	268.8	0	0	1	4	0	268.8
7	66.58	-8	-0.139	0.990	3.232	-9.25	65.9
					Σ(6)열 = 30.501 m	Σ(7)열 = 776.75 kN/m	Σ(8)열 = 1637.04 kN/m

$$FS_s = \frac{(\Sigma(6)\text{열})(c') + (\Sigma(8)\text{열})\tan \phi'}{\Sigma(7)\text{열}}$$

$$= \frac{(30.501)(20) + (1637.04)(\tan 20)}{776.75} = \mathbf{1.55}$$

11.8 Bishop의 간편법

1955년 Bishop은 일반적인 절편법보다 정교한 해법을 제안하였다. 이 방법에서는 각 절편의 양면에 작용하는 힘들의 영향을 어느 정도 고려하였다. 이 방법은 그림 11.24에 제시되어 있는 사면안정해석을 참고로 설명할 수 있다. 그림 11.24b에 보여준 n번째 절편에 작용하는 힘들을 그림 11.27a에 다시 그렸다. $P_n - P_{n+1} = \Delta P$와 $T_n - T_{n+1} = \Delta T$라면, 다음과 같이 쓸 수 있다.

$$T_r = N_r(\tan \phi_d') + c_d'\Delta L_n = N_r\left(\frac{\tan \phi'}{FS_s}\right) + \frac{c'\Delta L_n}{FS_s} \tag{11.53}$$

그림 11.27b는 n번째 절편의 힘 평형을 힘의 다각형으로 보여준다. 연직방향 힘의 합은 다음과 같이 표현된다.

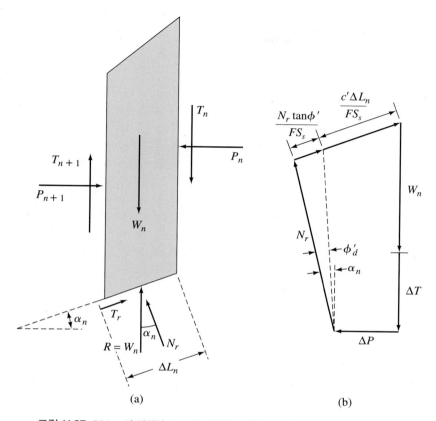

그림 11.27 Bishop의 간편법. (a) n번째 절편에 작용하는 힘들, (b) 힘의 평형 다각형

$$W_n + \Delta T = N_r \cos \alpha_n + \left[\frac{N_r \tan \phi'}{FS_s} + \frac{c' \Delta L_n}{FS_s} \right] \sin \alpha_n$$

또는

$$N_r = \frac{W_n + \Delta T - \dfrac{c' \Delta L_n}{FS_s} \sin \alpha_n}{\cos \alpha_n + \dfrac{\tan \phi' \sin \alpha_n}{FS_s}} \tag{11.54}$$

토체 ABC(그림 11.24a)의 평형을 O점에 관한 모멘트로 표현하면

$$\sum_{n=1}^{n=p} W_n r \sin \alpha_n = \sum_{n=1}^{n=p} T_r r \tag{11.55}$$

여기서 $T_r = \dfrac{1}{FS_s} (c' + \sigma' \tan \phi') \Delta L_n$

$$= \frac{1}{FS_s} (c' \Delta L_n + N_r \tan \phi') \tag{11.56}$$

식 (11.54)와 (11.56)을 식 (11.55)에 대입하면

$$FS_s = \frac{\sum\limits_{n=1}^{n=p} (c'b_n + W_n \tan \phi' + \Delta T \tan \phi') \dfrac{1}{m_{\alpha(n)}}}{\sum\limits_{n=1}^{n=p} W_n \sin \alpha_n} \tag{11.57}$$

여기서

$$m_{\alpha(n)} = \cos \alpha_n + \frac{\tan \phi' \sin \alpha_n}{FS_s} \tag{11.58}$$

식을 간단하게 정리하기 위해 $\Delta T = 0$으로 하면 식 (11.57)은 다음과 같이 된다.

$$FS_s = \frac{\sum\limits_{n=1}^{n=p} (c'b_n + W_n \tan \phi') \dfrac{1}{m_{\alpha(n)}}}{\sum\limits_{n=1}^{n=p} W_n \sin \alpha_n} \tag{11.59}$$

식 (11.59)에서 FS_s항이 양변에 존재함에 주의해야 한다. 따라서 FS_s의 값을 구하기 위해 시행착오 계산(trial-and-error procedure)을 적용해야 한다. 일반적인 절편법과 마찬가지로, 임계파괴면을 의미하는 최소 안전율을 찾기 위해 여러 개의 파괴면들에 대한 검토가 필요하다. 그림 11.28은 α_n과 $\tan \phi'/FS_s$에 관한 $m_{a(n)}$의 변화[식 (11.58)]를 보여준다.

Bishop의 간편법은 아마도 가장 널리 사용되는 방법이다. 컴퓨터 프로그램을 사용하여 이 식을 적용하면 대부분의 경우에 만족스러운 결과를 얻을 수 있다. 일반적인 절편법은 Bishop의 간편법을 설명하기 위해서 제시되었을 뿐 지나치게 보수적이어서 현재는 거의 사용하지 않는다.

정상상태(그림 11.25)의 식 (11.52)와 유사하게 식 (11.59)를 다음과 같이 수정할 수 있다.

$$FS_s = \frac{\sum\limits_{n=1}^{n=p} [c'b_n + (W_n - u_n b_n)\tan \phi'] \dfrac{1}{m_{(\alpha)n}}}{\sum\limits_{n=1}^{n=p} W_n \sin \alpha_n} \tag{11.60}$$

식 (11.59)와 (11.60)의 W_n은 절편의 총 무게이다. 식 (11.60)에서,

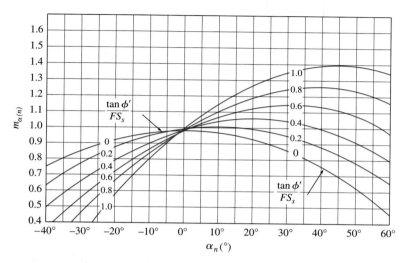

그림 11.28 α_n과 $\tan \phi'/FS_s$에 관한 $m_{a(n)}$의 변화[식 (11.58)]

$$W_n = n\text{번째 절편의 총 무게} = \gamma b_n z_n \tag{11.61}$$

여기서

$z_n = n$번째 절편의 평균 높이

$u_n = h_n \gamma_w$

이제 다음과 같은 변수를 도입하자.

$$r_{u(n)} = \frac{u_n}{\gamma z_n} = \frac{h_n \gamma_w}{\gamma z_n} \tag{11.62}$$

$r_{u(n)}$은 무차원의 값이다. 식 (11.61)과 (11.62)를 식 (11.60)에 대입하고 정리하면 아래와 같이 쓸 수 있다.

$$FS_s = \left[\frac{1}{\displaystyle\sum_{n=1}^{n=p} \frac{b_n}{H} \frac{z_n}{H} \sin \alpha_n} \right] \times \sum_{n=1}^{n=p} \left\{ \frac{\dfrac{c'}{\gamma H} \dfrac{b_n}{H} + \dfrac{b_n}{H} \dfrac{z_n}{H}[1 - r_{u(n)}]\tan \phi'}{m_{\alpha(n)}} \right\} \tag{11.63}$$

정상침투 조건(steady-state seepage condition)에서 $r_{u(n)}$의 평균적인 가중치로 상수값을 취할 수 있다. $r_{u(n)}$의 평균적인 가중치를 r_u로 한다. 대부분 실무사례에서는 r_u의 값을 최대 0.5까지 지정할 수 있다.

$$FS_s = \left[\frac{1}{\displaystyle\sum_{n=1}^{n=p} \frac{b_n}{H} \frac{z_n}{H} \sin \alpha_n} \right] \times \sum_{n=1}^{n=p} \left\{ \frac{\dfrac{c'}{\gamma H} \dfrac{b_n}{H} + \dfrac{b_n}{H} \dfrac{z_n}{H}(1 - r_u)\tan \phi'}{m_{\alpha(n)}} \right\} \tag{11.64}$$

11.9 정상침투가 있는 단순사면의 해석

정상침투가 있는 단순사면의 안정해석을 위해 오래전부터 여러 가지 해법들이 개발되어 왔다. 다음과 같은 해법들은 그 일부분이다.

- Bishop과 Morgenstern 방법(1960)
- Spencer 방법(1967)
- Cousin 방법(1978)
- Michalowski 방법(2002)

이 중 Spencer(1967)와 Michalowski(2002) 방법을 이 절에서 설명한다.

A. Spencer 방법

11.8절에서 설명한 Bishop의 간편법은 모멘트에 대한 평형방정식은 만족시키지만, 힘에 대한 평형은 만족하지 않는다. Spencer(1967)는 모멘트와 힘에 대한 평형방정식을 모두 만족시키기 위해 절편 간의 힘들(그림 11.24에서 보여준 P_n, T_n, P_{n+1}, T_{n+1})을 고려하여 안전율(FS_s)을 결정하는 방법을 제안하였다. 이 해석방법의 구체적인 내용을 이 책에서 설명하는 것은 너무 복잡하여 그림 11.29에 간단하게 요약하여 Spencer의 최종적인 연구 결과를 제시하였다. 그림 11.29에서 r_u는 식 (11.64)에 정의한 것과 같다.

그림 11.29에 제시된 차트를 이용하여 요구되는 FS_s값을 결정하려면 다음과 같은 단계별 절차를 사용해야 한다.

1단계: 주어진 사면의 c', γ, H, β, ϕ', 그리고 r_u를 결정한다.
2단계: FS_s값을 가정한다.
3단계: 2단계의 FS_s를 사용하여 $c'/[FS_{s(assumed)}\gamma H]$의 값을 계산한다.
4단계: 3단계에서 계산된 $c'/FS_s \gamma H$값과 사면경사각 β를 이용하여 그림 11.29의 적절한 그래프에서 ϕ'_d를 구한다. 그림 11.29a, 11.29b, 11.29c는 r_u값이 각각 0, 0.25, 0.5의 경우이다.
5단계: 4단계에서 얻은 ϕ'_d을 이용하여 안전율 $FS_s = \tan\phi'/\tan\phi'_d$을 계산한다.
6단계: 2단계에서 가정한 FS_s값이 5단계에서 얻은 것과 같지 않으면, 두 값이 같아질 때까지 2~5단계를 반복한다.

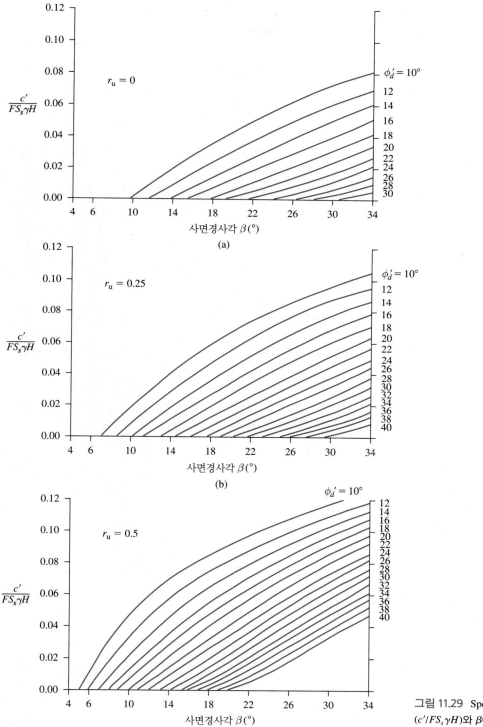

그림 11.29 Spencer의 해–
$(c'/FS_s\gamma H)$와 β에 대한 그래프

B. Michalowski 방법

Michalowski(2002)는 그림 11.21과 11.22에 제시된 것과 유사하게 한계상태에 운동학적 접근 방식을 사용하여 정상침투가 있는 사면을 분석하였다. 이 방법의 결과는 $r_u = 0.25$와 $r_u = 0.5$에 대해 그림 11.30에 제시되었다. $r_u = 0$ 조건에 대해서는 그림

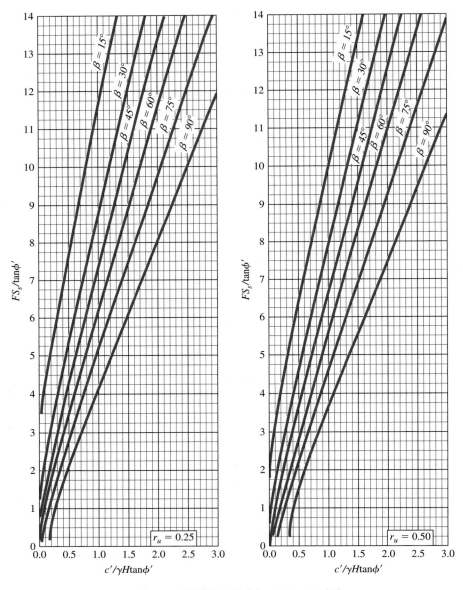

그림 11.30 정상침투 조건에서 Michalowski의 해

표 11.5 $r_u = 0.25$인 정상침투가 있는 Michalowski의 안정수

$\dfrac{c'}{\gamma H \tan \phi'}$	$\dfrac{FS_s}{\tan \phi'}$					
	$\beta = 15°$	$\beta = 30°$	$\beta = 45°$	$\beta = 60°$	$\beta = 75°$	$\beta = 90°$
0	3.09	1.21	0.82	0.21		
0.05	3.83	1.96	1.27	0.75	0.29	
0.1	4.38	2.43	1.66	1.14	0.68	
0.2	5.10	3.30	2.37	1.81	1.31	0.70
0.3	6.05	4.09	3.05	2.43	1.86	1.29
0.4	6.84	4.79	3.71	3.00	2.39	1.75
0.5	7.74	5.42	4.35	3.58	2.88	2.21
1.0	11.70	8.81	7.41	6.23	5.21	4.22
1.5		12.17	10.44	8.91	7.55	6.15
2.0			13.42	11.59	9.81	8.10
2.5				14.24	12.16	10.08
3.0						11.95

표 11.6 $r_u = 0.5$인 정상투가 있는 Michalowski의 안정수

$\dfrac{c'}{\gamma H \tan \phi'}$	$\dfrac{FS_s}{\tan \phi'}$					
	$\beta = 15°$	$\beta = 30°$	$\beta = 45°$	$\beta = 60°$	$\beta = 75°$	$\beta = 90°$
0	1.88	0.66	0.15			
0.05	2.57	1.32	0.74	0.30		
0.1	3.12	1.75	1.14	0.65		
0.2	4.04	2.54	1.83	1.28	0.71	
0.3	4.89	3.29	2.47	1.87	1.28	
0.4	5.55	3.97	3.10	2.43	1.82	1.06
0.5	6.45	4.65	3.71	3.00	2.31	1.58
1.0	10.07	8.00	6.73	5.63	4.64	3.69
1.5	13.32	11.03	9.62	8.32	6.96	5.64
2.0		14.11	12.65	10.93	9.28	7.55
2.5				13.62	11.56	9.49
3.0					13.88	11.38

11.22를 적용할 수 있다. 또한 $c'/(\gamma H \tan \phi')$과 $\beta(r_u = 0.25$와 0.5에 대해)의 다양한 값에 대응하는 $FS_s/\tan \phi'$의 보간된 값들이 표 11.5와 11.6에 주어져 있다.

예제 11.11

정상침투가 있는 사면이 다음과 같은 조건일 때 Spencer 방법으로 사면의 안전율(FS_s)을 구하시오.

$H = 21.62$ m, $\phi' = 25°$, 경사 2H : 1V, $c' = 20$ kN/m², $\gamma = 18.5$ kN/m³, $r_u = 0.25$

풀이

주어진 조건(2H : 1V)에서 사면경사는 $\beta = 26.57°$이므로 그림 11.29b를 이용하여 아래와 같은 표를 제시할 수 있다.

$$\beta = \tan^{-1}\left(\frac{1}{2}\right) = 26.57°$$

여기서 $\phi_d'^a$는 가정했던 $FS_{s(assumed)}$로 그림 11.29b로부터 얻은 ϕ_d'값이다.

$\beta\,(°)$	$FS_{s(assumed)}$	$\dfrac{c'}{FS_{s(assumed)}\gamma H}$	$\phi_d'^a\,(°)$	$FS_{s(calculated)} = \dfrac{\tan\phi'}{\tan\phi_d'}$
26.57	1.1	0.0455	18	1.435
26.57	1.2	0.0417	19	1.354
26.57	1.3	0.0385	20	1.281
26.57	1.4	0.0357	21	1.215

그림 11.31은 $FS_{s(assumed)}$과 $FS_{s(calculated)}$ 사이의 그래프로, 최소 안전율을 찾을 수 있다. 따라서 $FS_s = \mathbf{1.3}$이다.

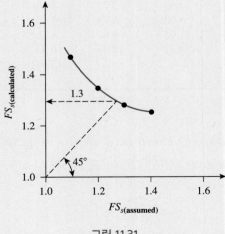

그림 11.31

예제 11.12

Michalowski 방법을 이용하여 예제 11.11을 계산하시오(그림 11.30).

풀이

$$\frac{c'}{\gamma H \tan \phi'} = \frac{20}{(18.5)(21.62)(\tan 25)} = 0.107$$

그림 11.30으로부터 $r_u = 0.25$에 대응하는 $\dfrac{FS_s}{\tan \phi'} \approx 3.1$이다. 따라서

$$FS_s = (3.1)(\tan 25) = \mathbf{1.45}$$

11.10 지진력을 받는 점토사면의 안정해석을 위한 질량법

A. $\phi = 0$인 균질한 점토사면(Koppula, 1984b)

$\phi = 0$ 조건에서 지진력(earthquake force)을 받는 포화점토 사면의 안정성은 Koppula (1984b)에 의해 연구되었다. 그림 11.32는 반경이 r인 가상원호파괴면 AED를 갖는 점토사면을 보여준다. 원의 중심은 O점이다. 사면단면에 직각방향으로 단위길이를 고려할 때, 안정해석을 위해 다음과 같은 힘들을 고려한다.

1. 파괴원호 위 토체의 무게 W: $W = (ABCDEA$의 면적$)(\gamma)$
2. 수평관성력 $k_h W$:

$$k_h = \frac{\text{지진가속도의 수평 성분}}{g}$$

　여기서 g = 중력가속도

3. 파괴면을 따라 작용하는 점착력 크기: $(\widehat{AED})c_u$

원점 O에 대해 활동모멘트는

$$M_d = Wl_1 + k_h Wl_2 \tag{11.65}$$

같은 방법으로, O점에 대한 저항모멘트는

$$M_r = (\widehat{AED})(c_u)r \tag{11.66}$$

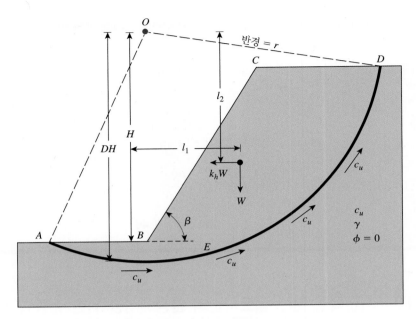

그림 11.32 지진력을 받는 균질한 점토사면의 안정해석($\phi = 0$ 조건)

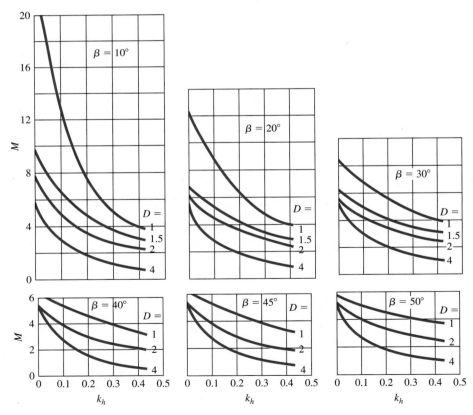

그림 11.33 Koppula 해석에 근거한 k_h와 β에 따른 M의 변화

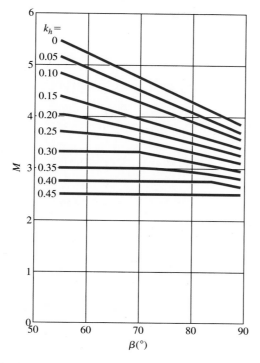

그림 11.34 Koppula 해석에 근거한 k_h에 따른 M의 변화($\beta \geq 55°$ 조건)

따라서 활동에 대한 안전율은

$$FS_s = \frac{M_r}{M_d} = \frac{(\widehat{AED})(c_u)(r)}{Wl_1 + k_n\,Wl_2} = \frac{c_u}{\gamma H}M \tag{11.67}$$

여기서 M은 안정계수(stability factor)이다.

Koppula(1984)의 분석을 토대로 얻어진 사면경사각 β와 k_h에 상응하는 안정계수 M의 변화는 그림 11.33과 11.34와 같다. 그림 11.33에서 D에 대한 정의는 식 (11.39)에 설명되었다.

예제 11.13

예제 11.4(그림 11.12)에 설명된 절토사면을 참고하여 $k_h = 0.25$인 경우 다음을 계산하시오.

a. 사면에서 절토가 가능한 최대 깊이는 얼마인가?

(계속)

b. 사면파괴에 대한 안전율이 2일 때, 사면에서 절토할 수 있는 깊이는 얼마인가?

풀이

a. 사면의 한계 높이에 대해서 $FS_s = 1$이므로 식 (11.67)로부터

$$H_{cr} = \frac{c_u M}{\gamma}$$

그림 11.34로부터 $\beta = 60°$, $k_h = 0.25$, $M = 3.67$을 적용하면

$$H_{cr} = \frac{(35)(3.67)}{18} = \mathbf{7.14\ m}$$

b. 식 (11.67)로부터

$$H_{cr} = \frac{c_u M}{\gamma FS_s} = \frac{(35)(3.67)}{(18)(2)} = \mathbf{3.57\ m}$$

B. $c' - \phi'$을 갖는 흙사면(Michalowski, 2002)

그림 11.22와 11.30에서 보여준 것처럼, Michalowski(2002)는 지진력을 받는 $c' - \phi'$ 흙의 사면안정해석(간극수압은 '0')을 연구하였다. 대수나선형으로 가정된 파괴면에 대한 운동학적인 접근을 이용한 한계해석이다. 이 해석방법의 해는 그림 11.35와 같다.

예제 11.14

예제 11.8과 11.9에서 보여준 사면을 참고하여, 지진으로 예상되는 k_h의 크기가 0.2일 때 강도에 대한 안전율을 구하시오.

풀이

예제 11.9로부터

$$\frac{c'}{\gamma H \tan \phi'} = \frac{20}{(16)(12)(\tan 20)} = 0.286$$

$\beta = 30°$, $\dfrac{c'}{\gamma H \tan \phi'} = 0.286$, $k_h = 0.2$일 때, 그림 11.35d에서 $\dfrac{FS_s}{\tan \phi'} \approx 3.2$이다.

$$FS_s = 3.2 \tan \phi' = (3.2)(\tan 20) = \mathbf{1.16}$$

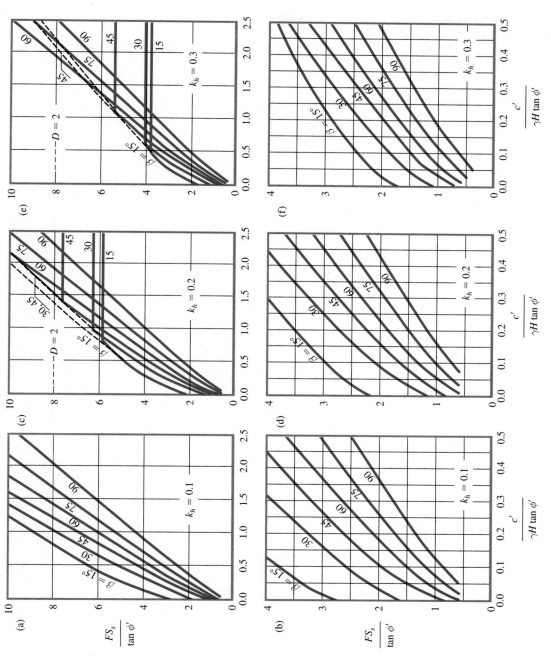

그림 11.35 지진력을 받는 $c' - \phi'$ 흙사면에 대한 Michalowski 해(k_h = 지진가속도의 수평 성분)

11.11 요약

이 장에서는 사면안정해석의 기본적인 개념을 소개하였다. 몇 가지 주요 사항은 아래에 요약되었다.

1. 강도에 대한 안전율(FS_s)이 마찰력에 대한 안전율($FS_{\phi'}$)과 같아질 때, 점착력에 대한 안전율($FS_{c'}$)과도 같다.

$$FS_s = FS_{c'} = FS_{\phi'}$$

2. 무한사면의 안전율(FS_s)은 식 (11.16)과 (11.18)에서 각각 정상침투가 없을 때와 존재할 때에 대해 보여주고 있다.

3. Culmann의 방법은 가상파괴면이 평면이라는 가정하에 유한사면의 안전율(FS_s)을 제공한다(11.4절).

4. 포화점토에서 사면의 원형파괴면에 대해서[식 (11.38)과 그림 11.8]

$$H_{cr} = \frac{c_u}{\gamma m}$$

여기서 m = 안정수 = $f(\beta, D)$

같은 방법으로 $c' - \phi'$ 지반에서(그림 11.17)

$$H_{cr} = \frac{c'}{\gamma m}$$

여기서 $m = f(\beta, \phi')$

5. 일반적인 절편법은 가상파괴면 위의 토체를 여러 개의 연직절편으로 나누어 사면의 안정성을 해석하여 안전율(FS_s)을 결정하기 위한 방법이다.

6. Bishop의 간편법(11.8절)은 강도에 대한 안전율을 결정하기 위해 일반적인 절편법을 개선한 방법이다.

7. Spencer(1967)와 Michalowski(2002) 해는 정상침투(11.9절)가 있는 사면의 안정성을 해석하기 위한 해법이다.

연습문제

11.1 다음 문장이 참인지 거짓인지 답하시오.

   a. 낮은 안전율은 파괴면을 따라 전단강도보다 더 큰 값이 유발된다는 것을 의미한다.

b. 점성토 무한사면은 $\beta > \phi'$일 때 안정적으로 유지될 수 없다.

c. 1.5 : 1(수직 : 수평)로 경사진 비배수 사면에서 임계원은 항상 선단원으로 발생한다.

d. 중점원은 사면의 선단부(toe)를 통과한다.

e. Taylor의 사면안정 도표(stability chart)는 균질한 흙의 사면에서만 사용한다.

11.2 무한사면이 15° 경사진 기반암 위에 연직으로 4 m 두께의 토체로 형성되었다. 토체의 지반 특성이 $c' = 10$ kN/m², $\phi' = 24°$, $\gamma = 19.0$ kN/m³으로 주어졌다. 이 사면의 안전율은 얼마인가? 만약 사면 내에 정상침투가 발생하고 지표면이 지하수위와 일치한다면 안전율을 얼마인가? 포화단위중량 $\gamma_{sat} = 20.5$ kN/m³으로 가정한다.

11.3 그림 11.2를 참고하여 $\gamma = 18$ kN/m³, $c' = 10$ kN/m², $\phi' = 22°$인 무한사면에서 다음을 구하시오.

a. $\beta = 28°$라면, 한계평형상태의 높이 H는 얼마인가?

b. $\beta = 28°$, $H = 3$ m라면, 활동에 대한 사면의 안전율은 얼마인가?

c. $\beta = 28°$라면, 활동에 대한 안전율이 2.5가 되는 사면 높이 H는 얼마인가?

11.4 침투가 있는 $\beta = 20°$, $H = 7.62$ m인 무한사면이 있다(그림 11.3 참고). 흙의 실험 정수들이 $G_s = 2.60$, $e = 0.5$, $\phi' = 22°$, $c' = 28.75$ kN/m²일 때, AB평면을 따라 발생하는 활동에 대한 안전율을 구하시오.

11.5 문제 11.4에서 $H = 4$ m, $\phi' = 20°$, $c' = 25$ kN/m², $\gamma_{sat} = 18$ kN/m³, $\beta = 45°$일 때, 안전율을 구하시오.

11.6 $c' = 10$ kN/m², $\phi' = 21°$, $\gamma = 19.0$ kN/m³인 균열된 점토로 구성된 무한사면이 있다. 수평으로부터 20° 경사를 이룰 때, 파괴를 일으킬 수 있는 활동이 6 m 깊이에서 발생했다.

a. 무한사면의 파괴면에 대한 안전율을 구하시오.

b. 전문가들은 점토사면이 재성형되고 큰 변형을 거쳤다는 것을 고려하여, 극한마찰각($\phi'_{ult} = 18°$)을 사용하기를 제안하였다. 제안대로 적용할 때 새로운 안전율은 얼마인가?

11.7 그림 11.36처럼 사면에서 AC가 가상파괴면이라고 하면, 파괴쐐기 ABC에 대해 활동에 대한 안전율을 구하시오.

11.8 그림 11.5에서처럼 유한사면의 파괴가 Culmann의 가정에 맞게 평면으로 발생한다면 $\phi' = 25°$, $c' = 19.2$ kN/m², $\gamma = 18.05$ kN/m³, $\beta = 50°$ 조건에서 한계평형상

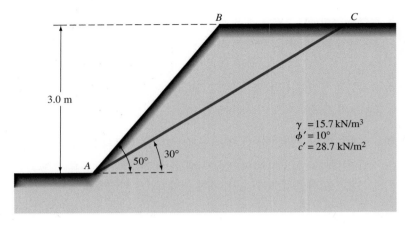

그림 11.36

태의 사면의 높이를 구하시오.

11.9 그림 11.5를 참고하여 문제 11.8에서 주어진 흙의 강도정수들을 이용하여 활동에 대한 안전율 2를 만족시킬 사면의 높이(H)를 구하시오. 활동파괴면은 평면으로 가정한다.

11.10 그림 11.5를 참고하여 $\phi' = 15°$, $c' = 9.6 \ kN/m^2$, $\gamma = 18.0 \ kN/m^3$, $\beta = 60°$, $H = 2.7 \ m$인 사면의 안전율을 계산하시오. 활동파괴면은 평면으로 가정한다.

11.11 문제 11.10을 참고하여, 안전율 $FS_s = 1.5$일 때 사면의 높이 H를 계산하시오. 활동 파괴면은 평면으로 가정한다.

11.12 사면경사가 50°이고, $\gamma = 18.0 \ kN/m^3$, $\phi' = 27°$, $c' = 15.0 \ kN/m^2$인 지반에서 굴착을 시작한다. 파괴가 발생하기 전까지 얼마나 깊게 굴착을 할 수 있는가? 수평에 대해 파괴평면의 경사는 얼마인가? Culmann의 방법을 사용하여 사면파괴 해석을 적용하시오.

11.13 문제 11.12에서 굴착에 대한 안전율을 1.5로 확보하기 위해 굴착할 수 있는 깊이는 얼마인가?

11.14 기반암 위로 포화점토가 12 m 퇴적되어 있다. 점토는 $\gamma = 20.0 \ kN/m^3$, $c_u = 40.0 \ kN/m^2$의 특성을 갖는다. 10.0 m 깊이까지 사면경사 $\beta = 25°$로 굴착할 예정이다. 안전율(FS_s)을 계산하시오. 또한 파괴원은 어떤 형태로 발생될지 예측해보시오.

11.15 균질한 포화점토($\gamma = 19.0 \ kN/m^3$, $c_u = 45.0 \ kN/m^2$, $\phi = 0°$)에서 깊이 8.0 m까지 $\beta = 60°$ 경사로 굴착을 수행한다. 사면의 안전율과 임계원의 위치를 결정하시오.

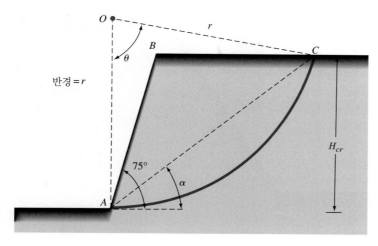

그림 11.37

11.16 그림 11.37에서처럼 절토사면이 75° 경사로 올라가도록 형성될 예정이다. c_u = 31.1 kN/m², γ = 17.3 kN/m³일 때, 다음을 계산하시오.

a. 굴착이 가능한 최대 깊이를 결정하시오.

b. 문항 a에서 안전율이 1이기 위한 임계원의 반경 r은 얼마인가?

c. $\overline{BC}$ 거리를 계산하시오.

11.17 그림 11.8에 주어진 그래프를 사용하여 설계안전율 2를 확보할 수 있는 사면 높이를 결정하시오. 수직 : 수평 비율은 1 : 1이고 D = 1.2이다. 포화점토의 비배수 전단강도는 25 kN/m², γ = 18 kN/m²이다.

11.18 문제 11.17에서 사면의 임계높이는 얼마이겠는가? 임계원은 어떤 형태로 발생되는가?

11.19 절토사면이 포화점토를 굴착하여 만들어졌다. 수평에 대한 사면경사가 β = 40°, 굴착 깊이가 8.5 m일 때, 사면파괴가 발생하였다. 지반 조사에서 기반암은 지표면에서 12 m 깊이에 위치하는 것이 확인되었다. 비배수 조건과 γ_{sat} = 18.5 kN/m³으로 가정한다.

a. 그림 11.8을 참고하여 점토의 비배수 점착력은 얼마인가?

b. 임계원의 형태는 어떠한가?

c. 사면의 선단에서 활동면과 굴착 바닥면의 교차지점까지 거리는 얼마인가?

11.20 그림 11.38을 참고하여, 다음의 각 경우에서 사면의 임계높이를 계산하시오. Taylor의 도표(그림 11.17)에서 $\phi' > 0$인 조건을 이용하시오.

a. n' = 2, ϕ' = 15°, c' = 31.1 kN/m², γ = 18.0 kN/m³

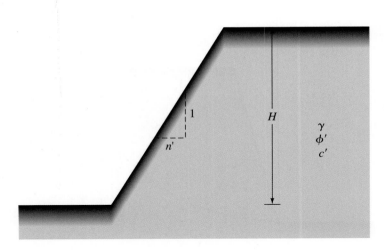

그림 11.38

b. $n' = 1$, $\phi' = 25°$, $c' = 24$ kN/m^2, $\gamma = 18.0$ kN/m^3

c. $n' = 2.5$, $\phi' = 12°$, $c' = 25$ kN/m^2, $\gamma = 17.0$ kN/m^3

d. $n' = 1.5$, $\phi' = 18°$, $c' = 18$ kN/m^2, $\gamma = 16.5$ kN/m^3

11.21 그림 11.29를 사용하여 문제 11.20에서 문항 a, c 그리고 d의 경우를 다시 계산하시오.

11.22 그림 11.38을 참고로 그림 11.17을 이용하여 다음과 같은 조건에서 활동에 대한 안전율을 계산하시오.

a. $n' = 2$, $\phi' = 10°$, $c' = 33.5$ kN/m^2, $\gamma = 17.29$ kN/m^3, 그리고 $H = 15.2$ m

b. $n' = 1$, $\phi' = 20°$, $c' = 19.2$ kN/m^2, $\gamma = 18.08$ kN/m^3, 그리고 $H = 9.15$ m

11.23 문제 11.22를 그림 11.22를 사용하여 다시 계산하시오.

11.24 그림 11.39를 참고로 일반적인 절편법을 사용하여 다음과 같은 조건의 가상파괴면을 대상으로 안전율을 계산하시오.

$$\beta = 45°, \phi' = 20°, c' = 19.2 \text{ kN/m}^2, \gamma = 18.08 \text{ kN/m}^3,$$
$$H = 12.2 \text{ m}, \alpha = 30°, \theta = 70°$$

11.25 다음과 같은 조건에서 정상침투 조건을 갖는 사면의 최소 안전율을 Spencer 방법으로 계산하시오.

$$H = 6.1 \text{ m}, \beta = 26.57°, \phi' = 25°, c' = 5.5 \text{ kN/m}^2, \gamma = 18 \text{ kN/m}^3, r_u = 0.5$$

11.26 문제 11.25를 그림 11.30을 이용하여 다시 계산하시오.

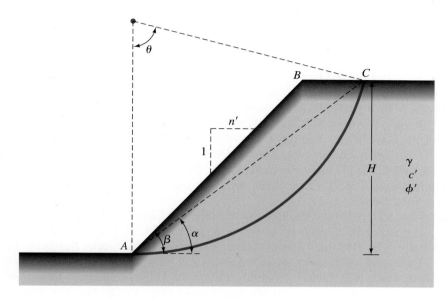

그림 11.39

비판적 사고 문제

11.27 기반암 위 5 m의 토층이 놓여 있는 무한사면이 있다. 기반암과 토층이 모두 23° 경사져 있을 때, 흙의 강도정수들은 다음과 같다. γ = 18.5 kN/m³, c' = 15 kN/m², ϕ' = 20°. 건조한 토사사면으로 가정한다.

   a. 지반 내에 발생되는 최대 전단응력은 얼마인가?

   b. 지반 내에 저항하는 최대 전단강도는 얼마인가?

   c. 사면에 대한 안전율은 얼마인가?

   d. 파괴가 되기 직전 사면의 최대 깊이는 얼마인가?

   e. 마찰력이 최대로 발현하였다면 점착력에 대한 안전율은 얼마인가?

11.28 흙의 강도정수 γ = 19.0 kN/m³, ϕ' = 25°, c' = 10.0 kN/m²인 지반에서 경사 45°로 10.0 m 굴착을 계획하였다. Culmann의 방법에서 제안된 평면파괴를 가정할 때, 안전율을 결정하시오. 최소 안전율을 갖는 임계평면의 경사는 얼마인가?

11.29 기반암 위 15 m로 퇴적된 균질한 점토층은 γ = 19.0 kN/m³, c_u = 40.0 kN/m², ϕ = 0°의 강도정수들을 갖는다. 그림 11.8b를 이용하여 파괴가 발생하기 전, 사면 경사각 β = 35°에서 얼마나 깊게 굴착할 수 있는지 구하시오.

참고문헌

BISHOP, A.W. (1955). "The Use of Slip Circle in the Stability Analysis of Earth Slopes," *Geotechnique*, Vol. 5, No. 1, 7–17.

BISHOP, A.W., AND MORGENSTERN, N.R. (1960). "Stability Coefficients for Earth Slopes," *Geotechnique*, Vol. 10, No. 4, 129–147.

COUSINS, B.F. (1978). "Stability Charts for Simple Earth Slopes," *Journal of the Geotechnical Engineering Division*, ASCE, Vol. 104, No. GT2, 267–279.

CULMANN, C. (1875). *Die Graphische Statik*, Meyer and Zeller, Zurich.

FELLENIUS, W. (1927). *Erdstatische Berechnungen*, revised edition, W. Ernst u. Sons, Berlin.

KOPPULA, S.D. (1984a). "On Stability of Slopes on Clays with Linearly Increasing Strength," *Canadian Geotechnical journal*, Vol. 21, No. 3, 577–581.

KOPPULA, S.D. (1984b). "Pseudo-Static Analysis of Clay Slopes Subjected to Earthquakes," *Geotechnique*, Vol. 34, No. 1, 71–79.

MICHALOWSKI, R.L. (2002). "Stability Charts for Uniform Slopes," *Journal of Geotechnical and Geoenvironmental Engineering*, ASCE, Vol. 128, No. 4, 351–355.

SINGH, A. (1970). "Shear Strength and Stability of Man-Made Slopes," *Journal of the Soil Mechanics and Foundations Division*, ASCE, Vol. 96, No. SM6, 1879–1892.

SPENCER, E. (1967). "A Method of Analysis of the Stability of Embankments Assuming Parallel Inter-Slice Forces," *Geotechnique*, Vol. 17, No. 1, 11–26.

TAYLOR, D.W. (1937). "Stability of Earth Slopes," *Journal of the Boston Society of Civil Engineers*, Vol. 24, 197–246.

TERZAGHI, K., AND PECK, R.B. (1967). *Soil Mechanics in Engineering Practice*, 2nd ed., Wiley, New York.

Courtesy of N. Sivakugan, James Cook University, Australia

CHAPTER
12 수평토압

12.1 서론

구조물이 수평방향으로 확산되는 지반을 억제할 때, 지반 구조물은 수평 하중을 받는다. 옹벽, 지하 벽체, 버팀 굴착, 그리고 널말뚝은 수평토압을 받고 있는 지반공학적 구조물들 중 일부이다(그림 12.1 참고). 이와 같은 구조물의 설계를 위해서는 구조물에 작용하는 수평토압에 대한 철저한 지식이 필요하다.

이 장에서는 수평토압의 특별한 세 경우에 대해서 알아보기로 한다.

- 정지토압(at-rest pressure)
- 주동토압(active pressure)
- 수동토압(passive pressure)

여기에서 주동토압과 수동토압은 흙이 파괴되는 두 가지 극한의 하중조건을 말한다. 이러한 특정한 경우들하에서 수평토압을 결정하기 위한 원리와 절차를 이 장에서 설명한다.

그림 12.1 옹벽 구조물. (a) 옹벽, (b) 격자형 조립식 옹벽, (c) 지하 벽체 (Australia, James Cook University, N. Sivakugan 제공)

12.2 정지토압

그림 12.2와 같은 토체를 생각해 보자. 이 토체는 무한 깊이로 확대된 마찰이 없는 벽면(frictionless wall) AB에 의해 구속되어 있다. 깊이 z에 위치한 흙 요소에 **유효**연직응력 σ'_o과 **유효**수평응력 σ'_h이 작용한다. 이러한 경우는 건조한 흙이기 때문에 다음과 같다.

$$\sigma'_o = \sigma'_o$$

그리고

$$\sigma'_h = \sigma_h$$

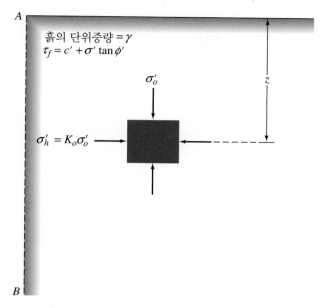

그림 12.2 정지토압

여기서 σ_o와 σ_h는 각각 연직방향과 수평방향의 전응력이다. 또한 연직면과 수평면상에는 전단응력이 작용하지 않는다.

만일 벽체 AB가 정적인 상태라면, 즉 초기위치에서부터 왼쪽 또는 오른쪽으로 이동이 없다면, 토체는 **탄성평형**(elastic equilibrium) 상태이기 때문에 수평 변형률은 '0'이다. 유효연직응력에 대한 유효수평응력의 비를 **정지토압계수**(coefficient of earth pressure at rest) K_o라고 하며 다음과 같다.

$$K_o = \frac{\sigma_h'}{\sigma_o'} \tag{12.1}$$

균질한 지반에서 K_o의 크기는 모든 위치에서 동일하다.

$\sigma_o' = \gamma z$이기 때문에 다음과 같이 유효수평응력을 나타낼 수 있다.

$$\sigma_h' = K_o(\gamma z) \tag{12.2}$$

정규압밀된 조립토 지반에서 정지토압계수는 다음과 같은 경험적인 관계식으로 추정될 수 있다(Jaky, 1944).

$$K_o = 1 - \sin \phi' \tag{12.3}$$

여기서 ϕ' = 배수마찰각

또한 이 관계식은 정규압밀점토에서도 유효한 경험식이다.

정규압밀된 세립토 지반에서도 Massarsch(1979)는 K_o에 관한 다음 식을 제안하였다.

$$K_o = 0.44 + 0.42 \left[\frac{PI\,(\%)}{100} \right] \tag{12.4}$$

Alpan(1969)은 정규압밀점토에 대해서 다음과 같이 제안하였다.

$$K_o = 0.19 + 0.233 \log PI \tag{12.5}$$

과압밀 지반(조립토이거나 점성토)의 정지토압계수 K_o는 정규압밀상태의 K_o 크기보다 크고 다음과 같이 표현된다.

$$K_{o\,(\text{overconsolidated})} = K_{o\,(\text{normally consolidated})}\, OCR^m \tag{12.6}$$

여기서 $m \approx 0.5$이며 OCR은 9장에서 다음과 같이 정의된 과압밀비이다.

$$OCR = \frac{\text{선행압밀압력}}{\text{현재 유효상재압력}} \tag{12.7}$$

Mayne과 Kulhawy(1982)는 $m = \sin\phi'$이라고 제안하였다. 토체를 선형탄성인 연속체로 가정하였을 때, 정지토압계수는 다음과 같이 표현할 수 있다.

$$K_o = \frac{\mu}{1-\mu} \tag{12.8}$$

여기서 μ는 탄성체의 포아송비이다. 일차원적인 압밀상태의 지반은 $\sigma'_h = K_o \sigma'_z$인 K_o 상태이다. 여기서 σ'_z은 유효연직응력이다. 또한 일차원적인 압밀상태의 점토에서는 어떠한 측면 변형률도 발생하지 않으므로 K_o 상태(정지, at-rest)이다.

심하게 과압밀된 점토의 경우에는 더 큰 값을 갖지만, 대부분 흙의 K_o 크기는 0.5~1.0 범위이다.

그림 12.3은 높이 H인 벽체에서 정지토압 분포를 보여준다. 벽체의 단위길이당 총 힘 P_o은 토압 분포의 면적과 같으므로 다음과 같이 표현된다.

$$P_o = \frac{1}{2} K_o \gamma H^2 \tag{12.9}$$

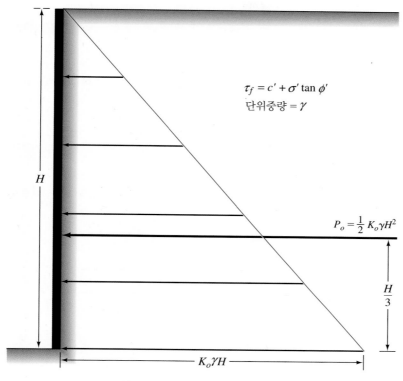

$$\tau_f = c' + \sigma' \tan \phi'$$
$$단위중량 = \gamma$$

$$P_o = \frac{1}{2} K_o \gamma H^2$$

$$\frac{H}{3}$$

$$K_o \gamma H$$

그림 12.3 벽체에 작용하는 정지토압 분포

지하수가 있는 지반의 정지토압

그림 12.4a는 높이 H인 벽체를 보여준다. 지하수위는 지표 아래 깊이 H_1에 위치하고, 벽체 반대 측에는 지하수가 없다. $z \leq H_1$ 조건에서는 총 정지토압은 $\sigma'_h = K_o \gamma z$이다. 깊이에 따른 σ'_h의 변화는 그림 12.4a와 같이 삼각형 ACE로 나타난다. 그러나 $z \geq H_1$ (즉, 지하수위 아래) 조건에서 벽체에 작용하는 토압은 유효응력과 간극수압성분으로 구성되며 다음과 같은 방법으로 나타낸다.

$$유효연직응력 = \sigma'_o = \gamma H_1 + \gamma'(z - H_1) \tag{12.10}$$

여기서 $\gamma' = \gamma_{sat} - \gamma_w =$ 유효 또는 수중단위중량이다. 따라서 정지상태 유효수평토압은 다음과 같다.

$$\sigma'_h = K_o \sigma'_o = K_o[\gamma H_1 + \gamma'(z - H_1)] \tag{12.11}$$

깊이에 따른 σ'_h의 변화는 그림 12.4a의 $CEGB$와 같다. 또한 간극수에 의한 수평압력은 다음과 같다.

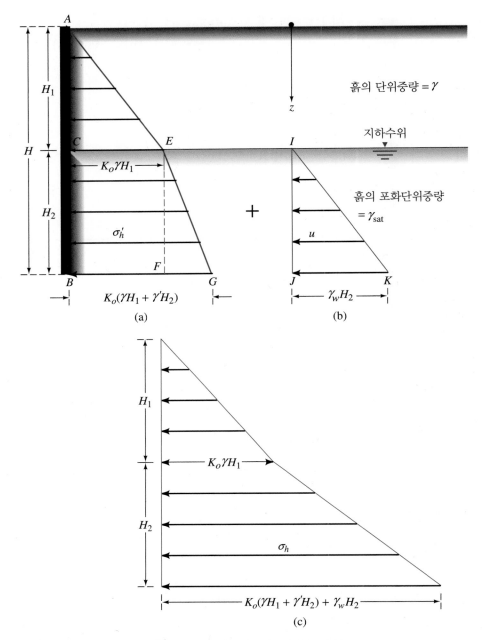

그림 12.4 지하수위가 있는 경우의 정지토압 분포

$$u = \gamma_w(z - H_1) \qquad (12.12)$$

깊이에 따른 u의 변화는 그림 12.4b에 보여준다.

따라서 $z \geq H_1$의 임의 깊이에서 흙과 지하수에 의한 총 수평토압(total lateral pressure)은 다음과 같다.

$$\sigma_h = \sigma_h' + u$$
$$= K_o[\gamma H_1 + \gamma'(z - H_1)] + \gamma_w(z - H_1) \tag{12.13}$$

벽체의 단위길이당 작용하는 힘은 그림 12.4a와 12.4b의 압력 분포도 면적의 합으로 구할 수 있다.

$$P_o = \underbrace{\frac{1}{2} K_o \gamma H_1^2}_{\substack{\text{면적} \\ ACE}} + \underbrace{K_o \gamma H_1 H_2}_{\substack{\text{면적} \\ CEFB}} + \underbrace{\frac{1}{2}(K_o \gamma' + \gamma_w)H_2^2}_{\substack{\text{면적} \\ EFG\text{와 }IJK}} \tag{12.14}$$

또는

$$P_o = \frac{1}{2} K_o[\gamma H_1^2 + 2\gamma H_1 H_2 + \gamma' H_2^2] + \frac{1}{2} \gamma_w H_2^2 \tag{12.15}$$

12.3 주동 및 수동토압의 Rankine 이론

흙의 **소성평형**(plastic equilibrium)이란 토체 내부의 모든 점들이 파괴 직전의 상태에 있음을 말한다. Rankine(1857)은 소성평형 상태에 있는 흙의 응력조건에 대하여 연구하였다. 이 절은 Rankine의 토압이론을 다룬다.

Rankine의 주동상태

그림 12.5a는 그림 12.2에서 설명한 동일한 토체를 보여준다. 깊이가 무한하고 마찰이 없는 벽면 AB에 의해 구속된 토체이다. 깊이 z에서 흙 요소에 작용하는 연직과 수평 유효 주응력은 각각 σ_o'과 σ_h'이다. 12.2절에서 언급한 바와 같이 벽면 AB가 전혀 움직이지 못한다면, $\sigma_h' = K_o \sigma_o'$이 된다. 흙 요소의 응력조건은 그림 12.5b에서 Mohr원 a로 나타난다. 하지만 벽면 AB가 원래의 위치에서 점차 이동이 허락된다면, 수평 유효 주응력은 감소하는 반면 연직 유효 주응력 σ_o'은 동일하게 유지된다. 그래서 Mohr원은 커지게 된다. 결국 흙 요소 응력조건은 Mohr원 b 상태에 도달하게 되며, 이러한 소성평형 상태는 흙의 파괴를 발생시킬 것이다. 이런 상태를 **Rankine의 주동상태**(Rankine's active state)라고 하고 연직면(즉, 주응력면)에 작용하는 압력 σ_a'을

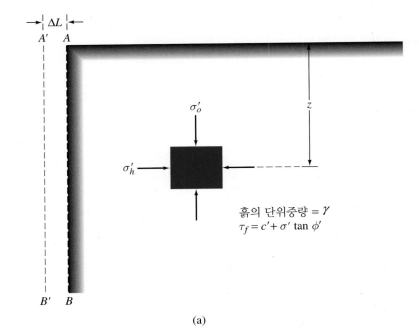

(a)

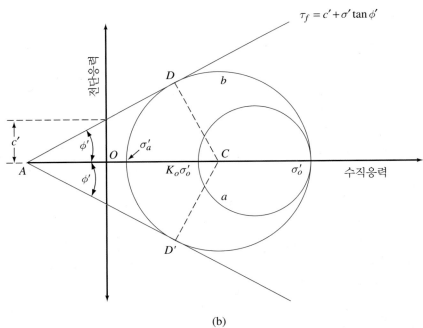

(b)

그림 12.5 Rankine의 주동토압

Rankine의 **주동토압**(Rankine's active earth pressure)이라고 한다. 다음은 γ, z, c', 그리고 ϕ'의 관계로 주동토압 σ'_a을 유도한 것이다.

그림 12.5b로부터

$$\sin \phi' = \frac{CD}{AC} = \frac{CD}{AO + OC}$$

그러나

$$CD = \text{파괴원의 반경} = \frac{\sigma'_o - \sigma'_a}{2}$$

$$AO = c' \cot \phi'$$

그리고

$$OC = \frac{\sigma'_o + \sigma'_a}{2}$$

그래서

$$\sin \phi' = \frac{\dfrac{\sigma'_o - \sigma'_a}{2}}{c' \cot \phi' + \dfrac{\sigma'_o + \sigma'_a}{2}}$$

또는

$$c' \cos \phi' + \frac{\sigma'_o + \sigma'_a}{2} \sin \phi' = \frac{\sigma'_o - \sigma'_a}{2}$$

또는

$$\sigma'_a = \sigma'_o \frac{1 - \sin \phi'}{1 + \sin \phi'} - 2c \frac{\cos \phi'}{1 + \sin \phi'} \tag{12.16}$$

그러나

$$\sigma'_o = \text{유효연직상재압력} = \gamma z$$

$$\frac{1 - \sin \phi'}{1 + \sin \phi'} = \tan^2\left(45 - \frac{\phi'}{2}\right)$$

그리고

$$\frac{\cos \phi'}{1 + \sin \phi'} = \tan\left(45 - \frac{\phi'}{2}\right)$$

위 식을 식 (12.16)에 대입하면 다음과 같이 정리된다.

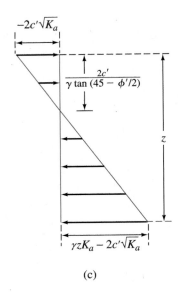

(c)

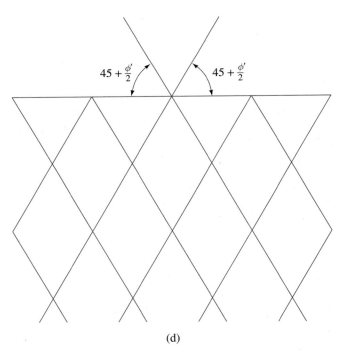

(d)

그림 12.5 Rankine의 주동토압 (계속)

$$\sigma_a' = \gamma z \tan^2\left(45 - \frac{\phi'}{2}\right) - 2c' \tan\left(45 - \frac{\phi'}{2}\right) \qquad (12.17)$$

그림 12.5c는 깊이에 따른 σ_a'의 변화를 나타내고 있다. 사질토에서는 $c' = 0$이므로

$$\sigma_a' = \sigma_o' \tan^2\left(45 - \frac{\phi'}{2}\right) \qquad (12.18)$$

σ_o'에 대한 σ_a'의 비를 **Rankine의 주동토압계수**(coefficient of Rankine's active earth pressure) K_a라고 부르고 다음과 같이 나타낼 수 있다.

$$K_a = \frac{\sigma_a'}{\sigma_o'} = \tan^2\left(45 - \frac{\phi'}{2}\right) \qquad (12.19)$$

또한 그림 12.5b로부터 흙의 파괴면은 최대 주응력면인 수평면과 $\pm(45 + \phi'/2)$의 각도를 이루는 것을 알 수 있다. 이러한 파괴면을 **활동면**(slip plane)이라 하며, 그림 12.5d와 같이 그려진다.

Rankine의 수동상태

Rankine의 수동상태는 그림 12.6으로 설명할 수 있다. AB는 깊이가 무한한 마찰이 없는 벽이다(그림 12.6a). 흙 요소의 초기응력조건은 그림 12.6b에서 Mohr원 a로 표현된다. 만일 벽체가 점차적으로 토체 방향으로 밀린다면 유효 주응력 σ_h'은 증가하는 반면 σ_o'은 그대로 유지된다. 결국 벽체는 흙 요소의 응력조건이 Mohr원 b로 표현되는 상태로 도달할 것이다. 이때 흙은 파괴된다. 이러한 상태를 **Rankine의 수동상태** (Rankine's passive state)라 한다. 최대 주응력인 유효수평토압 σ_p'을 **Rankine의 수동토압**(Rankine's passive earth pressure)이라고 한다. 그림 12.6b로부터 다음과 같이 나타낼 수 있다.

$$\begin{aligned}
\sigma_p' &= \sigma_o' \tan^2\left(45 + \frac{\phi'}{2}\right) + 2c' \tan\left(45 + \frac{\phi'}{2}\right) \\
&= \gamma z \tan^2\left(45 + \frac{\phi'}{2}\right) + 2c' \tan\left(45 + \frac{\phi'}{2}\right)
\end{aligned} \qquad (12.20)$$

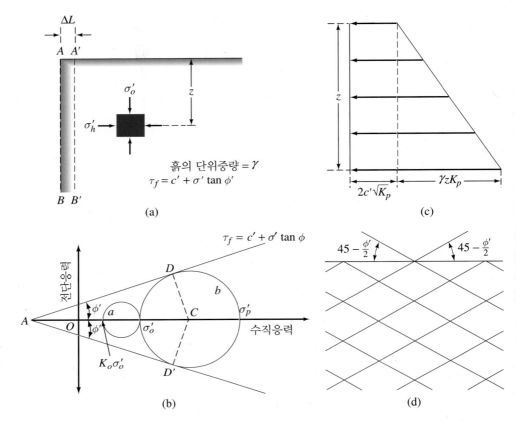

그림 12.6 Rankine의 수동토압

이 수식의 유도과정은 Rankine의 주동상태의 수식과 유사하다.

그림 12.6c는 깊이에 따른 수동압력의 변화를 나타내고 있다. 사질토($c' = 0$)에서는 다음과 같다.

$$\sigma'_p = \sigma'_o \tan^2\left(45 + \frac{\phi'}{2}\right)$$

또는

$$\frac{\sigma'_p}{\sigma'_o} = K_p = \tan^2\left(45 + \frac{\phi'}{2}\right) \tag{12.21}$$

위 식의 K_p를 Rankine의 **수동토압계수**(coefficient of Rankine's passive earth pressure)라고 부른다.

파괴원에서 점 D와 D'(그림 12.6b)은 토체 내의 활동면들과 일치한다. Rankine의 수동상태에 있어서 활동면은 최소 주응력면인 수평면과 $\pm(45 - \phi'/2)$의 각도를 이룬다. 그림 12.6d는 토체 내부의 활동면 분포를 보여준다.

벽체의 항복 효과

앞 절에서 이야기한 소성평형 상태에 도달하기 위해서 벽체의 충분한 이동이 필요하다는 것을 알고 있다. 그러나 벽체에 작용하는 수평토압의 분포는 벽체가 실제 항복되는 방식에 의해 매우 큰 영향을 받는다. 대부분 단순한 옹벽에서 벽체 이동은 단순한 수평이동 또는 빈번히 발생하는 옹벽 하부를 중심으로 한 회전에 의해 발생한다.

예비적인 이론해석을 위하여 그림 12.7a와 같은 AB면을 마찰 없는 옹벽으로 생각해보자. 벽체 AB가 옹벽 바닥을 중심으로 $A'B$ 위치로 충분히 회전한다면 벽에 가까운 삼각형 흙 쐐기 ABC'은 Rankine의 주동상태에 도달할 것이다. Rankine의 주동상태에서 활동면은 최대 주응력면과 $\pm(45 + \phi'/2)$의 각을 이루기 때문에 소성평형 상태에 도달한 토체는 수평면과 $(45 + \phi'/2)$의 각도를 이루고 있는 BC' 평면에 의해 구분된다. ABC' 구역 내부에 있는 흙은 모든 지점에서 수평방향으로 동일한 단위변형이 발생하는데 그 크기는 $\Delta L_a/L_a$와 같다. 지표로부터 임의 깊이 z에서 벽체의 수평토압은 식 (12.17)에 의해 계산된다.

이와 동일한 방법으로 마찰 없는 벽체 AB(그림 12.7b)가 $A''B$ 위치로 충분히 회전하면, 삼각형의 흙 쐐기 ABC''은 Rankine의 수동상태에 도달하게 된다. 소성평형 상태인 흙 쐐기를 구분하는 활동면 BC''은 수평면과 $(45 - \phi'/2)$의 각도를 이룬다. 삼각형의 흙 쐐기 ABC'' 내의 모든 흙은 수평방향으로 동일한 단위변형이 발생한다. 이 크기는 $\Delta L_p/L_p$와 같다. 임의 깊이 z에서의 벽체에 작용하는 수동토압은 식 (12.20)에 의해 평가할 수 있다.

Rankine의 상태에 도달하는 데 필요한 최소 벽 기울기(ΔL_a와 ΔL_p)의 일반적인 값이 표 12.1에 제시되어 있다. 주동상태에 도달하는 데 필요한 벽 기울기가 수동상태에 비해 현저히 적음을 알 수 있다. 또한 그것은 점성토보다 조립토에서 더 적다.

표 12.1 Rankine의 상태의 $\Delta L_a/H$와 $\Delta L_p/H$의 일반적인 값

흙의 종류	$\Delta L_a/H$	$\Delta L_p/H$
느슨한 모래	0.001~0.002	0.01
조밀한 모래	0.0005~0.001	0.005
연약점토	0.02	0.04
단단한 점토	0.01	0.02

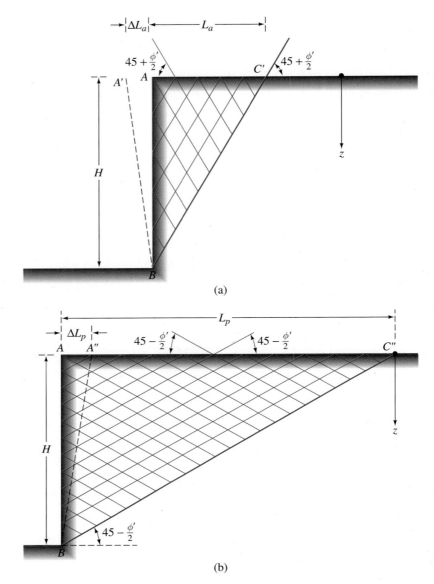

그림 12.7 옹벽 바닥을 중심으로 한 마찰 없는 벽체의 회전

12.4 옹벽에 작용하는 수평토압 분포도

사질토로 평평하게 뒤채움한 경우

주동상태 그림 12.8a는 평평하게 뒤채움(backfill)된 사질토 지반에서의 옹벽을 보여준다. 흙의 단위중량과 내부마찰각은 각각 γ와 ϕ'이다. Rankine의 주동상태에서 옹

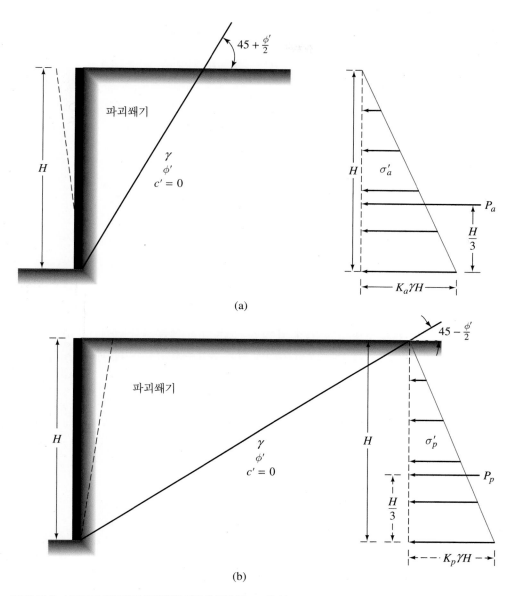

그림 12.8 사질토로 평평하게 뒤채움한 옹벽에 작용하는 토압 분포도. (a) Rankine의 주동상태, (b) Rankine의 수동상태

벽에 작용하는 임의 깊이의 토압은 식 (12.17)로 구할 수 있다.

$$\sigma_a = \sigma_a' = K_a \gamma z \qquad (\text{주의: } c' = 0)$$

σ_a는 깊이에 따라 비례하고 벽면 바닥에서는

$$\sigma_a = K_a \gamma H \qquad\qquad (12.22)$$

벽체의 단위길이당 총 힘 P_a는 토압 분포도의 면적과 같다.

$$P_a = \frac{1}{2} K_a \gamma H^2 \qquad (12.23)$$

수동상태 Rankine의 수동상태에서 높이 H인 옹벽에 작용하는 수평토압 분포는 그림 12.8b와 같다. 임의 깊이 z에서의 수평토압[식 (12.20), $c' = 0$]은

$$\sigma_p = \sigma_p' = K_p \gamma H \qquad (12.24)$$

벽체의 단위길이당 총 힘 P_p는 다음과 같다.

$$P_p = \frac{1}{2} K_p \gamma H^2 \qquad (12.25)$$

상재하중과 지하수가 있는 뒤채움이 사질토인 경우

주동상태 그림 12.9a는 사질토로 뒤채움된 높이 H인 마찰 없는 옹벽을 보여준다. 지하수위는 지표면 아래 깊이 H_1에 위치하고 있으며, 뒤채움 흙은 단위면적당 상재하중 q를 받고 있다. 식 (12.18)로부터 깊이에 따른 유효주동토압은 다음과 같다.

$$\sigma_a' = K_a \sigma_o' \qquad (12.26)$$

여기서 σ_o'과 σ_a'은 각각 유효연직응력 및 유효수평응력이다.

깊이 $z = 0$에서

$$\sigma_o = \sigma_o' = q \qquad (12.27)$$

그리고

$$\sigma_a = \sigma_a' = K_a q \qquad (12.28)$$

깊이 $z = H_1$에서

$$\sigma_o = \sigma_o' = (q + \gamma H_1) \qquad (12.29)$$

그리고

$$\sigma_a = \sigma_a' = K_a(q + \gamma H_1) \qquad (12.30)$$

깊이 $z = H$에서

$$\sigma_o' = (q + \gamma H_1 + \gamma' H_2) \qquad (12.31)$$

그리고

$$\sigma_a' = K_a(q + \gamma H_1 + \gamma' H_2) \qquad (12.32)$$

여기서 $\gamma' = \gamma_{\text{sat}} - \gamma_w$이다. 깊이에 따른 σ_a'의 변화는 그림 12.9b에 보여준다.

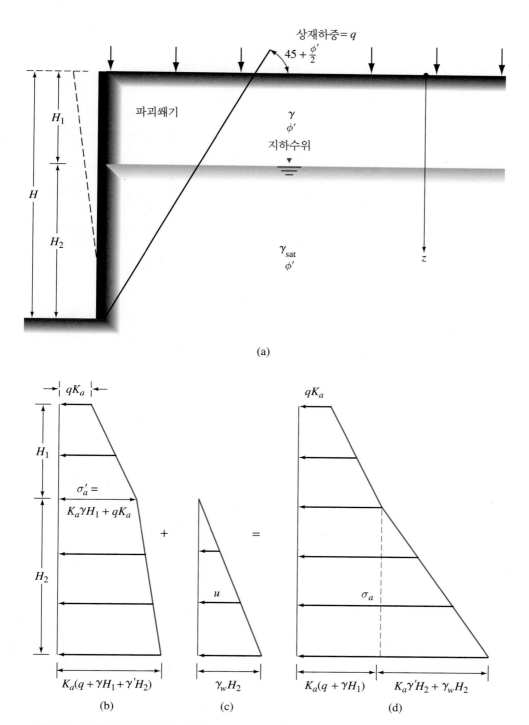

그림 12.9 상재하중과 지하수위가 존재하고 사질토로 뒤채움된 옹벽에 작용하는 Rankine의 주동토압 분포도

$z = 0$과 H_1 사이의 간극수압은 0이고, $z > H_1$인 경우 간극수압은 깊이에 따라서 선형적으로 증가한다(그림 12.9c). 깊이 $z = H$인 경우

$$u = \gamma_w H_1$$

총 수평토압 분포도 σ_a(그림 12.9d)는 그림 12.9b와 12.9c에서 보여준 토압과 수압 분포도의 합이다. 벽체의 단위길이당 작용하는 총 주동토압의 합력은 압력 분포 전체 면적이다. 그래서

$$P_a = K_a q H + \frac{1}{2} K_a \gamma H_1^2 + K_a \gamma H_1 H_2 + \frac{1}{2}(K_a \gamma' + \gamma_w) H_2^2 \qquad (12.33)$$

수동상태 그림 12.10a는 그림 12.9a와 동일한 형태의 옹벽이다. 벽체의 깊이에 따라서 Rankine의 수동토압은 식 (12.20)과 같다.

$$\sigma_p' = K_p \sigma_o'$$

앞의 식을 이용하여 그림 12.10b에서 보여준 것과 같이 깊이에 따른 σ_p'의 변화를 결정할 수 있다. 깊이에 따른 벽체에 작용하는 수압의 변화는 그림 12.10c에서 보여준다. 그림 12.10d는 깊이에 따른 전체 압력 σ_p의 분포를 보여준다. 따라서 벽체의 단위길이당 총 수동토압의 합력은 그림 12.10d에 있는 분포도의 면적이다.

$$P_p = K_p q H + \frac{1}{2} K_p \gamma H_1^2 + K_p \gamma H_1 H_2 + \frac{1}{2}(K_p \gamma' + \gamma_w) H_2^2 \qquad (12.34)$$

점성토로 평평하게 뒤채움한 경우

주동상태 그림 12.11a는 점성토로 뒤채움된 마찰이 없는 옹벽을 나타낸다. 임의의 깊이에서 벽체에 작용하는 주동토압은 식 (12.17)과 같이 표현된다.

$$\sigma_a' = K_a \gamma z - 2c' \sqrt{K_a}$$

깊이에 따른 $K_a \gamma z$의 변화는 그림 12.11b와 같으며, 심도별 $2c' \sqrt{K_a}$의 변화는 그림 12.11c에 나타나 있다. $2c' \sqrt{K_a}$가 z에 의한 함수가 아니므로 그림 12.11c는 직사각형 분포이다. 결과적으로 순 주동토압 σ_a'값의 변화가 그림 12.11d에 나타나 있다. 점착력의 영향으로 옹벽 상부에서 σ_a'은 음의 값을 갖는다. 그래서 주동토압이 0이 되는 깊이 z_o는 식 (12.17)로부터 구할 수 있다.

$$K_a \gamma z_o - 2c' \sqrt{K_a} = 0$$

또는

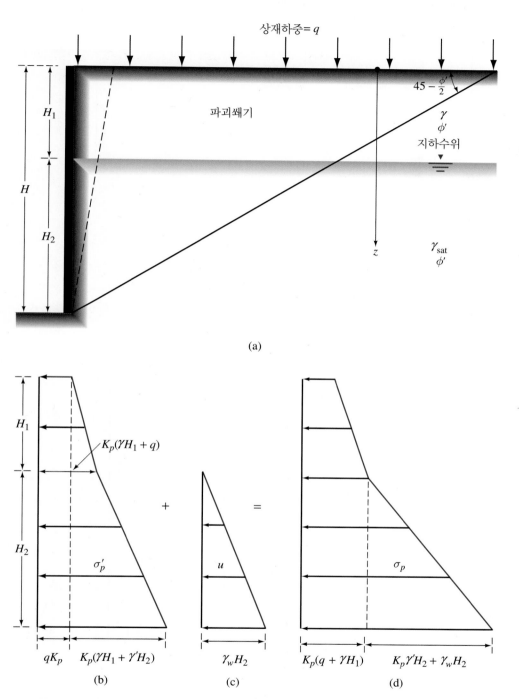

(a)

(b)   (c)   (d)

qK_p $K_p(\gamma H_1 + \gamma' H_2)$ $\gamma_w H_2$ $K_p(q + \gamma H_1)$ $K_p \gamma' H_2 + \gamma_w H_2$

그림 12.10 상재하중과 지하수위가 있는 사질토로 뒤채움된 옹벽에 작용하는 Rankine의 수동토압 분포도

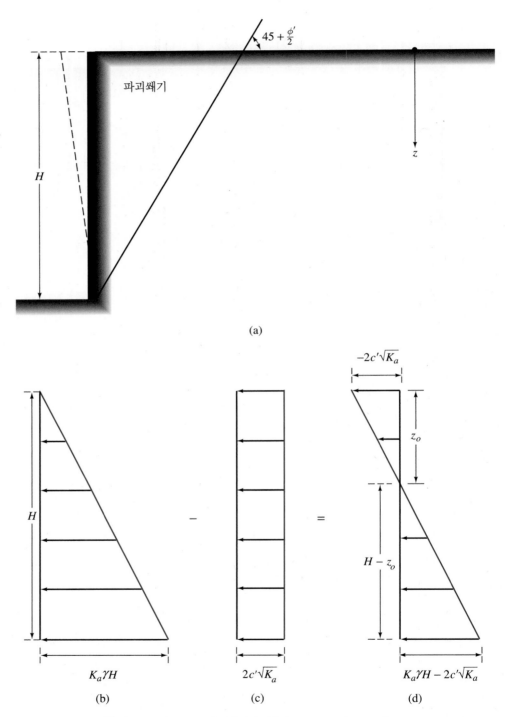

(a)

(b)

$K_a\gamma H$

(c)

$2c'\sqrt{K_a}$

(d)

$K_a\gamma H - 2c'\sqrt{K_a}$

그림 12.11 점성토로 뒤채움된 옹벽에 작용하는 Rankine의 주동토압 분포도

$$z_o = \frac{2c'}{\gamma\sqrt{K_a}} \tag{12.35}$$

비배수조건, 즉 $\phi = 0$에서는 $K_a = \tan^2 45 = 1$, $c = c_u$(비배수 점착력)이므로 다음 식을 얻을 수 있다.

$$z_o = \frac{2c_u}{\gamma} \tag{12.36}$$

따라서 시간이 경과함에 따라 흙-벽체 경계면에서 인장균열은 깊이 z_o까지 도달하게 된다.

벽체에 단위길이당 총 주동토압의 합력은 전체 토압 분포도(그림 12.11d)의 면적으로부터 구할 수 있다.

$$P_a = \frac{1}{2}K_a\gamma H^2 - 2\sqrt{K_a}c'H \tag{12.37}$$

또한 $\phi = 0$인 경우에 대해서

$$P_a = \frac{1}{2}\gamma H^2 - 2c_u H \tag{12.38}$$

주동토압의 합력을 계산할 때 인장균열을 고려하는 것이 일반적이다. 인장균열 발생 후 깊이 z_o까지 흙과 벽체 사이에 어떠한 접촉도 없기 때문에 $z = 2c'/(\gamma\sqrt{K_a})$와 H(그림 12.11d) 사이의 주동토압만을 고려한다. 이 경우

$$\begin{aligned}
P_a &= \frac{1}{2}\left(K_a\gamma H - 2\sqrt{K_a}c'\right)\left(H - \frac{2c'}{\gamma\sqrt{K_a}}\right) \\
&= \frac{1}{2}K_a\gamma H^2 - 2\sqrt{K_a}c'H + 2\frac{c'^2}{\gamma}
\end{aligned} \tag{12.39}$$

$\phi = 0$인 조건에서

$$P_a = \frac{1}{2}\gamma H^2 - 2c_u H + 2\frac{c_u^2}{\gamma} \tag{12.40}$$

식 (12.40)에서 γ는 흙의 포화단위중량이다.

수동상태 그림 12.12a는 그림 12.11a에서와 같이 유사한 형태의 옹벽을 나타낸 것이

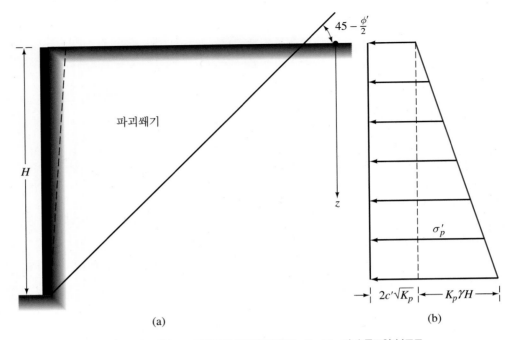

그림 12.12 점성토로 뒤채움된 옹벽에 작용하는 Rankine의 수동토압 분포도

다. 깊이 z에서 벽체에 작용하는 Rankine의 수동토압은 식 (12.20)으로 구할 수 있다.

$$\sigma'_p = K_p \gamma z + 2\sqrt{K_p}\,c'$$

$z = 0$에서

$$\sigma_p = \sigma'_p = 2\sqrt{K_p}\,c' \tag{12.41}$$

$z = H$에서

$$\sigma_p = \sigma'_p = K_p \gamma H + 2\sqrt{K_p}\,c' \tag{12.42}$$

깊이에 따른 수동토압 $\sigma_p = \sigma'_p$의 변화는 그림 12.12b와 같다. 벽체의 단위길이당 수동토압의 합력은 압력 분포도의 전체 면적으로 구할 수 있다.

$$P_p = \frac{1}{2}K_p \gamma H^2 + 2\sqrt{K_p}\,c'H \tag{12.43}$$

$\phi = 0$인 비배수 조건에서 $K_p = 1$이므로 수동토압의 합력은 다음과 같다.

$$P_p = \frac{1}{2}\gamma H^2 + 2c_u H \tag{12.44}$$

식 (12.44)에서 γ는 흙의 포화단위중량이다.

예제 12.1

그림 12.13에서처럼 옹벽이 움직이지 않는다면 단위길이당 옹벽에 작용하는 토압의 합력을 구하시오. $\phi' = 26°$이다.

풀이

옹벽이 움직이지 않는다면 뒤채움은 정지상태의 토압이 작용한다. 그래서

$$\sigma_h' = \sigma_h = K_o\sigma_o' = K_o(\gamma z) \tag{12.2}$$

식 (12.3)과 (12.6)으로부터 $m = \sin\phi'$을 적용하면

$$K_o = (1 - \sin\phi')(OCR)^{\sin\phi'} = (1 - \sin 26)(2)^{\sin 26} = 0.761$$

그리고 $z = 0$에서 $\sigma_h' = 0$, 4.5 m에서 $\sigma_h' = (0.761)(17)(4.5) = 58.22$ kN/m²이다.

총 토압 분포도는 그림 12.3에서 보여준 것과 유사할 것이다.

$$P_o = \frac{1}{2}(4.5)(58.22) = \textbf{131 kN/m}$$

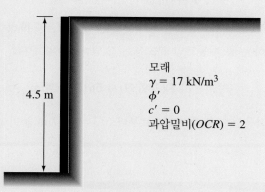

4.5 m

모래
$\gamma = 17$ kN/m³
ϕ'
$c' = 0$
과압밀비(OCR) = 2

그림 12.13

예제 12.2

그림 12.13에서 옹벽의 단위길이당 Rankine의 주동 및 수동토압을 계산하고, 토압의 합력의 작용점 위치를 결정하시오. $\phi' = 32°$이다.

풀이

$c' = 0$이므로 주동토압을 결정하기 위해서

(계속)

$$\sigma_a' = K_a\sigma_o' = K_a\gamma z$$

$$K_a = \frac{1 - \sin \phi'}{1 + \sin \phi'} = \frac{1 - \sin 32°}{1 + \sin 32°} = 0.307$$

$z = 0$에서 $\sigma_a' = 0$, $z = 4.5$ m에서 $\sigma_a' = (0.307)(17)(4.5) = 23.49$ kN/m²이다. 주동토압의 분포도는 그림 12.8a와 유사할 것이다.

$$\text{주동토압의 합력} \quad P_a = \frac{1}{2}(4.5)(23.49)$$
$$= \mathbf{52.85 \ kN/m}$$

총 토압 분포도가 삼각형이므로, P_a의 작용점은 옹벽 바닥으로부터 $4.5/3 = 1.5$ m 높이이다.

수동토압을 결정하기 위해 $c' = 0$이므로

$$\sigma_p' = \sigma_p = K_p\sigma_o' = K_p\gamma z$$

$$K_p = \frac{1 + \sin \phi'}{1 - \sin \phi'} = \frac{1 + 0.53}{1 - 0.53} = 3.26$$

$z = 0$에서 $\sigma_p' = 0$, $z = 4.5$ m에서 $\sigma_p' = 3.26(17)(4.5) = 249.39$ kN/m²이다. 옹벽에 작용하는 총 수동토압 분포도는 그림 12.8b와 같다.

$$P_p = \frac{1}{2}(4.5)(249.39) = \mathbf{561.13 \ kN/m}$$

토압의 합력의 작용점은 **옹벽 바닥으로부터** $5/3 = \mathbf{1.67 \ m}$ **높이**이다.

예제 12.3

그림 12.14a는 포화된 연약점토로 뒤채움된 옹벽을 보여준다. 뒤채움의 비배수 조건($\phi = 0$)에 대해 다음 값들은 결정하시오.

  a. 인장균열의 최대 깊이

  b. 인장균열이 발생하기 전 P_a

  c. 인장균열이 발생한 후 P_a

풀이

$\phi' = 0$, $K_a = \tan^2 45 = 1$, 그리고 $c = c_u$에 대해서, 식 (12.17)로부터 비배수 조

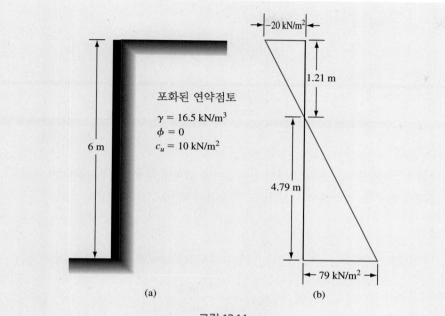

그림 12.14

건은

$$\sigma_a = \gamma z - 2c_u$$

$z = 0$에서

$$\sigma_a = -2c_u = -(2)(10) = -20 \text{ kN/m}^2$$

$z = 6$ m에서

$$\sigma_a = (16.5)(6) - (2)(10) = 79 \text{ kN/m}^2$$

깊이에 따른 σ_a의 변화는 그림 12.14b와 같다.

a. 식 (12.36)에서 인장균열의 깊이는 다음과 같다.

$$z_o = \frac{2c_u}{\gamma} = \frac{(2)(10)}{16.5} = \textbf{1.21 m}$$

b. 인장균열이 발생하기 전[식 (12.38)],

$$P_a = \frac{1}{2} \gamma H^2 - 2c_u H$$

또는

$$P_a = \frac{1}{2} (16.5)(6)^2 - 2(10)(6) = \textbf{177 kN/m}$$

(계속)

c. 인장균열이 발생한 후

$$P_a = \frac{1}{2}(6 - 1.21)(79) = \textbf{189.2 kN/m}$$

예제 12.4

그림 12.15에서 보여준 옹벽에서 단위길이당 옹벽에 작용하는 Rankine의 주동토압의 합력 P_a를 결정하시오. 또한 그 작용점의 위치도 결정하시오.

풀이

$c' = 0$ 조건에서 $\sigma'_a = K_a\sigma'_o$이다. 상부층에서 Rankine의 주동토압계수는

$$K_a = K_{a(1)} = \frac{1 - \sin 30°}{1 + \sin 30°} = \frac{1}{3}$$

하부층에 대해서

$$K_a = K_{a(2)} = \frac{1 - \sin 35°}{1 + \sin 35°} = \frac{0.4264}{1.5736} = 0.271$$

$z = 0$에서 $\sigma'_o = 0$, $z = 1.2$ m(상부층의 바닥 바로 안쪽으로)에서 $\sigma'_o = (1.2)(16.5) = 19.8$ kN/m²이다. 그래서

$$\sigma'_a = K_{a(1)}\sigma'_o = \frac{1}{3}(19.8) = 6.6 \text{ kN/m}^2$$

또한 $z = 1.2$ m(하부층)에서 $\sigma'_o = (1.2)(16.5) = 19.8$ kN/m², 그리고

$$\sigma'_a = K_{a(2)}\sigma'_o = (0.271)(19.8) = 5.37 \text{ kN/m}^2$$

$z = 6$ m에서,

$$\sigma'_o = (1.2)(16.5) + (4.8)(19.2 - 9.81) = 64.87 \text{ kN/m}^2$$
$$\uparrow$$
$$\gamma_w$$

그리고

$$\sigma'_a = K_{a(2)}\sigma'_o = (0.271)(64.87) = 17.58 \text{ kN/m}^2$$

그림 12.15b는 깊이에 따른 σ'_a의 변화를 나타내고 있다.

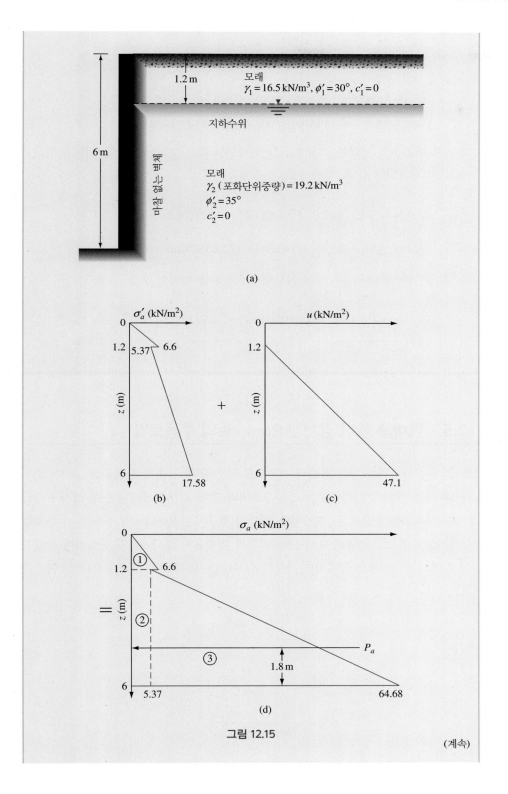

(a)

(b)   (c)

(d)

그림 12.15

(계속)

간극수압에 의한 수평압력은 다음과 같다.

- $z = 0$ m에서 $u = 0$
- $z = 1.2$ m에서 $u = 0$
- $z = 6$ m에서 $u = (4.8)(\gamma_w) = (4.8)(9.81) = 47.1$ kN/m^2

깊이에 따른 u의 변화는 그림 12.15c에 나타나 있으며, σ_a(총 주동토압)의 변화는 그림 12.15d와 같다. 그래서

$$P_a = \left(\frac{1}{2}\right)(6.6)(1.2) + (4.8)(5.37) + \left(\frac{1}{2}\right)(4.8)(64.68 - 5.37)$$

$$= 3.96 + 25.78 + 142.34 = \textbf{172.08 kN/m}$$

토압 합력의 작용점은 벽체 하부에서 모멘트를 취하여 구할 수 있다.

$$\bar{z} = \frac{3.96\left(4.8 + \dfrac{1.2}{3}\right) + (25.78)(2.4) + (142.34)\left(\dfrac{4.8}{3}\right)}{172.08} = \textbf{1.8 m}$$

12.5 뒤채움 흙이 경사진 Rankine의 주동토압

12.3절에서 연직벽을 갖는 옹벽과 수평으로 놓인 뒤채움 흙의 사례들을 고려하였다. 그러나 다른 예외적인 사례로는 그림 12.16과 같이 뒤채움이 수평면에 경사 α각으로 연속해서 비탈면을 갖는 조건이다. 이러한 경우에는 Rankine의 주동 및 수동토압이 더이상 수평으로 작용하지 않는다. 오히려 뒤채움의 경사 α각과 동일하게 토압이 작용한다. 만약 뒤채움 흙이 배수마찰각 ϕ'과 $c' = 0$ 값을 갖는 조립토라면, 다음과 같다.

$$\sigma'_a = \gamma z K_a$$

여기서

$$K_a = \text{Rankine의 주동토압계수}$$

$$= \cos \alpha \frac{\cos \alpha - \sqrt{\cos^2 \alpha - \cos^2 \phi'}}{\cos \alpha + \sqrt{\cos^2 \alpha - \cos^2 \phi'}} \tag{12.45}$$

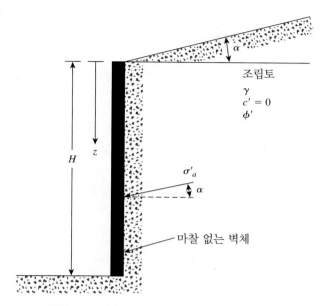

그림 12.16 뒤채움 경사가 있고 마찰 없는 연직벽체 옹벽

벽체에 작용하는 단위길이당 주동토압의 합력은 다음과 같다.

$$P_a = \frac{1}{2} K_a \gamma H^2 \tag{12.46}$$

벽체에 작용하는 토압 합력의 작용선은 옹벽 바닥으로부터 $H/3$ 거리에 위치한다. 표 12.2는 α와 ϕ'의 다양한 조합에 대한 K_a값의 변화를 보여준다.

　같은 방법으로 α 각도만큼 경사진 뒤채움을 갖는 옹벽에서 수동토압이 작용할 때, Rankine의 수동토압계수는 다음과 같다.

$$K_p = \cos \alpha \, \frac{\cos \alpha + \sqrt{\cos^2 \alpha - \cos^2 \phi'}}{\cos \alpha - \sqrt{\cos^2 \alpha - \cos^2 \phi'}} \tag{12.47}$$

12.6　Coulomb의 토압이론—마찰 있는 옹벽

지금까지 다룬 주동 및 수동토압의 이론은 마찰 없는 벽체를 고려했다. 그러나 실제 현장에서의 옹벽은 마찰력이 있으며 벽체와 뒤채움 사이에서 전단력이 발생한다. 약 200년 전 Coulomb(1776)은 옹벽에 대한 주동토압과 수동토압 이론을 발표하였다.

표 12.2 K_a의 변화[식 (12.45)]

α (°)	ϕ' (°) →												
↓	28	29	30	31	32	33	34	35	36	37	38	39	40
0	0.3610	0.3470	0.3333	0.3201	0.3073	0.2948	0.2827	0.2710	0.2596	0.2486	0.2379	0.2275	0.2174
1	0.3612	0.3471	0.3335	0.3202	0.3074	0.2949	0.2828	0.2711	0.2597	0.2487	0.2380	0.2276	0.2175
2	0.3618	0.3476	0.3339	0.3207	0.3078	0.2953	0.2832	0.2714	0.2600	0.2489	0.2382	0.2278	0.2177
3	0.3627	0.3485	0.3347	0.3214	0.3084	0.2959	0.2837	0.2719	0.2605	0.2494	0.2386	0.2282	0.2181
4	0.3639	0.3496	0.3358	0.3224	0.3094	0.2967	0.2845	0.2726	0.2611	0.2500	0.2392	0.2287	0.2186
5	0.3656	0.3512	0.3372	0.3237	0.3105	0.2978	0.2855	0.2736	0.2620	0.2508	0.2399	0.2294	0.2192
6	0.3676	0.3531	0.3389	0.3253	0.3120	0.2992	0.2868	0.2747	0.2631	0.2518	0.2409	0.2303	0.2200
7	0.3701	0.3553	0.3410	0.3272	0.3138	0.3008	0.2883	0.2761	0.2644	0.2530	0.2420	0.2313	0.2209
8	0.3730	0.3580	0.3435	0.3294	0.3159	0.3027	0.2900	0.2778	0.2659	0.2544	0.2432	0.2325	0.2220
9	0.3764	0.3611	0.3463	0.3320	0.3182	0.3049	0.2921	0.2796	0.2676	0.2560	0.2447	0.2338	0.2233
10	0.3802	0.3646	0.3495	0.3350	0.3210	0.3074	0.2944	0.2818	0.2696	0.2578	0.2464	0.2354	0.2247
11	0.3846	0.3686	0.3532	0.3383	0.3241	0.3103	0.2970	0.2841	0.2718	0.2598	0.2482	0.2371	0.2263
12	0.3896	0.3731	0.3573	0.3421	0.3275	0.3134	0.2999	0.2868	0.2742	0.2621	0.2503	0.2390	0.2281
13	0.3952	0.3782	0.3620	0.3464	0.3314	0.3170	0.3031	0.2898	0.2770	0.2646	0.2527	0.2412	0.2301
14	0.4015	0.3839	0.3671	0.3511	0.3357	0.3209	0.3068	0.2931	0.2800	0.2674	0.2552	0.2435	0.2322
15	0.4086	0.3903	0.3729	0.3564	0.3405	0.3253	0.3108	0.2968	0.2834	0.2705	0.2581	0.2461	0.2346
16	0.4165	0.3975	0.3794	0.3622	0.3458	0.3302	0.3152	0.3008	0.2871	0.2739	0.2612	0.2490	0.2373
17	0.4255	0.4056	0.3867	0.3688	0.3518	0.3356	0.3201	0.3053	0.2911	0.2776	0.2646	0.2521	0.2401
18	0.4357	0.4146	0.3948	0.3761	0.3584	0.3415	0.3255	0.3102	0.2956	0.2817	0.2683	0.2555	0.2433
19	0.4473	0.4249	0.4039	0.3842	0.3657	0.3481	0.3315	0.3156	0.3006	0.2862	0.2724	0.2593	0.2467
20	0.4605	0.4365	0.4142	0.3934	0.3739	0.3555	0.3381	0.3216	0.3060	0.2911	0.2769	0.2634	0.2504
21	0.4758	0.4498	0.4259	0.4037	0.3830	0.3637	0.3455	0.3283	0.3120	0.2965	0.2818	0.2678	0.2545
22	0.4936	0.4651	0.4392	0.4154	0.3934	0.3729	0.3537	0.3356	0.3186	0.3025	0.2872	0.2727	0.2590
23	0.5147	0.4829	0.4545	0.4287	0.4050	0.3832	0.3628	0.3438	0.3259	0.3091	0.2932	0.2781	0.2638
24	0.5404	0.5041	0.4724	0.4440	0.4183	0.3948	0.3731	0.3529	0.3341	0.3164	0.2997	0.2840	0.2692
25	0.5727	0.5299	0.4936	0.4619	0.4336	0.4081	0.3847	0.3631	0.3431	0.3245	0.3070	0.2905	0.2750

이 이론에서 Coulomb은 **파괴면을 평면**이라고 가정하고 벽 마찰을 고려하였다. 이 절에서는 **사질토로 뒤채움**된 경우 Coulomb의 토압이론의 일반적인 원리를 설명한다(전단강도는 $\tau_f = \sigma' \tan \phi'$이라고 정의된다).

주동상태

AB(그림 12.17a)는 조립토를 지지하고 있는 옹벽의 배면이고, 뒤채움 흙은 수평면에 대해 α만큼의 경사를 지니고 있다. BC는 가상파괴면이다. 파괴가능성이 있는 흙 쐐기 ABC의 안정성 고려 시 다음과 같은 힘(벽체의 단위길이당)들이 작용된다.

1. W, 흙 쐐기의 유효무게
2. F, 파괴면 BC에 작용하는 수직력과 전단력의 합력. 이 힘은 평면 BC의 법선에 대해 ϕ'만큼의 각도로 경사져 있다.
3. P_a, 벽체에 작용하는 단위길이당 주동토압의 합력. P_a 방향은 흙을 지지하고 있는 벽체의 법선에 대해 δ' 각도만큼 경사진다. δ'은 흙과 벽체 사이의 마찰각이다.

그림 12.17b는 쐐기에 작용하는 힘의 삼각형을 보여준다. sin법칙에 의해 다음과 같이 쓸 수 있다.

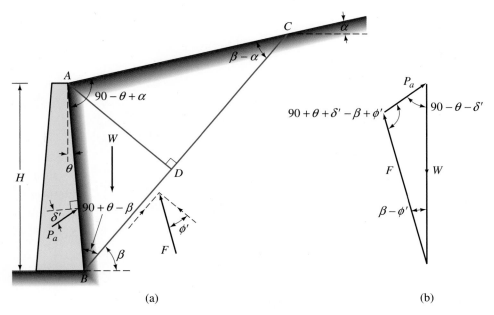

그림 12.17 Coulomb의 주동토압. (a) 가상 파괴쐐기, (b) 힘 다각형(주의: δ' = 뒤채움과 옹벽 배면 사이의 마찰각)

$$\frac{W}{\sin(90 + \theta + \delta' - \beta + \phi')} = \frac{P_a}{\sin(\beta - \phi')} \tag{12.48}$$

또는

$$P_a = \frac{\sin(\beta - \phi')}{\sin(90 + \theta + \delta' - \beta + \phi')} \, W \tag{12.49}$$

위의 식은 다음과 같은 형태로 정리할 수 있다.

$$P_a = \frac{1}{2} \, \gamma H^2 \left[\frac{\cos(\theta - \beta) \cos(\theta - \alpha) \sin(\beta - \phi')}{\cos^2 \theta \sin(\beta - \alpha) \sin(90 + \theta + \delta' - \beta + \phi')} \right] \tag{12.50}$$

여기서 γ는 뒤채움 흙의 단위중량이다. γ, H, θ, α, ϕ', 그리고 δ'의 값은 상수이고, β 값만이 유일하게 변수이다. P_a가 최댓값이 되는 β의 임계값을 결정하기 위해서

$$\frac{dP_a}{d\beta} = 0 \tag{12.51}$$

식 (12.51)을 계산한 후 β의 관계식을 식 (12.50)에 대입하여 Coulomb의 주동토압을 구하면 다음과 같다.

$$P_a = \frac{1}{2} K_a \gamma H^2 \tag{12.52}$$

여기서 K_a는 Coulomb의 주동토압계수이며 다음과 같다.

$$K_a = \frac{\cos^2(\phi' - \theta)}{\cos^2 \theta \cos(\delta' + \theta) \left[1 + \sqrt{\dfrac{\sin(\delta' + \phi') \sin(\phi' - \alpha)}{\cos(\delta' + \theta) \cos(\theta - \alpha)}} \right]^2} \tag{12.53}$$

참고로 $\alpha = 0°$, $\theta = 0°$, $\delta' = 0°$일 때, Coulomb의 주동토압계수는 $\dfrac{1 - \sin\phi'}{1 + \sin\phi'}$이 되며 이는 이 장 시작부에 제시한 Rankine의 토압계수와 동일하다.

옹벽의 배면이 연직($\theta = 0$)이고 뒤채움 흙의 경사가 수평($\alpha = 0$)인 K_a값들의 변화는 표 12.3에 주어졌다. 이 표로부터 임의의 ϕ'값에 대하여, 벽 마찰 효과가 주동토압계수를 다소 감소시킨다는 것을 알 수 있다.

표 12.4와 12.5는 $\delta' = \frac{2}{3}\phi'$과 $\delta' = \phi'/2$일 때 K_a값들[식 (12.53)]을 나타낸다. 두 표는 옹벽설계를 위해 유용할 것이다.

표 12.3 $\theta = 0°$, $\alpha = 0°$에 대한 K_a값[식 (12.53)]

$\downarrow \phi'(°)$	$\delta'(°) \rightarrow$					
	0	5	10	15	20	25
28	0.3610	0.3448	0.3330	0.3251	0.3203	0.3186
30	0.3333	0.3189	0.3085	0.3014	0.2973	0.2956
32	0.3073	0.2945	0.2853	0.2791	0.2755	0.2956
34	0.2827	0.2714	0.2633	0.2579	0.2549	0.2745
36	0.2596	0.2497	0.2426	0.2379	0.2354	0.2350
38	0.2379	0.2292	0.2230	0.2190	0.2169	0.2167
40	0.2174	0.2089	0.2045	0.2011	0.1994	0.1995
42	0.1982	0.1916	0.1870	0.1841	0.1828	0.1831

표 12.4 $\delta' = \frac{2}{3}\phi'$에 대한 K_a값[식 (12.53)]

α (°)	ϕ' (°)	$\theta(°)$					
		0	5	10	15	20	25
0	28	0.3213	0.3588	0.4007	0.4481	0.5026	0.5662
	29	0.3091	0.3467	0.3886	0.4362	0.4908	0.5547
	30	0.2973	0.3349	0.3769	0.4245	0.4794	0.5435
	31	0.2860	0.3235	0.3655	0.4133	0.4682	0.5326
	32	0.2750	0.3125	0.3545	0.4023	0.4574	0.5220
	33	0.2645	0.3019	0.3439	0.3917	0.4469	0.5117
	34	0.2543	0.2916	0.3335	0.3813	0.4367	0.5017
	35	0.2444	0.2816	0.3235	0.3713	0.4267	0.4919
	36	0.2349	0.2719	0.3137	0.3615	0.4170	0.4824
	37	0.2257	0.2626	0.3042	0.3520	0.4075	0.4732
	38	0.2168	0.2535	0.2950	0.3427	0.3983	0.4641
	39	0.2082	0.2447	0.2861	0.3337	0.3894	0.4553
	40	0.1998	0.2361	0.2774	0.3249	0.3806	0.4468
	41	0.1918	0.2278	0.2689	0.3164	0.3721	0.4384
	42	0.1840	0.2197	0.2606	0.3080	0.3637	0.4302
5	28	0.3431	0.3845	0.4311	0.4843	0.5461	0.6190
	29	0.3295	0.3709	0.4175	0.4707	0.5325	0.6056
	30	0.3165	0.3578	0.4043	0.4575	0.5194	0.5926
	31	0.3039	0.3451	0.3916	0.4447	0.5067	0.5800
	32	0.2919	0.3329	0.3792	0.4324	0.4943	0.5677
	33	0.2803	0.3211	0.3673	0.4204	0.4823	0.5558
	34	0.2691	0.3097	0.3558	0.4088	0.4707	0.5443
	35	0.2583	0.2987	0.3446	0.3975	0.4594	0.5330
	36	0.2479	0.2881	0.3338	0.3866	0.4484	0.5221
	37	0.2379	0.2778	0.3233	0.3759	0.4377	0.5115
	38	0.2282	0.2679	0.3131	0.3656	0.4273	0.5012
	39	0.2188	0.2582	0.3033	0.3556	0.4172	0.4911
	40	0.2098	0.2489	0.2937	0.3458	0.4074	0.4813
	41	0.2011	0.2398	0.2844	0.3363	0.3978	0.4718
	42	0.1927	0.2311	0.2753	0.3271	0.3884	0.4625

표 12.4 $\delta' = \frac{2}{3}\phi'$에 대한 K_a값[식 (12.53)] (계속)

α ($°$)	ϕ' ($°$)	θ ($°$)					
		0	5	10	15	20	25
10	28	0.3702	0.4164	0.4686	0.5287	0.5992	0.6834
	29	0.3548	0.4007	0.4528	0.5128	0.5831	0.6672
	30	0.3400	0.3857	0.4376	0.4974	0.5676	0.6516
	31	0.3259	0.3713	0.4230	0.4826	0.5526	0.6365
	32	0.3123	0.3575	0.4089	0.4683	0.5382	0.6219
	33	0.2993	0.3442	0.3953	0.4545	0.5242	0.6078
	34	0.2868	0.3314	0.3822	0.4412	0.5107	0.5942
	35	0.2748	0.3190	0.3696	0.4283	0.4976	0.5810
	36	0.2633	0.3072	0.3574	0.4158	0.4849	0.5682
	37	0.2522	0.2957	0.3456	0.4037	0.4726	0.5558
	38	0.2415	0.2846	0.3342	0.3920	0.4607	0.5437
	39	0.2313	0.2740	0.3231	0.3807	0.4491	0.5321
	40	0.2214	0.2636	0.3125	0.3697	0.4379	0.5207
	41	0.2119	0.2537	0.3021	0.3590	0.4270	0.5097
	42	0.2027	0.2441	0.2921	0.3487	0.4164	0.4990
15	28	0.4065	0.4585	0.5179	0.5868	0.6685	0.7670
	29	0.3881	0.4397	0.4987	0.5672	0.6483	0.7463
	30	0.3707	0.4219	0.4804	0.5484	0.6291	0.7265
	31	0.3541	0.4049	0.4629	0.5305	0.6106	0.7076
	32	0.3384	0.3887	0.4462	0.5133	0.5930	0.6895
	33	0.3234	0.3732	0.4303	0.4969	0.5761	0.6721
	34	0.3091	0.3583	0.4150	0.4811	0.5598	0.6554
	35	0.2954	0.3442	0.4003	0.4659	0.5442	0.6393
	36	0.2823	0.3306	0.3862	0.4513	0.5291	0.6238
	38	0.2578	0.3050	0.3595	0.4237	0.5006	0.5945
	39	0.2463	0.2929	0.3470	0.4106	0.4871	0.5805
	40	0.2353	0.2813	0.3348	0.3980	0.4740	0.5671
	41	0.2247	0.2702	0.3231	0.3858	0.4613	0.5541
	42	0.2146	0.2594	0.3118	0.3740	0.4491	0.5415
20	28	0.4602	0.5205	0.5900	0.6714	0.7689	0.8880
	29	0.4364	0.4958	0.5642	0.6445	0.7406	0.8581
	30	0.4142	0.4728	0.5403	0.6195	0.7144	0.8303
	31	0.3935	0.4513	0.5179	0.5961	0.6898	0.8043
	32	0.3742	0.4311	0.4968	0.5741	0.6666	0.7799
	33	0.3559	0.4121	0.4769	0.5532	0.6448	0.7569
	34	0.3388	0.3941	0.4581	0.5335	0.6241	0.7351
	35	0.3225	0.3771	0.4402	0.5148	0.6044	0.7144
	36	0.3071	0.3609	0.4233	0.4969	0.5856	0.6947
	37	0.2925	0.3455	0.4071	0.4799	0.5677	0.6759
	38	0.2787	0.3308	0.3916	0.4636	0.5506	0.6579
	39	0.2654	0.3168	0.3768	0.4480	0.5342	0.6407
	40	0.2529	0.3034	0.3626	0.4331	0.5185	0.6242
	41	0.2408	0.2906	0.3490	0.4187	0.5033	0.6083
	42	0.2294	0.2784	0.3360	0.4049	0.4888	0.5930

표 12.5 $\delta' = \phi'/2$에 대한 K_a값[식 (12.53)]

α (°)	ϕ' (°)	θ (°)					
		0	5	10	15	20	25
0	28	0.3264	0.3629	0.4034	0.4490	0.5011	0.5616
	29	0.3137	0.3502	0.3907	0.4363	0.4886	0.5492
	30	0.3014	0.3379	0.3784	0.4241	0.4764	0.5371
	31	0.2896	0.3260	0.3665	0.4121	0.4645	0.5253
	32	0.2782	0.3145	0.3549	0.4005	0.4529	0.5137
	33	0.2671	0.3033	0.3436	0.3892	0.4415	0.5025
	34	0.2564	0.2925	0.3327	0.3782	0.4305	0.4915
	35	0.2461	0.2820	0.3221	0.3675	0.4197	0.4807
	36	0.2362	0.2718	0.3118	0.3571	0.4092	0.4702
	37	0.2265	0.2620	0.3017	0.3469	0.3990	0.4599
	38	0.2172	0.2524	0.2920	0.3370	0.3890	0.4498
	39	0.2081	0.2431	0.2825	0.3273	0.3792	0.4400
	40	0.1994	0.2341	0.2732	0.3179	0.3696	0.4304
	41	0.1909	0.2253	0.2642	0.3087	0.3602	0.4209
	42	0.1828	0.2168	0.2554	0.2997	0.3511	0.4117
5	28	0.3477	0.3879	0.4327	0.4837	0.5425	0.6115
	29	0.3337	0.3737	0.4185	0.4694	0.5282	0.5972
	30	0.3202	0.3601	0.4048	0.4556	0.5144	0.5833
	31	0.3072	0.3470	0.3915	0.4422	0.5009	0.5698
	32	0.2946	0.3342	0.3787	0.4292	0.4878	0.5566
	33	0.2825	0.3219	0.3662	0.4166	0.4750	0.5437
	34	0.2709	0.3101	0.3541	0.4043	0.4626	0.5312
	35	0.2596	0.2986	0.3424	0.3924	0.4505	0.5190
	36	0.2488	0.2874	0.3310	0.3808	0.4387	0.5070
	37	0.2383	0.2767	0.3199	0.3695	0.4272	0.4954
	38	0.2282	0.2662	0.3092	0.3585	0.4160	0.4840
	39	0.2185	0.2561	0.2988	0.3478	0.4050	0.4729
	40	0.2090	0.2463	0.2887	0.3374	0.3944	0.4620
	41	0.1999	0.2368	0.2788	0.3273	0.3840	0.4514
	42	0.1911	0.2276	0.2693	0.3174	0.3738	0.4410
10	28	0.3743	0.4187	0.4688	0.5261	0.5928	0.6719
	29	0.3584	0.4026	0.4525	0.5096	0.5761	0.6549
	30	0.3432	0.3872	0.4368	0.4936	0.5599	0.6385
	31	0.3286	0.3723	0.4217	0.4782	0.5442	0.6225
	32	0.3145	0.3580	0.4071	0.4633	0.5290	0.6071
	33	0.3011	0.3442	0.3930	0.4489	0.5143	0.5920
	34	0.2881	0.3309	0.3793	0.4350	0.5000	0.5775
	35	0.2757	0.3181	0.3662	0.4215	0.4862	0.5633
	36	0.2637	0.3058	0.3534	0.4084	0.4727	0.5495
	37	0.2522	0.2938	0.3411	0.3957	0.4597	0.5361
	38	0.2412	0.2823	0.3292	0.3833	0.4470	0.5230
	39	0.2305	0.2712	0.3176	0.3714	0.4346	0.5103
	40	0.2202	0.2604	0.3064	0.3597	0.4226	0.4979
	41	0.2103	0.2500	0.2956	0.3484	0.4109	0.4858
	42	0.2007	0.2400	0.2850	0.3375	0.3995	0.4740

표 12.5 $\delta' = \phi'/2$에 대한 K_a값[식 (12.53)] (계속)

α (°)	ϕ' (°)	θ (°)					
		0	5	10	15	20	25
15	28	0.4095	0.4594	0.5159	0.5812	0.6579	0.7498
	29	0.3908	0.4402	0.4964	0.5611	0.6373	0.7284
	30	0.3730	0.4220	0.4777	0.5419	0.6175	0.7080
	31	0.3560	0.4046	0.4598	0.5235	0.5985	0.6884
	32	0.3398	0.3880	0.4427	0.5059	0.5803	0.6695
	33	0.3244	0.3721	0.4262	0.4889	0.5627	0.6513
	34	0.3097	0.3568	0.4105	0.4726	0.5458	0.6338
	35	0.2956	0.3422	0.3953	0.4569	0.5295	0.6168
	36	0.2821	0.3282	0.3807	0.4417	0.5138	0.6004
	37	0.2692	0.3147	0.3667	0.4271	0.4985	0.5846
	38	0.2569	0.3017	0.3531	0.4130	0.4838	0.5692
	39	0.2450	0.2893	0.3401	0.3993	0.4695	0.5543
	40	0.2336	0.2773	0.3275	0.3861	0.4557	0.5399
	41	0.2227	0.2657	0.3153	0.3733	0.4423	0.5258
	42	0.2122	0.2546	0.3035	0.3609	0.4293	0.5122
20	28	0.4614	0.5188	0.5844	0.6608	0.7514	0.8613
	29	0.4374	0.4940	0.5586	0.6339	0.7232	0.8313
	30	0.4150	0.4708	0.5345	0.6087	0.6968	0.8034
	31	0.3941	0.4491	0.5119	0.5851	0.6720	0.7772
	32	0.3744	0.4286	0.4906	0.5628	0.6486	0.7524
	33	0.3559	0.4093	0.4704	0.5417	0.6264	0.7289
	34	0.3384	0.3910	0.4513	0.5216	0.6052	0.7066
	35	0.3218	0.3736	0.4331	0.5025	0.5851	0.6853
	36	0.3061	0.3571	0.4157	0.4842	0.5658	0.6649
	37	0.2911	0.3413	0.3991	0.4668	0.5474	0.6453
	38	0.2769	0.3263	0.3833	0.4500	0.5297	0.6266
	39	0.2633	0.3120	0.3681	0.4340	0.5127	0.6085
	40	0.2504	0.2982	0.3535	0.4185	0.4963	0.5912
	41	0.2381	0.2851	0.3395	0.4037	0.4805	0.5744
	42	0.2263	0.2725	0.3261	0.3894	0.4653	0.5582

수동상태

그림 12.18a는 그림 12.17a와 비슷하게 점착력이 없는 뒤채움 흙이 경사져 있는 옹벽을 보여준다. 흙 쐐기 ABC가 수동상태에서 평형이 되기 위한 힘의 다각형은 그림 12.18b와 같다. 수동토압의 합력을 P_p로 표기한다. 다른 기호들 역시 주동상태에서 사용한 것과 동일하게 사용한다. 유사한 방법으로 수동토압의 합력을 다음과 같이 나타낼 수 있다.

$$P_p = \frac{1}{2} K_p \gamma H^2 \qquad (12.54)$$

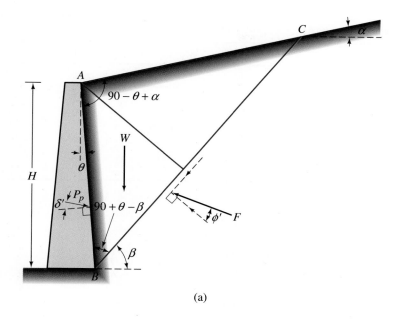

(a)

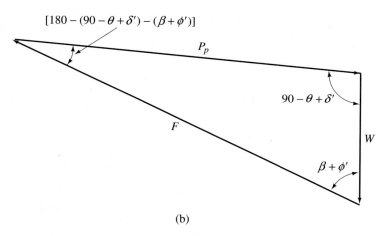

(b)

그림 12.18 Coulomb의 수동토압. (a) 가상 파괴쐐기, (b) 힘 다각형

여기서 K_p는 Coulomb 이론에서의 수동토압계수이며 다음과 같다.

$$K_p = \frac{\cos^2(\phi' + \theta)}{\cos^2 \theta \cos(\delta' - \theta)\left[1 - \sqrt{\dfrac{\sin(\phi' - \delta')\sin(\phi' + \alpha)}{\cos(\delta' - \theta)\cos(\alpha - \theta)}}\right]^2} \tag{12.55}$$

조립토가 마찰 없는 연직벽체에 수평으로 뒤채움된 경우 식 (12.55)는 다음과 같

표 12.6 $\theta = 0°$, $\alpha = 0°$에 대한 K_p값[식 (12.55)]

$\downarrow \phi'(°)$	$\delta'(°) \rightarrow$				
	0	5	10	15	20
15	1.698	1.900	2.130	2.405	2.735
20	2.040	2.313	2.636	3.030	3.525
25	2.464	2.830	3.286	3.855	4.597
30	3.000	3.506	4.143	4.977	6.105
35	3.690	4.390	5.310	6.854	8.324
40	4.600	5.590	6.946	8.870	11.772

이 산출된다(즉, $\theta = 0°$, $\alpha = 0°$, 그리고 $\delta' = 0°$).

$$K_p = \frac{1 + \sin \phi'}{1 - \sin \phi'} = \tan^2\left(45 + \frac{\phi'}{2}\right)$$

이 식은 식 (12.21)에서 얻어지는 Rankine의 수동토압계수와 동일하다.

ϕ'과 $\delta'(\theta = 0°$, $\alpha = 0°$)에 따른 K_p값들의 변화를 표 12.6에 나타냈다. 주어진 ϕ' 값에서 δ'의 증가에 따라 K_p가 증가함을 확인할 수 있다. 특히 $\delta' > \phi'/2$ 조건에서는 파괴면이 평면으로 가정된 Coulomb의 이론이 벽체의 수동토압을 크게 과대평가한다는 점에 유의해야 한다. 이러한 오류는 모든 설계에서 다소 안전하지 않을 수 있다.

12.7 파괴면을 곡선으로 가정한 수동토압

12.6절에서 언급한 것처럼, Coulomb의 이론은 $\delta' > \phi'/2$ 조건에서 수동토압을 과대평가한다. 과거 몇몇 연구들이 뒤채움 내의 곡선파괴면을 가정하여 K_p를 얻기 위해 수행되었다. 이 절에서 Shields와 Tolunay(1973)가 제안한 이론을 설명할 것이다.

그림 12.19는 연직벽체와 수평 뒤채움 조건에서 높이가 H인 옹벽을 보여준다. BCD는 가상파괴면을 나타낸다. 곡선으로 그려진 BC는 대수나선형 원호로 가정된다. CD는 평면파괴면이다. Rankine의 수동상태는 $CC'D$ 구역 내 존재한다. Shields와 Tolunay(1973)는 가상 흙 쐐기 $ABCC'$의 안정성을 고려하기 위해 절편법을 사용하였다. 이러한 해석을 토대로 벽체의 단위길이당 수동토압의 합력을 다음과 같이 나타낼 수 있다.

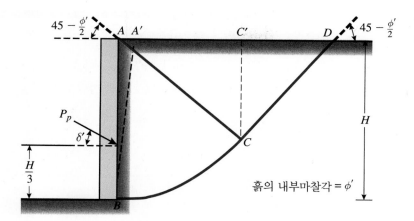

그림 12.19 파괴면을 곡선으로 가정한 수동토압(뒤채움은 조립토)

$$P_p = \frac{1}{2} \gamma H^2 K_p \tag{12.56}$$

ϕ'과 δ'/ϕ'에 따른 $K_p \cos \delta'$(즉, K_p의 수평 성분)의 변화는 그림 12.20과 같다.

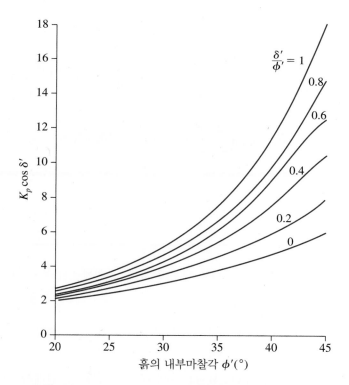

그림 12.20 ϕ'과 δ'/ϕ'에 따른 K_p 변화(Shields와 Tolunay 이론)

예제 12.5

연직벽체와 수평의 조립토 뒤채움 조건인 3 m 높이(H)의 옹벽을 고려하자. $\gamma =$ 15.7 kN/m³, $\delta' = 15°$, 그리고 $\phi' = 30°$일 때, 수동토압의 합력 P_p를 다음을 이용하여 계산하시오.

a. Coulomb의 이론

b. Shields와 Tolunay 이론

풀이

a. 식 (12.54)로부터

$$P_p = \frac{1}{2}K_p\gamma H^2$$

표 12.6으로부터 $\phi' = 30°$와 $\delta' = 15°$에 대해 K_p의 값은 4.977이다. 그래서

$$P = \left(\frac{1}{2}\right)(4.977)(15.7)(3)^2 = \textbf{351.6 kN/m}$$

b.

$$P_p = \frac{1}{2}K_p\gamma H^2$$

그림 12.20으로부터 $\phi' = 30°$와 $\delta' = 15°$(즉, $\frac{\delta'}{\phi'} = 0.5$)일 때 $K_p \cos \delta'$의 값은 4.13이다. 그래서

$$P_p = \left(\frac{1}{2}\right)\left(\frac{4.13}{\cos 15}\right)(15.7)(3)^2 \approx \textbf{302 kN/m}$$

12.8 요약

이 장은 수평토압의 기본적인 개념을 다루고 있다. 논의된 내용을 요약하면 다음과 같다.

1. 옹벽 구조물의 특성을 토대로 수평토압은 정지토압, 주동토압, 그리고 수동토압의 세 가지 종류로 구분된다.

2. 정지토압계수(K_o)는 식 (12.3)~(12.8)에 주어진 경험적인 관계식을 이용한다.

3. Rankine의 주동토압과 수동토압은 마찰 없는 벽체가 대상이다. Rankine의 주동토압계수(연직벽체와 수평 뒤채움의 경우)는 다음과 같이 표현된다.

$$K_a = \tan^2\left(45 - \frac{\phi'}{2}\right) \tag{12.19}$$

같은 방법으로 Rankine의 수동토압계수(연직벽체와 수평 뒤채움의 경우)는 다음과 같다.

$$K_p = \tan^2\left(45 + \frac{\phi'}{2}\right) \tag{12.21}$$

4. 직선으로 평면파괴가 발생한다는 가정하에 유도된 Coulomb의 토압이론은 마찰력이 있는 벽체에 관련이 있다. 조립토 뒤채움을 갖는 Coulomb의 주동 및 수동토압계수는 각각 식 (12.53)과 (12.55)와 같다.

5. $\phi'/2$의 크기보다 벽체와 흙 사이의 마찰각인 δ'이 클 때, Coulomb의 토압이론은 수동토압을 과대평가하고 설계에 불안정한 측면으로 작용한다. 그래서 수동토압의 합력 P_p는 지반 내 곡선파괴면으로 가정하여 평가해야 한다(12.7절).

연습문제

12.1 다음 문장이 참인지 거짓인지 답하시오.

    a. 마찰각이 클수록 K_o값은 커진다.

    b. 과압밀점토보다 정규압밀점토의 K_o값이 더 크다.

    c. 주동토압계수는 수동토압계수보다 크다.

    d. 주동상태에서 점토의 점착력이 클수록 인장균열의 깊이는 깊어진다.

    e. 수평토압은 깊이에 따라 선형으로 비례한다.

12.2 그림 12.21에서와 같은 중력식 옹벽에 작용하고 있는 뒤채움은 두 가지 모래층으로 구성되고, 다른 밀도를 갖고 있다. 모래의 특성은 그림과 같다. 중력식 옹벽이 수평으로 움직이지 않을 때, 벽체에 작용하는 토압의 합력의 작용위치와 크기를 계산하시오. K_o는 식 (12.3)을 이용한다.

12.3 그림 12.22의 옹벽이 움직이지 않도록 구속되어 있다. 벽체의 단위길이당 작용하는 토압의 합력과 작용위치를 계산하시오. 식 (12.3)과 $m = \sin\phi'$인 조건으로 식 (12.6)을 이용한다.

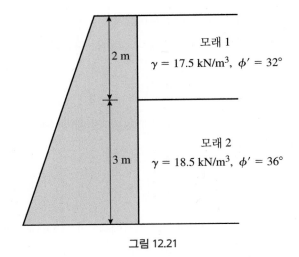

그림 12.21

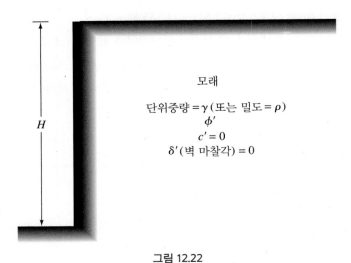

그림 12.22

    a. H = 7 m, γ = 17 kN/m³, ϕ' = 38°, OCR = 2.5

    b. H = 6.1 m, γ = 16.51 kN/m³, ϕ' = 30°, OCR = 1

12.4 그림 12.22는 사질토로 뒤채움된 옹벽이다. 다음과 같은 조건에서 벽체의 단위길이 당 Rankine의 주동토압의 합력과 작용위치를 계산하시오.

    a. H = 2.44 m, γ = 17.29 kN/m³, ϕ' = 34°

    b. H = 3.05 m, γ = 16.51 kN/m³, ϕ' = 36°

    c. H = 4 m, γ = 19.95 kN/m³, ϕ' = 42°

12.5 그림 12.22에서 벽체의 단위길이당 Rankine의 수동토압의 합력 P_p의 크기와 벽체 바닥에 작용하는 수동토압의 크기를 구하시오.

a. $H = 2.45$ m, $\gamma = 16.67\text{kN/m}^3$, $\phi' = 33°$

b. $H = 4$ m, $\rho = 1800$ kg/m^3, $\phi' = 38°$

12.6 연직벽체가 담고 있는 점토의 특성이 $c' = 10$ kN/m^2, $\phi' = 25°$, $\gamma = 19.0$ kN/m^3 이다. 만약 점토가 주동상태라면 다음을 결정하시오.

a. 점토 내 최대 인장응력

b. 인장균열의 깊이

12.7 높이가 5 m인 매끄러운 연직벽체가 $\gamma = 18.5$ kN/m^{3}과 $\phi' = 34°$인 조립토를 지탱하고 있다. 벽에 작용하는 토압의 합력의 크기와 작용위치를 결정하시오.

a. 주동상태

b. 정지상태[식 (12.3)을 이용한다.]

c. 수동상태

12.8 그림 12.23과 같은 옹벽에서 벽체의 단위길이당 Rankine의 주동토압의 합력 P_a와 작용위치를 다음과 같은 조건에서 결정하시오.

a. $H = 3.05$ m, $H_1 = 1.52$ m, $\gamma_1 = 16.51$ kN/m^3, $\gamma_2 = 19.18$ kN/m^3, $\phi_1' = 30°$, $\phi_2' = 30°$, $q = 0$

b. $H = 6$ m, $H_1 = 3$ m, $\gamma_1 = 15.5$ kN/m^3, $\gamma_2 = 19.0$ kN/m^3, $\phi_1' = 30°$, $\phi_2' = 36°$, $q = 15$ kN/m^2

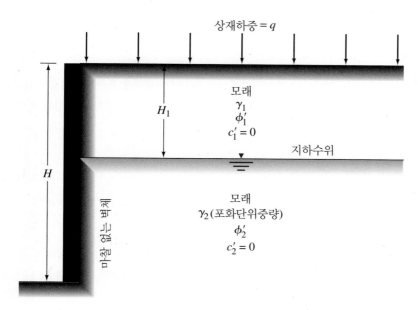

그림 12.23

12.9 균질하고 포화된 연약점토가 수평으로 뒤채움된 6 m 높이의 연직배면인 옹벽이 있다. 점토의 포화단위중량은 19 kN/m³이다. 실내실험에서 얻은 비배수 전단강도 c_u는 16.8 kN/m²이다.

    a. 벽체에 작용하는 Rankine의 주동토압을 계산하고 깊이에 따른 변화를 그리시오.

    b. 인장균열이 발생할 수 있는 최대 깊이를 계산하시오.

    c. 인장균열이 발생하기 전 벽체의 단위길이당 주동토압의 합력을 결정하시오.

    d. 인장균열이 발생한 후 벽체의 단위길이당 주동토압의 합력을 결정하시오. 또 작용위치를 찾으시오.

12.10 상재하중 9.6 kN/m²이 작용할 때, 문제 12.9를 다시 계산하시오.

12.11 높이 5 m이고 연직배면을 가진 옹벽에 c'-ϕ'를 가진 흙이 뒤채움되어 있다. 뒤채움 흙의 γ = 19 kN/m³, c' = 26 kN/m², ϕ' = 16°일 때, 인장균열을 고려한다면 Rankine의 주동상태에서 벽체의 단위길이당 주동토압의 합력 P_a를 계산하시오.

12.12 문제 12.11의 옹벽에 대해서 Rankine의 수동상태에서 벽체의 단위길이당 수동토압의 합력 P_p를 결정하시오.

12.13 높이 4 m이고 매끄러운 연직면의 옹벽이 γ = 18.0 kN/m³이고 ϕ' = 33°를 갖는 조립토를 지탱한다. Rankine의 토압계수를 사용하여 벽체의 단위길이당 주동토압의 합력 P_a를 다음과 같은 조건에서 계산하시오.

    a. 뒤채움이 수평일 때

    b. 뒤채움 경사각 α = 10°일 때

    c. 뒤채움 경사각 α = 20°일 때

12.14 그림 12.24에서처럼 옹벽 높이가 6 m인 조건에서 뒤채움 흙의 단위중량이 18.9 kN/m³이다. 다음 벽 마찰각 조건에서 Coulomb의 이론으로 주동토압의 합력 P_a를 계산하시오.

    a. δ' = 0°

    b. δ' = 20°

    c. δ' = 26.7°

    토압의 방향과 위치를 함께 구하시오.

12.15 그림 12.24에서 보여준 옹벽에서 θ = 0, H = 4.75 m, γ = 15.72 kN/m³, ϕ' = 30°, $\delta' = \frac{2}{3}\phi'$으로 가정할 때, 그림 12.20을 이용하여 벽체의 단위길이당 수동토압의 합력을 계산하시오.

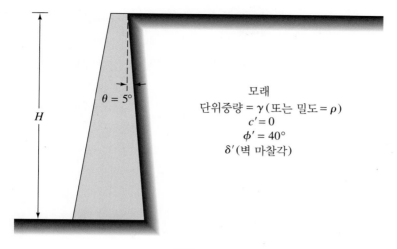

그림 12.24

비판적 사고 문제

12.16 그림 12.25는 점토층 위에 모래질 뒤채움을 지지하는 매끄러운 연직벽체를 보여준다. 지반을 주동상태로 가정할 때 벽체에 작용하는 주동토압의 합력의 크기와 작용 위치를 결정하시오.

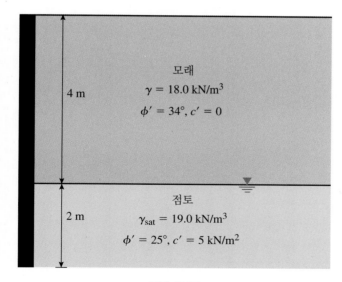

그림 12.25

12.17 매끄러운 연직벽체에 수평으로 조립토가 매립되어 있다. $\phi' = 30°$, $35°$, 그리고 $40°$에 대해서 Rankine과 Coulomb의 주동 및 수동토압계수를 결정하시오.

12.18 그림 12.26은 조립토(γ = 19.0 kN/m^{3}과 ϕ' = 36°)가 뒤채움된 중력식 옹벽을 보여 준다. 뒤채움이 주동상태라고 가정하면, Rankine과 Coulomb(δ' = 0.67 ϕ')의 토압 이론으로 주동토압의 합력 P_a의 크기와 작용위치를 계산하시오. 그리고 두 결과에 대한 차이를 설명하시오.

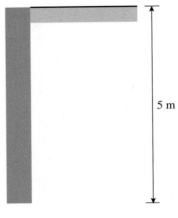

5 m

그림 12.26

12.19 그림 12.27과 같은 옹벽에 작용하는 주동토압의 합력을 계산하시오. 모래질 뒤채움의 특성은 γ = 19.5 kN/m^3, ϕ' = 36°, 그리고 δ' = 0.67 ϕ'이다. 주동토압의 합력 P_a가 수평방향과 이루는 기울기는 얼마인가?

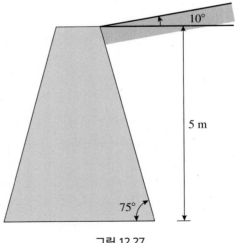

10°

5 m

75°

그림 12.27

참고문헌

ALPAN, I. (1967). "The Empirical Evaluation of the Coefficients K_o and K_{oR}," *Soils and Foundations*, Vol. 7, No. 1, 31–40.

COULOMB, C.A. (1776). "Essai sur une Application des Règles de Maximis et Minimis à quelques Problèmes de Statique, relatifs a l'Architecture," *Mem. Roy. des Sciences*, Paris, Vol. 3, 38.

JAKY, J. (1944). "The Coefficient of Earth Pressure at Rest," *Journal of the Society of Hungarian Architects and Engineers*, Vol. 7, 355–358.

MASSARSCH, K.R. (1979). "Lateral Earth Pressure in Normally Consolidated Clay," *Proceedings of the Seventh European Conference on Soil Mechanics and Foundation Engineering*, Brighton, England, Vol. 2, 245–250.

MAYNE, P.W., AND KULHAWY, F.H. (1982). "K_o—OCR Relationships in Soil," *Journal of the Geotechnical Division*, ASCE, Vol. 108, No. 6, 851–872.

RANKINE, W.M.J. (1857). "On Stability on Loose Earth," *Philosophic Transactions of Royal Society*, London, Part I, 9–27.

SHIELDS, D.H., AND TOLUNAY, A.Z. (1973). "Passive Pressure Coefficients by Method of Slices," *Journal of the Soil Mechanics and Foundations Division*, ASCE, Vol. 99, No. SM12, 1043–1053.

연습문제 해답

Chapter 2

2.1　a.
체번호	가적통과율
4	100.0
10	95.6
20	83.0
40	61.5
60	42.1
100	20.2
200	6.3

　　b. $D_{10} = 0.12$ mm; $D_{30} = 0.22$ mm; $D_{60} = 0.4$ mm
　　c. 3.33
　　d. 1.01

2.3　a.
체번호	가적통과율
4	100
10	92.01
20	81.85
40	66.97
60	57.71
80	38.47
100	21.77
200	6.34

　　b. $D_{10} = 0.11$ mm; $D_{30} = 0.17$ mm; $D_{60} = 0.3$ mm
　　c. 2.73
　　d. 0.88

2.5　$C_u = 7.54$; $C_c = 1.55$

2.7   흙 A: 자갈 → 32.5%
              모래 → 59%
              세립토 → 8.5%

        흙 B: 모래 → 100%

2.10   자갈 → 0%
        모래 → 46%
        실트 → 31%
        점토 → 23%

2.11   0.0052 mm

2.13   a. 흙 A
        b. 100%
        c. 흙 D
        d. 0.2~5.0 mm 크기 결손

Chapter 3

3.4   a. 14%
        b. 1778 kg/m^3
        c. 1559.75 kg/m^3
        d. 0.718
        e. 0.418

3.5   a. 18.07 kN/m^3
        b. 16.28 kN/m^3
        c. 0.626
        d. 0.385
        e. 47.4%
        f. 0.001 m^3

3.6   a. 0.81
        b. 2.66

3.9   0.054

3.11   2125.1 kg/m^3

3.13 $e = 0.729$; $\gamma = 18.25$ kN/m^3

3.14   18.8 kN/m^3

3.15 $V_{\text{pit}} = 36{,}935$ m^3
        공동 내 광미 비율 = 65%

3.19   a. 39.7
        b. 21

3.21   현장 함수비 = 26.7%
        다짐 채움재의 높이 = 961.9 mm

Chapter 4

4.1

흙	분류기호	분류명
1	SC	자갈 섞인 점토질 모래
2	GC	모래 섞인 점토질 자갈
3	CH	모래질 가소성 점토
4	CL	모래 섞인 빈점토
5	CH	자갈 섞인 가소성 점토
6	SP	자갈 섞인 입도분포가 나쁜 모래
7	CH	모래질 가소성 점토
8	SP-SC	점토와 자갈이 섞인 입도분포가 나쁜 모래
9	SW	입도분포가 좋은 모래
10	SP-SM	실트 섞인 입도분포가 나쁜 모래

4.3
a. A-1-a
b. A-1-b
c. A-3
d. A-7-6

4.7

	통일분류법 기호	AASHTO 기호
자갈	GW	A-1-a
	GP	A-1-a, A-1-b
	GM	A-1-b, A-2-4, A-2-5
	GC	A-2-6, A-2-7
모래	SW	A-1-b, A-1-a
	SP	A-3, A-1-b, A-1-a
	SM	A-1-b, A-2-4, A-2-5
	SC	A-2-6, A-2-7
세립토	ML	A-4, A-5
	CL	A-6, A-7-6
	MH	A-7-5, A-5
	CH	A-7-6, A-7-5

Chapter 5

5.1　　$\gamma_d = 19.65 \text{ kN/m}^3$, $w_{\text{opt}} = 12.4\%$

5.3　　0.1363 kg

5.6　　94.8%

5.7　　$\rho_{d(\text{max})} = 1716 \text{ kg/m}^3$; $w_{\text{opt}} = 15.5\%$

5.11　굴착토의 체적 = 8904.3 m³

　　　트럭 대수 = 826

5.12

시험번호	시방 충족여부
1	No
2	Yes
3	No
4	Yes

5.13　$\rho_{d(\text{max})} = 1894 \text{ kg/m}^3$; $w_{\text{opt}} = 13.5\%$

5.15　함수비는 시방서를 충족하지 못함. 흙이 매우 습윤함.

Chapter 6

6.1　　1.18×10^{-2} cm/s

6.3　　9.8×10^{-3} m³/hr/m

6.6　　8.54×10^{-15} m²

6.7　　5.67×10^{-2} cm/s

6.8　　$k_A = 0.043$ cm/s

　　　$k_B = 0.057$ cm/s

6.11　0.0108 cm/s

6.13　$k_{H(\text{eq})} = 6.9 \times 10^{-4}$ cm/s

　　　$\dfrac{k_{V(\text{eq})}}{k_{H(\text{eq})}} = 0.3$

6.15　55.3 m³

Chapter 7

7.2　　a. 0.68 m³/day/m

　　　b. 지표면 위 4.125 m

　　　c. 138.6 kN/m²

7.4　　17.06×10^{-6} m³/m/s

7.6　　2.42×10^{-5} m³/m/s

Chapter 8

8.4

지점	kN/m²		
	σ	u	σ'
A	0	0	0
B	23.58	0	23.58
C	79.21	29.92	49.29
D	131.76	56.80	74.96

8.6

지점	kN/m²		
	σ	u	σ'
A	0	0	0
B	73.44	0	73.44
C	173.99	49.05	129.94
D	231.56	78.48	153.08

8.8

지점	kN/m²		
	σ	u	σ'
A	0	0	0
B	53.7	0	53.7
C	87.7	0	87.7
D	165.7	39.2	126.5

8.10   13.6 kN/m²

8.12 $\sigma = 157.9$ kN/m²

   $u = 107.9$ kN/m²

   $\sigma' = 50.0$ kN/m²

8.14 2.436×10^{-3} m³/m

8.16   3.7 m

8.18   1.008 kN/m²

8.20   16.52 kN/m²

8.22 $2.5R$

8.24   106.24 kN/m²

8.26 $\gamma' < \gamma_d \leq \gamma \leq \gamma_{\text{sat}}$

Chapter 9

9.2   b. 47 kN/m²

   c. 0.133

9.4   a. 168.06 mm

   b. 86.8 mm

9.6   0.596

9.8   a. 93.9 mm

         b. 180.3 mm

9.10   시간이 네 배 증가한다.

9.12   a. 230.1 days

         b. 186 mm

9.14   a. 1.56

         b. 75.7 mm

9.16   a. 225.4 mm

         b. 0.41

9.18   18.2 mm

9.20   a. 149 mm

         b. @ 점토층 상부: $u = 0$; $\sigma' = 35$ kN/m^2

           @ 점토층 하부: $u = 39.24$ kN/m^2; $\sigma' = 69.36$ kN/m^2

         c. @ 점토층 상부: $u = 0$; $\sigma' = 75$ kN/m^2

           @ 점토층 중앙부: $u = 35.2$ kN/m^2; $\sigma' = 76.6$ kN/m^2

           @ 점토층 하부: $u = 62.4$ kN/m^2; $\sigma' = 86.2$ kN/m^2

Chapter 10

10.2   0.739 kN

10.4   0.2 kN

10.6   473.5 kN/m^2

10.8   23.2°

10.10   a. 26°

          b. $\sigma' = 160.25$ kN/m^2

             $\tau = 117.46$ kN/m^2

10.12 $\phi' = 34.4°$

          축차응력$(\Delta\sigma_d)_f = 519.5$ kN/m^2

10.14   51.9 kN/m^2

10.16   a. 414 kN/m^2

          b. 면에 작용하는 실제 전단응력 (138 kN/m^2)

            < 파괴를 일으키는 전단응력(146.2 kN/m^2)

10.18 $c' = 10.0$ kN/m^2; $\phi' = 24.7°$

10.20   a. 18°

          b. 64.9 kN/m^2

10.22   강판의 개수 = 54; 중간.(표 10.4)

Chapter 11

11.2 침투가 없을 때, $FS_s = 2.19$

침투가 있을 때, $FS_s = 1.36$

11.4 1.15

11.6 a. 1.3

b. 1.14

11.8 31.53 m

11.10 1.8

11.12 $H_{cr} = 26.8$ m; $\alpha_{cr} = 38.5°$

11.14 $FS_s = 1.42$; 선단원 파괴

11.16 a. 8.21 m

b. 14.1 m

c. 6.98 m

11.18 $H_{cr} = 8.07$ m; 선단원 파괴

11.20 a. 43.2 m

b. 33.3 m

c. 38.7 m

d. 24.24 m

11.22 a. 1.5

b. 1.36

11.24 1.3

11.26 1

11.28 $H_{cr} = 1.37$; $\alpha_{cr} = 31.9°$

Chapter 12

12.2 $P_o = 94.1$ kN/m @ 벽체 바닥으로부터 2.06 m

12.4 a. $P_a = 14.57$ kN/m; $\bar{z} = 0.81$ m

b. $P_a = 19.97$ kN/m; $\bar{z} = 1.02$ m

c. $P_a = 31.6$ kN/m; $\bar{z} = 1.33$ m

12.6 a. -12.7 kN/m^2

b. 1.65 m

12.8 a. $P_a = 34.31$ kN/m; $\bar{z} = 0.89$ m

b. $P_a = 141.10$ kN/m; $\bar{z} = 2.04$ m

12.10 a. 상부층에서, $\sigma_a = -24$ kN/m^2; 하부층에서, $\sigma_a = 90$ kN/m^2

b. 1.26 m

c. 198 kN/m

d. 213.3 kN/m

12.12 763 kN/m

12.14   a. 85.39 kN/m

        b. 79.6 kN/m

        c. 80.32 kN/m

12.16 $P_a = 113.6$ kN/m; $\bar{z} = 1.76$ m

12.18   Rankine: $P_a = 61.8$ kN/m. 힘은 수평방향으로 작용 @ $\bar{z} = 1.67$ m

        Coulomb: $P_a = 55.8$ kN/m. 힘은 24° 경사를 갖고 작용 @ $\bar{z} = 1.67$ m

찾아보기

역자 소개

감수

김영상　전남대학교 토목공학과

옮긴이

고준영　충남대학교 토목공학과
김영상　전남대학교 토목공학과
김재홍　동신대학교 토목환경공학과
우상인　인천대학교 도시환경공학부(건설환경공학)
이준규　서울시립대학교 토목공학과

5판
DAS
토질역학

2021년 8월 25일 5판 1쇄 펴냄

지은이 Braja M. Das · Nagaratnam Sivakugan
감　수 김영상
옮긴이 고준영 · 김영상 · 김재홍 · 우상인 · 이준규
펴낸이 류원식 | **펴낸곳** 교문사

편집팀장 김경수 | **책임편집** 안영선 | **표지디자인** 신나리 | **본문편집** 신성기획

주소 (10881) 경기도 파주시 문발로 116(문발동 536-2)
전화 031-955-6111~4 | **팩스** 031-955-0955
등록 1968. 10. 28. 제406-2006-000035호
홈페이지 www.gyomoon.com | E-mail genie@gyomoon.com
ISBN 978-89-363-2193-2 (93530)
값 32,000원